TURING 图灵数学·统计学丛书 ·01

TEN LECTURES ON WAVELETS

小波十讲

[比] **Ingrid Daubechies** 著

贾洪峰 译

人民邮电出版社
北京

图书在版编目（CIP）数据

小波十讲/（比）英格里德·道贝切斯
（Ingrid Daubechies）著；贾洪峰译. —北京：人民邮
电出版社, 2017. 2（2023.3 重印）
（图灵数学·统计学丛书）
ISBN 978-7-115-43898-0

Ⅰ. ①小⋯ Ⅱ. ①英⋯ ②贾 Ⅲ. ①小波理论
Ⅳ. ①O174.22

中国版本图书馆 CIP 数据核字（2016）第 264952 号

内 容 提 要

　　本书是数学界公认的经典著作，包含了 20 世纪 80 年代以来世界上有关小波分析的最先进
成果，全面论述了小波分析的主要原理和方法，并给出了大量实践例题，描述了小波的许多应
用。

　　本书适合工程数学、信号分析、通信等方向的科研人员和高校相关专业师生。

◆ 著　　　　[比] Ingrid Daubechies
　　译　　　　贾洪峰
　　责任编辑　朱　巍
　　特约编辑　江志强
◆ 人民邮电出版社出版发行　　　北京市丰台区成寿寺路 11 号
　　邮编 100164　　电子邮件 315@ptpress.com.cn
　　网址 https://www.ptpress.com.cn
　　北京七彩京通数码快印有限公司印刷
◆ 开本：700×1000　1/16
　　印张：22.25　　　　　　　　　　　2017 年 2 月第 1 版
　　字数：437 千字　　　　　　　　　2023 年 3 月北京第 12 次印刷
　　著作权合同登记号　图字：01-2014-3342 号

定价：99.80 元
读者服务热线：(010)84084456-6009　　印装质量热线：(010) 81055316
反盗版热线：(010)81055315
广告经营许可证：京东市监广登字 20170147 号

版权声明

致我的母亲，她让我学会了独立.

致我的父亲，他激发了我对科学的兴趣.

前　　言

　　小波是应用数学领域较新的发展成果. 这个名字出现在大约十年前 [1][Morlet、Arens、Fourgeau 和 Giard (1982)，Morlet (1983)，Grossmann 和 Morlet (1984)]. 在过去十年里，人们对小波的兴趣呈爆炸式增长. 小波能取得目前的成功，原因有多个. 一方面，可以认为小波综合了过去二三十年里在多个领域中发展起来的思想，比如，工程学的子带编码、物理学中的相干态和重正化群，还有纯粹数学中对Calderón–Zygmund 算子的研究. 正是因为小波拥有这种横跨多个学科的起源，所以吸引了许多不同背景的科学家和工程师. 另一方面，小波是一种相当简单的数学工具，却有着多种多样的应用可能. 它们已经在信号分析 [声音、图像，早期的参考资料包括 Kronland-Martinet、Morlet 和 Grossmann (1987)，Mallat (1989b) (1989c) 等一些文献，后面将给出近期的一些参考文献] 和数值分析 [用于积分变换的快速算法，见 Beylkin、Coifman 和 Rokhlin (1991)] 领域获得了激动人心的应用，许多其他应用也正在研究之中. 这种广泛适用性也增加了人们对它的关注.

　　本书包括了我于 1990 年 6 月在 CBMS 小波会议上作为主讲人所做的十次讲座（该会议由马萨诸塞大学洛厄尔分校数学系主办）. 根据 CMBS 会议的惯例，其他演讲者（G. Battle、G. Beylkin、C. Chui、A. Cohen、R. Coifman、K. Gröchenig、J. Liandrat、S. Mallat、B. Torrésani 和　A. Willsky）报告了他们在小波领域的相关工作. 此外还组织了三场研讨会，分别讨论了小波在物理学和反演问题方面的应用（由 B. DeFacio 主持），在群论和调和分析方面的应用（H. Feichtinger）以及在信号分析方面的应用（M. Vetterli）. 听众中既有活跃在小波领域的研究人员，也有其他一些对小波知之甚少但希望做更多了解的科学家和工程师，且以后者所占比例最大. 我认为我有义务向这部分听众讲授小波，这些内容为其他演讲者和我自己展

---

　　[1] 这篇前言的写作日期是 1992 年 3 月. —— 编者注

示的一些近期成果奠定了坚实的基础. 因此, 在我的讲座中大约有三分之二是"基本小波理论", 另外三分之一讨论最近的且尚未公布的工作. 这种划分也体现在本书中. 因此, 我认为本书可以用作有关小波的导论性图书, 既可供个人阅读, 也可作为专题讨论会材料或研究生教材. 本书没有包含这次 CBMS 会议上的其他讲座和研讨会论文, 因此, 相较于这次 CBMS 会议, 本书更多地介绍我自己的工作. 书中的许多地方都给出了一些参考文献, 供深入阅读或详细解释特定的应用, 作为对正文的补充. 其他已经出版的小波书籍有: *Wavelets and Time Frequency Methods* [Combes、Grossmann 和 Tchamitchian (1989)], 其中包括了 1987 年 12 月法国马赛国际小波会议的论文集; *Ondelettes* [Y. Meyer (1990), 法文版; 英译版预计很快发行], 其中对小波的数学处理要比本书讲座内容详尽得多, 但对其他领域较少谈及; *Les Ondelettes en* 1989 [P. G. Lemarié 编 (1990)] 是 1989 年春天在巴黎第十一大学所做的演讲集; *An Introduction to Wavelets* [C. K. Chui (1992b)] 从逼近理论的角度介绍了小波. 1989 年 5 月同样是在马赛举办的国际小波会议的论文集也即将出版 [Meyer (1992)]. 此外, 此次 CBMS 会议的许多其他投稿者, 以及一些没有与会的小波研究人员都受邀撰写了自己小波工作的文章, 汇编而成的文集 *Wavelets and their Applications* [Ruskai 等 (1992)] 可以看作是本书的姊妹篇. 另一小波文集是 *Wavelets: A Tutorial in Theory and Applications* [C. K. Chui 编 (1992c)]. 此外, 我还知道其他一些小波文集正在准备之中 （J. Benedetto 和 M. Frazier 编, 另一本由 M. Barlaud 编著）, 还有 M. Holschneider 的专论, 1992 年 3 月有一份 *IEEE Trans. Inform. Theory* 小波特刊, 1992 年晚些时候将会有另一份 *Constructive Approximation Theory* 小波特刊, 1993 年将会有一份 *IEEE Trans. Sign. Proc* 小波特刊. 此外, 一些近期出版的书籍中也包含了有关小波的章节. 比如, *Multirate Systems and Filter Banks* [P. P. Vaidyanathan (1992)], *Quantum Physics, Relativity and Complex Spacetime: Towards a New Synthesis* [G. Kaiser (1990)]. 对本书感兴趣的读者会发现, 这些书籍和特刊对于本书未能完整给出的许多细节和内容都非常有用. 此外, 由这些参考文献可以看出小波仍在快速发展之中.

本书大体沿循了讲座的路线: 全书共分 10 章, 每章对应一次讲座, 各章顺序也与讲座顺序一致. 第 1 章择要概述小波变换的不同方面, 勾画了一幅庞大画面的轮廓, 后续各章则向其中添加更多细节. 从第 2 章开始, 依次介绍连续小波变换 (第 2 章对带限函数和香农定理有简要回顾)、离散但冗余的小波变换 (框架, 第 3 章)、对时频密度及正交基存在性的一般讨论 (第 4 章). 第 2 章至第 4 章的许多结果均可同时针对加窗傅里叶变换和小波变换得出, 本书并列给出两种情况, 同时指出它们的相似与不同之处. 其余各章专门讨论小波的正交基: 构建小波正交基的第一个一般策略与多分辨率分析 (第 5 章), 紧支撑小波正交基和它们与子带编码的联系 (第 6 章), 这些小波基的正则估计 (第 7 章), 紧支撑小波基的对称性 (第

8 章). 第 9 章表明, 对于许多不是特别适合采用傅里叶方法的泛函空间, 这些正交基是 "很好的" 基. 这一章是全书中数学性最强的一章, 其中大多数材料都与其他各章讨论的应用没有联系, 因此, 对这部分小波理论不感兴趣的读者可以直接跳过它. 之所以要包含这一章, 有如下几个原因: 证明过程中使用的估计方法对于调和分析非常重要, David 和 Journé 在证明 T(1) 定理中使用的类似 (要要更复杂一些的) 估计已经成为 Beylkin、Coifman 和 Rokhlin (1991) 工作中数值分析应用的基础. 此外, 这一章介绍的 Calderón–Zygmund 定理表明, 远在小波出现之前, 使用不同尺度的方法 (这是小波的先驱工作之一) 就已经在调和分析中得到了应用. 最后, 第 10 章概要介绍了几种构建正交小波基的扩展: 扩展到多维, 扩展到 2 之外 (甚至是非整数) 的伸缩因子 (可能实现更好的频率局域化), 扩展到基于有限区间 (而不是整条数轴) 的小波. 每一章的最后都是一个 "附注" 小节, 其中的内容均带有标号, 便于在该章正文论述中引用. 这些内容包括: 更多的参考文献, 为使正文保持流畅而放在此处的附加证明、注释等.

　　本书是一本数学书, 给出并证明了许多定理. 它要求读者具有一定的数学背景知识. 具体来说, 我假定读者熟悉傅里叶变换和傅里叶级数的基本特性. 书中还用到了测度与积分理论中的一些基本定理 (法图引理、控制收敛定理、富比尼定理, 这些内容可以在任何一本优秀的实分析书中找到). 对于某些章节, 熟悉基本的希尔伯特空间方法也是有帮助的. 在预备知识中列出了书中使用的基本概念和定理.

　　不过, 尚未掌握所有这些预备知识的读者也不必沮丧, 本书大部分内容只需要傅里叶分析的基本概念就能理解. 此外, 本书的几乎所有证明, 都尽力给出最为详细的步骤, 这可能会让一些非常精通数学的读者感到繁琐. 我希望这些讲义能够吸引数学家之外的读者. 为此, 我经常回避 "定义 — 引理 — 命题 — 定理 — 推论" 这样的顺序, 在许多地方尝试给出更直观的表述, 尽管这样可能会使讲述内容不够简练. 这一跨学科的主题为我的学术生涯带来了很多激情, 希望能与读者分享一二.

　　我希望借此机会向众多促成召开洛厄尔会议的人们表示感谢: CBMS 组委会和马萨诸塞大学洛厄尔分校数学系, 特别要感谢 G. Kaiser 教授和 M. B. Ruskai 教授. 此次会议取得了很大的成功, 与会人数出乎意料地远超往届, 这主要归功于其非常高效的组织. 作为一位资深的会议组织者, I. M. James 在其著作 James (1991) 中说: "每次会议都主要归功于某一个人的努力, 他几乎完成了所有的工作." 对于小波 CBMS 1990 会议来说, 这个人就是 Mary Beth Ruskai. 我要特别感谢她首先提议举办这次大会, 以其出色的组织方式将我的书面工作减至最少, 同时让我能及时了解所有进展情况, 还要感谢她担任组织骨干, 这也绝不是一项简单的任务. 在此次会议之前, 我有机会在密歇根大学安娜堡分校数学系的一门研究生课程上讲授本书的大部分内容. 这次为时一学期的访问受到了美国国家科学基金会女性客座教席和密歇根大学的联合支持. 在此感谢他们的支持. 我还要感谢所有参与该课程并提供反馈和有益建议的教职员工和学生们. 本书手稿由 Martina Sharp 录入，感谢她的耐心、勤奋和出色工作. 如果没有她，我甚至不会尝试编写本书. 感谢 Jeff Lagarias 的编辑审校. 感谢所有帮助我在毛校样中查出排印错误的人们，特别感谢 Pascal Auscher、Gerry Kaiser、Ming-Jun Lai 和 Martin Vetterli. 仍然残留的错误当然都是我的责任. 我还要感谢 Jim Driscoll 和 Sharon Murrel 帮助我准备著者索引. 最后，我要感谢我的丈夫 Robert Calderbank，他非常支持并践行我们两人的家庭事业两不误做法，当然，这偶尔也会意味着他和我会少证明一些定理.

Ingrid Daubechies

罗格斯大学

AT&T 贝尔实验室

　　在后续印刷中，已经纠正了一些小错误和许多印刷错误. 感谢所有帮我找出这些错误的人. 我还更新了一些内容：之前尚未发表的一些参考文献已经发表，一些原来被列为待解决的问题也已经解决. 我没有尝试去列出自第一次印刷之后又出现的大量其他重要小波论文. 无论如何，参考文献列表没有也不准备列出有关这一主题的所有参考文献.[①]

---

① 这本中文版译自原书 2006 年的第 9 次印刷版本. —— 编者注

预备知识与符号

本章为预备知识, 主要解决符号约定和统一标准问题, 还会给出一些在本书后面会用到的基本定理. 考虑到有些读者可能不熟悉希尔伯特空间和巴拿赫空间, 本章包含了一些非常简短的初级内容.（这一初级内容应当主要用作参考, 供读者遇到一些自己不熟悉的希尔伯特空间或巴拿赫空间内容时, 回头来查阅. 大多数章节都用不到这些概念.）

首先来看一些符号约定. 对于 $x \in \mathbb{R}$, 用 $\lfloor x \rfloor$ 表示不大于 x 的最大整数,

$$\lfloor x \rfloor = \max \{n \in \mathbb{Z};\ n \leqslant x\} .$$

例如, $\lfloor 3/2 \rfloor = 1$, $\lfloor -3/2 \rfloor = -2$, $\lfloor -2 \rfloor = -2$. 与此类似, $\lceil x \rceil$ 表示大于或等于 x 的最小整数.

若 $a \to 0$（或 ∞）, 则以 $O(a)$ 表示任意以 a 的常数倍为界的量, 以 $o(a)$ 表示任何当 a 趋向于 0（或 ∞）时也有同样趋势的量.

证明的结束总以 "∎" 标记. 为清晰起见, 注释和示例以 "□" 结束.

在许多证明中, C 表示 "一般" 常量, 在同一证明中, 其取值不一定相同. 在不等式链中, 经常使用 $C, C', C'', \cdots$ 或 $C_1, C_2, C_3, \cdots$, 以避免混淆.

对（一维）傅里叶变换采用以下约定:

$$(\mathcal{F}f)(\xi) = \hat{f}(\xi) = \frac{1}{\sqrt{2\pi}} \int_{-\infty}^{\infty} \mathrm{d}x\ \mathrm{e}^{-ix\xi} f(x) . \tag{0.0.1}$$

根据这一标准定义, 有

$$\|\hat{f}\|_{L^2} = \|f\|_{L^2} ,$$
$$|\hat{f}(\xi)| \leqslant (2\pi)^{-1/2} \|f\|_{L^1} ,$$

式中

$$\|f\|_{L^p} = \left[\int \mathrm{d}x \, |f(x)|^p \right]^{1/p} . \tag{0.0.2}$$

傅里叶逆变换为

$$f(x) = \frac{1}{\sqrt{2\pi}} \int_{-\infty}^{\infty} \mathrm{d}\xi \, \mathrm{e}^{i\xi x} (\mathcal{F}f)(\xi) = (\mathcal{F}f)^{\vee}(x) \, ,$$
$$\check{g}(x) = \hat{g}(-x) . \tag{0.0.3}$$

严格来说, 只有当 f 和 $\mathcal{F}f$ 分别绝对可积时, 式 (0.0.1) 和 (0.0.3) 才分别有定义.
例如, 对于广义 L^2 函数 f, 应当通过一种求极限的过程来定义 $\mathcal{F}f$ (见下文). 我
们将隐含地假定, 在所有情况下都会使用适当的求极限过程, 而且即使在隐含采用
求极限过程的情况下, 也会采用类似于式 (0.0.1) 和 (0.0.3) 的写法, 这时的符号使
用多少有些不太合适, 但非常方便.
        傅里叶变换的一个标准性质是

$$\mathcal{F}\left(\frac{\mathrm{d}^{\ell}}{\mathrm{d}x^{\ell}} f \right) = (i\xi)^{\ell} \, (\mathcal{F}f)(\xi) \, ,$$

因此

$$\int \mathrm{d}x \, |f^{(\ell)}(x)|^2 < \infty \leftrightarrow \int \mathrm{d}\xi \, |\xi|^{2\ell} \, |\hat{f}(\xi)|^2 < \infty \, ,$$

其中 $f^{(\ell)} = \frac{\mathrm{d}^{\ell}}{\mathrm{d}x^{\ell}} f$.
        如果函数 f 是紧支撑的, 也就是说, 当 $x < a$ 或 $x > b$ 时 $f(x) = 0$, 其中
$-\infty < a < b < \infty$, 则其傅里叶变换 $\hat{f}(\xi)$ 对于复变量 ξ 也有定义, 且

$$|\hat{f}(\xi)| \leqslant (2\pi)^{-1/2} \int_{a}^{b} \mathrm{d}x \, \mathrm{e}^{(\mathrm{Im}\,\xi)x} \, |f(x)|$$

$$\leqslant (2\pi)^{-1/2} \, \|f\|_{L^1} \left\{ \begin{array}{ll} \mathrm{e}^{b\,(\mathrm{Im}\,\xi)}, & \mathrm{Im}\,\xi \geqslant 0 \, , \\ \mathrm{e}^{a\,(\mathrm{Im}\,\xi)}, & \mathrm{Im}\,\xi \leqslant 0 \, . \end{array} \right.$$

若 f 还是无限可微的, 则同一论断也适用于 $f^{(\ell)}$, 从而得出 $|\xi|^{\ell} \, |\hat{f}(\xi)|$ 的界. 因此,
对于一个支集为 $[a, b]$ 的 C^{∞} 函数 f, 存在常量 C_N 使得 f 的傅里叶变换的解析延
拓满足

$$|\hat{f}(\xi)| \leqslant C_N (1 + |\xi|)^{-N} \left\{ \begin{array}{ll} \mathrm{e}^{b\,\mathrm{Im}\,\xi}, & \mathrm{Im}\,\xi \geqslant 0 \, , \\ \mathrm{e}^{a\,\mathrm{Im}\,\xi}, & \mathrm{Im}\,\xi \leqslant 0 \, . \end{array} \right. \tag{0.0.4}$$

反之, 任何一个整函数, 如果对于所有 $N \in \mathbb{N}$ 都满足式 (0.0.4) 所示类型的界, 则
该函数是一个 C^{∞} 函数 (支集为 $[a, b]$) 的傅里叶变换的解析延拓. 这就是 Paley–
Wiener 定理.

我们偶尔还会遇到（缓增）分布. 它们是从集合 $\mathcal{S}(\mathbb{R})$（由所有衰减速度快于任意负幂函数 $(1+|x|)^{-N}$ 的 C^∞ 函数组成）到复数域 $\mathbb{C}$ 的线性映射 T, 对于所有 $m, n \in \mathbb{N}$, 都存在 $C_{n,m}$ 使得对于所有 $f \in \mathcal{S}(\mathbb{R})$ 均有

$$|T(f)| \leqslant C_{n,m} \sup_{x \in \mathbb{R}} |(1+|x|)^n \, f^{(m)}(x)| \, .$$

由所有这些分布组成的集合称为 $\mathcal{S}'(\mathbb{R})$. 任何一个存在多项式界的函数 F 都可以看作一个分布, $F(f) = \int \mathrm{d}x \, \overline{F(x)} \, f(x)$. 另一个例子就是狄拉克的"$\delta$ 函数", $\delta(f) = f(0)$. 有一个分布 T, 如果函数 f 的支集与 $[a, b]$ 不相交, 对于所有此类 f, 均有 $T(f) = 0$, 就说分布 T 支撑于 $[a, b]$. 可以将一个分布 T 的傅里叶变换 $\mathcal{F}T$ 或 $\hat{T}$ 定义为 $\hat{T}(f) = T(\check{f})$（若 T 是一个函数, 则这一定义与之前的定义一致）. 关于分布的 Paley–Wiener 定理可以表述为: 当且仅当, 对于某一 $N \in \mathbb{N}$, $C_N > 0$, 满足

$$|\hat{T}(\xi)| \leqslant C_N (1+|\xi|)^N \begin{cases} \mathrm{e}^{b \, \mathrm{Im} \, \xi}, & \mathrm{Im} \, \xi \geqslant 0 \, , \\ \mathrm{e}^{a \, \mathrm{Im} \, \xi}, & \mathrm{Im} \, \xi \leqslant 0 \end{cases}$$

时, 整函数 $\hat{T}(\xi)$ 是 $\mathcal{S}'(\mathbb{R})$ 上一个分布 T 的傅里叶变换的解析延拓, 该分布的支集为 $[a, b]$.

在 $\mathbb{R}$ 和 $\mathbb{R}^n$ 上, 唯一会用到的测度就是勒贝格测度. 集合 S 的（勒贝格）测度通常记为 $|S|$. 具体来说, $|[a, b]| = b - a$（其中 $b > a$）.

下面列出一些著名的积分与测度论定理, 后面将会用到它们.

法图引理 若 $f_n \geqslant 0$, $f_n(x) \to f(x)$ 几乎处处成立（即, 根据勒贝格测度, 不满足逐点收敛的点集具有零测度）, 则

$$\int \mathrm{d}x \, f(x) \leqslant \limsup_{n \to \infty} \int \mathrm{d}x \, f_n(x) \, .$$

特别地, 若这个 $\limsup$ 为有限值, 则 f 可积.

[一个序列的 $\limsup$ 定义为

$$\limsup_{n \to \infty} \alpha_n = \lim_{n \to \infty} [\sup \{\alpha_k; \, k \geqslant n\}] \, ;$$

每个序列, 即使它没有极限（比如 $\alpha_n = (-1)^n$）, 也有 $\limsup$（可能是 ∞）; 若序列收敛于一个极限, $\limsup$ 与该极限一致.]

控制收敛定理 设 $f_n(x) \to f(x)$ 几乎处处成立. 若对于所有 n 均有 $|f_n(x)| \leqslant g(x)$, 且 $\int \mathrm{d}x \, g(x) < \infty$, 则 f 可积, 且

$$\int \mathrm{d}x \, f(x) = \lim_{n \to \infty} \int \mathrm{d}x \, f_n(x) \, .$$

富比尼定理 若 $\int \mathrm{d}x[\int \mathrm{d}y\ |f(x,y)|] < \infty$，则

$$\int \mathrm{d}x \int \mathrm{d}y\ f(x,y) = \int \mathrm{d}x\ \left[\int \mathrm{d}y\ f(x,y) \right]$$
$$= \int \mathrm{d}y\ \left[\int \mathrm{d}x\ f(x,y) \right] ,$$

即，积分顺序可以互换.

在这三个定理中，积分区域可以是 $\mathbb{R}$ 的任意可测子集（对于富比尼定理则为 $\mathbb{R}^2$ 的任意可测子集）.

当用到希尔伯特空间时，除另有名字外，通常用 $\mathcal{H}$ 表示. 我们将遵从数学家的习惯，使用的标量积关于第一个变量为线性：

$$\langle \lambda_1 u_1 + \lambda_2 u_2,\ v \rangle = \lambda_1 \langle u_1,\ v \rangle + \lambda_2 \langle u_2,\ v \rangle .$$

同样，有

$$\langle v, u \rangle = \overline{\langle u, v \rangle} ,$$

其中，$\bar{\alpha}$ 表示 α 的复共轭，对于所有 $u \in \mathcal{H}$，$\langle u, u \rangle \geqslant 0$. u 的范数 $\|u\|$ 定义为

$$\|u\|^2 = \langle u, u \rangle . \tag{0.0.5}$$

在希尔伯特空间中，$\|u\| = 0$ 蕴涵着 $u = 0$，所有柯西序列（根据 $\|\ \|$ 的定义）在此空间均有极限.［更明确地说，若 $u_n \in \mathcal{H}$，且当 n, m 足够大时 $\|u_n - u_m\|$ 变为任意小；即，对于所有 $\epsilon > 0$ 均存在 n_0（依赖于 ϵ），使得当 $n, m \geqslant n_0$ 时满足 $\|u_n - u_m\| \leqslant \epsilon$，则存在 $u \in \mathcal{H}$，使得当 $n \to \infty$ 时 u_n 趋向于 u，即 $\lim_{n \to \infty} \|u - u_n\| = 0$.］

这样的希尔伯特空间的一个典型例子是 $L^2(\mathbb{R})$，其中

$$\langle f, g \rangle = \int \mathrm{d}x\ f(x)\ \overline{g(x)} .$$

这里的积分范围是 $-\infty$ 至 ∞. 当积分范围为整个实数轴时，我们经常省略积分限.

另一个例子是 $\ell^2(\mathbb{Z})$，它是由所有平方和的复数序列组成的集合，其中的复数以整数为索引，有

$$\langle c, d \rangle = \sum_{n=-\infty}^{\infty} c_n\ \overline{d_n} .$$

同样，在对所有整数求和时，也经常省去求和索引的上下限. $L^2(\mathbb{R})$ 和 $\ell^2(\mathbb{Z})$ 都是无穷维希尔伯特空间. 较为简单的是有限维希尔伯特空间，$\mathbb{C}^k$ 是其典型例子，标量积为

$$\langle u, v \rangle = \sum_{j=1}^{k} u_j\ \bar{v}_j ,$$

其中 $u = (u_1, \cdots, u_k)$, $v = (v_1, \cdots, v_k) \in \mathbb{C}^k$.

希尔伯特空间总有正交基, 即 $\mathcal{H}$ 中存在向量族 e_n 满足

$$\langle e_n, e_m \rangle = \delta_{n,m} ,$$

而且, 对于所有 $u \in \mathcal{H}$ 有

$$\|u\|^2 = \sum_n |\langle u, e_n \rangle|^2.$$

(我们只考虑可分希尔伯特空间, 也就是其正交基可数的空间.) 正交基的例子包括: $L^2(\mathbb{R})$ 上的埃尔米特函数; $\ell^2(\mathbb{Z})$ 中由 $(e_n)_j = \delta_{n,j}$ $(n, j \in \mathbb{Z})$ 定义的序列 e_n (即除第 n 项之外的所有项为零); $\mathbb{C}^k$ 中的 k 个向量 $e_1, \cdots, e_k$, 其定义为 $(e_\ell)_m = \delta_{\ell,m}$, $1 \leqslant \ell, m \leqslant k$. (此处克罗内克符号 δ 取通常含义: 当 $i = j$ 时 $\delta_{i,j} = 1$, 当 $i \neq j$ 时 $\delta_{i,j} = 0$.)

希尔伯特空间的一个典型不等式是柯西–施瓦茨不等式

$$|\langle v, w \rangle| \leqslant \|v\| \, \|w\| , \tag{0.0.6}$$

利用 v 和 w 的适当线性组合, 写出式 (0.0.5) 即可得证. 特别地, 对于 $f, g \in L^2(\mathbb{R})$ 有

$$\left| \int \mathrm{d}x \, f(x) \, \overline{g(x)} \right| \leqslant \left(\int \mathrm{d}x \, |f(x)|^2 \right)^{1/2} \left(\int \mathrm{d}x \, |g(x)|^2 \right)^{1/2} ,$$

且对于 $c = (c_n)_{n \in \mathbb{Z}}$, $d = (d_n)_{n \in \mathbb{Z}} \in \ell^2(\mathbb{Z})$ 有

$$\sum_n c_n \overline{d_n} \leqslant \left(\sum_n |c_n|^2 \right)^{1/2} \left(\sum_n |d_n|^2 \right)^{1/2} .$$

式 (0.0.6) 的一个推论是

$$\|u\| = \sup_{v, \, \|v\| \leqslant 1} |\langle u, v \rangle| = \sup_{v, \, \|v\| = 1} |\langle u, v \rangle| . \tag{0.0.7}$$

$\mathcal{H}$ 上的 "算子" 是从 $\mathcal{H}$ 到另一希尔伯特空间 (通常就是它自身) 的线性映射. 显然, 若 A 是 $\mathcal{H}$ 上的一个算子, 则

$$A(\lambda_1 u_1 + \lambda_2 u_2) = \lambda_1 A u_1 + \lambda_2 A u_2 .$$

若在 $u - v$ 足够小时可使 $Au - Av$ 为任意小, 就说此算子是连续的. 显然, 对于所有 $\epsilon > 0$, 应当存在 δ (依赖于 ϵ), 使得在 $\|u - v\| \leqslant \delta$ 时 $\|Au - Av\| \leqslant \epsilon$. 若取 $v = 0$, $\epsilon = 1$, 则发现, 对于某一 $b > 0$, 若 $\|u\| \leqslant b$, 则 $\|Au\| \leqslant 1$. 对于任意 $w \in \mathcal{H}$, 可以定义 $w' = \frac{b}{\|w\|} w$. 显然, $\|w'\| \leqslant b$, 从而有 $\|Aw\| = \frac{\|w\|}{b} \|Aw'\| \leqslant b^{-1} \|w\|$. 若

$\|Aw\|/\|w\|$（$w \neq 0$）有界，就说算子 A 有界. 我们已经看到任意连续算子都是有界的，反之亦然. A 的范数 $\|A\|$ 定义为

$$\|A\| = \sup_{u \in \mathcal{H},\ \|u\| \neq 0} \|Au\|/\|u\| = \sup_{\|u\|=1} \|Au\| . \tag{0.0.8}$$

立即可以得出，对于所有 $u \in \mathcal{H}$ 有

$$\|Au\| \leqslant \|A\|\ \|u\| .$$

从 $\mathcal{H}$ 到 $\mathbb{C}$ 的算子称为"线性泛函". 对于有界线性泛函，有里斯表示定理：对于任意 $\ell: \mathcal{H} \to \mathbb{C}$，线性且有界，即对于所有 $u \in \mathcal{H}$ 有 $|\ell(u)| \leqslant C\|u\|$，存在唯一的 $v_\ell \in \mathcal{H}$ 使得 $\ell(u) = \langle u, v_\ell \rangle$.

一个从 $\mathcal{H}_1$ 到 $\mathcal{H}_2$ 的算子 U，若对于所有 $v, w \in \mathcal{H}_1$ 都有 $\langle Uv, Uw \rangle = \langle v, w \rangle$，就说算子 U 是等距的；若还有 $U\mathcal{H}_1 = \mathcal{H}_2$，即对于某一 $v_1 \in \mathcal{H}_1$，每个元素 $v_2 \in \mathcal{H}_2$ 都可写作 $v_2 = Uv_1$，就说 U 是酉算子. 若 e_n 构成 $\mathcal{H}_1$ 中的一个正交基，且 U 为酉算子，则 Ue_n 构成 $\mathcal{H}_2$ 中的一个正交基. 反之亦然：任何一个将正交基映射为另一正交基的算子都是酉算子.

一个集合 D，若每个 $u \in \mathcal{H}$ 都可写作 D 中某一序列 u_n 的极限，就说集合 D 在 $\mathcal{H}$ 中是稠密的.（于是可以说，D 的闭包就是整个 $\mathcal{H}$. 一个集合 S，若 v 可以通过对 S 中序列求极限得到，将所有这些 v 添加到 S，即可得到 S 的闭包.）若 Av 仅对于 $v \in D$ 有定义，但已知对于所有 $v \in D$ 有

$$\|Av\| \leqslant C\|v\| , \tag{0.0.9}$$

则可以"借助连续性"将 A 延拓到整个 $\mathcal{H}$. 显然，若 $u \in \mathcal{H}$，可找出 $u_n \in D$ 使得 $\lim_{n \to \infty} u_n = u$. 于是 u_n 必然是一个柯西序列，且根据式 (0.0.9) 可知，Au_n 也是如此. 因此 Au_n 存在极限，称为 Au（它不依赖于选定的具体序列 u_n）.

还可以使用无界算子，即对于算子 A，不存在有限值 C，使得 $\|Au\| \leqslant C\|u\|$ 对于所有 $u \in \mathcal{H}$ 均成立. 无界算子通常只能定义在 $\mathcal{H}$ 中的一个稠密集合 D 上，不能通过上述技巧进行延拓（因为它们是不连续的），这是一个无法改变的事实. 它的一个例子就是 $L^2(\mathbb{R})$ 中的 $\frac{\mathrm{d}}{\mathrm{d}x}$，其中可以取 $D = C_0^\infty(\mathbb{R})$，即由所有具有紧支撑集的无穷次可微函数组成的集合. 在上面定义算子的稠密集称为算子的定义域.

A 是从希尔伯特空间 $\mathcal{H}_1$ 到希尔伯特空间 $\mathcal{H}_2$（也可以是 $\mathcal{H}_1$ 本身）的一个有界算子，其伴随矩阵 A^* 是从 $\mathcal{H}_2$ 到 $\mathcal{H}_1$ 的算子，定义为

$$\langle u_1, A^* u_2 \rangle = \langle Au_1, u_2 \rangle ,$$

对于所有 $u_1 \in \mathcal{H}_1$, $u_2 \in \mathcal{H}_2$，上式均应成立.（根据里斯表示定理可以保证 A^* 的存在：对于固定的 u_2，可以用 $\ell(u_1) = \langle Au_1, u_2 \rangle$ 在 $\mathcal{H}_1$ 上定义一个线性泛函 ℓ. 它显

然有界，因此对应于一个向量 v，使得 $\langle u_1, v\rangle = \ell(u_1)$. 容易验证，对应关系 $u_2 \to v$ 是线性的；这就定义了算子 A^*.）伴随算子 A^* 有以下性质：

$$\|A^*\| = \|A\|, \quad \|A^*A\| = \|A\|^2.$$

若 $A^* = A$（仅当 A 将 $\mathcal{H}$ 映射到其自身时才可能成立），则称 A 为自伴算子. 若自伴算子 A 对于所有 $u \in \mathcal{H}$ 满足 $\langle Au, u\rangle \geqslant 0$，则称之为正算子，常记作 $A \geqslant 0$. 若 $A - B$ 是一个正算子，则记作 $A \geqslant B$.

迹族算子是一些特殊算子，对于 $\mathcal{H}$ 中的所有正交基，均满足 $\sum_n |\langle Ae_n, e_n\rangle|$ 是有限的. 对于这样一个迹族算子，$\sum_n \langle Ae_n, e_n\rangle$ 与选定的正交基无关，这个和值称为 A 的迹

$$\operatorname{tr} A = \sum_n \langle Ae_n, e_n\rangle.$$

若 A 为正，只需针对一个正交基验证 $\sum_n \langle Ae_n, e_n\rangle$ 是否为有限值就足够了：如果有限，那 A 就是迹族.（此结论对于非正算子不成立！）

一个从 $\mathcal{H}$ 到其自身的算子 A，如果 $\lambda \in \mathbb{C}$ 使 $A - \lambda \operatorname{Id}$（Id 表示单位算子，$\operatorname{Id} u = u$）不存在有界逆，则所有这些 λ 组成算子 A 的谱 $\sigma(A)$. 在有限维希尔伯特空间中，$\sigma(A)$ 由 A 的特征值组成；在无穷维希尔伯特空间中，$\sigma(A)$ 包含所有特征值（构成点谱），但还经常包含其他 λ，构成连续谱.（例如，在 $L^2(\mathbb{R})$ 中，$f(x)$ 与 $\sin \pi x$ 的乘积没有点谱，但它的连续谱是 $[-1, 1]$.）一个自伴算子的谱仅由实数组成；一个正算子的谱仅包含非负数. 谱半径 $\rho(A)$ 的定义为

$$\rho(A) = \sup\{|\lambda|;\ \lambda \in \sigma(A)\}.$$

它具有以下性质：

$$\rho(A) \leqslant \|A\| \quad \text{且} \quad \rho(A) = \lim_{n \to \infty} \|A^n\|^{1/n}.$$

自伴算子可实现对角化. 如果它们的谱仅由特征值组成（有限维时即是如此），这一结论最容易理解. 于是有

$$\sigma(A) = \{\lambda_n;\ n \in \mathbb{N}\},$$

有一个相应的正交特征向量族，

$$Ae_n = \lambda_n e_n.$$

于是得出，对于所有 $u \in \mathcal{H}$，

$$Au = \sum_n \langle Au, e_n\rangle e_n = \sum_n \langle u, Ae_n\rangle e_n = \sum_n \lambda_n \langle u, e_n\rangle e_n,$$

这就是 A 的对角化表示.（如果谱的一部分或全部是连续的，还可以根据谱定理推广上述结论，但本书不需要做此推广.）如果两个算子可交换，即对于所有 $u \in \mathcal{H}$ 均有 $ABu = BAu$，则可以对它们同时进行对角化：存在一个正交基，使得

$$Ae_n = \alpha_n e_n \quad 及 \quad Be_n = \beta_n e_n .$$

有界算子的许多性质同样可适用于无界算子：对于无界算子，伴随、谱、对角化都是存在的. 但对于定义域要特别小心. 例如，要推广可交换算子的同时对角化，就需要非常小心地定义可交换算子：存在一些这样的病态例子，A 和 B 的定义域均为 D，其中，AB 和 BA 在 D 上均有意义，且在 D 上相等，但 A 和 B 却不能同时对角化 [因为 D 选择得"太小". 请参阅 Reed 和 Simon (1971) 给出的例子]. 无界自伴算子可交换的正确定义用到了相关联的有界算子：若与 H_1 和 H_2 相关联的酉演化算子是可交换的，H_1 和 H_2 就是可交换的. 对于一个自伴算子 H，相关联的酉演化算子 U_t 定义如下：对于任意 $v \in D$，其中 D 是 H 的定义域（小心：一个自伴算子的定义域并不一定恰好是使 H 有定义的任意稠密集），$U_T v$ 是初始条件为 $v(0) = v$ 的微分方程

$$i \frac{\mathrm{d}}{\mathrm{d}t} v(t) = Hv(t)$$

在时刻 $t = T$ 的解 $v(t)$.

巴拿赫空间与希尔伯特空间有许多相同性质，但要更广泛一些. 它们是赋以范数（此范数不一定通常也不是由标量积导出的）且对该范数完备（即所有柯西序列均收敛，见上文）的线性空间. 前文针对希尔伯特空间复习的一些概念（例如：有界算子、线性泛函、谱和谱半径）在巴拿赫空间中同样存在. 是巴拿赫空间但不是希尔伯特空间的一个例子是 $1 \leqslant p < \infty$ 且 $p \neq 2$ 时的 $L^p(\mathbb{R})$，它是 $\mathbb{R}$ 上所有满足 $\|f\|_{L^p}$（见式 (0.0.2)）有限的函数 f 的集合. 另一个例子是 $L^\infty(\mathbb{R})$，是 $\mathbb{R}$ 上所有有界函数组成的集合，且赋以范数 $\|f\|_{L^\infty} = \sup_{x \in \mathbb{R}} |f(x)|$. 巴拿赫空间 E 的对偶空间 E^* 是 E 上所有有界线性函数的集合，它还是一个线性空间，具有一个自然范数（定义同式 (0.0.8)），且关于该范数是完备的：E^* 本身是一个巴拿赫空间. 对于满足 $1 \leqslant p < \infty$ 的 L^p 空间，可以证明，L^q（其中 p 和 q 满足关系式 $p^{-1} + q^{-1} = 1$）中的所有元素定义了 L^p 上的有界线性泛函. 事实上，我们有赫尔德不等式

$$\left| \int \mathrm{d}x \, f(x) \, \overline{g(x)} \right| \leqslant \|f\|_{L^p} \, \|g\|_{L^q} .$$

可以证明，L^p 上的所有有界泛函都是这一类型，即 $(L^p)^* = L^q$. 特别地，L^2 是自对偶的. 根据里斯表示定理（见前文），每个希尔伯特空间都是自对偶的. 一个从 E_1 到 E_2 的算子 A，其共轭算子 A^* 是从 E_2^* 到 E_1^* 的算子，其定义为

$$(A^* \ell_2)(v_1) = \ell_2(Av_1) .$$

巴拿赫空间中存在不同类型的基.（我们在这里仍然仅考虑可分空间，它的基是可数的.）若对于所有 $v \in E$，存在唯一的 $\mu_n \in \mathbb{C}$，使得 $v = \lim_{N \to \infty} \sum_{n=1}^{N} \mu_n e_n$（即当 $N \to \infty$ 时 $\|v - \sum_{n=1}^{N} \mu_n e_n\| \to 0$），就称 e_n 构成了一个绍德尔基. μ_n 的唯一性要求迫使 e_n 是线性独立的，所谓线性独立是指，任何一个 e_n 都不会出现在所有其他元素线性展开的闭包中，即不存在满足 $e_n = \lim_{N \to \infty} \sum_{m=1,\ m \neq n}^{N} \gamma_m e_m$ 的 γ_m. 在绍德尔基中，e_n 的顺序可能非常重要. 如果一个基还满足以下两个等价条件之一，就说它是无条件基：

- 若 $\sum_n \mu_n e_n \in E$，则有 $\sum_n |\mu_n| e_n \in E$；
- 若 $\sum_n \mu_n e_n \in E$，且 $\epsilon_n = \pm 1$，针对每个 n 随机选择，则 $\sum_n \mu_n \epsilon_n e_n \in E$.

对于无条件基，选择基向量的顺序无关. 并非所有巴拿赫空间都有无条件基：$L^1(\mathbb{R})$ 和 $L^\infty(\mathbb{R})$ 就没有无条件基.

在希尔伯特空间 $\mathcal{H}$ 中，无条件基也称为里斯基. 里斯基也可用以下等价要求描述：存在 $\alpha > 0$，$\beta < \infty$，使得对于所有 $u \in \mathcal{H}$ 均满足

$$\alpha \|u\|^2 \leqslant \sum_n |\langle u, e_n \rangle|^2 \leqslant \beta \|u\|^2. \tag{0.0.10}$$

若 A 是一个存在有界逆的有界算子，则 A 将任何正交基映射为里斯基. 而且，所有里斯基都可以表示为一个正交基的这种映像. 在某种意义上来说，里斯基是仅次于正交基的最好基. 注意，式 (0.0.10) 中的不等式不足以保证 e_n 构成一个里斯基：还需要 e_n 线性独立！

目　　录

第1章

小波综述：内容、原因、方式

小波变换是一种工具，它将数据、函数或算子划分为不同的频率分量，然后用一种与其尺度相适应的分解来研究每一分量. 这一方法的先驱性工具是在不同领域独立完成的，包括纯数学领域（调和分析中的 Calderón 单位分解，可参见 Calderón (1964)）、物理学领域（量子力学中 $(ax + b)$ 群的相干态，最早由 Aslaksen 和 Klauder (1968) 构造，后来由 Paul (1985) 联系到氢原子哈密顿函数），还有工程学领域（Esteban 和 Galland (1977) 的 QMF 滤波器，以及随后在电气工程学中 Smith 和 Barnwell (1986)、Vetterli (1986) 的具有准确重构特性的 QMF 滤波器，以及 J. Morlet (1983) 提出的用于分析地震数据的小波概念）. 在过去五年里，所有这些不同方法开始融合，已经非常成熟，可用于所有相关领域.

让我们暂且停留在信号分析框架内.（相关讨论可以轻松转换到其他领域.）一个随时间变化的信号（例如，听觉应用中耳膜所受压力的幅度），其小波变换取决于两个变量：尺度（或频率）和时间. 小波提供了一种实现时频局部化的工具. 第一节会告诉我们时频局部化是什么，为什么关注它. 后续各节将介绍不同类型的小波.

1.1 时频局部化

在许多应用领域中，给定一个信号 $f(t)$（暂时假定 t 为连续变量），人们关心的是在某一局部时间内的频率分量. 比如，这就类似于乐谱，告诉演奏者在任意给定时刻应当演奏哪些音高（= 频率信息）. 标准傅里叶变换

$$(\mathcal{F}f)(\omega) = \frac{1}{\sqrt{2\pi}} \int dt \ e^{-i\omega t} f(t)$$

也可以给出 f 频率分量的一种表示，但有关（比如）高频脉冲时间局部化的信息却无法从 $\mathcal{F}f$ 读取出来. 为获得时间局部化信息，可以首先对信号 f 加窗，仅留下 f 中一段定位准确的片段，然后对其取傅里叶变换：

$$(T^{\text{win}}f)(\omega,t) = \int \mathrm{d}s\, f(s)\, g(s-t)\mathrm{e}^{-i\omega s}\,. \tag{1.1.1}$$

这就是加窗傅里叶变换，它是实现时频局部化的标准方法. [1] 信号分析师们更熟悉的是它的离散版本，其中的 t 和 ω 被赋以间隔相等的值：$t = nt_0,\ \omega = m\omega_0$，其中 m, n 的取值范围为 $\mathbb{Z}$，$\omega_0, t_0 > 0$ 为定值. 则式 (1.1.1) 变为

$$T^{\text{win}}_{m,n}(f) = \int \mathrm{d}s\, f(s)\, g(s-nt_0)\, \mathrm{e}^{-im\omega_0 s}\,. \tag{1.1.2}$$

这一过程的示意图在图 1.1 中给出：对于固定的 n 值，$T^{\text{win}}_{m,n}(f)$ 对应于 $f(\cdot)g(\cdot - nt_0)$ 的傅里叶系数. 例如，若 g 是紧支撑的，显然，通过恰当选择 ω_0，傅里叶系数 $T^{\text{win}}_{m,n}(f)$ 就足以描述 $f(\cdot)g(\cdot - nt_0)$ 的特征，并可以在需要时进行重构. 改变 n 值，相当于将这些"片断"平移了步长 t_0 或其整数倍，从而可以从 $T^{\text{win}}_{m,n}(f)$ 中恢复出整个 f.（在第 3 章讨论这一内容时，将给出更多的数学细节.）人们已经为信号分析中的窗函数 g 提出了多种选择，大部分都具有紧支撑和适当的光滑度. 在物理学中，式 (1.1.1) 与相干态表示有关，$g^{\omega,t}(s) = \mathrm{e}^{i\omega s}g(s-t)$ 是与外尔–海森伯群相关的相干态 [例如，参见 Klauder 和 Skagerstam (1985)]. 在这一应用环境中，经常将窗函数 g 选为高斯函数. 在所有应用中，都认为 g 在时间和频率上都很集中. 如果 g 和 $\hat{g}$ 都集中在零附近，就可以宽松地将 $(T^{\text{win}}f)(\omega,t)$ 解读为 f 在时刻 t 和频率 ω 附近的内容. 于是，加窗傅里叶变换就可以在时频平面上描述 f.

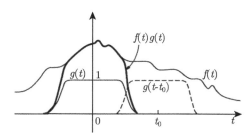

图 1.1　加窗傅里叶变换：将函数 $f(t)$ 与窗函数 $g(t)$ 相乘，然后计算乘积 $f(t)g(t)$ 的傅里叶系数；然后对窗口的平移版本 $g(t-t_0), g(t-2t_0), \cdots$ 重复此过程

1.2　小波变换：与加窗傅里叶变换的相似与不同

小波变换提供了一种类似的时频描述，但有一些非常重要的不同. 与式 (1.1.1) 和式 (1.1.2) 类似的小波变换公式为

$$(T^{\text{wav}}f)(a,b) = |a|^{-1/2} \int \mathrm{d}t \; f(t) \, \psi\left(\frac{t-b}{a}\right) \tag{1.2.1}$$

和

$$T_{m,n}^{\text{wav}}(f) = a_0^{-m/2} \int \mathrm{d}t \; f(t) \, \psi(a_0^{-m}t - nb_0) \,. \tag{1.2.2}$$

在这两种情况下，均假定 ψ 满足

$$\int \mathrm{d}t \; \psi(t) = 0 \tag{1.2.3}$$

（其原因在第 2 章和第 3 章解释）.

表达式 (1.2.2) 同样是由式 (1.2.1) 得到的：将 a,b 限制为仅取离散值，在本例中为 $a = a_0^m$, $b = nb_0 a_0^m$, m,n 的取值范围为 $\mathbb{Z}$, 且 $a_0 > 1$, $b_0 > 0$ 固定. 小波变换与加窗傅里叶变换之间的相似之处非常清楚：式 (1.1.1) 和式 (1.2.1) 均采用 f 与双指标函数族的内积形式，式 (1.1.1) 中的函数族为 $g^{\omega,t}(s) = \mathrm{e}^{i\omega s}g(s-t)$, 式 (1.2.1) 中为 $\psi^{a,b}(s) = |a|^{-1/2}\,\psi\left(\frac{s-b}{a}\right)$. 函数 $\psi^{a,b}$ 称为"小波"，函数 ψ 有时称为 "母小波".（注意，ψ 和 g 均隐含假定为实函数，尽管这绝不是本质所在. 如果它们不是实函数，则必须在式 (1.1.1) 和 (1.2.1) 中引入复共轭.）ψ 的一个典型选择是 $\psi(t) = (1-t^2)\exp(-t^2/2)$，它是高斯函数的二次导函数，因为它很像是一个墨西哥宽边帽的横截面，所以有时称为"墨西哥帽函数". 墨西哥帽函数在时域和频域都具有很好的局部化特性，满足式 (1.2.3). 当 a 变化时，$\psi^{a,0}(s) = |a|^{-1/2}\psi(s/a)$ 覆盖不同的频率范围（尺度参数 $|a|$ 的大值对应于低频，或者大尺度 $\psi^{a,0}$; $|a|$ 的小值对应于高频，或者非常精细的尺度 $\psi^{a,0}$). 改变参数 b 还可以移动时间局部的中心：每个 $\psi^{a,b}(s)$ 都定位在 $s = b$ 附近. 由此可知，式 (1.2.1) 与式 (1.1.1) 类似，提供了 f 的时频描述. 小波变换与加窗傅里叶变换之间的区别在于分析函数 $g^{\omega,t}$ 和 $\psi^{a,b}$ 的形状，如图 1.2 所示. 函数 $g^{\omega,t}$ 都包含同一包络函数 g, 这一包络函数平移到某个合适的时间位置，并"填充"高频振荡信号. 无论 ω 的取值如何，所有 $g^{\omega,t}$ 的宽度均相同. 与之相对的是，$\psi^{a,b}$ 的时间宽度与其频率相适应：高频 $\psi^{a,b}$ 非常窄，而低频 $\psi^{a,b}$ 则要宽得多. 结果，与加窗傅里叶变换相比，小波变换在"放大"非常短时的高频现象（比如信号中的瞬变，或者函数、积分核中的奇点）方面具有更强的能力. 这一情况在图 1.3 中展示，它给出了同一信号 f 的加窗傅里叶变换和小波变换，f 的定义为

$$f(t) = \sin(2\pi\nu_1 t) \; + \; \sin(2\pi\nu_2 t) \; + \; \gamma[\delta(t-t_1) + \delta(t-t_2)] \,.$$

在实践中，这一信号不是以连续表达式方式给出，而是以采样形式给出，为近似表示添加 δ 函数的过程，仅向一个采样添加一个常数. 得到采样版本为

$$f(n\tau) = \sin(2\pi\nu_1 n\tau) \; + \; \sin(2\pi\nu_2 n\tau) \; + \; \alpha[\delta_{n,n_1} + \delta_{n,n_2}] \,.$$

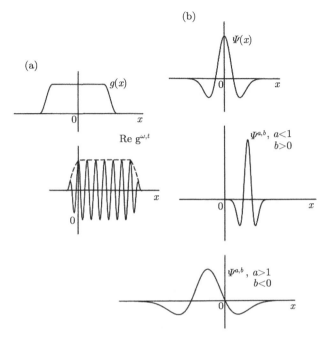

图 1.2　　两种函数的典型形状，(a) 加窗傅里叶变换函数 $g^{\omega,t}$，(b) 小波 $\psi^{a,b}$. $g^{\omega,t}(x) = \mathrm{e}^{i\omega x} g(x-t)$ 可看作将包络 g 平移后，"填以"更高频的信号；$\psi^{a,b}$ 是同一函数经过平移和压缩（或拉伸）后的所有副本

对于图 1.3(a) 中的示例，$\nu_1 = 500$ Hz, $\nu_2 = 1$ kHz, $\tau = 1/8\,000$ s（即每秒有 8\,000 个采样），$\alpha = 1.5$, $n_2 - n_1 = 32$（也就是两个脉冲之间有 4 ms）. 图 1.3(b) 中的三个频谱图（加窗傅里叶变换模的图形）使用了标准的汉明窗，宽度分别为 12.8 ms、6.4 ms 和 3.2 ms.（在这些图中，时间 t 水平变化，频率 ω 垂直变化；灰阶表示 $|T^{\mathrm{win}}(f)|$ 的值，黑色表示最高值.）当窗口宽度增加时，两个纯音的分辨率变得更好，而两个脉冲变得难以分辨，甚至完全无法分辨. 图 1.3(c) 显示了利用（复数）Morlet 小波 $\psi(t) = C\,\mathrm{e}^{-t^2/\alpha^2}(\mathrm{e}^{i\pi t} - \mathrm{e}^{-\pi^2\alpha^2/4})$（其中 $\alpha = 4$）进行计算后，得到 f 小波变换的模.（为便于与频谱图对比，这里使用了线性频率坐标轴. 对于小波变换，多采用对数频率坐标轴.）我们已经看到，这两个脉冲的分辨情况甚至比 3.2 ms 的汉明窗口（图 1.3(b) 右图）还要好，而两个纯音的频率分辨率可以与 6.4 ms 汉明窗口（图 1.3(b) 中图）得到的结果相比. 图 1.3(d) 中更清楚地显示了这些频率分辨率的对比：这里比较了频谱图（即 $|(T^{\mathrm{win}} f)(\cdot,t)|$ 在固定 t 时的曲线）和小波变换模（$|(T^{\mathrm{wav}} f)(\cdot,b)|$，$b$ 固定）的片断. 小波变换的动态范围（两个峰值之间的最大值与最小值之比）可以与 6.4 ms 频谱图相比.[注意，图 1.3(d) 曲线中小波变换的"尾部"非常平坦，这是绘图软件的典型结果，与频谱图曲线相比，它设置了一个相当

高的截止. 毕竟，这一截止已经是 $-24\,\mathrm{dB}$ 了.]

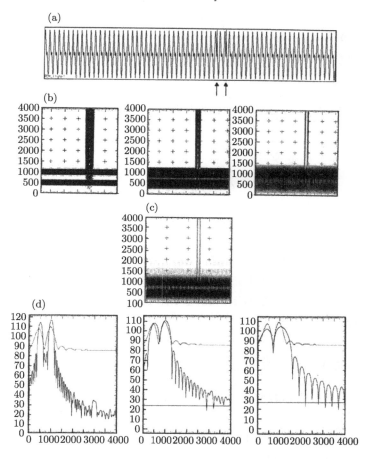

图 1.3   (a) 信号 $f(t)$. (b) 以三种不同窗口宽度对 f 的加窗傅里叶变换. 它们是所谓的频谱图: 在横坐标 t 和纵坐标 ω 平面内仅绘制了 $|T^{\mathrm{win}}(f)|$（相位未绘制），以灰阶加以区分（最高值 = 黑，0 = 白，中间灰阶与 $\log|T^{\mathrm{win}}(f)|$ 成正比）. (c) f 的小波变换. 为与 (b) 对比，我们也以同样的灰阶方法和线性频率坐标轴（即纵标对应于 a^{-1}）来绘制 $|T^{\mathrm{wav}}(f)|$. (d) 三个频谱图与小波变换之间的频率分辨率比较. 感谢 Oded Ghitza 生成本图

    事实上，人类的耳朵在分析声音时已经使用了小波变换，至少在最初阶段是这样的. 声压幅值振荡变化，从耳鼓传送到基底膜，基底膜在整个耳蜗长度上延伸. 耳蜗螺旋延伸到内耳. 设想一下，如果它不是螺旋的，变成一个直线段，从而使基底膜也相应拉直. 于是可以沿这一直线段引入坐标 y. 试验与数值仿真表明，一个纯音压力波 $f_\omega(t) = \mathrm{e}^{\mathrm{i}\omega t}$ 会沿基底膜产生响应激励，该响应的频率在时域内保持不变，但

在 y 轴有一个包络 $F_\omega(t,y) = \mathrm{e}^{i\omega t}\,\phi_\omega(y)$. 在一阶近似中（当频率 ω 高于 500 Hz 时它的效果相当好），ω 对 $\phi_\omega(y)$ 的影响相当于将其平移了 $\log\omega$，即：存在一个函数 ϕ，使 $\phi_\omega(y)$ 非常接近于 $\phi(y - \log\omega)$. 对于一般激励函数 $f(t) = \frac{1}{\sqrt{2\pi}}\int \mathrm{d}\omega\,\hat f(\omega)\mathrm{e}^{i\omega t}$，通过"基本响应函数"的相应叠加，可以得出其响应函数 $F(t,y)$ 为

$$
\begin{aligned}
F(t,y) &= \frac{1}{\sqrt{2\pi}}\int \mathrm{d}\omega\,\hat f(\omega)\,F_\omega(t,y)\\
&= \frac{1}{\sqrt{2\pi}}\int \mathrm{d}\omega\,\hat f(\omega)\,\mathrm{e}^{i\omega t}\phi(y - \log\omega)\ .
\end{aligned}
$$

如果现在引入一个参数变换，定义

$$
\hat\psi(\mathrm{e}^{-x}) = (2\pi)^{-1/2}\,\phi(x),\quad G(a,t) = F(t,\log a)\ ,
$$

则得出

$$
G(a,t) = \int \mathrm{d}t'\,f(t')\,\psi(a(t - t'))\ ,
$$

（在归一化之后，）这就是一个小波变换. 尺度参数出现了，这当然是因为 ϕ_ω 中的频率具有对数平移. 在我们自身生物声学分析过程的第一阶段出现了小波变换，这意味着在声学分析中，与其他方法相比，基于小波的方法更容易得出一些不会被人耳察觉的压缩方式.

1.3　不同类型的小波变换

有许多不同类型的小波变换，它们都源于基本公式 (1.2.1) 和 (1.2.2). 本书做如下区分：

A. 连续小波变换，式 (1.2.1)；

B. 离散小波变换，式 (1.2.2).

在离散小波变换中，进一步区分：

B1. 冗余离散系统（框架）；

B2. 正交（及其他）小波基.

1.3.1　连续小波变换

这里的伸缩与平移参数 a 和 b 在 $\mathbb{R}$ 内连续变化（但具有约束条件 $a \neq 0$）. 这种小波变换由式 (1.2.1) 给出，利用下面的"单位分解"公式，可以由一个函数的小波变换重构出该函数：

$$
f = C_\psi^{-1}\int_{-\infty}^{\infty}\int_{-\infty}^{\infty}\frac{\mathrm{d}a\,\mathrm{d}b}{a^2}\langle f,\psi^{a,b}\rangle\,\psi^{a,b}\ , \tag{1.3.1}
$$

其中，$\psi^{a,b}(x) = |a|^{-1/2}\,\psi\left(\frac{x-b}{a}\right)$，$\langle\ ,\ \rangle$ 表示 L^2 内积. 常数 C_ψ 仅取决于 ψ，可由

$$C_\psi = 2\pi \int_{-\infty}^{\infty} d\xi \, |\hat{\psi}(\xi)|^2 \, |\xi|^{-1} \tag{1.3.2}$$

给出, 假设 $C_\psi < \infty$ (否则式 (1.3.1) 无意义). 如果 ψ 在 $L^1(\mathbb{R})$ 中 (在所有有实际意义的例子中都是如此), 则 $\hat{\psi}$ 连续, 因此, 仅当 $\hat{\psi}(0) = 0$, 即 $\int dx \, \psi(x) = 0$ 时, C_ψ 才会是有限值. 式 (1.3.1) 的证明在第 2 章给出. (注意, 我们隐含地假定 ψ 为实值. 对于复值 ψ, 在式 (1.2.1) 中应当使用 $\bar{\psi}$ 而非 ψ. 在一些应用中这种复值 ψ 是有用的.)

可以从两种方式来看待表达式 (1.3.1): (1) 可以看作由小波变换 $T^{\mathrm{wav}}f$ 重构函数 f 的方法, (2) 也可以看作将函数 f 记作小波 $\psi^{a,b}$ 叠加形式的方法. 叠加系数正好由 f 的小波变换给出. 这两个视角都会引出很有意义的应用.

对应关系 $f(x) \to (T^{\mathrm{wav}}f)(a,b)$ 用一个两变量函数表示一个单变量函数, 其中建立了大量关系 (见第 2 章). 这一表示形式的冗余性可加以利用. 一种很美妙的应用就是信号的 "骨架" (skeleton) 概念, 它从连续小波变换中提取出来, 可用于非线性滤波 [例如, 参阅 Torrésani (1991)、Delprat 等 (1992)].

1.3.2 离散但冗余的小波变换框架

在这种情况下, 伸缩因子 a 和平移参数 b 都只能取离散值. 对于 a, 我们将其取为一个固定伸缩参数 $a_0 > 1$ 的整数 (正整数或负整数) 次幂, 即 $a = a_0^m$. 图 1.2 已经显示, m 的不同取值对应于不同宽度的小波. 由此可知, 平移参数 b 的离散化应当依赖于 m: 窄的 (高频) 小波应当平移较小步长, 以覆盖整个时间范围, 而宽的 (低频) 小波则应当平移较大的步长. 由于 $\psi(a_0^{-m}x)$ 的宽度与 a_0^m 成正比, 所以我们选择将 b 离散为 $b = nb_0a_0^m$, 其中 $b_0 > 0$ 固定且 $n \in \mathbb{Z}$. 相应的离散小波为

$$\psi_{m,n}(x) = a_0^{-m/2} \, \psi(a_0^{-m}(x - nb_0a_0^m))$$
$$= a_0^{-m/2} \, \psi(a_0^{-m}x - nb_0) \, . \tag{1.3.3}$$

图 1.4(a) 示意出了与 $\psi_{m,n}$ 对应的时频局部中心的格点. 对于给定函数 f, 内积 $\langle f, \psi_{m,n} \rangle$ 恰好给出了式 (1.2.2) 中定义的离散小波变换 $T_{m,n}^{\mathrm{wav}}(f)$ (再次假定 ψ 为实函数).

在离散情况下, 通常不再存在类似于连续情况中式 (1.3.1) 的 "单位分解" 公式. 即使可能的话, 由 $T^{\mathrm{wav}}(f)$ 对 f 的重构也必须通过其他某种方式完成. 很自然就会产生以下问题:

(1) 知道了 $T^{\mathrm{wav}}(f)$, 能否完整描述 f 的特性?

(2) 能否采用某种数值稳定的方法由 $T^{\mathrm{wav}}(f)$ 重构 f?

这些问题关心的是由 f 的小波变换对 f 的重构. 我们还可以考虑它的对偶问题 (见 1.3.1 节), 即是否可能将 f 展开为小波, 这样就会引出对偶问题:

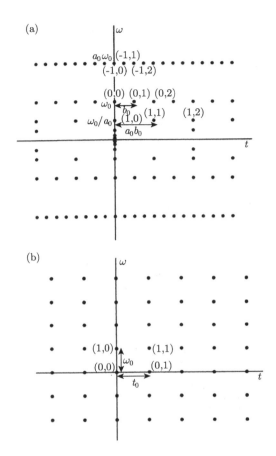

图 1.4   小波变换和加窗傅里叶变换的时频局部格点. (a) 小波变换: $\psi_{m,n}$ 在时域位于 $a_0^m n b_0$
          附近. 这里假定 $|\hat{\psi}|$ 在频率上有两个峰值, 位于 $\pm\xi_0$ 处 (例如, 墨西哥帽小波
          $\psi(t) = (1 - t^2)\mathrm{e}^{-t^2/2}$ 就是这种情况); $|\hat{\psi}_{m,n}(\xi)|$ 的峰值位于 $\pm a_0^m \xi_0$ 处, 它们是
          $\psi_{m,n}$ 在频域内的两个局部中心. (b) 加窗傅里叶变换: $g_{m,n}$ 在时域内位于 nt_0 附
          近, 在频域内位于 $m\omega_0$ 附近

(1′) 是否任何函数都可以写为 $\psi_{m,n}$ 的叠加形式?

(2′) 是否存在一种数值稳定的算法来计算这种展开式的系数?

第 3 章将讨论这些问题. 与连续情况一样, 这些离散小波变换通常也会为原函数提
供一种具有很高冗余度的描述. 这种冗余度可加以利用 (例如, 有可能仅以近似方
式计算小波变换, 但仍能以相当高的精度重构出 f), 或者, 也可以消除这种冗余
度, 将变换化简为它的最本质形式 [例如, Mallat 和 Zhong (1992) 在图像压缩中所
做的工作]. 正是在这种离散形式下, 小波变换最接近于 Frazier 和 Jawerth (1988)
的 "ϕ 变换".

在连续小波变换中，或者在离散小波族的框架中，小波 ψ 的选择仅受一条限制，那就是式 (1.3.2) 中定义的 C_ψ 是有限的. 从实用角度考虑，ψ 的选择通常要在时域和频域均具有很好的局部化特性，即使如此，也仍有很大的选择自由度. 下一节将会看到，如何通过放弃这种选择自由度来构成正交小波基.

1.3.3 正交小波基：多分辨率分析

对于 ψ 和 a_0, b_0 的一些非常特殊的选择，$\psi_{m,n}$ 构成 $L^2(\mathbb{R})$ 的一个正交基. 具体来说，如果选择 $a_0 = 2, b_0 = 1$，[2] 则存在 ψ，它具有良好的时频局部化特性，使得

$$\psi_{m,n}(x) = 2^{-m/2}\,\psi(2^{-m}x - n) \tag{1.3.4}$$

构成 $L^2(\mathbb{R})$ 的一个正交基.（从现在起直到第 10 章，均限于 $a_0 = 2$.）哈尔（Haar）函数

$$\psi(x) = \begin{cases} 1, & 0 \leqslant x < \dfrac{1}{2}, \\ -1, & \dfrac{1}{2} \leqslant x < 1, \\ 0, & \text{其他} \end{cases}$$

是这种函数 ψ 的一个最古老例子，根据式 (1.3.4) 定义的 $\psi_{m,n}$ 构成了 $L^2(\mathbb{R})$ 的一个正交基. 哈尔在 1910 年就已经知道哈尔基了（见 Haar (1910)）. 注意，哈尔函数并不具备良好的时频局部化特性：它的傅里叶变换 $\hat{\psi}(\xi)$ 在 $\xi \to \infty$ 时的衰减速度与 $|\xi|^{-1}$ 相当. 但这里只是将其用于说明. 下面将证明哈尔族的确构成了一个正交基. 这一证明与大多数教科书中的证明都不一样，事实上它将以多分辨率分析作为工具.

为证明 $\psi_{m,n}(x)$ 构成了一个正交基，需要证实：

(1) $\psi_{m,n}$ 是正交的；

(2) 任何 L^2 函数都可以用 $\psi_{m,n}$ 的有限线性组合以任意精度逼近.

正交性很容易证明. 由于 support $(\psi_{m,n}) = [2^m n, 2^m(n+1)]$，所以可推得两个尺度相同（$m$ 值相同）的哈尔小波绝对不会重叠，因此，$\langle \psi_{m,n}, \psi_{m,n'} \rangle = \delta_{n,n'}$. 如果两个小波的尺度不同，可能会出现重叠支集，如图 1.5 所示. 但容易验证：若 $m < m'$，则 support $(\psi_{m,n})$ 整个落在 $\psi_{m',n'}$ 为常量的一个区域内（如图中所示）. 由此可推得，$\psi_{m,n}$ 和 $\psi_{m',n'}$ 的内积与 ψ 本身的积分成正比，该积分值为零.

现在重点来看看，一个任意函数 f 可以用哈尔小波的线性组合做到多么逼近. $L^2(\mathbb{R})$ 中的任意函数 f 都可以用一个函数做到任意逼近，这个函数具有紧支集，且

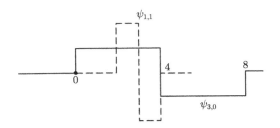

图 1.5   两个哈尔小波. "较窄"小波的支集完全包含在一个区间内，
在此区间内"较宽"小波为常值

在区间 $[\ell 2^{-j}, (\ell+1)2^{-j})$[①] 上逐段取常量（只要让支集和 j 足够大即可）. 之后我们将仅限于这种分段的常值函数：假定 f 支撑于 $[-2^{J_1}, 2^{J_1}]$ 上，且在 $[\ell 2^{-J_0}(\ell+1)2^{-J_0}]$ 上为分段常值函数，其中 J_1 和 J_0 均可为任意大（见图 1.6）. 我们将 $[\ell 2^{-J_0}, (\ell+1)2^{-J_0})$ 上的常值 $f^0 = f$ 记为 f_ℓ^0. 现在将 f^0 表示为两部分之和，$f^0 = f^1 + \delta^1$，其中 f^1 是 f^0 的一个逼近，它在一个大小为原区间两倍的区间上为分段常值，即 $f^1|_{[k2^{-J_0+1},(k+1)2^{-J_0+1})} \equiv$ 常值 $= f_k^1$. 数值 f_k^1 等于两个与 f^0 对应的常数值的均值，$f_k^1 = \frac{1}{2}(f_{2k}^0 + f_{2k+1}^0)$（见图 1.6）. 函数 δ^1 也是分段常值，其步长与 f^0 相等. 立即可得出

$$\delta_{2\ell}^1 = f_{2\ell}^0 - f_\ell^1 = \frac{1}{2}(f_{2\ell}^0 - f_{2\ell+1}^0)$$

和

$$\delta_{2\ell+1}^1 = f_{2\ell+1}^0 - f_\ell^1 = \frac{1}{2}(f_{2\ell+1}^0 - f_{2\ell}^0) = -\delta_{2\ell}^1 .$$

由此推得，δ^1 是经过平移及尺度变换的哈尔函数的线性组合：

$$\delta^1 = \sum_{\ell=-2^{J_1+J_0-1}+1}^{2^{J_1+J_0-1}} \delta_{2\ell}^1 \psi(2^{J_0-1}x - \ell) .$$

于是将 f 写为

$$f = f^0 = f^1 + \sum_\ell c_{-J_0+1,\ell}\ \psi_{-J_0+1,\ell} ,$$

其中，f^1 与 f^0 为同种类型，但步长（宽度）为其两倍. 可以对 f^1 应用同一技巧，使得

$$f^1 = f^2 + \sum_\ell c_{-J_0+2,\ell}\ \psi_{-J_0+2,\ell} ,$$

而 f^2 仍然在 $[-2^{J_1}, 2^{J_1}]$ 上获得支撑，但在更大的区间 $[k2^{-J_0+2}, (k+1)2^{-J_0+2})$ 上为分段常值. 如此继续下去，直到得出

[①] 原书用 $[a, b[$ 表示左闭右开区间，中译本按我国数学书的习惯改为 $[a, b)$. 用 $]a, b[$ 表示开间区是布尔巴基学派引入的记号，通行于法国数学界，参见 https://en.wikipedia.org/wiki/Interval_(mathematics). —— 编者注

$$f = f^{J_0+J_1} + \sum_{m=-J_0+1}^{J_1} \sum_{\ell} c_{m,\ell}\,\psi_{m,\ell}.$$

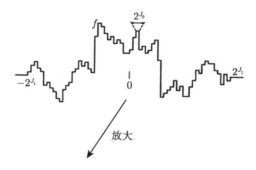

图 1.6   (a) 函数 f, 支集为 $[-2^{J_1}, 2^{J_1}]$, 在 $[k2^{-J_0}, (k+1)2^{-J_0})$ 上为分段常值. (b) f 中一部分的放大显示. 在每一对间隔上, f 都由其平均值代替 ($\longrightarrow f^1$), f 与 f^1 之差为 δ^1, 它是哈尔小波的线性组合

    这里的 $f^{J_0+J_1}$ 由两个常值部分组成（见图 1.7）, $f^{J_0+J_1}|_{[0,2^{J_1})} \equiv f_0^{J_0+J_1}$ 等于 f 在 $[0, 2^{J_1})$ 上的均值, 而 $f^{J_0+J_1}|_{[-2^{J_1},0)} \equiv f_{-1}^{J_0+J_1}$ 则等于 f 在 $[-2^{J_1}, 0)$ 上的均值.

    尽管我们已经"填充"了 f 的整个支集, 但仍然可以继续使用前面的求平均技巧: 没有什么阻止我们在水平轴上由 2^{J_1} 拓宽到 2^{J_1+1}, 并记为 $f^{J_1+J_2} = f^{J_1+J_2+1} + \delta^{J_1+J_2+1}$, 其中

$$f^{J_1+J_2+1}|_{[0,2^{J_1+1})} \equiv \tfrac{1}{2} f_0^{J_1+J_2}, \quad f^{J_1+J_2+1}|_{[-2^{J_1+1},0)} \equiv \tfrac{1}{2} f_{-1}^{J_1+J_2}$$

且

$$\delta^{J_1+J_2} = \tfrac{1}{2} f_0^{J_1+J_2} \psi(2^{-J_1-1}x) - \tfrac{1}{2} f_{-1}^{J_1+J_2} \psi(2^{-J_1-1}x+1)$$

（见图 1.7）. 可以再次重复这一过程, 得到

$$f = f^{J_0+J_1+K} + \sum_{m=-J_0+1}^{J_1+K} \sum_{\ell} c_{m,\ell}\,\psi_{m,\ell},$$

其中，支集 support $(f^{J_0+J_1+K}) = [-2^{J_1+K}, 2^{J_1+K}]$,

$$f^{J_0+J_1+K}|_{[0,2^{J_1+K})} = 2^{-K} f_0^{J_0+J_1}, \quad f^{J_0+J_1+K}|_{[-2^{J_1+K},0)} = 2^{-K} f_{-1}^{J_0+J_1}.$$

立即可以得出

$$\left\| f - \sum_{m=-J_0+1}^{J_1+K} \sum_{\ell} c_{m,\ell}\, \psi_{m,\ell} \right\|_{L^2}^2 = \|f^{J_0+J_1+K}\|_{L^2}^2$$
$$= 2^{-K/2} \cdot 2^{J_1/2}\, [|f_0^{J_0+J_1}|^2 + |f_{-1}^{J_0+J_1}|^2]^{1/2},$$

取 K 为足够大，即可使上式取值为任意小. 如前所述，f 可以由哈尔小波的一个有限线性集合以任意精度逼近！

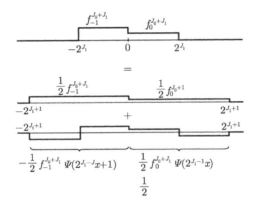

图 1.7　　f 在 $[0,\ 2^{J_1}]$ 和 $[-2^{J_1},\ 0]$ 上的均值可以"平摊"在更大的区间 $[0,\ 2^{J_1+1}]$ 和 $[-2^{J_1+1},\ 0]$ 上，差值是大幅拉伸的哈尔函数的线性组合

　　我们刚刚看到的论证过程隐含地使用了一种"多分辨率"方法：我们写出 f 越来越粗略的连续近似表示（f^j，在越来越大的间隔上对 f 求平均），在每一步中都会记下分辨率为 2^{j-1} 时的近似值与下一粗略级别（分辨率为 2^j）的近似值之差，将其表示为 $\psi_{j,k}$ 的线性组合. 事实上，我们引入了一个空间阶梯 $(V_j)_{j\in\mathbb{Z}}$，用来表示连续的分辨率级别：在本例中，$V_j = \{f \in L^2(\mathbb{R}); f$ 在 $[2^j k, 2^j(k+1))$ 上为分段常值，$k \in \mathbb{Z}\}$. 这些空间具有以下性质：

　(1)　$\cdots \subset V_2 \subset V_1 \subset V_0 \subset V_{-1} \subset V_{-2} \subset \cdots$;

　(2)　$\bigcap_{j\in\mathbb{Z}} V_j = \{0\}$, $\overline{\bigcup_{j\in\mathbb{Z}} V_j} = L^2(\mathbb{R})$;

　(3)　$f \in V_j \ \leftrightarrow\ f(2^j\cdot) \in V_0$;

　(4)　对于所有 $n \in \mathbb{Z}$ 有 $f \in V_0 \ \rightarrow\ f(\cdot - n) \in V_0$.

性质 3 表明，所有这些空间都是一个空间的尺度变换版本（体现了"多分辨率"）. 在哈尔例子中，我们发现存在一个函数 ψ 使得

$$\mathrm{Proj}_{V_{j-1}} f = \mathrm{Proj}_{V_j} f + \sum_{k \in \mathbb{Z}} \langle f, \psi_{j,k} \rangle \, \psi_{j,k} \,. \tag{1.3.5}$$

多分辨率方法的美妙之处在于只要一个空间阶梯系列 V_j 满足上述四条性质, 再加上

(5)　$\exists \phi \in V_0$, 使得 $\phi_{0,n}(x) = \phi(x-n)$ 构成 V_0 的一个正交基,

则存在 ψ, 使式 (1.3.5) 成立.[在上面的哈尔例子中, 当 $0 \leqslant x < 1$ 时可以取 $\phi(x) = 1$, 其他情况下取 $\phi(x) = 0$.] $\psi_{j,k}$ 自动构成一个正交基. 事实上, 存在许多此种"多分辨率分析阶梯"的例子, 对应于正交小波基的许多例子. 有一种明确的 ψ 构造方法: 由于 $\phi \in V_0 \subset V_{-1}$, 而且 $\phi_{-1,n}(x) = \sqrt{2}\, \phi(2x-n)$ 构成 V_{-1} 的一个正交基 [根据上面的性质 (3) 和性质 (5)], 所以存在 $\alpha_n = \sqrt{2}\, \langle \phi, \phi_{-1,n} \rangle$ 使得 $\phi(x) = \sum_n \alpha_n\, \phi(2x-n)$. 于是取 $\psi(x) = \sum_n (-1)^n \alpha_{-n+1}\, \phi(2x-n)$ 就足够了. 函数 ϕ 称为多分辨率分析的尺度函数. "多分辨率分析 $\to$ 正交小波基" 这一对应关系将在第 5 章解释, 并在后续各章中进行深入探讨. 这种多分辨率方法也与子带滤波有关, 见 5.6 节的解释.

图 1.8 给出了函数 ϕ 和 ψ 的几对例子, 它们对应于后面各章将会遇到的不同多分辨率分析. Meyer 小波 (第 4 章和第 5 章) 具有紧支撑傅里叶变换, ϕ 和 ψ 本身都具有无限支集, 它们在图 1.8(a) 中给出. Battle–Lemarié 小波 (第 5 章) 是样条函数 [在图 1.8(b) 中为线性函数, 在图 1.8(c) 中为三次函数], ϕ 的节点在 $\mathbb{Z}$ 处, 而 ψ 的节点则在 $\frac{1}{2}\mathbb{Z}$ 处. ϕ 和 ψ 都具有无限支集, 且呈指数衰减, 它们的数值衰减速度要快于 Meyer 小波 [为便于比较, 图 1.8(a)、(b)、(c) 中的水平刻度均相同]. 图 1.8(d) 中的哈尔小波早在 1910 年就已经为人们所知. 可以将它看作最低阶的 Battle–Lemarié 小波 ($\psi_{\mathrm{Haar}} = \psi_{BL,0}$), 或是第 6 章构造的一族紧支撑小波的第一组, 即 $\psi_{\mathrm{Haar}} = {}_1\psi$. 图 1.8(e) 绘制了紧支撑小波族 ${}_N\psi$ 的下一成员, ${}_2\phi$ 和 ${}_2\psi$ 的支集宽度均为 3, 且为连续函数. 在这一族 ${}_N\psi$ 中 (在 6.4 节中构造), 其正则性随支集宽度线性增加 (第 7 章). 最后, 图 1.8(f) 给出了另一紧支撑小波, 其支集宽度为 11, 不对称性较低 (第 8 章).

附注

1. 除加窗傅里叶变换之外, 还有其他一些用于时频局部化的方法. 一个著名的例子就是维格纳分布.[例如, 参阅 Boashash (1990), 其中对维格纳分布在信号分析中的应用做了很好的回顾.] 维格纳分析的优点在于, 它与加窗傅里叶变换或小波变换不同, 没有引用据以对信号进行积分的参考函数 (比如窗函数或小波). 缺点在于信号以四次方形式进入维格纳分布, 而不是以线性方式, 这样会导致许多干扰现象. 维格纳分布在一些应用中可能非常有用, 特别是对于持续时间非常短的信号 [Janse 和 Kaiser (1983) 是一个例子, Boashash (1990) 中提到了更多例子], 对于持续更长时间的信号维格纳分布就没有太大吸引力

了. Flandrin (1989) 说明了如何通过一个函数的"平滑"维格纳分布, 以近似方式获得其加窗傅里叶变换和小波变换的绝对值, 但在这一过程中会丢失相位信息, 不再可能进行重建.

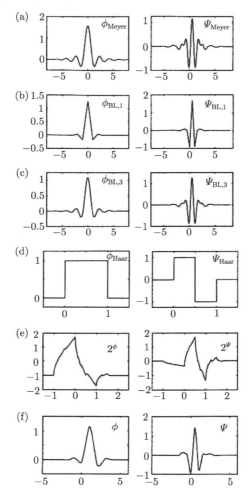

图 1.8　　一些正交小波基示例. 对于本图中的每个 ψ, 小波族 $\psi_{j,k}(x) = 2^{-j/2}\psi(2^{-j}x - k)$, $j, k \in \mathbb{Z}$ 均构成 $L^2(\mathbb{R})$ 的一个正交基. 本图为后续各章将会遇到的不同构造绘制了 ϕ (相关联的尺度函数) 和 ψ. (a) Meyer 小波; (b) 和 (c) Battle-Lemarié小波; (d) 哈尔小波; (e) 紧支撑小波族的下一成员 $_2\psi$; (f) 另一紧支撑小波, 不对称性较低

2. 与式 (1.3.4) 相对应的约束条件 $b_0 = 1$ 并不是一个非常强的限制: 如果式 (1.3.4) 提供了一个正交基, 则 $\tilde{\psi}_{m,n}(x) = 2^{-m/2}\tilde{\psi}(2^{-m}x - nb_0)$ 也是如此, 其中 $\tilde{\psi}(x) =$

$|b_0|^{-1/2}\psi(b_0^{-1}x)$，$b_0 \neq 0$ 是任意值. 选定的值 $a_0 = 2$ 不能通过尺度变换进行修改，事实上，a_0 不能任意选择. Auscher (1989) 已经证明，这里揭示的正交基一般构造方法可适用于 $a_0 > 1$ 的所有有理数选择，但选择 $a_0 = 2$ 是最简单的. a_0 的不同选择当然对应于不同的 ψ. 尽管正交小波基的构造方法（称为多分辨率分析）仅在 a_0 为有理数时有效，但对于无理数 a_0 是否存在具有良好时频局部化特性的正交小波基（不一定与多分辨率分析相关），仍然是一个悬而未决的问题.

第2章

连续小波变换

L^2 函数经过连续小波变换后得到的映像构成了再生核希尔伯特空间（r.k.H.s.）.这种希尔伯特空间在许多不同应用环境中都会出现，而且非常有用. 最简单的例子之一就是由所有带限函数组成的空间，在 2.1 节和 2.2 节中讨论. 2.3 节将介绍带限和时限的概念. 当然，没有一个非零函数是严格时限（即，对于 $[-T, T]$ 之外的 t, $f(t) \equiv 0$）和带限（对于 $\xi \notin [-\Omega, \Omega]$, $\hat{f}(\xi) \equiv 0$）的，但我们仍然可以引入"时限与带限"算子. 我们将简要回顾 Landau、Pollak 和 Slepian 在这方面所做的出色工作. 随后将转而讨论连续小波变换：2.4 节讨论单位分解 [及式 (1.3.1) 的证明]，2.5节讨论再生核希尔伯特空间，2.6 节将简要说明如何将之前各节的一维结果扩展到更高维，2.7 节将与连续加窗傅里叶变换进行对比，2.8 节说明如何由连续加窗傅里叶变换或小波变换生成一种不同类型的"时限带限"算子，最后将在 2.9 节评述小波变换的"放大"特性.

2.1　带限函数与香农定理

$L^2(\mathbb{R})$ 中的一个函数 f, 若其傅里叶变换 $\mathcal{F}f$ 具有紧支集，即对于 $|\xi| > \Omega$ 有 $\hat{f}(\xi) \equiv 0$, 则说该函数是带限函数. 为简单起见，假设 $\Omega = \pi$. 则 $\hat{f}$ 可由其傅里叶级数表示（见"预备知识与符号"一节），

$$\hat{f}(\xi) = \sum_{n \in \mathbb{Z}} c_n \, \mathrm{e}^{-in\xi} \, ,$$

其中

$$c_n = \frac{1}{2\pi} \int_{-\pi}^{\pi} \mathrm{d}\xi \, \mathrm{e}^{in\xi} \hat{f}(\xi) = \frac{1}{2\pi} \int_{-\infty}^{\infty} \mathrm{d}\xi \, \mathrm{e}^{in\xi} \hat{f}(\xi) = \frac{1}{\sqrt{2\pi}} \, f(n) \, .$$

推得

$$
\begin{aligned}
f(x) &= \frac{1}{\sqrt{2\pi}} \int_{-\infty}^{\infty} \mathrm{d}\xi \ \mathrm{e}^{ix\xi} \hat{f}(\xi) \\
&= \frac{1}{\sqrt{2\pi}} \int_{-\pi}^{\pi} \mathrm{d}\xi \ \mathrm{e}^{ix\xi} \sum_{n} c_n \ \mathrm{e}^{-in\xi} \\
&= \frac{1}{\sqrt{2\pi}} \sum_{n} c_n \int_{-\pi}^{\pi} \mathrm{d}\xi \ \mathrm{e}^{i(x-n)\xi} \\
&= \sum_{n} f(n) \ \frac{\sin \pi(x-n)}{\pi(x-n)} \ ,
\end{aligned}
\tag{2.1.1}
$$

其中, 在第三步交换了积分与求和运算的顺序, 仅当 $\sum |c_n| < \infty$ 时 (例如, 仅有有限多个 c_n 不为零), 这样做才是合理的. 根据一个标准的连续性论证, 最终结果对于所有带限 f 均成立 (对于每个 x, 这些系数都是绝对可积的, 因为 $\sum_n |f(n)|^2 = 2\pi \sum_n |c_n|^2 < \infty$). 式 (2.1.1) 告诉我们, f 完全可以由其 "采样" 值 $f(n)$ 确定. 如果去除 $\Omega = \pi$ 的限制, 假定 $\hat{f} \subset [-\Omega, \Omega]$, 且 Ω 为任意值, 则式 (2.1.1) 变为

$$
f(x) = \sum_{n} f\left(n\frac{\pi}{\Omega}\right) \ \frac{\sin(\Omega x - n\pi)}{\Omega x - n\pi} \ ,
\tag{2.1.2}
$$

此函数现在由其采样值 $f(n\frac{\pi}{\Omega})$ 确定, 对应于 "采样密度" $\Omega/\pi = \frac{|\text{support } \hat{f}|}{2\pi}$. (我们用符号 $|A|$ 表示一个集合 $A \subset \mathbb{R}$ 根据勒贝格测度测得的大小. 在本例中 $|\text{support } \hat{f}| = |[-\Omega, \Omega]| = 2\Omega$.) 这一采样密度通常称为奈奎斯特密度. 展开式 (2.1.2) 称为 "香农定理".

式 (2.1.2) 中的 "基本构建模块" $\frac{\sin \Omega x}{\Omega x}$ 衰减得非常慢 (它们甚至不是绝对可积的). 利用 "超采样" 有可能将 f 写为衰减速度更快的函数的叠加. 设 f 在 $[-\Omega, \Omega]$ 上仍然是带限的 (即 $\text{support } \hat{f} \subset [-\Omega, \Omega]$), 但 f 的采样速率为快于奈奎斯特速率的 $(1+\lambda)$, $\lambda > 0$. 于是, 可通过以下方式由 $f(n\pi/[\Omega(1+\lambda)])$ 恢复 f. 将 g_λ 定义为

$$
\hat{g}_\lambda(\xi) =
\begin{cases}
1, & |\xi| \leqslant \Omega \ , \\
1 - \dfrac{|\xi| - \Omega}{\lambda\Omega}, & \Omega \leqslant |\xi| \leqslant (1+\lambda)\Omega \ , \\
0, & |\xi| \geqslant (1+\lambda)\Omega
\end{cases}
$$

(见图 2.1). 因为在 $\text{support } \hat{f}$ 上 $\hat{g}_\lambda \equiv 1$, 所以有 $\hat{f}(\xi) = \hat{f}(\xi)\hat{g}_\lambda(\xi)$. 现在可以像之前一样重复同一构建过程.

$$
\hat{f}(\xi) = \sum_{n} c_n \ \mathrm{e}^{-in\xi\pi/[\Omega(1+\lambda)]}
$$

其中

$$
c_n = \frac{\sqrt{2\pi}}{2\Omega(1+\lambda)} \ f\left(\frac{n\pi}{\Omega(1+\lambda)}\right),
$$

因此

$$f(x) = \frac{1}{\sqrt{2\pi}} \int_{-\Omega(1+\lambda)}^{\Omega(1+\lambda)} \mathrm{d}\xi \ \mathrm{e}^{ix\xi} \ \hat{g}_\lambda(\xi) \sum_n c_n \ \mathrm{e}^{-in\xi\pi/[\Omega(1+\lambda)]}$$

$$= \sum_n f\left(\frac{n\pi}{\Omega(1+\lambda)}\right) G_\lambda\left(x - \frac{n\pi}{\Omega(1+\lambda)}\right),$$

其中

$$G_\lambda(x) = \frac{\sqrt{2\pi}}{2\Omega(1+\lambda)} \ g_\lambda(x) = \frac{2\sin[x\Omega(1+\lambda/2)] \ \sin(x\Omega\lambda/2)}{\lambda\Omega^2(1+\lambda)x^2}.$$

这些 G_λ 的衰减速度要快于 $\frac{\sin \Omega x}{\Omega x}$. 注意, 如果 $\lambda \to 0$ 则 $G_\lambda \to \frac{\sin \Omega x}{\Omega x}$, 与预期一致. 选择更为平滑的 $\hat{g}_\lambda$ 甚至可以实现更快速度的衰减, 但为使 $\hat{g}_\lambda$ 变得非常平滑需要付出很大的工作量, 有些得不偿失: 的确, 对于渐近增大的 x, G_λ 的衰减速度会非常快, 但 λ 的大小也对 G_λ 的数值衰减设定了某些限制. 换句话说, 为 $\hat{g}_\lambda$ 选择 C^∞ 会得出衰减速度快于所有倒数多项式的 G_λ,

$$|G_\lambda(x)| \leqslant C_N(\lambda)(1+|x|)^{-(N+1)},$$

但常量 $C_N(\lambda)$ 可能变得非常大: 它与 $\hat{g}_\lambda$ 在 $[\Omega, \Omega(1+\lambda)]$ 上的 N 阶导数的取值范围有关, 因此它大体与 λ^{-N} 成正比.

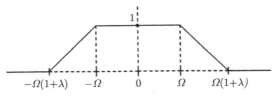

图 2.1　$\hat{g}_\lambda$ 的图形曲线

如果 f 是"欠采样的", 也就是说, 如果 support $\hat{f} = [-\Omega, \Omega]$, 但只有 $f(n\pi/[\Omega(1-\lambda)])$ 已知, 其中 $1 > \lambda > 0$, 那又会怎样呢? 我们有

$$f\left(n\frac{\pi}{\Omega(1-\lambda)}\right) = \frac{1}{\sqrt{2\pi}} \int_{-\Omega}^{\Omega} \mathrm{d}\xi \ \hat{f}(\xi) \ \mathrm{e}^{in\pi\xi/[\Omega(1-\lambda)]}$$

$$= \frac{1}{\sqrt{2\pi}} \int_{-\Omega(1-\lambda)}^{\Omega(1-\lambda)} \mathrm{d}\xi \ \mathrm{e}^{in\pi\xi/[\Omega(1-\lambda)]}$$

$$[\hat{f}(\xi) + \hat{f}(\xi + 2\Omega(1-\lambda)) + \hat{f}(\xi - 2\Omega(1-\lambda))],$$

其中已经用到 $\mathrm{e}^{in\pi\xi/\alpha}$ 的周期为 2α, 而且还假定 $\lambda \leqslant \frac{2}{3}$ (否则在最后一个被积函数的和式中将出现更多项). 这意味欠采样 $f(n\frac{\pi}{\Omega(1-\lambda)})$ 的行为就好像它们是对一个较窄带宽的函数进行奈奎斯特间隔采样得到的结果, 其傅里叶变换通过 $\hat{f}$ 的"反

复重叠"获得（见图 2.2）. 在 $\hat{f}$ 的"重叠"版本中，f 的一些高频分量出现在低频区域，只有 $|\xi| \leqslant \Omega(1-2\lambda)$ 未受影响. 这种现象称为"频谱混叠". 例如，对于欠采样的声学信号，会非常清楚地听到剪切金属的声音.

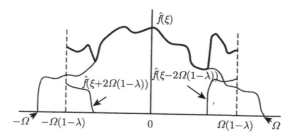

图 2.2　$\hat{f}(\xi)$、$\hat{f}(\xi + 2\Omega(1-\lambda))$ 和 $\hat{f}(\xi - 2\Omega(1-\lambda))$ 等三项，$|\xi| \leqslant \Omega(1-\lambda)$，及它们的和（粗线）

2.2　作为再生核希尔伯特空间特例的带限函数

对于任意 α, β，$-\infty \leqslant \alpha < \beta \leqslant \infty$，函数集合

$$\{f \in L^2(\mathbb{R}); \ \text{support} \ f \subset [\alpha, \beta]\}$$

构成 $L^2(\mathbb{R})$ 的一个闭子空间，即它是一个子空间，且所有由该空间元素组成的柯西序列都收敛于该空间的一个元素. 根据 $L^2(\mathbb{R})$ 上傅里叶变换的酉性，可以得出所有带限函数组成的集合

$$\mathcal{B}_\Omega = \{f \in L^2(\mathbb{R}); \ \text{support} \ \hat{f} \subset [-\Omega, \Omega]\}$$

是 $L^2(\mathbb{R})$ 的一个闭子空间. 根据 Paley–Wiener 定理（见"预备知识与符号"一节），$\mathcal{B}_\Omega$ 中的任意函数 f 都可以解析延拓为 $\mathbb{C}$ 上的一个整函数，我们也用 f 来表示它，它是指数类型. 更精确地说，

$$|f(z)| \leqslant \frac{1}{\sqrt{2\pi}} \, \|\hat{f}\|_{L^1} \, \mathrm{e}^{|\mathrm{Im} \, z|\Omega} \, .$$

事实上，$\mathcal{B}_\Omega$ 就是由这样一些 L^2 函数组成，这些函数存在一种解析延拓，可以延拓为一个满足此种限值的整函数. 因此，可以将 $\mathcal{B}_\Omega$ 看作整函数的一个希尔伯特空间. 对于 $\mathcal{B}_\Omega$ 中的 f，有

$$\begin{aligned}
f(x) &= \frac{1}{\sqrt{2\pi}} \int_{-\Omega}^{\Omega} \mathrm{d}\xi \, \mathrm{e}^{ix\xi} \, \hat{f}(\xi) \\
&= \frac{1}{2\pi} \int_{-\Omega}^{\Omega} \mathrm{d}\xi \, \mathrm{e}^{ix\xi} \int \mathrm{d}y \, f(y) \, \mathrm{e}^{-i\xi y} \\
&= \int \mathrm{d}y \, f(y) \, \frac{\sin \Omega(x-y)}{\pi(x-y)} \, .
\end{aligned} \tag{2.2.1}$$

[如果 $f \in L^1$，即如果 $\hat{f}$ 足够平滑，则最后一步中的积分顺序交换是允许的. 因为对于所有 x，$[\pi(x - .)]^{-1} \sin \Omega(x - .)$ 属于 $L^2(\mathbb{R})$，所以利用"预备知识与符号"一节中介绍的典型技巧，可以将上述结论扩展到 $\mathcal{B}_\Omega$ 中的所有 f.] 引入符号 $e_x(y) = \frac{\sin \Omega(x-y)}{\pi(x-y)}$，可以将式 (2.2.1) 重写为

$$f(x) = \langle f, e_x \rangle . \tag{2.2.2}$$

注意，$e_x \in \mathcal{B}_\Omega$，这是因为当 $|\xi| < \Omega$ 时 $\hat{e}_x(\xi) = (2\pi)^{-1/2} \, \mathrm{e}^{-ix\xi}$，当 $|\xi| > \Omega$ 时 $\hat{e}_x(\xi) = 0$.

式 (2.2.2) 对于再生核希尔伯特空间来说是非常典型的. 在函数的再生核希尔伯特空间 $\mathcal{H}$ 中，一个映射将函数 f 映射到其在点 x 处的函数值 $f(x)$，该映射是一个连续映射 [在大多数的函数希尔伯特空间中，这一结论是不成立的，尤其在 $L^2(\mathbb{R})$ 中不成立]，所以必然存在一个 $e_x \in \mathcal{H}$，使得对于所有 $f \in \mathcal{H}$ 有 $f(x) = \langle f, e_x \rangle$（根据里斯表示引理，见"预备知识与符号"）. 还可以写出

$$f(x) = \int \mathrm{d}y \, K(x\,,y) \, f(y) ,$$

其中 $K(x, y) = \overline{e_x(y)}$ 是再生核. 在 $\mathcal{B}_\Omega$ 的特定情况中，甚至存在特殊的 $x_n = \frac{n\pi}{\Omega}$，使 e_{x_n} 构成 $\mathcal{B}_\Omega$ 的一个正交基，从而得出香农公式 (2.1.2). 这种特殊的 x_n 在一般再生核希尔伯特空间中不一定存在. 后文将会遇到其他再生核希尔伯特空间的几个例子.

2.3   带限和时限

函数不可能既是带限的又是时限的：如果 f 是带限的（具有任意有限带宽），则 f 是限制在 $\mathbb{R}$ 上的一个整解析函数；如果 f 还是时限的，support $f \subset [-T, T]$，$T < \infty$，即可得出 $f \equiv 0$（非平凡解析函数只能拥有孤立零点）. 然而，许多实际情景中都对应于一种有效的带限和时限：举例来说，设想这样传输一个信号（比如通过电话线），使高于 Ω 的频率全部丢失（现实中的大多数传输方式都会遭受这种带限情景），再设想该信号（比如一次电话交谈）的持续时间是有限的. 那么，从所有实际目的来看，所传输的信号在时间和频率两方面都被有效地施加了限制. 怎么会这样呢？用这样一种时频受限的表示方法来重构函数时，效果如何呢？许多学者都在从事这些问题的研究，直到 H. Landau、H. Pollack 和 D. Slepian 出色地解决了这些问题，并在一系列论文 [Slepian 和 Pollak (1961)，Landau 和 Pollak (1961, 1962)] 中公布了其研究成果. Slepian (1976) 对这些成果进行了很好的综述，其中的细节要远多于本书.

上述例子（在带限信道上传送持续时间有限的信号）可以建模如下：设 Q_T 和 P_Ω 是 $L^2(\mathbb{R})$ 上的正交投影算子，其定义为

当 $|x| < T$ 时 $(Q_T f)(x) = f(x)$，   当 $|x| > T$ 时 $(Q_T f)(x) = 0$

和

当 $|\xi| < \Omega$ 时 $(P_\Omega f)^\wedge(\xi) = \hat{f}(\xi)$，   当 $|\xi| > \Omega$ 时 $(P_\Omega f)^\wedge(\xi) = 0$.

则，一个在时间上限制于 $[-T, T]$ 的信号满足 $f = Q_T f$，将其通过一个带宽为 Ω 的信道进行传输，最终结果为 $P_\Omega f = P_\Omega Q_T f$（假设没有其他失真）. 算子 $P_\Omega Q_T$ 表示总的"时限加带限"过程. 传送得到的 $P_\Omega Q_T f$ 与原 f 的逼近程度用 $\|P_\Omega Q_T f\|^2 / \|f\|^2 = \langle Q_T P_\Omega Q_T f, f \rangle / \|f\|^2$ 度量.

这个比例的最大值是对称算子 $Q_T P_\Omega Q_T$ 的最大特征值，以下式明确给出

$$(Q_T P_\Omega Q_T f)(x) = \begin{cases} \displaystyle\int_{-T}^{T} \mathrm{d}y \, \frac{\sin \Omega(x-y)}{\pi(x-y)} \, f(y), & |x| < T , \\ 0, & |x| > T . \end{cases} \tag{2.3.1}$$

这个算子的特征值和特征函数是显式已知的，这是因为一个非常幸运的偶然：$Q_T P_\Omega Q_T$ 可以与二阶微分算子 A 交换顺序，

$$(Af)(x) = \frac{\mathrm{d}}{\mathrm{d}x}(T^2 - x^2) \frac{\mathrm{d}f}{\mathrm{d}x} - \frac{\Omega^2}{\pi^2} \, x^2 f(x) .$$

这个算子的特征函数被称为扁长椭球波函数，早在人们发现它们与带限、时限的关系之前，就已经因为多种原因对其进行了研究，它们的许多性质已为人们所知. 因为 A 可以与 $Q_T P_\Omega Q_T$ 交换（而且因为 A 的特征值都非常简单），所以扁长椭球波函数也是 $Q_T P_\Omega Q_T$ 的特征函数（当然，其特征值不同）. 特别地，如果将扁长椭球波函数用 ψ_n（$n \in \mathbb{N}$）表示，对其进行排序，使得在 n 增大时，A 的相应特征值 α_n 也会增大，于是

$$Q_T P_\Omega Q_T \psi_n = \lambda_n \psi_n,$$
$$Q_T P_\Omega Q_T f = 0 \Leftrightarrow \text{对于所有 } n \text{ 有 } f \perp \psi_n$$
$$\Leftrightarrow f \text{ 支撑于 } \{x; |x| \geqslant T\} ,$$

λ_n 随 n 的增大而下降，且 $\lim\limits_{n \to \infty} \lambda_n = 0$.

当然，特征值 λ_n 依赖于 T 和 Ω. 经过一个很简单的尺度变换论证（将 $x = Tx'$ 和 $y = Ty'$ 代入 $(Q_T P_\Omega Q_T f)(x)$ 的表达式），就可以证明 λ_n 仅取决于乘积 $T\Omega$. 对于固定的 $T\Omega$，图 2.3 中示意显示了 λ_n 在 n 增大时的行为. 一般地，当 n 较小时 λ_n 保持于 1 附近，在接近阈值 $2T\Omega/\pi$ 时迅速下降至 0，之后一直保持为 0. 更准确地说，对于（任意小的）$\epsilon > 0$，存在一个常数 C_ϵ 使得

$$\# \quad \{n; \lambda_n \geqslant 1 - \epsilon\} \leqslant \frac{2T\Omega}{\pi} - C_\epsilon \log(T\Omega) , \tag{2.3.2}$$
$$\# \quad \{n; 1 - \epsilon \geqslant \lambda_n \geqslant \epsilon\} \leqslant 2C_\epsilon \log(T\Omega) ,$$

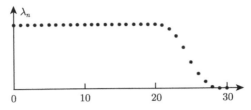

图 2.3　$2T\Omega/\pi = 25$ 时，$Q_T P_\Omega Q_T$ 的特征值 λ_n

这意味着"下降区"的宽度与 $\log(T\Omega)$ 成正比. 由于 $\lim_{x\to\infty} x^{-1}\log x = 0$，因此，当 $T, \Omega \to \infty$ 时，下降区的宽度变得很小，与阈值 $2T\Omega/\pi$ 相比可以忽略不计. 事实上，式 (2.3.2) 准确地描述了如下事实：一个时限且带限区域 $[-T, T] \times [-\Omega, \Omega]$ 对应于 $2T\Omega/\pi$ 维"自由度"，也就是说，存在 $2T\Omega/\pi$ 个独立函数 （最多有一个与 $T\Omega$ 相比很小的误差，而且不会有更多个此种函数），它们基本被时限于 $[-T, T]$ 且带限于 $[-\Omega, \Omega]$. 注意，$2T\Omega/\pi$ 就是 $[-T, T] \times [-\Omega, \Omega]$ 的面积除以 2π. 这个数值恰好就是香农定理为带宽为 Ω 的函数在 $[-T, T]$ 内指定的采样次数. 这种以试探方式计算"独立自由度"的方法早就是通信理论中的一种"传说"，很久之后，才由 Landau、Pollak 和 Slepian 证明其合理性. 物理学家也独立地掌握了如下事实：相空间（= 空间 − 动量，或者如本书讨论的时频空间）中面积为 S 的区域，以半古典极限对应于 $S/2\pi$ 个"独立状态"（即，当 S 远大于 $\hbar$ 时，表达式 $S/2\pi$ 对应于满足 $\hbar = 1$ 的单位）. 我们将奈奎斯特密度的定义由其原采样背景进行扩展，将其用作出现在所有这些例子中的临界时频密度 $(2\pi)^{-1}$.

该回到小波变换了. 接下来我们推导小波变换和加窗傅里叶变换的连续形式.

2.4　连续小波变换

我们暂时仅讨论一维小波. 总是假设 $\psi \in L^2(\mathbb{R})$. 要分析的小波还应当满足已经在 1.3 节中提到的容许条件

$$C_\psi = 2\pi \int \mathrm{d}\xi \, |\xi|^{-1} \, |\hat{\psi}(\xi)|^2 < \infty \,. \tag{2.4.1}$$

这个条件的作用很快就会明了. 若 $\psi \in L^1(\mathbb{R})$，则 $\hat{\psi}$ 是连续的，而且式 (2.4.1) 仅当 $\hat{\psi}(0) = 0$ 或 $\int \mathrm{d}x \, \psi(x) = 0$ 时才会满足. 另一方面，若 $\int \mathrm{d}x \, \psi(x) = 0$，而且我们对 ψ 施加一个比可积特性略强的条件，即对于某一 $\alpha > 0$ 有 $\int \mathrm{d}x \, (1 + |x|)^\alpha \, |\psi(x)| < \infty$，则 $|\hat{\psi}(\xi)| \leqslant C|\xi|^\beta$，$\beta = \min(\alpha, 1)$，且满足式 (2.4.1). 由此可以得出，对于所有实践目的来说，式 (2.4.1) 等价于要求 $\int \mathrm{d}x \, \psi(x) = 0$.（在实践中，我们对 ψ 施加的衰减条件要远远超出本论证中的要求.）

通过"伸缩"和"平移"，由 ψ 生成一个双索引小波族

$$\psi^{a,b}(x) = |a|^{-1/2}\,\psi\left(\frac{x-b}{a}\right),$$

其中 $a, b \in \mathbb{R}$，$a \neq 0$（此时 a 正负均可）. 选择归一化使得对于所有 a 和 b 均有 $\|\psi^{a,b}\| = \|\psi\|$. 我们将假定 $\|\psi\| = 1$. 于是，针对这一小波族所做的连续小波变换为

$$(T^{\mathrm{wav}}f)(a,b) = \langle f, \psi^{a,b}\rangle = \int \mathrm{d}x\, f(x)\, |a|^{-1/2}\, \overline{\psi\left(\frac{x-b}{a}\right)}.$$

注意 $|(T^{\mathrm{wav}}f)(a,b)| \leqslant \|f\|$.

通过单位分解，可以由 f 的小波变换中恢复出该函数，如下所示.

命题 2.4.1 对于所有 $f, g \in L^2(\mathbb{R})$，

$$\int_{-\infty}^{\infty}\int_{-\infty}^{\infty}\frac{\mathrm{d}a\,\mathrm{d}b}{a^2}\,(T^{\mathrm{wav}}f)(a,b)\,\overline{(T^{\mathrm{wav}}g)(a,b)} = C_\psi\langle f, g\rangle. \tag{2.4.2}$$

证明:

$$\int_{-\infty}^{\infty}\int_{-\infty}^{\infty}\frac{\mathrm{d}a\,\mathrm{d}b}{a^2}\,(T^{\mathrm{wav}}f)(a,b)\,\overline{(T^{\mathrm{wav}}g)(a,b)}$$

$$= \int\int\frac{\mathrm{d}a\,\mathrm{d}b}{a^2}\left[\int\mathrm{d}\xi\,\hat{f}(\xi)\,|a|^{1/2}\mathrm{e}^{-ib\xi}\,\overline{\hat{\psi}(a\xi)}\right]$$

$$\left[\int\mathrm{d}\xi'\,\overline{\hat{g}(\xi')}\,|a|^{1/2}\,\mathrm{e}^{ib\xi'}\,\hat{\psi}(a\xi')\right]. \tag{2.4.3}$$

第一对方括号之间的表达式可以看作 $(2\pi)^{1/2}$ 乘以 $F_a(\xi) = |a|^{1/2}\,\hat{f}(\xi)\,\overline{\hat{\psi}(a\xi)}$ 的傅里叶变换；第二对方括号可类似地解读为 $(2\pi)^{1/2}$ 乘以 $G_a(\xi) = |a|^{1/2}\,\hat{g}(\xi)\,\overline{\hat{\psi}(a\xi)}$ 的傅里叶变换的复共轭. 根据傅里叶变换的酉性可得

$$(2.4.3) = 2\pi\int\frac{\mathrm{d}a}{a^2}\int\mathrm{d}\xi\,F_a(\xi)\,\overline{G_a(\xi)}$$

$$= 2\pi\int\frac{\mathrm{d}a}{|a|}\int\mathrm{d}\xi\,\hat{f}(\xi)\,\overline{\hat{g}(\xi)}\,|\hat{\psi}(a\xi)|^2$$

$$= 2\pi\int\mathrm{d}\xi\,\hat{f}(\xi)\,\overline{\hat{g}(\xi)}\int\frac{\mathrm{d}a}{|a|}\,|\hat{\psi}(a\xi)|^2$$

（根据富比尼定理，允许进行这一交换）

$$= C_\psi\,\langle f, g\rangle$$

（在第二个积分中进行了变量代换 $\zeta = a\xi$）. ∎

现在清楚我们为什么要施加式 (2.4.1) 中的条件了：如果 C_ψ 是无限值，单位分解式 (2.4.2) 将不成立.

公式 (2.4.2) 可表示为

$$f = C_\psi^{-1} \int_{-\infty}^{\infty} \int_{-\infty}^{\infty} \frac{\mathrm{d}a\,\mathrm{d}b}{a^2}\,(T^{\mathrm{wav}}f)(a,b)\,\psi^{a,b}\,, \tag{2.4.4}$$

该积分在 "弱意义" 上收敛，即对式 (2.4.4) 两边与任意 $g \in L^2(\mathbb{R})$ 取内积，并将等号右侧的内积与对 a,b 的积分交换顺序，得出一个真正的公式. 这一收敛在以下稍强意义上也成立：

$$\lim_{\substack{A_1 \to 0 \\ A_2, B \to \infty}} \left\| f - C_\psi^{-1} \iint_{\substack{A_1 \leqslant |a| \leqslant A_2 \\ |b| \leqslant B}} \frac{\mathrm{d}a\,\mathrm{d}b}{a^2}\,(T^{\mathrm{wav}}f)(a,b)\,\psi^{a,b} \right\| = 0\,. \tag{2.4.5}$$

这里的积分表示 $L^2(\mathbb{R})$ 中一个独一无二的元素，它与 $g \in L^2(\mathbb{R})$ 的内积由

$$\iint_{\substack{A_1 \leqslant |a| \leqslant A_2 \\ |b| \leqslant B}} \frac{\mathrm{d}a\,\mathrm{d}b}{a^2}\,(T^{\mathrm{wav}}f)(a,b)\,\langle \psi^{a,b},\,g \rangle$$

给出，由于其绝对值具有限值

$$\iint_{\substack{A_1 \leqslant |a| \leqslant A_2 \\ |b| \leqslant B}} \frac{\mathrm{d}a\,\mathrm{d}b}{a^2}\,\|f\|\,\|\psi^{a,b}\|\,\|g\| = 4B \left(\frac{1}{A_1} - \frac{1}{A_2} \right)\,\|f\|\,\|g\|\,,$$

所以我们可以根据里斯引理为式 (2.4.5) 中的积分赋予含义. 式 (2.4.5) 的证明就变得很简单了：

$$\left\| f - C_\psi^{-1} \iint_{\substack{A_1 \leqslant |a| \leqslant A_2 \\ |b| \leqslant B}} \frac{\mathrm{d}a\,\mathrm{d}b}{a^2}\,(T^{\mathrm{wav}}f)(a,b)\,\psi^{a,b} \right\|$$

$$= \sup_{\|g\|=1} \left| \left\langle f - C_\psi^{-1} \iint_{\substack{A_1 \leqslant |a| \leqslant A_2 \\ |b| \leqslant B}} \frac{\mathrm{d}a\,\mathrm{d}b}{a^2}\,(T^{\mathrm{wav}}f)(a,b)\,\psi^{a,b},\,g \right\rangle \right|$$

$$\leqslant \sup_{\|g\|=1} \left| C_\psi^{-1} \iint_{\substack{|a| \geqslant A_2 \\ \text{或 } |a| \leqslant A_1 \\ \text{或 } |b| \geqslant B}} \frac{\mathrm{d}a\,\mathrm{d}b}{a^2}\,(T^{\mathrm{wav}}f)(a,b)\,\overline{(T^{\mathrm{wav}}g)(a,b)} \right|$$

$$\leqslant \sup_{\|g\|=1} \left[C_\psi^{-1} \iint_{\substack{|a|\geqslant A_2 \\ \text{或 } |a|\leqslant A_1 \\ \text{或 } |b|\geqslant B}} \frac{\mathrm{d}a\,\mathrm{d}b}{a^2} |(T^{\mathrm{wav}}f)(a,b)|^2 \right]^{1/2}$$

$$\left[C_\psi^{-1} \iint \frac{\mathrm{d}a\,\mathrm{d}b}{a^2} |(T^{\mathrm{wav}}g)(a,b)|^2 \right]^{1/2}.$$

根据命题 2.4.1, 第二对方括号中的表达式为 $\|g\|^2 = 1$, 第一对方括号中的表达式在 $A_1 \to 0$ 且 $A_2, B \to \infty$ 时收敛于 0, 这是因为该无穷积分收敛. 这就证明了式 (2.4.5).

式 (2.4.5) 表明, $L^2(\mathbb{R})$ 中的任意 f 都可以用小波的叠加以任意精度逼近, 这似乎有些矛盾: 毕竟, 小波的积分为 0, 如果 f 本身的积分碰巧不为 0, 那这些小波的任何叠加 (其积分仍必然为 0) 怎么可能作为 f 的良好近似呢? 这一矛盾的出现并不是因为对这一问题的数学描述过于粗略 (的确, 许多矛盾都是由此产生的). 我们可以很轻松地将这一问题描述变得非常严格: 如果取 $f \in L^1(\mathbb{R}) \cap L^2(\mathbb{R})$, 而且 ψ 本身就属于 $L^1(\mathbb{R})$, 可以轻松验证

$$C_\psi^{-1} \iint_{\substack{A_1 \leqslant |a| \leqslant A_2 \\ |b| \leqslant B}} \frac{\mathrm{d}a\,\mathrm{d}b}{a^2} (T^{\mathrm{wav}}f)(a,b)\,\psi^{a,b}$$

实际上都属于 $L^1(\mathbb{R})$ [范数的界限为 $8C_\psi^{-1}\,\|f\|_{L^2}\,\|\psi\|_{L^2}\,\|\psi\|_{L^1}\,B(A_1^{-1/2} - A_2^{-1/2})$], 而且它们的积分为 0, 而它们在 $A_1 \to 0$ 且 $A_2, B \to \infty$ 时趋近的 f, 其本身的积分很可能不为 0. 对于这一明显的矛盾, 其解释为: 极限 (2.4.5) 在 L^2 意义上成立, 但在 L^1 意义上不成立. 随着 $A_1 \to 0$ 且 $A_2, B \to \infty$,

$$f(x) - C_\psi^{-1} \iint_{\substack{A_1 \leqslant |a| \leqslant A_2 \\ |b| \leqslant B}} \frac{\mathrm{d}a\,\mathrm{d}b}{a^2} Wf(a,b)\psi^{a,b}$$

变成一个非常平坦、极度拉伸的函数, 它与 f 本身仍然具有相同的积分, 但其 L^2 范数很小, 几近消失. [这类似于下面这种情况: 当 $|x| \leqslant n$ 时 $g_n(x) = (2n)^{-1}$, 其他情况下为 0, 对于所有 n 满足 $\int g_n = 1$, 尽管对于所有 x 有 $g_n(x) \to 0$, 而且当 $n \to \infty$ 时 $\|g_n\|_{L^2} = (2n)^{-1/2} \to 0$; g_n 在 $L^1(\mathbb{R})$ 上不收敛.]

式 (2.4.4) 可能存在几种变化形式, 其中的 a 仅取正值 [而不像式 (2.4.4) 中那样, a 正负均可]. 一种可能性是要求 ψ 满足比式 (2.4.1) 更严格的容许条件, 即

$$C_\psi = 2\pi \int_0^\infty \mathrm{d}\xi\,|\xi|^{-1}\,|\hat{\psi}(\xi)|^2 = 2\pi \int_{-\infty}^0 \mathrm{d}\xi\,|\xi|^{-1}\,|\hat{\psi}(\xi)|^2 < \infty. \tag{2.4.6}$$

如果 ψ 是一个实函数，则 $\hat{\psi}(-\xi) = \overline{\hat{\psi}(\xi)}$，从而立即可以得出上式中两个积分相等。于是，利用这个新的 C_ψ，单位分解变为

$$f = C_\psi^{-1} \int_0^\infty \frac{\mathrm{d}a}{a^2} \int_{-\infty}^\infty \mathrm{d}b\, T^{\mathrm{wav}} f(a,b)\, \psi^{a,b}\,, \tag{2.4.7}$$

上式的理解，应当采用与式 (2.4.4) 相同的弱意义，或者稍强一些。[式 (2.4.7) 的证明与式 (2.4.4) 完全类似。]

当 f 是实函数且 support $\hat{\psi} \subset [0,\infty)$ 时，出现另一种变化形式。在这种情况下容易证明

$$f = 2C_\psi^{-1} \int_0^\infty \frac{\mathrm{d}a}{a^2} \int_{-\infty}^\infty \mathrm{d}b\, \mathrm{Re}\,[T^{\mathrm{wav}} f(a,b)\, \psi^{a,b}]\,, \tag{2.4.8}$$

C_ψ 由式 (2.4.1) 定义。[要证明式 (2.4.8)，可使用 $f(x) = (2\pi)^{-1/2} 2\mathrm{Re} \int_0^\infty \mathrm{d}\xi\, e^{ix\xi} \hat{f}(\xi)$，这是因为 $\hat{f}(-\xi) = \overline{\hat{f}(\xi)}$。] 公式 (2.4.8) 当然可以用 $\psi_1 = \mathrm{Re}\,\psi$ 和 $\psi_2 = \mathrm{Im}\,\psi$ 改写，这两个小波分别是对方的希尔伯特变换。使用一个复值小波，即使对于实函数的分析也可能有其优势。例如，在 Kronland-Martinet、Morlet 和 Grossmann (1987) 中，使用了一个支集为 support $\hat{\psi} \subset [0,\infty)$ 的复小波 ψ，小波变换 $T^{\mathrm{wav}} f$ 以其幅值–相位曲线表示。

如果 f 和 ψ 都是所谓的"解析信号"，即 support $\hat{f}$ 和 support $\hat{\psi} \subset [0,\infty)$，则，当 $a < 0$ 时 $T^{\mathrm{wav}} f(a,b) = 0$，使得式 (2.4.4) 立即简化为

$$f = C_\psi^{-1} \int_0^\infty \frac{\mathrm{d}a}{a^2} \int_{-\infty}^\infty \mathrm{d}b\, T^{\mathrm{wav}} f(a,b) \psi^{a,b}\,, \tag{2.4.9}$$

C_ψ 仍然是由式 (2.4.1) 定义。最后，可以将式 (2.4.9) 应用于此种情景，其中 support $\hat{\psi} \subset [0,\infty)$，但 support $\hat{f} \not\subset [0,\infty)$。记 $f = f_+ + f_-$，support $\hat{f}_+ \subset [0,\infty)$，support $\hat{f}_- \subset (-\infty,0]$，$\psi_+ = \psi$，引入 $\hat{\psi}_-(\xi) = \hat{\psi}(-\xi)$；显然，support $\hat{\psi}_- \subset (-\infty,0]$。则对于 $a > 0$ 有 $\langle f_+, \psi_-^{a,b}\rangle = 0$ 且 $\langle f_-, \psi_+^{a,b}\rangle = 0$，直接应用式 (2.4.9) 可得

$$f = C_\psi^{-1} \int_0^\infty \frac{\mathrm{d}a}{a^2} \int_{-\infty}^\infty \mathrm{d}b\, [(T_+^{\mathrm{wav}} f)(a,b)\psi_+^{a,b} + (T_-^{\mathrm{wav}} f)(a,b)\psi_-^{a,b}]\,, \tag{2.4.10}$$

其中，$(T_+^{\mathrm{wav}} f)(a,b) = \langle f_+, \psi_+^{a,b}\rangle = \langle f, \psi_+^{a,b}\rangle$，$(T_-^{\mathrm{wav}} f)$ 具有类似定义，C_ψ 与式 (2.4.1) 中相同。

另一种变化形式是另外引入一个用于重构的函数，该函数不同于分解时所用的函数。更明确地说，若 ψ_1 和 ψ_2 满足

$$\int \mathrm{d}\xi\, |\xi|^{-1}\, |\hat{\psi}_1(\xi)|\, |\hat{\psi}_2(\xi)| < \infty\,, \tag{2.4.11}$$

则采用证明命题 2.4.1 时的同一论证方法得出

$$\int \frac{\mathrm{d}a}{a^2} \int \mathrm{d}b\, \langle f, \psi_1^{a,b}\rangle \langle \psi_2^{a,b}, g\rangle = C_{\psi_1, \psi_2} \langle f, g\rangle\,, \tag{2.4.12}$$

其中 $C_{\psi_1,\psi_2} = 2\pi \int d\xi \, |\xi|^{-1} \, \overline{\hat{\psi}_1(\xi)} \, \hat{\psi}_2(\xi)$. 若 $C_{\psi_1,\psi_2} \neq 0$, 则可以将式 (2.4.12) 改写为

$$f = C_{\psi_1,\psi_2}^{-1} \int \frac{da}{a^2} \int db \, \langle f, \psi_1^{a,b} \rangle \, \psi_2^{a,b} \,. \tag{2.4.13}$$

注意, ψ_1 和 ψ_2 可能具有不同性质! 一个可能是不规则的, 而另一个可能是平滑的; 甚至不需要两者都满足容许条件: 若对于 $\xi \to 0$ 有 $\hat{\psi}_1(\xi) = O(\xi)$, 则允许 $\hat{\psi}_2(0) \neq 0$. 这里不会利用这一额外的自由度. 在 Holschneider 和 Tchamitchian (1990) 中, 利用了在选择 ψ_1 和 ψ_2 时的这一自由度, 证明了一些非常有意义的结果 (也请参阅 2.9 节). 例如, 可以选择 ψ_2 为紧支撑的, support $\psi_2 \subset [-R, R]$, 因此, 对于任意 x, 只有满足 $|b - x| \leqslant |a|R$ 的 $\langle f, \psi_1^{a,b} \rangle$ 才对重建公式 (2.4.13) 中的 $f(x)$ 有贡献. 于是, 集合 $\{(a,b); |b - x| \leqslant |a|R\}$ 称为 ψ_2 对 x 的 "影响锥". Holschneider 和 Tchamitchian (1990) 还证明了, 在对 f 施加不太强烈的限制条件后, 式 (2.4.13) 是逐点成立的, 也符合 L^2 意义.

命题 2.4.2 设 $\psi_1, \psi_2 \in L^1(\mathbb{R})$, ψ_2 可微, 且 $\psi_2' \in L^2(\mathbb{R})$, $x\psi_2 \in L^1(\mathbb{R})$, $\hat{\psi}_1(0) = 0 = \hat{\psi}_2(0)$. 若 $f \in L^2(\mathbb{R})$ 有界, 则式 (2.4.13) 在每个点 x 处逐点成立, 其中 f 为连续函数, 即

$$f(x) = C_{\psi_1,\psi_2}^{-1} \lim_{\substack{A_1 \to 0 \\ A_2 \to \infty}} \int_{A_1 \leqslant |a| \leqslant A_2} \frac{da}{a^2} \int_{-\infty}^{\infty} db \, \langle f, \psi_1^{a,b} \rangle \, \psi_2^{a,b}(x) \,. \tag{2.4.14}$$

证明:

1. 我们可以将式 (2.4.14) 中等号右边的部分 (取极限之前) 改写为

$$f_{A_1,A_2}(x) = C_{\psi_1,\psi_2}^{-1} \int_{A_1 \leqslant |a| \leqslant A_2} \frac{da}{a^2} \int_{-\infty}^{\infty} dy$$

$$\cdot \int_{-\infty}^{\infty} db \, f(y)|a|^{-1} \, \overline{\psi_1\left(\frac{y-b}{a}\right)} \, \psi_2\left(\frac{x-b}{a}\right)$$

$$= \int_{-\infty}^{\infty} dy \, M_{A_1,A_2}(x-y)f(y) \,, \tag{2.4.15}$$

根据富比尼定理, 上式中积分顺序的所有变化都是允许的 (该积分绝对收敛). 式中的 M_{A_1,A_2} 定义为

$$M_{A_1,A_2}(x) = C_{\psi_1,\psi_2}^{-1} \int_{A_1 \leqslant |a| \leqslant A_2} \frac{da}{|a|^3} \int_{-\infty}^{\infty} db \, \overline{\psi_1\left(-\frac{b}{a}\right)} \, \psi_2\left(\frac{x-b}{a}\right) \,.$$

2. 容易计算出 M_{A_1,A_2} 的傅里叶变换是

$$\hat{M}_{A_1,A_2}(\xi) = (2\pi)^{1/2} \, C_{\psi_1,\psi_2}^{-1} \int_{A_1 \leqslant |a| \leqslant A_2} \frac{da}{|a|} \, \hat{\psi}_2(a\xi) \, \overline{\hat{\psi}_1(a\xi)} \tag{2.4.16}$$

$$= \hat{M}(A_1\xi) - \hat{M}(A_2\xi) \,, \tag{2.4.17}$$

式中 $\hat{M}(\xi) = (2\pi)^{1/2} \, C_{\psi_1,\psi_2}^{-1} \int_{|a| \geqslant |\xi|} \frac{\mathrm{d}a}{|a|} \, \hat{\psi}_2(a) \, \overline{\hat{\psi}_1(a)}$，在式 (2.4.16) 中进行变量代换 $a \to a\xi$ 即可得出. 由于 $a\hat{\psi}_2(a) \in L^2(\mathbb{R})$ 且 $\hat{\psi}_1(a)$ 有界，我们有

$$|\hat{M}(\xi)| \leqslant C \left(\int_{|a| \geqslant |\xi|} \frac{\mathrm{d}a}{|a|^4} \, |\hat{\psi}_1(a)|^2 \right)^{1/2} \left(\int \mathrm{d}a \, |a|^2 \, |\hat{\psi}_2(a)|^2 \right)^{1/2}$$

$$\leqslant C' \, |\xi|^{-3/2} \, .$$

根据式 (2.4.11)，$\hat{M}$ 也有界，所以

$$|\hat{M}(\xi)| \leqslant C(1 + |\xi|)^{-3/2} \, , \tag{2.4.18}$$

这表明 $\hat{M}$ 的傅里叶逆变换 M 也有定义，且有界、连续.

3. M 的衰减受 $\hat{M}$ 正则性的控制. 对于 $\xi \neq 0$，容易验证 $\hat{M}$ 对 ξ 可微，我们有

$$\frac{\mathrm{d}}{\mathrm{d}\xi} \hat{M}(\xi) = (2\pi)^{1/2} \, C_{\psi_1,\psi_2}^{-1} \frac{-1}{\xi} \left[\hat{\psi}_2(\xi) \, \overline{\hat{\psi}_1(\xi)} + \hat{\psi}_2(-\xi) \, \overline{\hat{\psi}_1(-\xi)} \right] \, .$$

因为 $x\psi_2 \in L^1$，$\hat{\psi}_2$ 可微，所以对于 $\xi = 0$ 有

$$\left. \frac{\mathrm{d}}{\mathrm{d}\xi} \hat{M} \right|_{\xi=0} = -(2\pi)^{1/2} \, C_{\psi_1,\psi_2}^{-1} \, 2 \, \overline{\hat{\psi}_1(0)} \, \hat{\psi}_2'(0) = 0 \, .$$

由此得出 $\hat{M}$ 可微. 此外，由于 $x\psi_2 \in L^1$，所以有

$$|\hat{\psi}_2(\xi)| = |\hat{\psi}_2(\xi) - \hat{\psi}_2(0)|$$

$$\leqslant C \int \mathrm{d}x \, |\mathrm{e}^{-\mathrm{i}\xi x} - 1| \, |\psi_2(x)|$$

$$\leqslant C \, |\xi| \int \mathrm{d}x \, |x\psi_2(x)| \leqslant C' \, |\xi| \, ,$$

这意味着 $\left| \frac{\mathrm{d}}{\mathrm{d}\xi} \hat{M}(\xi) \right| \leqslant C'' \left[|\hat{\psi}_1(\xi)| + |\hat{\psi}_1(-\xi)| \right]$，因此 $\frac{\mathrm{d}}{\mathrm{d}\xi} \hat{M} \in L^2$. 于是由

$$\int \mathrm{d}x \, |M(x)| \leqslant \left[\int \mathrm{d}x \, (1 + x^2)^{-1} \right]^{1/2} \left[\int \mathrm{d}x \, (1 + x^2) \, |M(x)|^2 \right]^{1/2}$$

$$\leqslant C \left[\int \mathrm{d}\xi \, \left(|\hat{M}(\xi)|^2 + \left| \frac{\mathrm{d}}{\mathrm{d}\xi} \hat{M}(\xi) \right|^2 \right) \right]^{1/2} < \infty$$

得出 $M \in L^1(\mathbb{R})$. 此外 $\hat{M}(0) = (2\pi)^{1/2} \, C_{\psi_1,\psi_2}^{-1} \int \frac{\mathrm{d}a}{|a|} \hat{\psi}_2(a) \, \overline{\hat{\psi}_1(a)} = (2\pi)^{-1/2}$，或 $\int \mathrm{d}x \, M(x) = 1$.

4. 利用式 (2.4.17)，可以将式 (2.4.15) 改写为

$$f_{A_1,A_2}(x) = \int_{-\infty}^{\infty} \mathrm{d}y \, \frac{1}{A_1} M \left(\frac{x - y}{A_1} \right) f(y) - \int_{-\infty}^{\infty} \mathrm{d}y \, \frac{1}{A_2} M \left(\frac{x - y}{A_2} \right) f(y) \, .$$

因为 M 连续、可积, 且积分为 1, 因此, 若 f 有界且在 x 上连续, 则上式第一项在 $A_1 \to 0$ 时趋近于 $f(x)$. (只需应用控制收敛定理即可得出.) 第二项的上界为

$$\left| \int_{-\infty}^{\infty} dy \, \frac{1}{A_2} M\left(\frac{x-y}{A_2}\right) f(y) \right|$$

$$\leqslant \left[\int_{-\infty}^{\infty} dy \, \frac{1}{A_2^2} \left| M\left(\frac{x-y}{A_2}\right) \right|^2 \right]^{1/2} \left[\int dy \, |f(y)|^2 \right]^{1/2}$$

$$\leqslant A_2^{-1/2} \, \|M\|_{L^2} \, \|f\|_{L^2} \leqslant C \, A_2^{-1/2} \,,$$

因为根据式 (2.4.18) 有 $M \in L^2(\mathbb{R})$. 所以当 $A_2 \to \infty$ 时此项趋近于 0. ■

注释. 在 Holschneider 和 Tchamitchian (1990) 中, 在对 f 以及 ψ_1 和 ψ_2 设置了比一般性稍强的条件下证明了此定理. □

2.5 构成连续小波变换基础的再生核希尔伯特空间

作为式 (2.4.2) 的一种特例, 对于 $f \in L^2(\mathbb{R})$, 有

$$C_\psi^{-1} \int \int \frac{da\,db}{a^2} |(T^{\mathrm{wav}} f)(a,b)|^2 = \int dx |f(x)|^2 \,.$$

换言之, T^{wav} 将 $L^2(\mathbb{R})$ 等距映射到 $L^2(\mathbb{R}^2; C_\psi^{-1} a^{-2} \, da\, db)$, 它是 $\mathbb{R}^2$ 上所有满足 $\|\|F\|\|^2 = C_\psi^{-1} \int\int \frac{da\,db}{a^2} |F(a,b)|^2$ 收敛的复值函数 F 组成的空间; 赋有范数 $\|\| \ \ \|\|$ 后, 它就是一个希尔伯特空间. 映像 $T^{\mathrm{wav}} L^2(\mathbb{R})$ 仅构成一个闭子空间, 而非整个 $L^2(\mathbb{R}^2; C_\psi^{-1} a^{-2} \, da\, db)$; 将此子空间记为 $\mathcal{H}$.

下面的论证过程表明 $\mathcal{H}$ 是一个再生核希尔伯特空间. 对于任意 $F \in \mathcal{H}$, 可以找到 $f \in L^2(\mathbb{R})$ 使得 $F = T^{\mathrm{wav}} f$. 于是, 由式 (2.4.2) 可得

$$F(a,b) = \langle f, \ \psi^{a,b} \rangle$$

$$= C_\psi^{-1} \int \int \frac{da'db'}{a'^2} (T^{\mathrm{wav}} f)(a',b') \overline{(T^{\mathrm{wav}} \psi^{a,b})(a',b')}$$

$$= C_\psi^{-1} \int \int \frac{da'db'}{a'^2} K(a,b; \ a',b') \, F(a',b'), \tag{2.5.1}$$

其中

$$K(a,b; \ a',b') = \overline{(T^{\mathrm{wav}} \psi^{a,b})(a',b')} = \langle \psi^{a',b'}, \psi^{a,b} \rangle \,.$$

式 (2.5.1) 表明 $\mathcal{H}$ 的确是再生核希尔伯特空间, 作为子空间嵌在 $L^2(\mathbb{R}^2; C_\psi^{-1} a^{-2} \, da\, db)$ 中. (它还直接表明, $\mathcal{H}$ 不是整个 $L^2(\mathbb{R}^2; C_\psi^{-1} a^{-2} \, da\, db)$, 因为这样一个再生核公式不可能在整个空间 $L^2(\mathbb{R}^2; C_\psi^{-1} a^{-2} \, da\, db)$ 上成立.)

在某些特定情况下, $\mathcal{H}$ 变为解析函数的一个希尔伯特空间. 让我们再次仅限于讨论使 support $\hat{f} \subset [0, \infty)$ 的函数 f; 这些函数构成了 $L^2(\mathbb{R})$ 的一个闭子空间, 记为 H^2 (它是哈代空间族之一). 例如, 对于我们选择的 ψ, 当 $\xi \geqslant 0$ 时 $\hat{\psi}(\xi) = 2\xi \mathrm{e}^{-\xi}$, 当 $\xi \leqslant 0$ 时 $\hat{\psi}(\xi) = 0$ (ψ 也在 H^2 中). 于是 $T^{\mathrm{wav}} H^2$ 中的函数可以写为 (仅考虑 $a \geqslant 0$; 参见式 (2.4.9))

$$F(a, -b) = \langle f, \psi^{a, -b} \rangle = 2a^{1/2} \int_0^\infty \mathrm{d}\xi \; \hat{f}(\xi) \; a\xi \; \mathrm{e}^{-i(b+ia)\xi}$$

$$= (2\pi)^{1/2} \; a^{3/2} \; G(b + ia),$$

式中的 G 在上半平面 ($\mathrm{Im}\, z > 0$) 上是解析的. 此外, 容易验证

$$\int_0^\infty \mathrm{d}a \int_{-\infty}^\infty \mathrm{d}b \; a |G(b + ia)|^2 = \int \mathrm{d}x \; |f(x)|^2 \,,$$

因此, T^{wav} 可以解读为从 H^2 到一个伯格曼空间的等距映射, 该空间由上半平面上根据测度 $\mathrm{Im}\, z \; \mathrm{d}(\mathrm{Im}\, z) \; \mathrm{d}(\mathrm{Re}\, z)$ 平方可积的所有解析函数组成. 另一方面可以证明, 这个伯格曼空间中的任何一个函数都可以通过具有这一特定 ψ 的小波变换与 H^2 中的一个函数关联在一起: 这个等距映射是满射, 从而也是一个酉映射. 对于其他 ψ 选择, 比如 $\psi \in H^2$ 且对于 $\xi \geqslant 0$ 有 $\hat{\psi}(\xi) = N_\beta \; \xi^\beta \; \mathrm{e}^{-\xi}$, 则映像 $T^{\mathrm{wav}} H^2$ 可以用上半平面解析函数的其他伯格曼空间来确定.[1]

由于 $T^{\mathrm{wav}} L^2$ 或 $T^{\mathrm{wav}} H^2$ 可以用一个再生核希尔伯特空间确定, 所以不必感到惊讶, 存在离散的点列 (a_α, b_α), 使得 f 完全由 $(T^{\mathrm{wav}} f)(a_\alpha, b_\alpha)$ 确定, 并可由其进行重建. 具体来说, 如果 $T^{\mathrm{wav}} f$ 可以用伯格曼空间中的一个函数确定, 那显然, 它在特定离散点列上的取值就完全确定了该函数, 因为它毕竟是一个解析函数. 但要以一种数值稳定的方法来重建它, 那就是另一回事了: 这种情景不像带限情景中那么简单, 在带限情况下, 存在一组特殊点 x_n 使 e_{x_n} 构成了 $\mathcal{B}_\Omega$ 的一个正交基. 在 $T^{\mathrm{wav}} L^2$ 和 $T^{\mathrm{wav}} H^2$ 中不存在这样一种很方便的正交基 e_{a_α, b_α}. 下一章会看到如何解决这一问题.

最后, 在结束本节之前应当说明一下, 式 (2.4.4), 也就是等价的再生核希尔伯特空间公式, 可以看作是平方可积群表示理论的一个结果. 我不想在这里深入讨论这一内容, 如果读者希望了解它们的更多信息, 请查阅附注部分给出的参考文献.[2] 事实上, $\psi^{a, b}$ 是将算子 $U(a, b)$ 应用于函数 ψ 的结果, 该算子的定义为

$$[U(a, b)f](x) = |a|^{-1/2} \; f\left(\frac{x - b}{a}\right) \,.$$

算子 $U(a, b)$ 在 $L^2(\mathbb{R})$ 都是酉算子, 构成 $ax + b$ 群的一个表示:

$$U(a, b) \; U(a', b') = U(aa', \; b + ab') \,.$$

这种群表示是不可约的[也就是说，对于任何 $f \neq 0$，不存在与所有 $U(a,b)f$ 正交的非平凡 g，这就相当于说：$U(a,b)f$ 张成了整个空间]. 下面的结果是正确的：若 U 是 $\mathcal{H}$ 中具有左不变测度 $\mathrm{d}\mu$ 的李群 G 的一个不可约酉表示，并且对于 $\mathcal{H}$ 中的某个 f，有

$$\int_G \mathrm{d}\mu(g) \, |\langle f, \, U(g)f\rangle|^2 < \infty \, , \tag{2.5.2}$$

则，$\mathcal{H}$ 中存在一个稠密集 D，使性质 (2.5.2) 对于 D 中的任意元素 $\tilde{f}$ 成立. 此外，还存在一个（可能无界的）算子 A，在 D 上具有良好定义，使得对于所有 $\tilde{f} \in D$ 及所有 $h_1, h_2 \in \mathcal{H}$，有

$$\int_G \mathrm{d}\mu(g) \, \langle h_1, U(g)\tilde{f}\rangle \, \overline{\langle h_2, U(g)\tilde{f}\rangle} = C_{\tilde{f}}\langle h_1, h_2\rangle \, , \tag{2.5.3}$$

其中 $C_{\tilde{f}} = \langle A\tilde{f}, \tilde{f}\rangle$. 在小波情形中，左不变测度是 $a^{-2} \, \mathrm{d}a \, \mathrm{d}b$，$A$ 是算子

$$(Af)^\wedge(\xi) = |\xi|^{-1} \, \hat{f}(\xi) \, .$$

注意，式 (2.5.3) 是一般单位分解!

在下文中将不再利用构成小波变换基础的这一群结构，主要是因为我们很快就会开始讨论离散小波族，它们与 $ax+b$ 群的子群没有对应关系.

在量子物理学中，针对许多不同群 G 研究并应用了单位分解 (2.5.3). 相关的族 $U(g)f$ 称为相干态，这个名字最早是结合外尔–海森伯群使用的（也见下节），但后来扩展到所有其他群（甚至扩展到一些不是由群生成的相关结构）. 在 Klauder 和 Skägerstam (1985) 的文献中可以找到有关这一主题的出色综述和一组重要论文. 与 $ax+b$ 群相关联的相干态（现在称为小波）最早是由 Aslaksen 和 Klauder (1968, 1969) 构建的.

2.6　更高维连续小波变换

式 (2.4.4) 存在几种向 $L^2(\mathbb{R}^n)$（$n > 1$）的扩展. 一种可能是选择小波 $\psi \in L^2(\mathbb{R}^n)$，使其球面对称. 于是它的傅里叶变换也是球面对称的，

$$\hat{\psi}(\xi) = \eta(|\xi|) \, ,$$

容许条件变为

$$C_\psi = (2\pi)^n \int_0^\infty \frac{\mathrm{d}t}{t} \, |\eta(t)|^2 < \infty \, .$$

采用与命题 2.1 相同的证明方法，可以证明，对于所有 $f, g \in L^2(\mathbb{R}^n)$ 有

$$\int_0^\infty \frac{\mathrm{d}a}{a^{n+1}} \int_{-\infty}^\infty \mathrm{d}b \, (T^{\mathrm{wav}}f)(a,b) \, \overline{(T^{\mathrm{wav}}g)(a,b)} = C_\psi\langle f, g\rangle \, , \tag{2.6.1}$$

式中 $(T^{\mathrm{wav}}f)(a,b) = \langle f, \psi^{a,b}\rangle$，与之前一样，且 $\psi^{a,b}(x) = a^{-n/2}\,\psi(\frac{x-b}{a})$，其中 $a \in \mathbb{R}_+$, $a \neq 0$, $b \in \mathbb{R}^n$. 式 (2.6.1) 可再次改写为

$$f = C_\psi^{-1} \int_0^\infty \frac{\mathrm{d}a}{a^{n+1}} \int_{\mathbb{R}^n} \mathrm{d}b\,(T^{\mathrm{wav}}f)(a,b)\,\psi^{a,b}\,. \tag{2.6.2}$$

还可能选择一个不是球面对称的 ψ，并引入旋转以及尺度变换与平移. 例如，在二维情况下，定义

$$\psi^{a,b,\theta}(x) = a^{-1}\psi\left(R_\theta^{-1}\left(\frac{x-b}{a}\right)\right)\,,$$

其中 $a > 0$, $b \in \mathbb{R}^2$，且 R_θ 是矩阵

$$\begin{pmatrix} \cos\theta & -\sin\theta \\ \sin\theta & \cos\theta \end{pmatrix}\,.$$

于是容许条件变为

$$C_\psi = (2\pi)^2 \int_0^\infty \frac{\mathrm{d}r}{r} \int_0^{2\pi} \mathrm{d}\theta\,|\hat{\psi}(r\cos\theta,\ r\sin\theta)|^2 < \infty\,,$$

对应的单位分解为

$$f = C_\psi^{-1} \int_0^\infty \frac{\mathrm{d}a}{a^3} \int_{\mathbb{R}^2} \mathrm{d}b \int_0^{2\pi} \mathrm{d}\theta\,(T^{\mathrm{wav}}f)(a,b,\theta)\psi^{a,b,\theta}\,.$$

超过二维的情况可以进行类似构造. Murenzi (1989) 研究了这种带有旋转角度的小波，Argoul 等人 (1989) 在研究 DLA（扩散置限聚集）和其他二维分形时进行了应用.

2.7　与连续加窗傅里叶变换的相似

函数 f 的加窗傅里叶变换给出如下

$$(T^{\mathrm{win}}f)(\omega,t) = \langle f,\ g^{\omega,t}\rangle\,, \tag{2.7.1}$$

其中 $g^{\omega,t}(x) = \mathrm{e}^{i\omega x}g(x-t)$. 采用与命题 2.4.1 完全类似的证明过程可以得出，对于所有 $f_1, f_2 \in L^2(\mathbb{R})$ 有

$$\int\int \mathrm{d}\omega\,\mathrm{d}t\,(T^{\mathrm{win}}f_1)(\omega,t)\overline{(T^{\mathrm{win}}f_2)(\omega,t)} = 2\pi\,\|g\|^2\langle f_1, f_2\rangle\,,$$

它可以改写为

$$f = (2\pi\|g\|^2)^{-1}\int\int \mathrm{d}\omega\,\mathrm{d}t\,(T^{\mathrm{win}}f)(\omega,t)g^{\omega,t}\,. \tag{2.7.2}$$

这种情况下不存在容许条件：L^2 中的任何一个窗函数 g 都可以. g 很方便的一种归一化就是 $\|g\|_{L^2} = 1$.（容许条件的缺席是因为外尔 – 海森伯群的幺模性，参见 Grossmann、Morlet 和 Paul (1985) 的文献.）

连续加窗傅里叶变换同样可以看作一个从 $L^2(\mathbb{R})$ 到再生核希尔伯特空间的映射，函数 $F \in T^{\text{win}} L^2(\mathbb{R})$ 都属于 $L^2(\mathbb{R}^2)$，而且还满足

$$F(\omega, t) = \frac{1}{2\pi} \int \int \mathrm{d}\omega \, \mathrm{d}t \, K(\omega, t; \, \omega', t') \, F(\omega', t') \, ,$$

其中 $K(\omega, t; \, \omega', t') = \langle g^{\omega' t'}, \, g^{\omega, t} \rangle$. （这里假定 $\|g\| = 1$.）同样，函数 g 存在一些非常特殊的选择，可以将这个再生核希尔伯特空间化简为解析函数的希尔伯特空间：对于 $g(x) = \pi^{-1/4} \exp(-x^2/2)$，可求得

$$(T^{\text{win}} f)(\omega, t) = \exp \left[-\frac{1}{4}(\omega^2 + t^2) - \frac{i}{2}\omega t \right] \phi(\omega + it) \, , \tag{2.7.3}$$

其中 ϕ 是一个整函数. 可以通过这种方式获得的所有整函数的集合 ϕ 构成了巴格曼希尔伯特空间（Bargmann (1961)）.

由 $g(x) = g_0(x) = \pi^{-1/4} \exp(-x^2/2)$ 获得的 $g^{\omega, t}$ 通常称为"正则相干态"[参见 Klauder 和 Skägerstam (1985) 文献中的入门知识]，相关联的连续加窗傅里叶变换是正则相干态表示. 它有许多优美而有用的性质，我们将介绍会在下节用到的一条. 向 g_0 应用微分算子 $H = -\frac{\mathrm{d}^2}{\mathrm{d}x^2} + x^2 - 1$ 可以得到

$$\left(-\frac{\mathrm{d}^2}{\mathrm{d}x^2} + x^2 - 1 \right) \pi^{-1/4} \exp(-x^2/2) = 0 \, ,$$

即，g_0 是 H 的一个特征函数，对应的特征值为 0. 用量子力学的语言来说，H 是谐波振荡哈密顿算子，而 g_0 是其基态.（严格来说，H 实际上是标准谐波振荡哈密顿的两倍.）H 的其他特征函数由高阶埃尔米特函数给出，

$$\phi_n(x) = \pi^{-1/4} \, 2^{-n/2} (n!)^{-1/2} \left(x - \frac{\mathrm{d}}{\mathrm{d}x} \right)^n \exp(-x^2/2) \, ,$$

它满足

$$H\phi_n = 2n \, \phi_n \, . \tag{2.7.4}$$

[推导式 (2.7.4) 的最简单标准方法是写出 $H = A^* A$，其中 $A = x + \frac{\mathrm{d}}{\mathrm{d}x}$，$A^*$ 是 A 的共轭 $A^* = x - \frac{\mathrm{d}}{\mathrm{d}x}$，并证明 $A g_0 = 0$，$A(A^*)^n = (A^*)^n A + 2n(A^*)^{n-1}$，所以 $H\phi_n = \alpha_n A^* A (A^*)^n \, g_0 = \alpha_n \, A^* \, 2n(A^*)^{n-1} \, g_0 = 2n \, \phi_n$；归一化 α_n 也可以轻松计算得出.] 众所周知，$\{\phi_n; \, n \in \mathbb{N}\}$ 构成了 $L^2(\mathbb{R})$ 的一个正交基，因此它们构成了 H 的一个"完备特征函数集". [3]

现在我们考虑单参数族 $\psi_s = \exp(-iHs)\psi$. 它们是方程

$$i\partial_s \psi_s = H\psi_s \tag{2.7.5}$$

的解，初始值 $\psi_0 = \psi$. 在一种非常特殊的情况下，这种情况是 $\psi_0(x) = g_0^{\omega, t}(x) = \pi^{-1/4} \, e^{i\omega x} \exp[-(x-t)^2/2]$，我们求得 $\psi_s = e^{i\alpha_s} g_0^{\omega_s, t_s}$，其中，$\omega_s = \omega \cos 2s - t \sin 2s$，

$t_s = \omega \sin 2s + t \cos 2s$, $\alpha_s = \frac{1}{2}(\omega t - \omega_s t_s)$（通过显式计算可以轻松验证）. 也就是说，一个正则相干态在根据式 (2.7.5)"演化"时仍然保持正则相干态（相差一个对我们并不重要的相位因子）. 新相干态的标记 (ω_s, t_s) 通过在时频平面的简单旋转，即可由初始 (ω, t) 获得.

2.8　用于构建有用算子的连续变换

单位分解式 (2.4.4) 和 (2.7.2) 还可用另外一种形式重写如下：

$$C_\psi^{-1} \int \int \frac{\mathrm{d}a\,\mathrm{d}b}{a^2}\, \langle \cdot,\ \psi^{a,b} \rangle\, \psi^{a,b} = \mathrm{Id}\,, \qquad (2.8.1a)$$

$$\frac{1}{2\pi} \int \int \mathrm{d}\omega\,\mathrm{d}t\, \langle \cdot,\ g^{\omega,t} \rangle\, g^{\omega,t} = \mathrm{Id}\,, \qquad (2.8.1b)$$

其中 $\langle \cdot,\ \phi \rangle \phi$ 表示 $L^2(\mathbb{R})$ 上将 f 转变为 $\langle f,\ \phi \rangle \phi$ 的算子，这是一个秩一投影算子（即，它的平方和共轭都与算子本身相同，其值域是一维的）. 式 (2.8.1) 表明，将对应于一族小波（或一族加窗傅里叶函数）的秩一投影算子以相同权重"叠加"，就是一个恒等算子.（和之前一样，必须在弱意义上取式 (2.8.1) 中的积分.）如果仍然进行类似叠加，但为不同秩一投影算子赋予不同权重，会发生什么情况呢？如果权重函数都是合理的，最后会得到一个具有良好定义的算子，不同于恒等算子. 如果权重函数有界，则对应的算子也是有界的，但在许多例子中，考虑无界权重函数是有好处的，这样会得到无界算子.[4] 本节将考察一些有意义的例子（有界或无界示例）.

首先来看加窗傅里叶情况. 我们用量子力学中的惯用符号 p 和 q（动量和位置）（而不用"频率–时间"平面内的符号 ω 和 t）改写式 (2.8.1b)，并插入一个权重函数 $w(p,q)$：

$$W = \frac{1}{2\pi} \int \int \mathrm{d}p\,\mathrm{d}q\, w(p,q)\, \langle \cdot,\ g^{p,q} \rangle\, g^{p,q}\,. \qquad (2.8.2)$$

若 $w \notin L^\infty(\mathbb{R}^2)$，则 W 可能无界，因此并非处处有定义. 关于 W 的定义域，可以取 $\{f;\ \int \int \mathrm{d}p\,\mathrm{d}q\, |w(p,q)|^2\, |\langle f,\ g^{p,q} \rangle|^2 < \infty\}$，它对于适当的 w 和 g 是稠密的.[5] 量子力学中有两个很有用的例子，(1) $w(p,q) = p^2$，它会得出 $W = -\frac{\mathrm{d}^2}{\mathrm{d}x^2} + C_g\,\mathrm{Id}$，其中 $C_g = \int \mathrm{d}\xi\, \xi^2 |\hat{g}(\xi)|^2$，(2) $w(p,q) = v(q)$，对它而言，W 是一个乘性势能算子：$(Wf)(x) = V_g(x)\, f(x)$，其中 $V_g(x) = \int \mathrm{d}q\, v(q)|g(x-q)|^2$. 熟悉量子力学基础知识的读者会注意到，在这两种情况下算子 W 都与相位空间函数 $w(p,q)$ 的"量子化版本"非常一致（其单位使得 $\hbar = 1$），只有少许扭曲：在第一种情况下多了一个常数 C_g，在第二种情况下，$v * |g|^2$ 代替了势能函数 v. 事实上，Lieb (1981) 曾经使用这两个公式来证明托马斯–费米理论（一种关于原子和分子的半经典理论）（对于

$Z \to \infty$，即对于非常重的原子）是"渐近"正确的，它给出了一个非常复杂的量子力学模型中的首阶项. Lieb 的证明用到了上述两个例子的三维情形（不是一维），他真正需要考虑的算子当然是 $-\Delta = -\partial_{x_1}^2 - \partial_{x_2}^2 - \partial_{x_3}^2$ 和 $V(x) = [x_1^2 + x_2^2 + x_3^2]^{-1/2}$，所以他必须选择一个适当的 g，用其他某种方法来处理额外的常数 C_g，还有 V 与 $V * |g|^2$ 之间的差别. 注意，选择可积奇异的 $v(q)$（比如三维库仑势）总是可以得到一个非奇异的 V_g: 式 (2.8.2) 这种类型的算子不具备这种奇异性.

式 (2.8.2) 这种类型的算子还有许多其他应用. 在纯数学领域，它们有时称为特普利茨算子，已经出版了一些专门讨论它们的书籍. 在量子光学中，它们也称为"P 型算子"，关于这一主题同样有非常详尽的文献（见 Klauder 和 Skägerstam (1981)）.[6] 但还是让我们回到信号分析主题，看看如何利用式 (2.8.2) 来生成时间频率局部化算子.

设 S 是 $\mathbb{R}^2$ 的任意可测子集. 现在重新使用时频符号，通过式 (2.8.2) 定义一个算子 L_S，它对应于 S 的指示函数 a（若 $(\omega, t) \in S$ 则 $a(\omega, t) = 1$，若 $(\omega, t) \notin S$ 则 $a(\omega, t) = 0$），

$$L_S = \frac{1}{2\pi} \iint_{(\omega, t) \in S} d\omega \, dt \, \langle \cdot, g^{\omega, t} \rangle \, g^{\omega, t} \, .$$

由单位分解，立即可推得

$$\langle L_S f, \, f \rangle = \frac{1}{2\pi} \iint_{(\omega, t) \in S} d\omega \, dt \, |\langle f, g^{\omega, t} \rangle|^2$$

$$\leqslant \frac{1}{2\pi} \iint d\omega \, dt \, |\langle f, g^{\omega, t} \rangle|^2 = \|f\|^2 \, ;$$

另一方面，显然有 $\langle L_S f, \, f \rangle \geqslant 0$. 换言之，

$$0 \leqslant L_S \leqslant \mathrm{Id} \, .$$

若 S 是一个有界集，则算子 L_S 是迹族（见"预备知识"），这是因为对于 $L^2(\mathbb{R})$ 中的任意正交基 $(u_n)_{n \in \mathbb{N}}$，有

$$\sum_n \langle L_S \, u_n, \, u_n \rangle = \frac{1}{2\pi} \iint_{(\omega, t) \in S} d\omega \, dt \, \sum_n |\langle u_n, g^{\omega, t} \rangle|^2$$

（根据勒贝格控制收敛定理，可以交换积分和求和顺序）

$$= \frac{1}{2\pi} \iint_{(\omega, t) \in S} d\omega \, dt \, \|g^{\omega, t}\|^2 = |S| \, ,$$

其中 $|S|$ 是 S 的测度. 于是推得，存在 L_S 特征向量的一个完全集，其相应特征值递减至零，

$$L_S \phi_n = \lambda_n \phi_n \, ,$$

$$\lambda_n \geqslant \lambda_{n+1} \geqslant 0, \quad \lim_{n \to \infty} \lambda_n = 0 \, ,$$

$$\{\phi_n; \ n \in \mathbb{N}\} \ \text{是} \ L^2(\mathbb{R}) \ \text{的正交基.}$$

这样一个算子 L_S 有一种非常自然的解释. 如果窗函数 g 具有足够的局部化特性, 并且在时间和频率上都以 0 为局部中心, 则可将 $\langle f, g^{\omega,t} \rangle \, g^{\omega,t}$ 看作 f 的一个 "基本分量", 位于时频平面上 (ω, t) 附近. 将所有这些分量相加将再次得出 f, $L_S f$ 只是那些满足 $(\omega, t) \in S$ 的分量之和. 因此, $L_S f$ 相当于从 f 中提取那些仅属于时频平面上区域 S 的信息, 并由该局部信息构造出仅 "生存" 于 S 上 (或与其非常接近) 的一个函数. 它本质上就是一个时频局部化算子, 比如我们在 2.3 节中看到的算子! 现在, 我们可以针对集合 S 来研究 L_S 了, 集合 S 的一般性要远高于矩形 $[-\Omega, \Omega] \times [-T, T]$. (但要注意, 甚至对于 $S = [-\Omega, \Omega] \times [-T, T]$, 算子 L_S 也不同于 2.3 节中考虑的 $Q_T \, P_\Omega \, Q_T$.) 遗憾的是, 对于 S 和 g 的大多数选择, L_S 的特征函数和特征值都很难刻画, 这种构造方法的用途非常有限. 但是, 确有一种 g 选择和一族特定的集合 S, 可以知道它们的上述信息. 取 $g(x) = g_o(x) = \pi^{-1/4} \exp(-x^2/2)$, 及 $S_R = \{(\omega, t); \ \omega^2 + t^2 \leqslant R^2\}$. 将相应的局部化算子记为 L_R,

$$L_R = \frac{1}{2\pi} \iint\limits_{\omega^2 + t^2 \leqslant R^2} \mathrm{d}\omega \, \mathrm{d}t \, \langle \cdot, \, g_o^{\omega,t} \rangle \, g_o^{\omega,t} \, .$$

这些算子 L_R 可以与 2.7 节的谐波振荡哈密顿算子 $H = -\frac{\mathrm{d}^2}{\mathrm{d}x^2} + x^2 - 1$ 交换, 由以下论证过程可看出这一点. 由于

$$\mathrm{e}^{-iHs} \, g_o^{\omega,t} = \mathrm{e}^{i\alpha_s} \, g_o^{\omega_s, t_s} \, ,$$

其中 $\alpha_s = (\omega t - \omega_s t_s)/2 \in \mathbb{R}$, 所以有

$$\langle \mathrm{e}^{-iHs} f, \, g_o^{\omega,t} \rangle \, g_o^{\omega,t} = \langle f, \, \mathrm{e}^{iHs} g_o^{\omega,t} \rangle \, g_o^{\omega,t} = \mathrm{e}^{-i\alpha_{-s}} \, \langle f, \, g_o^{\omega_{-s}, t_{-s}} \rangle \, g_o^{\omega,t} \, ;$$

因此

$$L_R \, \mathrm{e}^{-iHs} = \frac{1}{2\pi} \iint\limits_{\omega^2 + t^2 \leqslant R^2} \mathrm{d}\omega \, \mathrm{d}t \, \langle \cdot, \, g_o^{\omega_{-s}, t_{-s}} \rangle \, \mathrm{e}^{-i(\omega t - \omega_{-s} t_{-s})/2} \, g_o^{\omega,t} \, .$$

如果做替换 $\omega' = \omega_{-s}$, $t' = t_{-s}$, 则容易验证 (使用 2.7 节最后给出的 α_s、ω_s、t_s 显式公式) $g_o^{\omega,t} = g_o^{\omega'_s, t'_s} = \exp\left[-\frac{i}{2}(\omega' t' - \omega t)\right] \, \mathrm{e}^{-iHs} \, g_o^{\omega', t'}$. 另一方面, 积分域在进行变换 $(\omega, t) \to (\omega', t')$ 时保持不变 (因为此变换只是时频空间中的一次旋转!), 因此

$$L_R \, \mathrm{e}^{-iHs} = \frac{1}{2\pi} \iint\limits_{\omega'^2 + t'^2 \leqslant R^2} \mathrm{d}\omega' \, \mathrm{d}t' \, \langle \cdot, \, g_o^{\omega',t'} \rangle \, \mathrm{e}^{-iHs} \, g_o^{\omega' t'}$$

$$= \mathrm{e}^{-iHs} \, L_R \, ,$$

L_R 可与 H 互换，如前所述. 由此得知，存在一个正交基，可使 L_R 和 H 均实现对角化（见"预备知识"）. 但是，由于 H 的特征值都是非退化的，所以仅存在一个实现 H 对角化的基，即埃尔米特函数（见 2.7 节）. 由此可知，埃尔米特函数 ϕ_n 一定是 L_R 的特征函数. L_R 的特征值可由下式计算

$$\langle \phi_n,\ g_o^{\omega,t}\rangle = (n!\ 2^n)^{-1/2}(-i)^n(\omega+it)^n\ \exp\left[-\frac{1}{4}(\omega^2+t^2)-\frac{i}{2}\omega t\right].$$

（有许多方法可用来计算这一表达式. 本章末的附注 3 中说明了一种通过巴格曼希尔伯特空间进行计算的方法.）于是得到

$$L_R\,\phi_n = \lambda_n(R)\phi_n\ ,$$

其中

$$\begin{aligned}
\lambda_n(R) &= \langle L_R\,\phi_n,\ \phi_n\rangle \\
&= \frac{1}{2\pi}\iint\limits_{\omega^2+t^2\leqslant R^2}\mathrm{d}\omega\,\mathrm{d}t\ |\langle\phi_n,\ g_o^{\omega,t}\rangle|^2 \\
&= \frac{1}{2\pi}\iint\limits_{\omega^2+t^2\leqslant R^2}\mathrm{d}\omega\,\mathrm{d}t\ \frac{1}{n!\ 2^n}\ (\omega^2+t^2)^n\ \exp\left[-\frac{1}{2}(\omega^2+t^2)\right] \\
&= \int_0^R\mathrm{d}r\ r\ \frac{1}{n!\ 2^n}\ r^{2n}\ \exp\left(-\frac{1}{2}\ r^2\right) \\
&= \frac{1}{n!}\int_0^{R^2/2}\mathrm{d}s\ s^n\ \mathrm{e}^{-s}\ ,
\end{aligned}$$

这就是所谓的不完全 Γ 函数. 由 $\lambda_n(R)$ 的这一显式公式可知，现在可以将它作为 n 和 R 的函数来研究其特性了. 这里仅对其结果进行概述 [具体细节请参见 Daubechies (1988)]. 图 2.4 给出了 $\lambda_n(R)$ 在 R 取三个不同值时的曲线.

　　对于每个 R，$\lambda_n(R)$ 随着 n 的增大而单调递减，当 n 较小时趋近于 1，当 n 很大时趋近于 0. 这些曲线出现这一"下降"现象的阈值（例如，可定义为 $n_{\mathrm{thr}} = \max\{n;\ \lambda_n\geqslant 1/2\}$）是 $n_{\mathrm{thr}}\simeq R^2/2$. 注意，它也等于 $\pi R^2/2\pi$，也就是时频局部化区域 S_R 的面积乘以奈奎斯特密度，与 2.3 节完全相同. 不过，下降区域的宽度要比 2.3 节中宽一些，

$$\#\ \{n;\ 1-\epsilon\geqslant\lambda_n\geqslant\epsilon\}\leqslant C_\epsilon R\ ,$$

[与式 (2.3.2) 中的对数宽度相比]，但当 R 很大时，该宽度与 n_{thr} 相比仍然可以忽略. 与 2.3 节的另一处明显区别是，这种情况下的特征函数 ϕ_n 与区域 S_R 的大小无关（不同于椭球波函数）：它对 R 的依赖关系完全体现在 $\lambda_n(R)$ 中.[7]

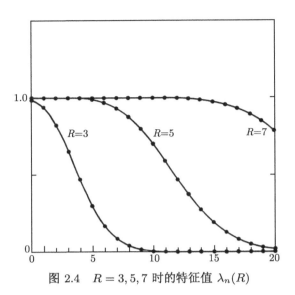

图 2.4 $R = 3, 5, 7$ 时的特征值 $\lambda_n(R)$

对于连续小波变换，均存在类似上述的例子. 还是可以在式 (2.8.1a) 的积分中插入一个非常值函数 $w(a, b)$，并构成一个不同于恒等算子的算子 W. 一个例子是三维的 $w(a, b) \sim a^2$，使用一个球对称 ψ[其单位分解由式 (2.6.2) 给出]，即

$$(Wf)(x) = C_\psi^{-1} \int_0^\infty \frac{\mathrm{d}a}{a^4} \int_{\mathbb{R}^3} \mathrm{d}b \, \frac{C_\psi}{\tilde{C}_\psi} \, a^2 (T^{\mathrm{wav}} f)(a, b) \psi^{a,b}(x) , \tag{2.8.3}$$

其中 $\hat{\psi}(\xi) = \phi(|\xi|)$ 以及 $\tilde{C}_\psi = (2\pi)^3 \int_0^\infty \mathrm{d}s \, s\phi(s)$.

因为 $g(x) = |x|^{-2}$ 的三维傅里叶变换为 $\hat{g}(\xi) = \sqrt{2}/(\sqrt{\pi} \, |\xi|)$ （在分布意义下），容易验证 Wf 也可写为

$$(Wf)(x) = \frac{1}{4\pi} \int \mathrm{d}y \, \frac{1}{|x - y|} \, f(y) , \tag{2.8.4}$$

使得 $\langle Wf, g \rangle$ 表示两个电荷分布 f 和 g 的相互作用的库仑势能. 例如，Fefferman 和 de la Llave (1986) 在有关相对论的物质稳定性论文中用到了这一公式. 注意，$\langle Wf, g \rangle$ 在表示式 (2.8.3) 中变为 "对角的" [顺便说一下，这就是 Fefferman 和 de la Llave (1986) 中使用它的原因]. 还要注意，这个对角小波表示完全捕获了式 (2.8.4) 中核的奇异性：不存在加窗傅里叶情景下对奇异性的 "剪裁". 这是因为小波可以放大奇异性（它就是极短时高频特征的一种极端表现！），而加窗傅里叶函数则不能（请参见 1.2 节或 2.9 节）.[8]

在加窗傅里叶情况下，还可以选择将式 (2.8.1a) 中的积分局限于 (a, b) 空间上的一个子集 S，定义时频局部化算子 L_S. 它们对于可测集 S 具有很好的定义，且 $0 \leqslant L_S \leqslant 1$. 若紧致集 S 中不包含任何使 $a = 0$ 的点，则 L_S 是一个迹族

算子. 对于一般的 S 特征函数和特征值仍然很难描述，但同样存在 ψ 和 S 的一些特殊选择使 L_S 的特征函数和特征值是显式已知的. 其分析类似于加窗傅里叶情景，但稍微需要一点技巧. 这里仅概述分析结果，如需完整细节，请查阅 Paul (1985) 或 Daubechies 和 Paul(1988) 的文献. 一个这样的特殊 ψ 是：对于 $\xi \geqslant 0$ 有 $\hat{\psi}(\xi) = 2\xi\, e^{-\xi}$，对于 $\xi \leqslant 0$ 有 $\hat{\psi}(\xi) = 0$. 我们从相关联的单位分解入手，该单位分解为（参见式 (2.4.9)）

$$C_\psi^{-1} \int_0^\infty \frac{\mathrm{d}a}{a^2} \int_{-\infty}^\infty \mathrm{d}b\, [\langle \cdot,\ \psi_+^{a,b}\rangle \psi_+^{a,b} + \langle \cdot,\ \psi_-^{a,b}\rangle \psi_-^{a,b}] = 1\ ,$$

其中 $\psi_+ = \psi$, $\hat{\psi}_-(\xi) = \hat{\psi}(-\xi)$. 我们考虑的算子 $L_C = L_{S_C}$ 由

$$L_C = C_\psi^{-1} \iint\limits_{(a,b)\in S_C} \frac{\mathrm{d}a\,\mathrm{d}b}{a^2} [\langle \cdot,\ \psi_+^{a,b}\rangle \psi_+^{a,b} + \langle \cdot,\ \psi_-^{a,b}\rangle \psi_-^{a,b}]$$

给出，其中 $S_C = \{(a,b) \in \mathbb{R}_+ \times \mathbb{R};\ a^2 + b^2 + 1 \leqslant 2aC\}$, $C \geqslant 1$. 在将 (a,b) 空间表示为上半复平面 $(z = b + ia)$ 时，S_C 对应于圆盘 $|z - iC|^2 \leqslant C^2 - 1$. 谐波振荡埃尔米特算子的角色现在由算子 H 扮演，其定义为

$$H(f)^\wedge(\xi) = \left[-\xi \frac{\mathrm{d}^2}{\mathrm{d}\xi^2} - \frac{\mathrm{d}}{\mathrm{d}\xi} + \xi + \frac{1}{\xi} \right] \hat{f}(\xi)\ .$$

于是，对于这个 H 有

$$\exp(-i\,Ht)\psi_+^{a,b} = e^{i\alpha_t(a,b)}\,\psi_+^{a(t),b(t)}\ ,$$

这里

$$b(t) + ia(t) = z(t) = \frac{z\cos t + \sin t}{\cos t - z\sin t}\ ,$$

其中 $z = b + ia$. 容易验证：流线 $z \to z(t)$ 保持了所有圆周 $|z - iC|^2 = C^2 - 1$，如图 2.5 所示. 由此可推导出 H 和 L_C 可交换，从而可以同时实现它们的对角化.[9] H 所有特征值的退化度均为 2，对于每个特征值 $E_n = 3 + 2n$，可以找到两个特征函数，即

$$(\psi_n^+)^\wedge(\xi) = \begin{cases} 2\sqrt{2}\,[(n+2)(n+1)]^{-1/2}\,\xi\,L_n^2(2\xi)e^{-\xi} & \xi \geqslant 0\ , \\ 0 & \xi \leqslant 0\ , \end{cases}$$

和 $(\psi_n^-)^\wedge(\xi) = (\psi_n^+)^\wedge(-\xi)$. 这里的 L_n^2 是拉盖尔多项式（2 为上标，而不是幂），其一般式为

$$L_n^\alpha(x) = \frac{1}{n!}\,e^x\,x^{-\alpha}\,\frac{\mathrm{d}^n}{\mathrm{d}x^n}\,(e^{-x}x^{n+\alpha})$$

$$= \sum_{m=0}^n (-1)^m\,\frac{\Gamma(n+\alpha+1)}{\Gamma(n-m+1)\,\Gamma(\alpha+m+1)}\,\frac{1}{m!}\,x^m\ .$$

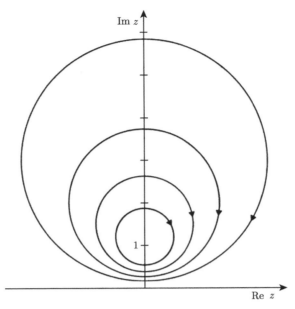

图 2.5 $z(t) = \frac{z \cos t + \sin t}{\cos t - z \sin t}$ 的流线

由于算子 L_C 可以与奇偶运算 $(\Pi f)^\wedge(\xi) = \hat{f}(-\xi)$ 交换, 由此可推出 ψ_n^+ 和 ψ_n^- 也是 L_C 的特征函数 (因为 H 的退化, 不能事先认为 H 的每个特征函数都是 L_C 的特征函数). L_C 的相应特征值为

$$\lambda_n^+ = \lambda_n^- = (n+1)\left(1 - \frac{2}{C+1}\right)^{n+1}\left(\frac{2}{C+1} + \frac{1}{n+1}\right).$$

(这意味着 L_C 的退化度与 H 相同, 所以在这种情况下 H 的每个特征函数实际上也都是 L_C 的特征函数.) 因此还可以将 $\psi_n^e = \frac{1}{\sqrt{2}}(\psi_n^+ + \psi_n^-)$ 和 $\psi_n^o = -\frac{i}{\sqrt{2}}(\psi_n^+ - \psi_n^-)$ 用作特征函数, 其优点是它们都是实函数. 图 2.6 给出了前几个 ψ_n^e 和 ψ_n^o 的曲线 (e 表示偶数, o 表示奇数). 图 2.7 绘制了 $\lambda_n(C)$ 在 C 取各种不同值时的曲线. 对于适当大的 C, $\lambda_n(C)$ 的行为特性满足我们对时频局部化算子特征值的期望: 当 n 很小时它们接近于 1, 且 $\lambda_o(C) = 1 - \frac{4}{(C+1)^2}$, 对于依赖于 C 的较大 n 值, 它们下降到 0. 更准确地说, 对于任意 $\gamma \in (0, 1)$, 使 $\lambda_n(C)$ 穿越 γ 的 n 值等于 $n = \eta C + O(1)$ (C 很大), 且 $\eta(2 + \eta^{-1})(1 - 2C^{-1})^{\eta C} = \gamma$ 或 $2\eta - \ln(1 + 2\eta) = -\ln\gamma + O(C^{-1})$. 这意味着

$$\#\{特征函数; \lambda_n(C) \geqslant \gamma\} = 2\#\{n; \lambda_n(C) \geqslant \gamma\}$$
$$= 2C\, F^{-1}(-\ln\gamma) + O(1),$$

其中 $F(t) = 2t - \ln(1 + 2t)$. 具体来说,

$$\# \{特征函数; \lambda_n(C) \geqslant 1/2\} = 2C\,F^{-1}(\ln 2) + O(1)\,. \tag{2.8.5}$$

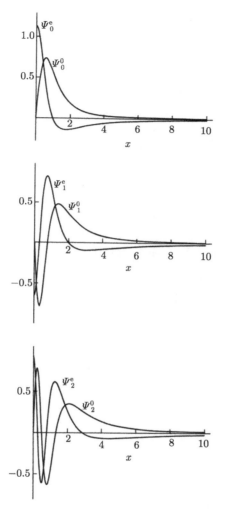

图 2.6 特征函数 ψ_n^e 和 ψ_n^o 在 $n = 0$、1、2 时的曲线

为了将它与奈奎斯特密度进行比较, 首先需要求得时频空间中与 L_C 对应的面积. 为此我们回到 $\psi_\pm^{a,b}$. 有

$$\int \mathrm{d}x\ |\psi_\pm^{a,b}(x)|^2 = b\,,$$

$$\int \mathrm{d}\xi\ |(\psi_\pm^{a,b})^\wedge(\xi)|^2\xi = \pm\frac{3}{2a}\,.$$

因此 $S_C = \{(a,b) \in \mathbb{R}_+ \times \mathbb{R};\ a^2 + b^2 + 1 \leqslant 2aC\}$ 对应于时频集合

$$\tilde{S}_C = \left\{ (\omega, t) \in \mathbb{R}^2;\ t^2 + \frac{9}{4\omega^2} + 1 \leqslant \frac{3C}{|\omega|} \right\}.$$

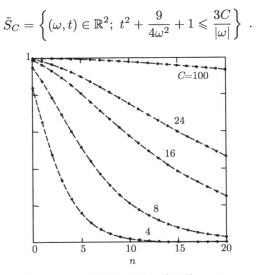

图 2.7　C 取不同值时的特征值 $\lambda_n(C)$

它对应于一个低频和高频截止. 这一时频局部化集合与加窗傅里叶情景中圆盘的对比, 请参阅图 2.8.[10] $\tilde{S}_C$ 的面积是 $|\tilde{S}_C| = 6\pi(C-1)$. 将它与式 (2.8.4) 结合, 得出

$$\frac{\#\,\{\text{特征方程};\ \lambda_n(C) \geqslant 1/2\}}{|\tilde{S}_C|} = \frac{1}{3\pi}\, F^{-1}(\ln 2) + O(C^{-1})$$

$$\simeq \frac{0.646}{2\pi} + O(C^{-1}),$$

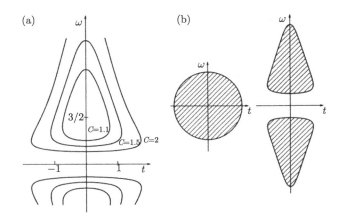

图 2.8　(a) C 取不同值时的集合 $\tilde{S}_C = \left\{ (t, \omega);\ t^2 + \frac{9}{\omega^2} + 1 \leqslant \frac{3C}{|\omega|} \right\}$. (b) 加窗傅里叶变换的时频局部化集合（左图中的圆盘 $S_R = \{(t, \omega);\ t^2 + \omega^2 \leqslant R^2\}$）与小波变换的时频局部化集合（右图）的对比

它不同于奈奎斯特密度! 这一矛盾非常明显, 其原因在于 $\lambda_n(C)$ 的 "下降区域" 的宽度与 C 成正比, 从而与 $|\tilde{S}_C|$ 成正比. 事实上, 对于 $\epsilon > 0$ 有

$$\# \{特征函数; \epsilon \leqslant \lambda \leqslant 1 - \epsilon\}$$

$$= \frac{1}{2\pi} |\tilde{S}_C| \left\{ \frac{2}{3} \left[F^{-1}(|\ln(1 - \epsilon)|) - F^{-1}(|\ln \epsilon|) \right] + O(|\tilde{S}_C|^{-1}) \right\},$$

与椭球波情形相对比, 其中, 大括号中的类似表达式在 $|S| \to \infty$ 时像 $|S|^{-1} \log |S|$ 一样趋近于 0, 而在加窗傅里叶情况下, 在 $|S| \to \infty$ 时的行为类似于 $|S|^{-1/2}$. 在本例中下降区域的宽度与 $|\tilde{S}_C|$ 本身同阶, 这是根据 $\psi_\pm^{a,b}$ 的非一致时频局部化得出的. 这表明, 在处理小波时对于基于时频密度的直觉一定要非常小心. 第 4 章还会回来再次讨论这一问题.

2.9 用于数学变焦的连续小波变换：局部正则性的表征

本节完全摘自 Holschneider 和 Tchamitchian (1990) 的文献, 他们开发这些技术的部分目的是为了研究一个由黎曼提出的不可微函数的局部正则性.

定理 2.9.1 设 $\int \mathrm{d}x (1 + |x|) |\psi(x)| < \infty$ 且 $\hat{\psi}(0) = 0$. 若一个有界函数 f 为赫尔德连续, 指数为 α, $0 < \alpha \leqslant 1$, 即

$$|f(x) - f(y)| \leqslant C|x - y|^\alpha,$$

则其小波变换满足

$$|T^{\mathrm{wav}}(a, b)| = |\langle f, \psi^{a,b} \rangle| \leqslant C' |a|^{\alpha + 1/2}.$$

证明: 由于 $\int \mathrm{d}x\, \psi(x) = 0$, 有

$$\langle \psi^{a,b}, f \rangle = \int \mathrm{d}x\, |a|^{-1/2} \psi\left(\frac{x - b}{a}\right) [f(x) - f(b)],$$

因此

$$\begin{aligned}
|\langle \psi^{a,b}, f \rangle| &\leqslant \int \mathrm{d}x\, |a|^{-1/2} \left| \psi\left(\frac{x - b}{a}\right) \right| C|x - b|^\alpha \\
&\leqslant C |a|^{\alpha + 1/2} \int \mathrm{d}y\, |\psi(y)|\, |y|^\alpha \\
&\leqslant C' |a|^{\alpha + 1/2}. \quad \blacksquare
\end{aligned}$$

$\square$

下面是逆定理.

定理 2.9.2　设 ψ 是紧支撑的. 还假设 $f \in L^2(\mathbb{R})$ 有界且连续. 若对于某个 $\alpha \in [0,1]$, f 的小波变换满足

$$|\langle f, \psi^{a,b} \rangle| \leqslant C|a|^{\alpha+1/2} , \tag{2.9.1}$$

则 f 为赫尔德连续, 指数为 α.

证明:

1. 选择 ψ_2 为紧支撑且连续可微的, 且 $\int \mathrm{d}x\, \psi_2(x) = 0$. 对 ψ_2 归一化, 使得 $C_{\psi,\psi_2} = 1$. 然后, 根据命题 2.4.2,

$$f(x) = \int_{-\infty}^{\infty} \frac{\mathrm{d}a}{a^2} \int_{-\infty}^{\infty} \mathrm{d}b \, \langle f, \psi^{a,b} \rangle \, \psi_2^{a,b}(x) .$$

将对 a 的积分分为两部分, $|a| \leqslant 1$ 和 $|a| \geqslant 1$, 并将这两项分别称为 $f_{SS}(x)$（小尺度）和 $f_{LS}(x)$（大尺度）.

2. 首先, 注意到 f_{LS} 对于 x 是一致有界的:

$$
\begin{aligned}
|f_{LS}(x)| &\leqslant \int_{|a| \geqslant 1} \frac{\mathrm{d}a}{a^2} \int_{-\infty}^{\infty} \mathrm{d}b \, |\psi_2^{a,b}(x)| \, \|f\|_{L^2} \, \|\psi\|_{L^2} \\
&\leqslant C \int_{|a| \geqslant 1} \frac{\mathrm{d}a}{a^2} \int_{-\infty}^{\infty} \mathrm{d}b \, |a|^{-1/2} \left| \psi_2\left(\frac{x-b}{a} \right) \right| \\
&\leqslant C \, \|\psi_2\|_{L^1} \int_{|a| \geqslant 1} \mathrm{d}a \, |a|^{-3/2} = C' < \infty .
\end{aligned}
\tag{2.9.2}
$$

其次, 观察 $|h| \leqslant 1$ 时的 $|f_{LS}(x+h) - f_{LS}(x)|$:

$$
\begin{aligned}
|f_{LS}(x+h) - f_{LS}(x)| \leqslant \int_{|a| \geqslant 1} \frac{\mathrm{d}a}{|a|^3} \int_{-\infty}^{\infty} \mathrm{d}b \int_{-\infty}^{\infty} \mathrm{d}y \, |f(y)| \\
\left| \psi\left(\frac{y-b}{a} \right) \right| \left| \psi_2\left(\frac{x+h-b}{a} \right) - \psi_2\left(\frac{x-b}{a} \right) \right|
\end{aligned}
\tag{2.9.3}
$$

由于 $|\psi_2(z+t) - \psi_2(z)| \leqslant C|t|$, 且由于对于某一 $R < \infty$ 有 support ψ, support $\psi_2 \subset [-R, R]$, 所以可以求出上式的上界:

$$
\begin{aligned}
(2.9.3) &\leqslant C' \, |h| \int_{|a| \geqslant 1} \mathrm{d}a \, a^{-4} \int_{\substack{|x-b| \leqslant |a|R+1 \\ |y-b| \leqslant |a|R}} \mathrm{d}b \int \mathrm{d}y \, |f(y)| \\
&\leqslant C'' \, |h| \int_{|a| \geqslant 1} \mathrm{d}a \, |a|^{-3} \int_{|y-x| \leqslant 2|a|R+1} \mathrm{d}y \quad |f(y)| \\
&\leqslant C'' \, |h| \, \|f\|_{L^2} \int_{|a| \geqslant 1} \mathrm{d}a \, |a|^{-3} (4|a|R+2)^{1/2} \leqslant C''' \, |h| .
\end{aligned}
$$

上式对于所有 $|h| \leqslant 1$ 均成立. 结合式 (2.9.2) 中给出的界, 可得出结论, 对于所有 h, $|f_{LS}(x+h) - f_{LS}(x)| \leqslant C|h|$ 对于 x 一致成立. 注意, 在求得这一估计时, 我们甚至没有使用式 (2.9.1): f_{LS} 总是正则的.

3. 小尺度部分 f_{SS} 也是一致有界的:

$$|f_{SS}(x)| \leqslant C \int_{|a| \leqslant 1} \frac{\mathrm{d}a}{a^2} \int_{-\infty}^{\infty} \mathrm{d}b \; |a|^{\alpha+1/2} \; |a|^{-1/2} \left| \psi_2 \left(\frac{x-b}{a} \right) \right|$$

$$\leqslant C \|\psi_2\|_{L^1} \int_{|a| \leqslant 1} \mathrm{d}a \; |a|^{-1+\alpha} = C' < \infty \; .$$

4. 于是, 仍然只需要检查当 h 很小时（比如 $|h| \leqslant 1$）的 $|f_{SS}(x+h) - f_{SS}(x)|$. 再次使用 $|\psi_2(z+t) - \psi_2(z)| \leqslant C|t|$, 有

$$|f_{SS}(x+h) - f_{SS}(x)|$$

$$\leqslant \int_{|a| \leqslant |h|} \frac{\mathrm{d}a}{a^2} \int_{-\infty}^{\infty} \mathrm{d}b \; |a|^{\alpha} \left(\left| \psi_2 \left(\frac{x-b}{a} \right) \right| + \left| \psi_2 \left(\frac{x+h-b}{a} \right) \right| \right)$$

$$+ \int_{|h| \leqslant |a| \leqslant 1} \frac{\mathrm{d}a}{a^2} \int_{|x-b| \leqslant |a|R+|h|} \mathrm{d}b \; |a|^{\alpha} \; C \left| \frac{h}{a} \right|$$

$$\leqslant C' \left[\|\psi_2\|_{L^2} \int_{|a| \leqslant |h|} \mathrm{d}a \; |a|^{-1+\alpha} + |h| \int_{|h| \leqslant |a| \leqslant 1} \mathrm{d}a \; |a|^{-3+\alpha} (|a|R + |h|) \right]$$

$$= C'' \; |h|^{\alpha} \; .$$

得出 f 为赫尔德连续, 指数为 α. ∎

定理 2.9.1 和定理 2.9.2 共同表明, 一个函数的赫尔德连续性可以用其小波变换的绝对值 a 的衰减来表征. ($\alpha = 1$ 除外, 这种情况下没有完全的等价关系.) 注意, 我们并没有假定 ψ 本身的任何正则性: 除了对 ψ 的衰减条件之外, 我们仅利用了 $\int \mathrm{d}x \; \psi(x) = 0$. (尽管这一条件没有在定理 2.9.2 中明确给出, 但 ψ 是满足它的: 否则界 (2.9.1) 将不成立.) 若 ψ 有更多等于零的矩, 则 f 的高阶可微性及其高阶有定义导数的赫尔德连续性也可由小波系数的类似衰减来做类似表征: 为表征 $f \in C^n$ 及 $f^{(n)}$ 具备指数为 α 的赫尔德连续性, 我们需要一个小波 ψ, 使 $\int \mathrm{d}x \; x^m \psi(x) = 0$ ($m = 0, 1, \cdots, n$). 对于这样一个小波可得, 当 $\alpha \in (0,1)$ 时

$f \in C^n$, 所有 $f^{(m)}$, $m = 0, \cdots, n$ 都是有界且平方可积的, 且 $f^{(m)}$ 具备指数为 α 的赫尔德连续性

$$\Longleftrightarrow$$

$$|\langle f, \psi^{a,b} \rangle| \leqslant C|a|^{n+1/2+\alpha} \text{ 在 } a \text{ 上一致成立.}$$

同样, 这次也不需要 ψ 的正则性.

这些表征中最引人注目的, 就是它们只涉及小波变换的绝对值. 注意, 如果将窗函数 g 选得足够平滑, 也可以利用函数 f 加窗傅里叶变换 $T^{\mathrm{win}}(\omega, t)$ 的绝对值, 根据其关于 ω 的衰减特性来推导 f 的正则性. 但在大多数情况下, 由 $|T^{\mathrm{win}}(\omega, t)|$ 计算得出的赫尔德分量值都不是最优的. 要获得一个真实表征, 还应当考虑 $T^{\mathrm{win}}(\omega, t)$ 的相位, 比如通过李特尔伍德–佩利类型的估计 [例如, 参阅 Frazier、Jawerth 和 Weiss (1991) 的文献].

小波变换还可用于表征局部正则性, 即使在考虑相位信息的情况下, 加窗傅里叶变换也不可能做到这一点. 以下两个定理同样引自 Holschneider 和 Tchamitchian (1990) 的文献.

定理 2.9.3   假设 $\int \mathrm{d}x \, (1 + |x|) \, |\psi(x)| < \infty$ 且 $\int \mathrm{d}x \, \psi(x) = 0$. 若有界函数 f 在 x_0 上连续, 指数为 $\alpha \in [0, 1]$, 即

$$|f(x_0 + h) - f(x_0)| \leqslant C|h|^\alpha ,$$

则

$$|\langle f, \psi^{a, x_0 + b} \rangle| \leqslant C|a|^{1/2} \, (|a|^\alpha + |b|^\alpha) .$$

证明: 通过平移可以假定 $x_0 = 0$. 因为 $\int dx \, \psi(x) = 0$, 我们再次有

$$
\begin{aligned}
|\langle f, \psi^{a, b} \rangle| &\leqslant \int \mathrm{d}x \, |f(x) - f(0)| \, |a|^{-1/2} \, \left| \psi \left(\frac{x - b}{a} \right) \right| \\
&\leqslant C \int \mathrm{d}x \, |x|^\alpha \, |a|^{-1/2} \, \left| \psi \left(\frac{x - b}{a} \right) \right| \\
&\leqslant C|a|^{\alpha + 1/2} \int \mathrm{d}y \, \left| y + \frac{b}{a} \right|^\alpha |\psi(y)| \\
&\leqslant C' \, |a|^{1/2} \, (|a|^\alpha + |b|^\alpha) . \quad \blacksquare
\end{aligned}
$$

定理 2.9.4   假定 ψ 为紧支撑的. 还假设 $f \in L^2(\mathbb{R})$ 是有界连续的. 若对于某个 $\gamma > 0$ 和 $\alpha \in [0, 1]$ 有

$$|\langle f, \psi^{a, b} \rangle| \leqslant C|a|^{\gamma + 1/2} \quad \textbf{对于} \ b \ \textbf{一致成立}$$

及

$$|\langle f, \psi^{a, b + x_0} \rangle| \leqslant C|a|^{1/2} \left(|a|^\alpha + \frac{|b|^\alpha}{|\log|b||} \right) ,$$

则 f 在 x_0 处为赫尔德连续, 指数为 α.

证明:

1. 此证明的开始部分与定理 2.9.2 的证明完全一样, 前三点不加修改地完全照搬过来, 在第 3 点中, 以 γ 代替 α 的角色.

2. 接下来，只需对小的 h 检查 $|f_{SS}(x_0 + h) - f_{SS}(x_0)|$. 通过平移，可设 $x_0 = 0$，我们有

$$
\begin{aligned}
&|f_{SS}(h) - f_{SS}(0)| \\
&\leqslant \int_{|a| \leqslant |h|^{\alpha/\gamma}} \frac{da}{a^2} \int_{-\infty}^{\infty} db \, |a|^\gamma \left| \psi_2 \left(\frac{h-b}{a} \right) \right| \\
&\quad + \int_{|h|^{\alpha/\gamma} \leqslant |a| \leqslant |h|} \frac{da}{a^2} \int_{-\infty}^{\infty} db \left(|a|^\alpha + \frac{|b|^\alpha}{|\log|b||} \right) \left| \psi_2 \left(\frac{h-b}{a} \right) \right| \\
&\quad + \int_{|a| \leqslant |h|} \frac{da}{a^2} \int_{-\infty}^{\infty} db \left(|a|^\alpha + \frac{|b|^\alpha}{|\log|b||} \right) \left| \psi_2 \left(-\frac{b}{a} \right) \right| \\
&\quad + \int_{|h| \leqslant |a| \leqslant 1} \frac{da}{a^2} \int_{-\infty}^{\infty} db \left(|a|^\alpha + \frac{|b|^\alpha}{|\log|b||} \right) \left| \psi_2 \left(\frac{h-b}{a} \right) - \psi_2 \left(-\frac{b}{a} \right) \right|,
\end{aligned}
\tag{2.9.4}
$$

其中已经假设 $\alpha > \gamma$.（若 $\alpha \leqslant \gamma$, 一切都变得简单了.）将式 (2.9.4) 右边的四项用 T_1、T_2、T_3、T_4 表示.

3. $T_1 \leqslant \int_{|a| \leqslant |h|^{\alpha/\gamma}} da \, |a|^{-1+\gamma} \, \|\psi_2\|_{L^1} \leqslant C|h|^\alpha$.

4. 在第二项中，用 support $\psi_2 \subset [-R, R]$ 推导

$$
\begin{aligned}
T_2 &\leqslant \int_{|a| \leqslant |h|} da \, |a|^{-1+\alpha} \|\psi_2\|_{L^1} \\
&\quad + \int_{|h|^{\alpha/\gamma} \leqslant |a| \leqslant |h|} da \, |a|^{-1} \|\psi_2\|_{L^1} \frac{(|a|R + |h|)^\alpha}{|\log(|a|R + |h|)|} \\
&\leqslant C|h|^\alpha \left[1 + \frac{1}{|\log|h||} \int_{|h|^{\alpha/\gamma} \leqslant |a| \leqslant |h|} da \, |a|^{-1} \right] \\
&\leqslant C' \, |h|^\alpha .
\end{aligned}
$$

5. 同样，对于足够小的 $|h|$,

$$
\begin{aligned}
T_3 &\leqslant \int_{|a| \leqslant h} da \, |a|^{-1+\alpha} \, \|\psi_2\|_{L^1} + \int_{|a| \leqslant |h|} da \, |a|^{-1} \|\psi_2\|_{L^2} \frac{(|a|R)^\alpha}{|\log|a|R|} \\
&\leqslant C|h|^\alpha .
\end{aligned}
$$

6. 最后，

$$
\begin{aligned}
T_4 &\leqslant C|h| \int_{|h| \leqslant |a| \leqslant 1} da \, |a|^{-3} \left[|a|^\alpha + \frac{(|a|R + |h|)^\alpha}{|\log(|a|R + |h|)|} \right] (|a|R + |h|) \\
&\leqslant C' \, |h| \left[1 + |h|^{-1+\alpha} + |h| \, (1 + |h|^{-2+\alpha}) \right] \leqslant C'' \, |h|^\alpha . \quad \blacksquare
\end{aligned}
$$

对于高阶局部正则性可证得类似定理. 人们有时会为小波变换冠以"数学显微镜"的美名，这些定理表明小波变换是名副其实的. 在 Holschneider 和 Tchamitchian (1990) 的工作中，这些结果及其他一些结果被用于研究一个函数的可微性，这个函数由傅里叶级数 $\sum_{n=1}^{\infty} n^{-2} \sin(n^2 \pi x)$ 定义，由黎曼首先研究.

附注

1. 所有这些伯格曼空间都通过一种（标准的）共形映射进一步变换为单位圆盘上解析函数的希尔伯特空间.

2. 这一段的主要参考文献是 Grossmann、Morlet 和 Paul (1985, 1986) 的论文. 实际上，只要有循环向量，他们的结果也可以推广到可约表示（A. Grossmann 和 T. Paul，私人通信）. 这对于高维情形很有用，在高维情形中，$ax + b$ 群的表示可约但循环.

3. 通过酉映射 T^{win} 将 H "转移" 到巴格曼希尔伯特空间可以得到算子 H_B，这个算子非常简单：

$$T^{\text{win}} H (T^{\text{win}})^{-1} \left[\exp\left(-\frac{1}{4}(\omega^2 + t^2) - \frac{i}{2}\omega t \right) \phi(\omega + it) \right]$$

$$= \exp\left(-\frac{1}{4}(\omega^2 + t^2) - \frac{i}{2}\omega t \right) \left[2(\omega + it)\phi'(\omega + it) \right],$$

或 $(H_B \phi)(z) = 2z\,\phi'(z)$. 显然，$H_B$ 的特征函数是单项式 $u_n(z) = (2^n\,n!)^{-1/2}\,z^n$. 以下论述表明，它们实际上是巴格曼空间中与埃尔米特函数对应的函数. 容易算出：

$$T^{\text{win}} A^* (T^{\text{win}})^{-1} \left[\exp\left(-\frac{1}{4}(\omega^2 + t^2) - \frac{i}{2}\omega t \right) \phi(\omega + it) \right]$$

$$= \exp\left(-\frac{1}{4}(\omega^2 + t^2) - \frac{i}{2}\omega t \right) (-i)(\omega + it)\,\phi(\omega + it),$$

因此 $\phi_n = (2^n\,n!)^{-1/2}(A^*)^n g_o$ 对应于巴格曼空间中的 $(2^n\,n!)^{-1/2}(-i)^n z^n = (-i)^n\,u_n(z)$.（我们使用了归一化 $\|\phi\|^2_{\text{Bargm.}} = \frac{1}{2\pi} \int \mathrm{d}x \int \mathrm{d}y\, \mathrm{e}^{-\frac{1}{2}(x^2+y^2)}\, |\phi(x + iy)|^2$，所以 g_o 本身对应于巴格曼空间中的常值函数 1.）具体来说，这意味着

$$\langle \phi_n, g^{\omega,t} \rangle = \exp\left[-\frac{1}{4}(\omega^2 + t^2) - \frac{i}{2}\omega t \right] (-i)^n\,(2^n\,n!)^{-1/2}(\omega + it)^n.$$

4. 并非所有无界函数都会得出一个无界算子，一些有界算子只有在使用无界权重函数时才能用这种方式表示. 事实上，Klauder (1966) 证明了，甚至一些迹族算子也需要以一个非缓增分布作为权重函数!

5. 对于实函数 w，要求 W 在这个区域上基本是自共轭的.

6. 在 Daubechies 和 Klauder (1985) 的文献中还可以找到在量子力学中的另一种应用，该文献表明了如何将 $\exp(-itH)$ 的（数学定义不完美的）路径积分写为一个真正维纳积分（在基础扩散过程的扩散常数趋近于 ∞ 时）的极限，前提是 H 为式 (2.8.2) 的形式，当 $p, q \to \infty$ 时权重函数 $w(p, q)$ 不会激剧增大. 在小波情形中可证明类似定理 [Daubechies、Klauder 和 Paul (1987)].

7. 对于式 (2.8.2) 类型的所有算子 W，只要其中的 $w(\omega, t)$ 是旋转对称的，即使不是一个指示函数，上述论证也同样成立。一个例子是 $w(\omega, t) = \exp[-\alpha(\omega^2 + t^2)]$，Gori 和 Guattari (1985) 最早指出埃尔米特函数是其特征函数。（不考虑 α；特征值当然依赖于 α，毋庸置疑！）

8. Fefferman 和 de la Llave 都为算子 (2.8.4) 使用式 (2.8.3) 类型的表示方式，这绝非巧合：毕竟，在一些专门为研究奇异积分算子而开发的工具箱里（远在小波出现之前！），卡尔德隆公式 [基本等价于式 (2.4.4)] 就成为了其中的一部分，因此它非常适合处理式 (2.8.4) 中的奇异核。在这个具体例子中，式 (2.8.4) 甚至对于非容许函数 ψ 也是有意义的（消去了 C_ψ）。在 Fefferman 和 de la Llave (1986) 的文献中，ψ 取作单位球的指示函数（由于它的积分不为零，所以它是非容许的）。

9. 如果再做一次变换，将上半平面 $\{b + ia;\ a \geqslant 0\}$ 映射到单位圆盘（通过共形映射），则一切都变得更明显了：流线 $z \to z(t)$ 对应于围绕圆盘中心的简单旋转，H 及其特征函数可以表示为很简单的表达式。请参阅 Paul (1985) 或 Seip (1991) 的文献。

10. ψ 还有其他许多种选择可以使这一分析有效。对于每一种选择，时频空间中与 (a, b) 空间 S_C 对应的集合 $\tilde{S}_C$ 取不同形状。在 Daubechies 和 Paul (1988) 的文献中可以找到相关的显式计算及展示这些不同形状的图形。

第3章

离散小波变换：框架

本章是全书最长的一章，将讨论非正交离散小波展开式的各个方面，同时与加窗傅里叶变换进行并行对比. 本章题目中的"框架"是指非独立向量组成的集合，但可以利用它们为空间中的每个向量写出直接、完全显式的展开式. 我们将讨论小波框架和加窗傅里叶变换的框架，对于后者，可以将此方法看作是相对于时频空间中奈奎斯特密度的"过采样".

本章中的大量材料摘自 Daubechies (1990)，并做了相应更新. Heil 和 Walnut (1989) 对框架进行了很好的评述（当然也包括连续变换），还给出了一些原创定理.

3.1 小波变换的离散化

在连续小波变换中，我们考虑了族

$$\psi^{a,b}(x) \;=\; |a|^{-1/2}\, \psi\left(\frac{x-b}{a}\right)\,,$$

其中 $b\in\mathbb{R}$, $a\in\mathbb{R}_+$, $a\neq 0$, 且 ψ 满足容许条件. 为方便起见，在离散化过程中将 a 限制为仅取正值，因此容许条件就变为

$$C_\psi \;=\; \int_0^\infty \mathrm{d}\xi\; \xi^{-1}\, |\hat{\psi}(\xi)|^2 \;=\; \int_{-\infty}^0 \mathrm{d}\xi\; |\xi|^{-1}\, |\hat{\psi}(\xi)|^2 < \infty\,.$$

（参见 2.4 节）我们将限制 a,b 使其仅取离散值. 伸缩参数的离散化看起来非常自然：选择 $a=a_0^m$，其中 $m\in\mathbb{Z}$，固定伸缩步长 $a_0\neq 1$. 为方便起见，设 $a_0>1$（这一假设无关紧要，因为幂指数 m 能取正值和负值）. 对于 $m=0$, b 的离散化似乎也非常自然，只需取一个固定 b_0（我们将任意固定 $b_0>0$）的整数（正整数和负整数）

倍即可,其中,恰当地选择 b_0 使 $\psi(x - nb_0)$ "覆盖" 整个数轴(下文将明确其确切含义). 对于不同 m 值,$a_0^{-m/2}\psi(a_0^{-m}x)$ 的宽度为 $\psi(x)$ 宽度的 a_0^m 倍(例如,可根据宽度 $(f) = [\int \mathrm{d}x\, x^2 |f(x)|^2]^{1/2}$ 进行测量,其中,我们假设 $\int \mathrm{d}x\, x|f(x)|^2 = 0$),这样,选择 $b = nb_0a_0^m$ 将确保离散化的小波在级别 m 上将与 $\psi(x - nb_0)$ 一样 "覆盖" 数轴. 因此,我们选择 $a = a_0^m,\ b = nb_0a_0^m$,其中 m, n 的取值范围为 $\mathbb{Z}$,固定 $a_0 > 1,\ b_0 > 0$. a_0, b_0 的恰当选择当然取决于小波 ψ(参见下文). 它对应于

$$\psi_{m,n}(x) \;=\; a_0^{-m/2}\psi\left(\frac{x - nb_0a_0^m}{a_0^m}\right) \;=\; a_0^{-m/2}\psi(a_0^{-m}x - nb_0)\,. \tag{3.1.1}$$

现在可以提出两个问题:

(1) 离散小波系数 $\langle f, \psi_{m,n}\rangle$ 能否完全表征 f?或者更严格一点,能否以一种数值稳定的方式从 $\langle f, \psi_{m,n}\rangle$ 重构出 f?

(2) 是否可以将任意函数 f 写为 "基本构建模块" $\psi_{m,n}$ 的叠加?[1] 能否找到一种简单算法,求出这种叠加中的系数?

事实上,上述问题只是一个问题的两个对偶方面. 下面将会看到,对于合理的 ψ 和恰当的 a_0、b_0,存在 $\widetilde{\psi_{m,n}}$,重构问题的答案就是

$$f \;=\; \sum_{m,n} \langle f, \psi_{m,n}\rangle\, \widetilde{\psi_{m,n}}\,.$$

于是可推出,对于任意 $g \in L^2(\mathbb{R})$ 有

$$\langle g, f\rangle = \overline{\langle f, g\rangle} = \left(\sum_{m,n} \langle f, \psi_{m,n}\rangle\langle \widetilde{\psi_{m,n}}, g\rangle\right)^{\star}$$

$$= \sum_{m,n} \langle g, \widetilde{\psi_{m,n}}\rangle\langle \psi_{m,n}, f\rangle\,,$$

或者,$g = \sum_{m,n} \langle g, \widetilde{\psi_{m,n}}\rangle\, \psi_{m,n}$,至少在弱意义上如此. 这就告诉我们,在用 $\psi_{m,n}$ 叠加生成 g 时应当如何计算所用系数. 这里主要讨论第一组问题. 关于第一组问题和第二组问题之间对偶性的讨论,请参阅 Gröchenig (1991).

在连续小波变换中,这两个问题都可以通过单位分解立即得到解答,至少当 ψ 符合容许条件时如此. 在目前的离散情况下,不存在与单位分解的类似方法,[2] 所以必须采用其他某种方法来解决问题. 我们还想知道是否存在一种 "离散容许条件",如果有的话,是什么样的. 首先让我们给出第一组问题中包含的数学内容. 我们的讨论将主要集中在函数 $f \in L^2(\mathbb{R})$,不过离散小波族和其相应的连续小波族一样,也可以在许多其他函数空间中使用. 如果以下条件为真:

对于所有 $m, n \in \mathbb{Z}$,$\langle f_1,\ \psi_{m,n}\rangle = \langle f_2,\ \psi_{m,n}\rangle$

$$可推出 \quad f_1 \equiv f_2 \,,$$

或者, 如果其等价条件为真:

$$对于所有 \ m, n \in \mathbb{Z}, \ \langle f, \ \psi_{m,n} \rangle = 0 \ \Rightarrow f = 0 \,,$$

则函数可以由其小波系数 $\langle f, \psi_{m,n} \rangle$ "刻画". 但我们想要的不只是这种刻画, 还希望能够以一种数值稳定的方式由 $\langle f, \psi_{m,n} \rangle$ 重构 f. 为使这种算法存在, 必须确保: 若 $(\langle f_1, \psi_{m,n} \rangle)_{m,n \in \mathbb{Z}}$ "接近" 于 $(\langle f_2, \psi_{m,n} \rangle)_{m,n \in \mathbb{Z}}$, f_1 和 f_2 也必然 "接近". 为准确表述这一要求, 需要在这个函数空间和序列空间上建立拓扑. 函数空间 $L^2(\mathbb{R})$ 上已经有了希尔伯特空间拓扑. 在序列空间上将选择类似的 ℓ^2 拓扑, 其中, $c^1 = (c^1_{m,n})_{m,n \in \mathbb{Z}}$ 和 $c^2 = (c^2_{m,n})_{m,n \in \mathbb{Z}}$ 之间的距离由

$$\|c^1 - c^2\|^2 = \sum_{m,n \in \mathbb{Z}} |c^1_{m,n} - c^2_{m,n}|^2$$

度量. 这隐含地假定了序列 $(\langle f, \psi_{m,n} \rangle)_{m,n \in \mathbb{Z}}$ 自身都在 $\ell^2(\mathbb{Z}^2)$ 中, 即对于所有 $f \in L^2(\mathbb{R})$ 有 $\sum_{m,n} |\langle f, \psi_{m,n} \rangle|^2 < \infty$. 在实践中这种假设完全没有问题. 后面将会看到, 对于任何合理的小波 (也就是说 ψ 在时间和频率上有某种衰减, 且 $\int dx \, \psi(x) = 0$) 和任意选择的 $a_0 > 1$, $b_0 > 0$, 都可以得出

$$\sum_{m,n} |\langle f, \psi_{m,n} \rangle|^2 \leqslant B \, \|f\|^2 \,. \tag{3.1.2}$$

我们假设在未对 $\psi_{m,n}$ 施加任何限制的情况下式 (3.1.2) 成立 (后面将再回来讨论). 有了对 "接近" 的 $\ell^2(\mathbb{Z}^2)$ 解释, 稳定性要求的含义就是: 若 $\sum_{m,n} |\langle f, \psi_{m,n} \rangle|^2$ 很小, 则 $\|f\|^2$ 也应当很小. 具体来说, 应当存在 $\alpha < \infty$ 使得 $\sum_{m,n} |\langle f, \psi_{m,n} \rangle|^2 \leqslant 1$ 可推出 $\|f\|^2 \leqslant \alpha$. 现在取任意 $f \in L^2(\mathbb{R})$, 并定义 $\tilde{f} = [\sum_{m,n} |\langle f, \psi_{m,n} \rangle|^2]^{-1/2} f$. 显然 $\sum_{m,n} |\langle \tilde{f}, \psi_{m,n} \rangle|^2 \leqslant 1$, 因此 $\|\tilde{f}\|^2 \leqslant \alpha$. 但这意味着

$$\left[\sum_{m,n} |\langle f, \psi_{m,n} \rangle|^2 \right]^{-1} \|f\|^2 \leqslant \alpha \,,$$

或者, 对于某一 $A = \alpha^{-1} > 0$ 有

$$A \, \|f\|^2 \leqslant \sum_{m,n} |\langle f, \psi_{m,n} \rangle|^2 \,. \tag{3.1.3}$$

另一方面, 若式 (3.1.3) 对于所有 f 成立, 则当 $\sum_{m,n} |\langle f_1, \psi_{m,n} \rangle - \langle f_2, \psi_{m,n} \rangle|^2$ 很小时距离 $\|f_1 - f_2\|$ 不能为任意大. 由此可推出式 (3.1.3) 等价于我们的稳定性要求. 结合式 (3.1.3) 与式 (3.1.2) 得出: 应当存在 $A > 0, B < \infty$ 使得对于所有 $f \in L^2(\mathbb{R})$ 有

$$A \, \|f\|^2 \leqslant \sum_{m,n} |\langle f, \psi_{m,n} \rangle|^2 \leqslant B \, \|f\|^2 \,. \tag{3.1.4}$$

换言之，$\{\psi_{m,n};\ m, n \in \mathbb{Z}\}$ 构成一个框架，下一节将再来回顾这个概念. 框架和由离散小波进行数值稳定重构之间的联系最早由 A. Grossmann (1985，私人通信) 指出.

3.2 框架概述

框架最早由 Duffin 和 Schaeffer (1952) 在讨论非调和傅里叶级数 [即将 $L^2([0, 1])$ 中的函数展开为复指数函数 $\exp(i\lambda_n x)$，其中 $\lambda_n \neq 2\pi n$] 时提出，Young (1980) 也对它们进行了评述. 这里将回顾其定义和一些性质.

定义. 希尔伯特空间 $\mathcal{H}$ 中的一个函数族 $(\varphi_j)_{j \in J}$，若存在 $A > 0$, $B < \infty$ 使得对于 $\mathcal{H}$ 中的所有 f 有

$$A \|f\|^2 \leqslant \sum_{j \in J} |\langle f, \varphi_j \rangle|^2 \leqslant B \|f\|^2 . \tag{3.2.1}$$

则将该函数族称为一个框架，将 A 和 B 称为框架界.

若两个框架界相等，也就是 $A = B$，则将这个框架称为紧框架. 在一个紧框架中，有：对于所有 $f \in \mathcal{H}$，

$$\sum_{j \in J} |\langle f, \varphi_j \rangle|^2 = A \|f\|^2 ,$$

根据极化恒等式，[3] 这意味着

$$A \langle f, g \rangle = \sum_j \langle f, \varphi_j \rangle \langle \varphi_j, g \rangle$$

或

$$f = A^{-1} \sum_j \langle f, \varphi_j \rangle \varphi_j , \tag{3.2.2}$$

至少在弱意义上如此. 式 (3.2.2) 很容易让人想起将 f 展开为正交基，但一定要认识到：框架，即使是紧框架，也不是正交基，如下面的有限维示例所示.

例. 取 $\mathcal{H} = \mathbb{C}^2$, $e_1 = (0, 1)$, $e_2 = (-\frac{\sqrt{3}}{2}, -\frac{1}{2})$, $e_3 = (\frac{\sqrt{3}}{2}, -\frac{1}{2})$. （参见图 3.1.）对于 $\mathcal{H}$ 中的任意 $v = (v_1,\ v_2)$，有

$$\sum_{j=1}^{3} |\langle v,\ e_j \rangle|^2 = |v_2|^2 + \left| -\frac{\sqrt{3}}{2} v_1 - \frac{1}{2} v_2 \right|^2 + \left| \frac{\sqrt{3}}{2} v_1 - \frac{1}{2} v_2 \right|^2$$

$$= \frac{3}{2} \left[|v_1|^2 + |v_2|^2 \right] = \frac{3}{2} \|v\|^2 .$$

可以推出 $\{e_1, e_2, e_3\}$ 是一个紧框架，但一定不是正交基：三个向量 e_1, e_2, e_3 显然不是线性独立的. $\square$

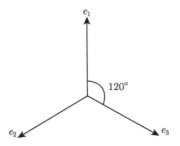

图 3.1 $\mathbb{C}^2$ 中的这三个向量构成一个紧框架

注意, 在这个例子中, 框架界 $A = \frac{3}{2}$ 给出了 "冗余比" (二维空间中的三个向量). 若这个冗余比 (以 A 度量) 等于 1, 则紧框架是正交基.

命题 3.2.1   若 $(\varphi_j)_{j\in J}$ 是一个紧框架, 框架界 $A = 1$, 对于所有 $j \in J$ 有 $\|\varphi_j\| = 1$, 则 φ_j 构成一个正交基.

证明: 因为, 若对于 $j \in J$ 有 $\langle f, \varphi_j \rangle = 0$ 可推出 $f = 0$, 则 φ_j 张成整个 $\mathcal{H}$. 剩下的就是要证明它们是正交的了. 对于任意 $j \in J$ 有

$$\|\varphi_j\|^2 = \sum_{j'\in J} |\langle \varphi_j, \varphi_{j'} \rangle|^2 = \|\varphi_j\|^4 + \sum_{\substack{j'\neq j \\ j'\in J}} |\langle \varphi_j, \varphi_{j'} \rangle|^2 \, .$$

由于 $\|\varphi_j\| = 1$, 这意味着, 对于所有 $j' \neq j$ 有 $\langle \varphi_j, \varphi_{j'} \rangle = 0$. ∎

当框架为紧框架时, 式 (3.2.2) 给出了一种由 $\langle f, \varphi_j \rangle$ 恢复 f 的简单方法. 让我们回到一般框架, 看看在这种情况下会是怎么样的. 首先引入框架算子.

定义. 是 $\mathcal{H}$ 中的一个框架, 则框架算子 F 就是从 $\mathcal{H}$ 到 $\ell^2(J) = \{ c = (c_j)_{j\in J}; \|c\|^2 = \sum_{j\in J} |c_j|^2 < \infty \}$ 的线性算子, 定义如下:

$$(Ff)_j = \langle f, \varphi_j \rangle \, .$$

由式 (3.2.1) 可得 $\|Ff\|^2 \leqslant B \|f\|^2$, 即 F 是有界的. 容易算出 F 的共轭 F^*:

$$\langle F^*c, f \rangle = \langle c, Ff \rangle = \sum_{j\in J} c_j \overline{\langle f, \varphi_j \rangle} = \sum_{j\in J} c_j \langle \varphi_j, f \rangle \, ,$$

从而

$$F^*c = \sum_{j\in J} c_j \varphi_j \, , \tag{3.2.3}$$

至少在弱意义上如此. (事实上, (3.2.3) 中的级数依范数收敛.[4]) 由于 $\|F^*\| = \|F\|$, 所以有

$$\|F^*c\| \leqslant B^{1/2} \|c\| \ .$$

由 F 的定义可以推得

$$\sum_{j \in J} |\langle f, \ \varphi_j \rangle|^2 = \|Ff\|^2 = \langle F^*F \, f, \ f \rangle \ ,$$

于是，可将框架条件 (3.2.1) 改写为用 F 的概念表述：

$$A \operatorname{Id} \leqslant F^*F \leqslant B \operatorname{Id} \ . \tag{3.2.4}$$

具体来说，根据下面的基本引理，可由此推得 F^*F 可逆.

引理 3.2.2 若 $\mathcal{H}$ 上的一个正有界线性算子 S 小于正常数 α，则 S 可逆，它的逆 S^{-1} 以 α^{-1} 为界.

证明：

1. $\operatorname{Ran}(S) = \{f \in \mathcal{H}; \ 对于某一 \ g \in \mathcal{H} \ 有 \ f = Sg\}$ 是 $\mathcal{H}$ 上的一个闭子空间. 这意味着 $\operatorname{Ran}(S)$ 中的每个柯西序列都有 $\operatorname{Ran}(S)$ 中的一个极限. 让我们来验证：

$$f_n \in \operatorname{Ran}(S)，当 \ n, m \to \infty \ 时 \ \|f_n - f_m\| \longrightarrow 0 \ .$$

于是 $f_n = Sg_n$，$\|g_n - g_m\|^2 \leqslant \alpha^{-1} \langle S(g_n - g_m), \ g_n - g_m \rangle \leqslant \alpha^{-1} \|S(g_n - g_m)\| \ \|g_n - g_m\|$，第一个不等式使用了 $\alpha \langle h, h \rangle \leqslant \langle Sh, h \rangle$. 但这意味着 $\|g_n - g_m\| \leqslant \alpha^{-1} \|f_n - f_m\|$，从而 g_n 必然构成 $\mathcal{H}$ 中的一个柯西序列. 这个柯西序列必然在 $\mathcal{H}$ 中有一个极限 g. 因为 S 是连续的，所以有 $Sg = \lim_{n \to \infty} Sg_n = \lim_{n \to \infty} f_n$，因此 $\lim_{n \to \infty} f_n \in \operatorname{Ran}(S)$.

2. $\operatorname{Ran}(S)$ 的正交补为 $\{0\}$. 事实上，若对于所有 $g \in \mathcal{H}$ 都有 $\langle f, Sg \rangle = 0$，特别地，$\langle f, Sf \rangle = 0$，根据 $\alpha \|f\|^2 \leqslant \langle Sf, f \rangle$，它意味着 $\|f\| = 0$，因此 $f = 0$. 结合上述第一点可得 $\operatorname{Ran}(S) = \mathcal{H}$. 由此推出 S 可逆：任何一个 $f \in \mathcal{H}$ 都可以写为 $f = Sg$. 定义 $S^{-1}f = g$. 此外，

$$\alpha \|S^{-1}f\|^2 \leqslant \langle SS^{-1}f, \ S^{-1}f \rangle = \langle f, \ S^{-1}f \rangle \leqslant \|f\| \ \|S^{-1}f\| \ ,$$

所以 $\|S^{-1}f\| \leqslant \alpha^{-1} \|f\|$，引理得证. ∎

因此我们有 $\|(F^*F)^{-1}\| \leqslant A^{-1}$. 读者很容易就能验证：事实上，

$$B^{-1} \operatorname{Id} \leqslant (F^*F)^{-1} \leqslant A^{-1} \operatorname{Id} \ . \tag{3.2.5}$$

将算子 $(F^*F)^{-1}$ 应用于向量 φ_j 将得到一个很有意义的新向量族，记为 $\tilde{\varphi}_j$，

$$\tilde{\varphi}_j = (F^*F)^{-1} \varphi_j \ .$$

这个向量族 $(\tilde{\varphi}_j)_{j \in J}$ 也是一个框架.

命题 3.2.3 $(\tilde{\varphi}_j)_{j \in J}$ 构成一个框架, 具有框架常数 B^{-1} 和 A^{-1},

$$B^{-1} \|f\|^2 \leqslant \sum_{j \in J} |\langle f, \tilde{\varphi}_j \rangle|^2 \leqslant A^{-1} \|f\|^2 . \tag{3.2.6}$$

相关联的框架算子 $\tilde{F} : \mathcal{H} \longrightarrow \ell^2(J)$, $(\tilde{F}f)_j = \langle f, \tilde{\varphi}_j \rangle$ 满足 $\tilde{F} = F(F^*F)^{-1}$, $\tilde{F}^*\tilde{F} = (F^*F)^{-1}$, $\tilde{F}^*F = \mathrm{Id} = F^*\tilde{F}$, 且 $\tilde{F}\tilde{F}^* = F\tilde{F}^*$ 是 $\ell^2(J)$ 上到 $\mathrm{Ran}\,(F) = \mathrm{Ran}\,(\tilde{F})$ 的正交投影算子.

证明:

1. 作为练习, 读者可以验证: 若一个有界算子 S 有一个有界逆 S^{-1}, 而且 $S^* = S$, 则 $(S^{-1})^* = S^{-1}$. 由此可推得

$$\langle f, \tilde{\varphi}_j \rangle = \langle f, (F^*F)^{-1}\varphi_j \rangle = \langle (F^*F)^{-1}f, \varphi_j \rangle ,$$

因此

$$\sum_{j \in J} |\langle f, \tilde{\varphi}_j \rangle|^2 = \sum_{j \in J} |\langle (F^*F)^{-1}f, \varphi_j \rangle|^2 = \|F(F^*F)^{-1}f\|^2$$
$$= \langle (F^*F)^{-1}f, F^*F(F^*F)^{-1}f \rangle = \langle (F^*F)^{-1}f, f \rangle . \tag{3.2.7}$$

   根据式 (3.2.5) 可推出式 (3.2.6), $\tilde{\varphi}_j$ 构成一个框架. 此外, 式 (3.2.7) 还意味着框架算子 $\tilde{F}$ 满足 $\tilde{F}^*\tilde{F} = (F^*F)^{-1}$.

2. $(F(F^*F)^{-1}f)_j = \langle (F^*F)^{-1}f, \varphi_j \rangle = \langle f, \tilde{\varphi}_j \rangle = (\tilde{F}f)_j$,
   $\tilde{F}^*F = [F(F^*F)^{-1}]^*F = (F^*F)^{-1}F^*F = \mathrm{Id}$,
   $F^*\tilde{F} = F^*F(F^*F)^{-1} = \mathrm{Id}$.

3. 由于 $\tilde{F} = F(F^*F)^{-1}$, 可推出 $\mathrm{Ran}\,(\tilde{F}) \subset \mathrm{Ran}\,(F)$. 另有 $F = \tilde{F}(F^*F)$, 因此 $\mathrm{Ran}\,(F) \subset \mathrm{Ran}\,(\tilde{F})$. 于是 $\mathrm{Ran}\,(F) = \mathrm{Ran}\,(\tilde{F})$. 设 P 是到 $\mathrm{Ran}\,(F)$ 的正交投影算子. 希望证明 $\tilde{F}\tilde{F}^* = P$, 这等价于 $\tilde{F}\tilde{F}^*(Ff) = Ff$ (即, $\tilde{F}\tilde{F}^*$ 保持 $\mathrm{Ran}\,(F)$ 的元素不变), 且对于所有正交于 $\mathrm{Ran}\,(F)$ 的 c 有 $\tilde{F}\tilde{F}^*c = 0$. 两个断言都容易验证:

$$\tilde{F}\tilde{F}^*Ff = F(F^*F)^{-1}\,F^*Ff = Ff$$

   及

$$c \perp \mathrm{Ran}\,(F) \Rightarrow \text{对于所有 } f \in \mathcal{H}, \ \langle c, Ff \rangle = 0$$
$$\Rightarrow F^*c = 0 \Rightarrow \tilde{F}\tilde{F}^*c = 0 . \quad \blacksquare$$

　　我们将 $(\tilde{\varphi}_j)_{j \in J}$ 称为 $(\varphi_j)_{j \in J}$ 的对偶框架. 容易验证, $(\tilde{\varphi}_j)_{j \in J}$ 的对偶框架又变回原框架 $(\varphi_j)_{j \in J}$. 可以采用一种稍微不太抽象的方式来改写命题 3.2.3 的部分结论. $\tilde{F}^*F = \mathrm{Id} = F^*\tilde{F}$ 意味着

$$\sum_{j \in J} \langle f,\, \varphi_j \rangle\, \tilde{\varphi}_j = f = \sum_{j \in J} \langle f,\, \tilde{\varphi}_j \rangle\, \varphi_j\,. \tag{3.2.8}$$

这意味着我们有一个由 $\langle f,\, \varphi_j \rangle$ 构建 f 的公式! 同时还可以得到一种将 f 写为 φ_j 叠加方式的方法, 这表明 3.1 节中的两组问题实际上是"对偶"的. 给定一个框架 $(\varphi_j)_{j \in J}$, 为应用式 (3.2.8), 唯一要做的就是计算 $\tilde{\varphi}_j = (F^*F)^{-1}\, \varphi_j$. 我们很快会回来讨论它. 先来解决此时经常会出现的一个问题: 我之前已经强调过, 这些框架, 即使是紧框架, 通常也不是正交基, 因为 φ_j 通常不是线性独立的. 这意味着, 对于一个给定 f, 存在 φ_j 的许多种不同叠加方式, 其总和都是 f. 那挑出式 (3.2.8) 第二部分中的公式有什么特殊意义呢? 我们可以用一个简单例子来得到一点提示.

例. 回顾图 3.1 中的简单例子. 对于任意 $v \in \mathbb{C}^2$ 有

$$v = \frac{2}{3} \sum_{j=1}^{3} \langle v,\, e_j \rangle\, e_j\,. \tag{3.2.9}$$

由于在本例中有 $\sum_{j=1}^{3} e_j = 0$, 可推出下式也成立:

$$v = \frac{2}{3} \sum_{j=1}^{3} [\langle v,\, e_j \rangle + \alpha]\, e_j\,, \tag{3.2.10}$$

其中 α 是 $\mathbb{C}$ 中的任意数.[在这种特殊情况下可以证明, 式 (3.2.10) 给出了对于任意 v 成立的所有可能叠加公式.] 若 $\alpha \neq 0$, 式 (3.2.9) 看起来要比式 (3.2.10) 更"经济"一些. 这一直觉表述可以通过以下方式表述得更准确一些:

$$\sum_{j=1}^{3} |\langle v,\, e_j \rangle|^2 = \frac{3}{2}\, \|v\|^2\,,$$

另一方面, 当 $\alpha \neq 0$ 时有

$$\sum_{j=1}^{3} |\langle v,\, e_j \rangle + \alpha|^2 = \frac{3}{2}\, \|v\|^2 + 3|\alpha|^2 > \frac{3}{2}\, \|v\|^2\,. \qquad \square$$

同样, $\langle f,\, \tilde{\varphi}_j \rangle$ 是将 f 分解为 φ_j 的最"经济"系数.

命题 3.2.4 若对于某个 $c = (c_j)_{j \in J} \in \ell^2(J)$ 有 $f = \sum_{j \in J} c_j\, \varphi_j$, 并且并非所有 c_j 都等于 $\langle f,\, \tilde{\varphi}_j \rangle$, 则 $\sum_{j \in J} |c_j|^2 > \sum_{j \in J} |\langle f,\, \tilde{\varphi}_j \rangle|^2$.

证明:

1. $f = \sum_{j \in J} c_j\, \varphi_j$ 等价于 $f = F^*c$.
2. 记 $c = a + b$, 其中 $a \in \mathrm{Ran}\,(F) = \mathrm{Ran}\,(\tilde{F})$, $b \perp \mathrm{Ran}\,(F)$. 特别地, $a \perp b$. 因此 $\|c\|^2 = \|a\|^2 + \|b\|^2$.

3. 由于 $a \in \text{Ran }(\tilde{F})$，存在 $g \in \mathcal{H}$ 使得 $a = \tilde{F}g$，从而 $c = \tilde{F}g + b$. 因此 $f = F^*c = F^*\tilde{F}g + F^*b$. 但 $b \perp \text{Ran }(F)$，所以 $F^*b = 0$ 且 $F^*\tilde{F} = \text{Id}$. 由此推出 $f = g$. 因此 $c = \tilde{F}f + b$ 且

$$\sum_{j \in J} |c_j|^2 = \|c\|^2 = \|\tilde{F}f\|^2 + \|b\|^2 = \sum_{j \in J} |\langle f,\ \tilde{\varphi}_j \rangle|^2 + \|b\|^2\ ,$$

除非 $b = 0$ 且 $c = \tilde{F}f$，否则它严格大于 $\sum_{j \in J} |\langle f,\ \tilde{\varphi}_j \rangle|^2$. ∎

通过这个命题还可以看出 $\tilde{\varphi}_j$ 在式 (3.2.8) 前半部分扮演着一种特殊角色. 这里通常不具备唯一性：还有其他许多函数族 $(u_j)_{j \in J}$ 满足 $f = \sum_{j \in J} \langle f,\ \varphi_j \rangle u_j$. 在之前的二维例子中，这种其他函数族由 $u_j = \frac{2}{3}e_j + a$ 给出，其中 a 是 $\mathbb{C}^2$ 中的一个任意向量. 由于 $\sum_{j=1}^{3} e_j = 0$，所以显然有

$$\sum_{j=1}^{3} \langle v,\ e_j \rangle u_j = \frac{2}{3} \sum_{j=1}^{3} \langle v,\ e_j \rangle e_j + \left[\sum_{j=1}^{3} \langle v,\ e_j \rangle \right] a = v.$$

但同样，u_j 的"经济性"要弱于 $\tilde{e}_j$，也就是说对于所有满足 $\langle v, a \rangle \neq 0$ 的 v 有

$$\sum_{j=1}^{3} |\langle v,\ u_j \rangle|^2 = \sum_{j=1}^{3} |\langle v,\ \tilde{e}_j \rangle|^2 + 3|\langle v, a \rangle|^2$$

$$= \frac{2}{3} \|v\|^2 + 3|\langle v, a \rangle|^2 > \frac{2}{3}\|v\|^2 = \sum_{j=1}^{3} |\langle v,\ \tilde{e}_j \rangle|^2\ .$$

有一个类似的不等式对于所有框架都成立：根据命题 3.2.4，若 $f = \sum_{j \in J} \langle f,\ \varphi_j \rangle u_j$，则对于所有 $g \in \mathcal{H}$ 都有 $\sum_{j \in J} |\langle u_j,\ g \rangle|^2 \geqslant \sum_{j \in J} |\langle \tilde{\varphi}_j,\ g \rangle|^2$.

回到重构问题. 如果知道 $\tilde{\varphi}_j = (F^*F)^{-1}\varphi_j$，则可以通过式 (3.2.8) 获知如何由 $\langle f,\ \varphi_j \rangle$ 重构 f. 所以我们只需要计算 $\tilde{\varphi}_j$，它涉及 F^*F 的逆. 若 B 和 A 足够接近，即 $r = B/A - 1 \ll 1$，则式 (3.2.4) 告诉我们，F^*F "接近" 于 $\frac{A+B}{2}\text{ Id}$，所以 $(F^*F)^{-1}$ "接近" 于 $\frac{2}{A+B}\text{ Id}$，$\tilde{\varphi}_j$ "接近" 于 $\frac{2}{A+B}\varphi_j$. 更准确地说，

$$f = \frac{2}{A + B} \sum_{j \in J} \langle f,\ \varphi_j \rangle\ \varphi_j\ +\ Rf\ , \tag{3.2.11}$$

其中 $R = \text{Id} - \frac{2}{A+B}F^*F$. 因此 $-\frac{B-A}{B+A}\text{ Id} \leqslant R \leqslant \frac{B-A}{B+A}\text{ Id}$. 这蕴涵着 [5] $\|R\| \leqslant \frac{B-A}{B+A} = \frac{r}{2+r}$. 若 r 很小，可以删除式 (3.2.11) 中的余项 Rf，得到 f 的一个重构公式，其准确程度仅相差一个 L^2 误差 $\frac{r}{2+r}\|f\|$. 即使 r 不是特别小，也可以为 f 的重构写出一种指数收敛的算法. 采用同样的 R 定义，有

$$F^*F = \frac{A + B}{2}\ (\text{Id} - R)\ ,$$

因此 $(F^*F)^{-1} = \frac{2}{A+B}\,(\mathrm{Id} - R)^{-1}$. 由于 $\|R\| \leqslant \frac{B-A}{B+A} < 1$, 则级数 $\sum_{k=0}^{\infty} R^k$ 依范数收敛, 其极限为 $(\mathrm{Id} - R)^{-1}$. 推得

$$\tilde{\varphi}_j = (F^*F)^{-1}\,\varphi_j = \frac{2}{A+B}\sum_{k=0}^{\infty} R^k\,\varphi_j\,.$$

仅取该重构公式中的零阶项, 得到的结果就是去掉了余项的式 (3.2.11). 在 N 项之后截断可以得到一种更好的近似,

$$\tilde{\varphi}_j^N = \frac{2}{A+B}\sum_{k=0}^{N} R^k\,\varphi_j = \tilde{\varphi}_j - \frac{2}{A+B}\sum_{k=N+1}^{\infty} R^k \varphi_j = [\mathrm{Id} - R^{N+1}]\,\tilde{\varphi}_j\,, \quad (3.2.12)$$

其中

$$\left\| f - \sum_{j\in J} \langle f,\,\varphi_j\rangle\,\tilde{\varphi}_j^N \right\|$$

$$= \sup_{\|g\|=1}\left| \left\langle f - \sum_{j\in J} \langle f,\,\varphi_j\rangle\,\tilde{\varphi}_j^N,\,g\right\rangle\right|$$

$$= \sup_{\|g\|=1}\left| \sum_{j\in J} \langle f,\,\varphi_j\rangle\langle \tilde{\varphi}_j - \tilde{\varphi}_j^N,\,g\rangle\right|$$

$$= \sup_{\|g\|=1}\left| \sum_{j\in J} \langle f,\,\varphi_j\rangle\langle R^{N+1}\tilde{\varphi}_j,\,g\rangle\right|$$

$$= \sup_{\|g\|=1} |\langle f,\,R^{N+1}g\rangle| \leqslant \|R\|^{N+1}\,\|f\| \leqslant \left(\frac{r}{2+r}\right)^{N+1}\|f\|\,,$$

因为 $\frac{r}{2+r} < 1$, 所以当 N 增大时上式将呈指数级缩小. 具体来说, $\tilde{\varphi}_j^N$ 可以采用迭代算法计算,

$$\tilde{\varphi}_j^N = \frac{2}{A+B}\,\varphi_j + R\,\tilde{\varphi}_j^{N-1}\,,$$

从而

$$\tilde{\varphi}_j^N = \sum_{\ell\in J} \alpha_{j\ell}^N\,\varphi_\ell\,,$$

其中

$$\alpha_{j\ell}^N = \frac{2}{A+B}\,\delta_{\ell j} + \alpha_{j\ell}^{N-1} - \frac{2}{A+B}\sum_{m\in J} \alpha_{jm}^{N-1}\,\langle \varphi_m,\,\varphi_\ell\rangle\,.$$

看起来可能有点吓人, 但在具有实际意义的例子中, 许多 $\langle \varphi_m,\,\varphi_\ell\rangle$ 都很小, 可以忽略, 上式就没那么可怕了. 同一迭代方法也可直接应用于 f:

$$f = (F^*F)^{-1}(F^*F)f = \lim_{N\to\infty} f_N\,,$$

其中

$$f_N = \frac{2}{A+B} \sum_{k=0}^{N} R^k \, (F^* F) f = \frac{2}{A+B} (F^* F) f + R \, f_{N-1}$$

$$= f_{N-1} + \frac{2}{A+B} \sum_{j \in J} \left[\langle f, \varphi_j \rangle - \langle f_{N-1}, \varphi_j \rangle \right] \varphi_j \, .$$

上面已经对抽象框架问题进行了详尽探讨, 该回到离散小波上来了.

3.3   小波框架

在 3.1 节曾经看到, 为获得一种由 $\langle f, \psi_{m,n} \rangle$ 重构 f 的数值稳定算法, 需要 $\psi_{m,n}$ 构成一个框架. 在 3.2 节, 当 $\psi_{m,n}$ 确实构成一个框架时, 我们找到了一种由 $\langle f, \psi_{m,n} \rangle$ 重构 f 的算法. 对于这一算法, 框架界的比值非常重要, 在本节后面部分将再回来讨论一些方法, 至少要计算出这一比值的一个界. 但现在先来证明, 要求 $\psi_{m,n}$ 构成一个框架, 已经隐含了 ψ 应当满足容许条件的要求.

3.3.1   一个必要条件: 母小波的容许性

定理 3.3.1   若 $\psi_{m,n}(x) = a_0^{-m/2} \, \psi(a_0^{-m} x - n b_0)$ 构成 $L^2(\mathbb{R})$ 的一个框架, 其中 $m, n \in \mathbb{Z}$, 框架界为 A 和 B, 则

$$\frac{b_0 \ln a_0}{2\pi} A \leqslant \int_0^\infty \mathrm{d}\xi \, \xi^{-1} \, |\hat{\psi}(\xi)|^2 \leqslant \frac{b_0 \ln a_0}{2\pi} B \tag{3.3.1}$$

及

$$\frac{b_0 \ln a_0}{2\pi} A \leqslant \int_{-\infty}^0 \mathrm{d}\xi \, |\xi|^{-1} \, |\hat{\psi}(\xi)|^2 \leqslant \frac{b_0 \ln a_0}{2\pi} B \, . \tag{3.3.2}$$

证明:

1. 对于所有 $f \in L^2(\mathbb{R})$, 有

$$A \, \|f\|^2 \leqslant \sum_{m,n \in \mathbb{Z}} |\langle f, \psi_{m,n} \rangle|^2 \leqslant B \, \|f\|^2 \, . \tag{3.3.3}$$

如果令 $f = u_\ell$, 写出式 (3.3.3), 并将得到的所有不等式加权相加, 加权系数为 $c_\ell \geqslant 0$, 使得 $\sum_\ell c_\ell \|u_\ell\|^2 < \infty$, 可以得出

$$A \sum_\ell c_\ell \|u_\ell\|^2 \leqslant \sum_\ell c_\ell \sum_{m,n} |\langle u_\ell, \psi_{m,n} \rangle|^2 \leqslant B \sum_\ell c_\ell \|u_\ell\|^2 \, . \tag{3.3.4}$$

特别地, 若 C 是任意正迹族算子 (见 "预备知识"), 则

$$C = \sum_{\ell \in \mathbb{N}} c_\ell \, \langle \cdot, u_\ell \rangle \, u_\ell \, ,$$

其中，u_ℓ 正交，$c_\ell \geqslant 0$，$\sum_{\ell \in \mathbb{N}} c_\ell = \operatorname{Tr} C > 0$. 对于任意此种算子，由式 (3.3.4) 可得

$$A \operatorname{Tr} C \leqslant \sum_{m,n} \langle C\psi_{m,n}, \psi_{m,n} \rangle \leqslant B \operatorname{Tr} C \,. \tag{3.3.5}$$

2. 现在将式 (3.3.5) 应用于一个特殊算子 C，它是通过连续小波变换由一种不同的母小波构建的. 取 h 为任意 L^2 函数，使支集 support $\hat{h} \subset [0, \infty)$，$\int_0^\infty \mathrm{d}\xi\, \xi^{-1} |\hat{h}(\xi)|^2 < \infty$，并如第 2 章那样定义 $h^{a,b} = a^{-1/2} h\left(\frac{x-b}{a}\right)$，其中 $a, b \in \mathbb{R}$, $a > 0$. 若 $c(a,b)$ 是一个有界正函数，则

$$C = \int_0^\infty \frac{\mathrm{d}a}{a^2} \int_{-\infty}^\infty \mathrm{d}b \, \langle \cdot,\, h^{a,b} \rangle \, h^{a,b} \, c(a,b) \tag{3.3.6}$$

是一个有界正算子（见 2.8 节）. 此外，若 $c(a,b)$ 关于 $a^{-2}\, \mathrm{d}a\, \mathrm{d}b$ 可积，则 C 是迹族，且 $\operatorname{Tr} C = \|h\|^2 \int_0^\infty \frac{\mathrm{d}a}{a^2} \int_{-\infty}^\infty \mathrm{d}b\, c(a,b)$.[6] 我们特别选择：若 $1 \leqslant a \leqslant a_0$ 令 $c(a,b) = w(|b|/a)$，其他情况下令 $c(a,b) = 0$，其中 w 为正且可积. 于是有

$$C = \int_0^\infty \frac{\mathrm{d}a}{a^2} \int_{-\infty}^\infty \mathrm{d}b \, \langle \cdot,\, h^{a,b} \rangle \, h^{a,b} \, w\left(\frac{|b|}{a}\right) \,,$$

以及

$$\operatorname{Tr} C = \int_1^{a_0} \frac{\mathrm{d}a}{a} \int_{-\infty}^\infty \mathrm{d}s \, w(|s|) \, \|h\|^2 = 2 \ln a_0 \left[\int_0^\infty \mathrm{d}s \, w(s) \right] \|h\|^2 \,.$$

3. 对于这个 C，式 (3.3.5) 的中间项变为

$$\sum_{m,n} \langle C\, \psi_{m,n},\, \psi_{m,n} \rangle = \sum_{m,n} \int_1^{a_0} \frac{\mathrm{d}a}{a^2} \int_{-\infty}^\infty \mathrm{d}b \, w\left(\frac{|b|}{a}\right) \, |\langle \psi_{m,n}, h^{a,b} \rangle|^2 \,.$$

但是，

$$\langle \psi_{m,n},\, h^{a,b} \rangle = a_0^{-m/2}\, a^{-1/2} \int \mathrm{d}x \, \psi(a_0^{-m} x - n b_0) \, \overline{h\left(\frac{x-b}{a}\right)}$$

$$= a_0^{m/2}\, a^{-1/2} \int \mathrm{d}y \, \psi(y) \, \overline{h\left(\frac{y + n b_0 - b a_0^{-m}}{a\, a_0^{-m}}\right)}$$

$$= \langle \psi,\, h^{a_0^{-m} a,\, a_0^{-m} b - n b_0} \rangle \,.$$

在进行变量代换 $a' = a_0^{-m} a$, $b' = a_0^{-m} b$ 之后，得到

$$\sum_{m,n} \langle C\psi_{m,n}, \psi_{m,n} \rangle$$

$$= \sum_{m,n} \int_{a_0^{-m}}^{a_0^{-m+1}} \frac{\mathrm{d}a'}{a'^2} \int_{-\infty}^\infty \mathrm{d}b' \, w\left(\frac{|b'|}{a'}\right) \, |\langle \psi, h^{a',b'-nb_0} \rangle|^2$$

$$= \int_0^\infty \frac{\mathrm{d}a}{a^2} \int_{-\infty}^\infty \mathrm{d}b \, |\langle \psi, h^{a,b} \rangle|^2 \sum_n w\left(\frac{|b + n b_0|}{a}\right) \,.$$

现在取 $w(s) = \lambda\, e^{-\lambda^2\pi^2 s^2}$. 这个函数只有一个局部最大值, 当 $|s|$ 增大时单调递减. 根据对积分的初等近似论证 (完整细节可在 Daubechies (1990) 的引理 2.2 中找到), 对于这种函数 w 及任意 $\alpha, \beta \in \mathbb{R}, \beta > 0$,

$$\int_{-\infty}^{\infty} \mathrm{d}t\, w(t) - \beta w_{\max} \leqslant \beta \sum_{n\in\mathbb{Z}} w(\alpha + n\beta) \leqslant \int_{-\infty}^{\infty} \mathrm{d}t\, w(t) + \beta w_{\max}\,,$$

或者, 对于上述特定 w,

$$\sum_n w\left(\frac{|b + nb_0|}{a}\right) = \frac{a}{b_0} + \rho(a, b)\,,$$

其中 $|\rho(a, b)| \leqslant w(0) = \lambda$. 因此,

$$\sum_{m,n} \langle C\psi_{m,n}, \psi_{m,n}\rangle = \frac{1}{b_0} \int_0^{\infty} \frac{\mathrm{d}a}{a} \int_{-\infty}^{\infty} \mathrm{d}b\, |\langle\psi,\, h^{a,b}\rangle|^2 + R\,, \tag{3.3.7}$$

其中

$$|R| = \int_0^{\infty} \frac{\mathrm{d}a}{a^2} \int_{-\infty}^{\infty} \mathrm{d}b\, |\langle\psi,\, h^{a,b}\rangle|^2\, \rho(a,b) \leqslant \lambda\, C_h\, \|\psi\|^2\,,$$

其中 C_h 由式 (2.4.1) 定义. 可以将式 (3.3.7) 中的第一项改写为

$$\frac{1}{b_0} \int_0^{\infty} \frac{\mathrm{d}a}{a} \int_{-\infty}^{\infty} \mathrm{d}b\, \left|\int_0^{\infty} \mathrm{d}\xi\, \hat{\psi}(\xi)\, a^{1/2}\, \overline{\hat{h}(a\xi)}\, e^{ib\xi}\right|^2$$

$$= \frac{2\pi}{b_0} \int_0^{\infty} \mathrm{d}a \int_0^{\infty} \mathrm{d}\xi\, |\hat{\psi}(\xi)|^2\, |\hat{h}(a\xi)|^2 = \frac{2\pi}{b_0} \|h\|^2 \int_0^{\infty} \mathrm{d}\xi\, \xi^{-1}\, |\hat{\psi}(\xi)|^2\,.$$

4. 对于我们选定的特定权重函数 w 有 $\int_0^{\infty} \mathrm{d}t\, w(t) = \frac{1}{2}$, 因此 $\mathrm{Tr}\, C = \|h\|^2 \ln a_0$. 将所有结果代入式 (3.3.5) 得出

$$A\, \|h\|^2\, \ln a_0 \leqslant \frac{2\pi}{b_0} \|h\|^2 \int_0^{\infty} \mathrm{d}\xi\, \xi^{-1}\, |\hat{\psi}(\xi)|^2 + R \leqslant B\|h\|^2\, \ln a_0,$$

其中 $|R| \leqslant \lambda\, C_h\, \|\psi\|^2$. 如果除以 $\frac{2\pi}{b_0}\|h\|^2$, 并令 λ 趋近于 0, 则证明了式 (3.3.1). 负频率公式 (3.3.2) 可类似得证. ∎

注释

1. 式 (3.3.1) 及式 (3.3.2) 对 ψ 施加了一个先验限制, 即 $\int_0^{\infty} \mathrm{d}\xi\, \xi^{-1}\, |\hat{\psi}(\xi)|^2 < \infty$ 及 $\int_{-\infty}^0 \mathrm{d}\xi\, |\xi|^{-1}\, |\hat{\psi}(\xi)|^2 < \infty$. 这与连续情况下的限制相同 (见式 (2.4.6)).

2. 在定义离散 $\psi_{m,n}$ 时仅考虑正的伸缩系数 a_0^m (m 的符号会影响到 a_0^m 是 $\geqslant 1$ 还是 $\leqslant 1$, 但对于所有的 m 有 $a_0^m > 0$). 这就是式 (3.3.1) 及式 (3.3.2) 将正负频率域分开讨论的原因. 如果也允许负的离散伸缩系数, 则该条件仅限于 $\int_{-\infty}^{\infty} \mathrm{d}\xi\, |\xi|^{-1}\, |\hat{\psi}(\xi)|^2$ (模仿上面的证明方法, 容易验证).

3. 若 $\psi_{m,n}$ 构成一个紧框架 $(A = B)$，则式 (3.3.1) 及式 (3.3.2) 蕴涵着

$$A = \frac{2\pi}{b_0 \ln a_0} \int_0^\infty d\xi \, \xi^{-1} \, |\hat{\psi}(\xi)|^2 = \frac{2\pi}{b_0 \ln a_0} \int_{-\infty}^0 d\xi \, |\xi|^{-1} \, |\hat{\psi}(\xi)|^2 \, .$$

特别地，若 $\psi_{m,n}$ 构成 $L^2(\mathbb{R})$ 的一个正交基（比如哈尔基，或我们将遇到的其他基），则

$$\int_0^\infty d\xi \, \xi^{-1} \, |\hat{\psi}(\xi)|^2 = \int_{-\infty}^0 d\xi \, |\xi|^{-1} \, |\hat{\psi}(\xi)|^2 = \frac{b_0 \ln a_0}{2\pi} \, . \tag{3.3.8}$$

可以轻松验证：哈尔基的确满足式 (3.3.8). 后面将要讨论的大多数正交基都是实值，所以式 (3.3.8) 中的第一个等式总是成立的.

4. Chui 和 Shi (1993) 给出了命题 3.3.1 的一种不同证明.   □

在后续所有讨论中总是假定 ψ 满足容许条件.

3.3.2　一个充分条件及框架界的估计

即使 ψ 符合容许条件，也并非所有 ψ, a_0, b_0 都可生成小波框架. 在这一小节，将推导出一些有关 ψ, a_0, b_0 的一般条件，使我们一定可以获得框架，还会估计相应的框架界. 为此，需要估计 $\sum_{m,n} |\langle f, \, \psi_{m,n}\rangle|^2$：

$$\sum_{m,n \in \mathbb{Z}} |\langle f, \, \psi_{m,n}\rangle|^2 = \sum_{m,n} \left| \int_{-\infty}^\infty d\xi \, \hat{f}(\xi) \, a_0^{m/2} \, \overline{\hat{\psi}(a_0^m \xi)} \, e^{ib_0 a_0^m n\xi} \right|^2$$

$$= \sum_{m,n} a_0^m \left| \int_0^{2\pi b_0^{-1} a_0^{-m}} d\xi \, e^{ib_0 a_0^m n\xi} \sum_{\ell \in \mathbb{Z}} \hat{f}(\xi + 2\pi\ell a_0^{-m} b_0^{-1}) \, \overline{\hat{\psi}(a_0^m \xi + 2\pi\ell b_0^{-1})} \right|^2$$

$$= \frac{2\pi}{b_0} \sum_m \int_0^{2\pi b_0^{-1} a_0^{-m}} d\xi \left| \sum_{\ell \in \mathbb{Z}} \hat{f}(\xi + 2\pi\ell a_0^{-m} b_0^{-1}) \, \overline{\hat{\psi}(a_0^m \xi + 2\pi\ell b_0^{-1})} \right|^2$$

（根据周期函数的 Plancherel 定理）

$$= \frac{2\pi}{b_0} \sum_{m,k \in \mathbb{Z}} \int_{-\infty}^\infty d\xi \, \hat{f}(\xi) \, \overline{\hat{f}(\xi + 2\pi k a_0^{-m} b_0^{-1})} \, \overline{\hat{\psi}(a_0^m \xi)} \, \hat{\psi}(a_0^m \xi + 2\pi k b_0^{-1})$$

$$= \frac{2\pi}{b_0} \int_{-\infty}^\infty d\xi \, |\hat{f}(\xi)|^2 \sum_{m \in \mathbb{Z}} |\hat{\psi}(a_0^m \xi)|^2 + \text{Rest}\,(f) \, . \tag{3.3.9}$$

这里，Rest (f) 的上界为

$$|\text{Rest}\,(f)| = \left| \frac{2\pi}{b_0} \sum_{\substack{m,k \in \mathbb{Z} \\ k \neq 0}} \int_{-\infty}^\infty d\xi \, \hat{f}(\xi) \right.$$

$$\overline{\hat{f}(\xi + 2\pi k a_0^{-m} b_0^{-1})}\ \overline{\hat{\psi}(a_0^m \xi)}\ \hat{\psi}(a_0^m \xi + 2\pi k b_0^{-1})\Big|$$

$$\leqslant \frac{2\pi}{b_0} \sum_{\substack{m,k \\ k \neq 0}} \left[\int_{-\infty}^{\infty} \mathrm{d}\xi\ |\hat{f}(\xi)|^2\ |\hat{\psi}(a_0^m \xi)|\ |\hat{\psi}(a_0^m \xi + 2\pi k b_0^{-1})| \right]^{1/2}$$

$$\cdot \left[\int_{-\infty}^{\infty} \mathrm{d}\zeta\ |\hat{f}(\zeta)|^2\ |\hat{\psi}(a_0^m \zeta - 2\pi k b_0^{-1})|\ |\hat{\psi}(a_0^m \zeta)| \right]^{1/2}$$

（使用柯西–施瓦茨不等式，并在第二个因子中
做变量代换 $\zeta = \xi - 2\pi k b_0^{-1} a_0^{-m}$ ）

$$\leqslant \frac{2\pi}{b_0} \sum_{k \neq 0} \left[\int_{-\infty}^{\infty} \mathrm{d}\xi\ |\hat{f}(\xi)|^2 \sum_m |\hat{\psi}(a_0^m \xi)|\ |\hat{\psi}(a_0^m \xi + 2\pi k b_0^{-1})| \right]^{1/2}$$

$$\cdot \left[\int_{-\infty}^{\infty} \mathrm{d}\zeta\ |\hat{f}(\zeta)|^2 \sum_m |\hat{\psi}(a_0^m \zeta)|\ |\hat{\psi}(a_0^m \zeta - 2\pi k b_0^{-1})| \right]^{1/2}$$

（对 m 的和式使用柯西–施瓦茨不等式）

$$\leqslant \frac{2\pi}{b_0} \|f\|^2 \sum_{k \neq 0} \left[\beta\left(\frac{2\pi}{b_0}k\right)\ \beta\left(-\frac{2\pi}{b_0}k\right) \right]^{1/2} , \tag{3.3.10}$$

其中 $\beta(s) = \sup_\xi \sum_{m \in \mathbb{Z}} |\hat{\psi}(a_0^m \xi)|\ |\hat{\psi}(a_0^m \xi + s)|$. 合并式 (3.3.9) 和 (3.3.10) 可以看出 [7]

$$\inf_{\substack{f \in \mathcal{H} \\ f \neq 0}} \|f\|^{-2} \sum_{m,n} |\langle f, \psi_{m,n} \rangle|^2$$

$$\geqslant \frac{2\pi}{b_0} \left\{ \operatorname*{ess\,inf}_\xi \sum_{m \in \mathbb{Z}} |\hat{\psi}(a_0^m \xi)|^2 - \sum_{k \neq 0} \left[\beta\left(\frac{2\pi}{b_0}k\right) \beta\left(-\frac{2\pi}{b_0}k\right) \right]^{1/2} \right\}, \tag{3.3.11}$$

$$\sup_{\substack{f \in \mathcal{H} \\ f \neq 0}} \|f\|^{-2} \sum_{m,n} |\langle f, \psi_{m,n} \rangle|^2$$

$$\leqslant \frac{2\pi}{b_0} \left\{ \sup_\xi \sum_{m \in \mathbb{Z}} |\hat{\psi}(a_0^m \xi)|^2 + \sum_{k \neq 0} \left[\beta\left(\frac{2\pi}{b_0}k\right) \beta\left(-\frac{2\pi}{b_0}k\right) \right]^{1/2} \right\}. \tag{3.3.12}$$

若式 (3.3.11) 和式 (3.3.12) 的右侧严格为正且有界，则 $\psi_{m,n}$ 构成一个框架，式 (3.3.11) 给出 A 的一个下界，式 (3.3.12) 给出 B 的一个上界. 为使其成立，需要：对于所有 $1 \leqslant |\xi| \leqslant a_0$（除 $\xi = 0$ 之外的其他 ξ 值，通过乘以一个适当的 a_0^m 可以化简到这一范围内，对于 $\xi = 0$，它构成一个测度为零的集合，因此无关紧要）有

$$0 < \alpha \leqslant \sum_{m \in \mathbb{Z}} |\hat{\psi}(a_0^m \xi)|^2 \leqslant \beta < \infty ,$$

此外，$\sum_{m \in \mathbb{Z}} |\hat{\psi}(a_0^m \xi)| |\hat{\psi}(a_0^m \xi + s)|$ 在 ∞ 处应当有足够的衰减速度. 第二个条件中的“足够”是指，$\sum_{k \neq 0} [\beta(\frac{2\pi}{b_0}k)\beta(-\frac{2\pi}{b_0}k)]^{1/2}$ 收敛，当 b_0 趋近于 0 时这个和式也趋

向于 0，从而保证：对于足够小的 b_0，式 (3.3.11) 和 (3.3.12) 的第一项起决定性作用，从而使得 $\psi_{m,n}$ 的确构成一个框架. 为确保所有这一切，只需

- $\hat{\psi}$ 的零点没有凑巧使得：对于所有 $\xi \neq 0$ 有

$$\sum_{m \in \mathbb{Z}} |\hat{\psi}(a_0^m \xi)|^2 \geqslant \alpha > 0, \tag{3.3.13}$$

- $|\hat{\psi}(\xi)| \leqslant C|\xi|^\alpha \, (1+|\xi|^2)^{-\gamma/2}$，其中 $\alpha > 0, \gamma > \alpha + 1.$ [8] $\tag{3.3.14}$

这些关于 $\hat{\psi}$ 的衰减条件是非常弱的，在实际应用中需要的条件要远多于此！若 $\hat{\psi}$ 连续且在 ∞ 衰减，则式 (3.3.13) 是一个必要条件：若对于某一 $\xi_0 \neq 0$，$\sum_{m \in \mathbb{Z}} |\hat{\psi}(a_0^m \xi_0)|^2 \leqslant \epsilon$，则可以构造一个 $f \in L^2(\mathbb{R})$，$\|f\| = 1$，使得 $(2\pi)^{-1} b_0 \sum_{m,n} |\langle f, \psi_{m,n} \rangle|^2 \leqslant 2\epsilon$，这蕴涵着 $A \leqslant 4\pi \epsilon / b_0.$ [9] 若 ϵ 可选为任意小，则不存在有限框架下界.[也请参阅 Chui 和 Shi (1993) 的文献，其中证明了一个强结果 $A \leqslant \frac{2\pi}{b_0} \sum_m |\hat{\psi}(a_0^m \xi)|^2 \leqslant B$.] 下面的命题汇总了上面的结论.

命题 3.3.2 若 ψ 和 a_0 满足

$$\inf_{1 \leqslant |\xi| \leqslant a_0} \sum_{m=-\infty}^{\infty} |\hat{\psi}(a_0^m \xi)|^2 > 0 \,,$$

$$\sup_{1 \leqslant |\xi| \leqslant a_0} \sum_{m=-\infty}^{\infty} |\hat{\psi}(a_0^m \xi)|^2 < \infty \,, \tag{3.3.15}$$

且 $\beta(s) = \sup_\xi \sum_m |\hat{\psi}(a_0^m \xi)| \, |\hat{\psi}(a_0^m \xi + s)|$ 的衰减速度至少和 $(1+|s|)^{-(1+\epsilon)}$ 一样快，其中 $\epsilon > 0$，则存在 $(b_0)_{\text{thr}} > 0$ 使得 $\psi_{m,n}$ 对于所有 $b_0 < (b_0)_{\text{thr}}$ 都构成一个框架. 对于 $b_0 < (b_0)_{\text{thr}}$，以下表达式是 $\psi_{m,n}$ 的框架界：

$$A = \frac{2\pi}{b_0} \left\{ \inf_{1 \leqslant |\xi| \leqslant a_0} \sum_{m=-\infty}^{\infty} |\hat{\psi}(a_0^m \xi)|^2 - \sum_{\substack{k=-\infty \\ k \neq 0}}^{\infty} \left[\beta\left(\frac{2\pi}{b_0}k\right) \beta\left(-\frac{2\pi}{b_0}k\right) \right]^{1/2} \right\} ,$$

$$B = \frac{2\pi}{b_0} \left\{ \sup_{1 \leqslant |\xi| \leqslant a_0} \sum_{m=-\infty}^{\infty} |\hat{\psi}(a_0^m \xi)|^2 + \sum_{\substack{k=-\infty \\ k \neq 0}}^{\infty} \left[\beta\left(\frac{2\pi}{b_0}k\right) \beta\left(-\frac{2\pi}{b_0}k\right) \right]^{1/2} \right\} .$$

比如，若 $|\hat{\psi}(\xi)| \leqslant C|\xi|^\alpha \, (1+|\xi|)^{-\gamma}$，其中 $\alpha > 0$ 且 $\gamma > \alpha + 1$，则式 (3.3.15) 及关于 β 的条件均得以满足.

证明： 我们已经完成了所有必要的估计. β 的衰减特性确保存在一个 $(b_0)_{\text{thr}}$ 使得在 $b_0 < (b_0)_{\text{thr}}$ 时 $\sum_{k \neq 0} [\beta(\frac{2\pi}{b_0}k)\beta(-\frac{2\pi}{b_0}k)]^{1/2} p < \inf_{1 \leqslant |\xi| \leqslant a_0} \sum_m |\hat{\psi}(a_0^m \xi)|^2$. ∎

这些理论估计背后的思想很简单：若 ψ 是"得体"的（在时域和频域内合理衰减，$\int \mathrm{d}x \, \psi(x) = 0$），则存在 a_0 和 b_0 的一个整体范围使得相应的 $\psi_{m,n}$ 构成一个

框架. 由于我们对 ψ 设定的条件隐含着 ψ 根据第 2 章的意义是符合容许条件的, 那么 a_0 和 b_0 分别接近于 1 和 0 也就不足为奇了: 我们已经知道单位分解 (2.4.4) 对于此种 ψ 成立, 而且可合理地预期, 对积分变量进行足够好地离散后应当不会对重构产生太大不利影响. 非常让人惊讶的是, 对于许多有实际意义的 ψ, "好" 的 (a_0, b_0) 的范围中包含了一些距离 $(1, 0)$ 很远的值. 下面将会看到这样几个例子. 但先来研究小波框架的对偶框架, 然后再讨论这一基本理论的一些变化形式.

3.3.3 对偶框架

在 3.2 节已经看到, 对偶框架的定义为

$$\widetilde{\psi_{m,n}} = (F^*F)^{-1} \, \psi_{m,n} \,, \tag{3.3.16}$$

其中 $F^*Ff = \sum_{m,n} \langle f, \, \psi_{m,n} \rangle \, \psi_{m,n}$. 我们得到了 F^*F 逆的一个显式公式, 其呈指数形式快速收敛, 即类似于 $\sum_{n=0}^{\infty} \alpha^n$, 收敛比 α 与 $\left(\frac{B}{A} - 1 \right)$ 成正比例. 因此拥有相互接近的框架界 A 和 B 是非常有用的. 但从原理上来说, 式 (3.2.8) 需要计算无穷多项 $\widetilde{\psi_{m,n}}$. 这一情景并不像我们想像得那么糟糕: 如果引入符号

$$(D^m f)(x) = a_0^{-m/2} f(a_0^{-m} x) \,, \qquad (T^n f)(x) = f(x - nb_0) \,,$$

容易验证: 对于所有 $f \in L^2(\mathbb{R})$,

$$F^*F \, D^m f = D^m \, F^*F f \,.$$

由此得出 $(F^*F)^{-1}$ 和 D^m 可互相交换. 特别地, 由于 $\psi_{m,n} = D^m T^n \psi$, 所以

$$\widetilde{\psi_{m,n}} = (F^*F)^{-1} \, D^m T^n \psi = D^m \, (F^*F)^{-1} \, T^n \psi \,,$$

或者

$$\widetilde{\psi_{m,n}}(x) = a_0^{-m/2} \, \widetilde{\psi_{0,n}} \, (a_0^{-m} x) \,.$$

遗憾的是, F^*F 和 T^n 不能互换, 所以从原理上来说, 仍然需要计算无穷多项 $\widetilde{\psi_{0,n}}$. 在实践中, 人们仅对 "生存" 在一个有限尺度范围上的函数感兴趣, 而在这一范围上, F^*F 可以用 $\sum_{m=m_0}^{m_1} \sum_{n \in \mathbb{Z}} \langle \cdot, \, \psi_{m,n} \rangle \, \psi_{m,n}$ 合理近似 (参见下面的 3.5 节, 时频局部化). 若 $a_0^{m_1-m_0}$ 是一个整数, $N = a_0^{m_1-m_0}$, 则容易验证, F^*F 的截断版本可以与 T^N 互换, 因此在这种情况下只需要计算 N 个不同的 $\tilde{\psi}_{0,n}, 0 \leqslant n \leqslant N-1$. 但在许多具有实践意义的情况下这一数目仍然非常大. 因此, 研究那些几乎为紧 ("几乎为紧" 是指 $\frac{B}{A} - 1 \ll 1$) 的框架 ("合适的框架") 特别有用: 在重构公式 (3.2.11) 的零阶项之后即可停止, 避免了对偶框架带来的复杂性, 但仍能高质量地构造出任意 f. 另一方面, 存在一些非常特殊的 ψ, a_0, b_0 使 $\psi_{m,n}$ 不是特别接近紧框架, 但凑巧, 所有 $\widetilde{\psi_{m,n}}$ 都是由单个函数生成的,

$$\widetilde{\psi_{m,n}}(x) = \tilde{\psi}_{m,n}(x) = a_0^{-m/2} \, \tilde{\psi}(a_0^{-m} x - n) \,. \tag{3.3.17}$$

将在第 8 章出现的一些双正交基提供了这样一个例子. 另一个例子由 Frazier 和
Jawerth (1988) 文献中的 ϕ 变换给出 [也请参见 Frazier、Jawerth 和 Weiss (1991)].

务必要认识到, $\psi_{m,n}$ 和 $\widetilde{\psi_{m,n}}$ 的正则性可能会有很大不同. 例如, 存在一些框
架, 其中的 ψ 本身是 C^∞, 其衰减速度快于所有多项式的倒数, 但一些 $\widetilde{\psi_{0,n}}$ 不属
于 p 较小的 L^p (这就意味着, 它们的衰减速度非常慢). 在 Daubechies (1990) 第
988–989 页详细给出了由 P. G. Lemarié 提出的一个例子.[10] 即使所有 $\widetilde{\psi_{m,n}}$ 都由单
个函数 $\tilde\psi$ 生成, 也可能发生类似情景: 存在这样一些例子, 其中的 $\psi \in C^k$ (k 为
任意大), 但 $\tilde\psi$ 不连续. [第 8 章的双正交基给出了发生这种情况的例子; 第一个例
子由 Tchamitchian (1989) 构造.] 对 ψ, a_0, b_0 附加额外条件后, 可以排除这种差异
[参见 Daubechies (1990), §II.D.2, 第 991–992 页].

3.3.4 基本方案的一些变化形式

到目前为止, 除了 $a_0 > 1$ 之外, 还没有对 a_0 值设定其他限制. 但在实践中, 取
$a_0 = 2$ 是很方便的. 这样, 在从一个尺度进入另一尺度时, 只是将平移步长加倍或
折半, 这要比使用另外某个 a_0 实用得多. 另一方面, 我们刚刚看到了, 使用满足
$B/A - 1 \ll 1$ 的框架很有好处. 由 A 和 B 的估计式 (3.3.11) 和 (3.3.12) 给出: 对
于所有 $\xi \neq 0$,

$$A \leqslant \frac{2\pi}{b_0} \sum_{m \in \mathbb{Z}} |\hat\psi(a_0^m \xi)|^2 \leqslant B, \tag{3.3.18}$$

所以, 这两条要求共同隐含地要求: $\sum_{m \in \mathbb{Z}} |\hat\psi(2^m \xi)|^2$ 对于 $\xi = 0$ 应当几乎总为常
值, 这是对 ψ 非常强的一条限制, 通常是不满足的. 例如, 墨西哥帽函数 $\psi(x) =$
$(1 - x^2)\, e^{-x^2/2}$ 在 $a_0 \leqslant 2^{1/4}$ 时会导出一个 B/A 接近 1 的框架, 但当 $a_0 = 2$ 时显
然不是如此, 因为 $\sum_{m \in \mathbb{Z}} |\hat\psi(2^m \xi)|^2$ 的振幅过大. 为对这一情形做出补救, 又不必
在选择 ψ 及频域宽度方面放弃太多自由度, 可以采用 A. Grossmann、R. Kronland-
Martinet 和 J. Morlet 用到的一种方法, 为每个倍频程使用不同的 "音调". 这相当
于使用几个不同小波 $\psi^1, \cdots, \psi^N$, 并研究框架 $\{\psi_{m,n}^\nu;\ m, n \in \mathbb{Z},\ \nu = 1, \cdots, N\}$. 可
以重复 3.3.2 节的分析 [例如, 参见 Daubechies (1990)], 得出对于这一多音调框架
的如下框架界估计:

$$A = \frac{2\pi}{b_0} \left[\inf_{1 \leqslant |\xi| \leqslant 2} \sum_{\nu=1}^{N} \sum_{m=-\infty}^{\infty} |\hat\psi^\nu(2^m \xi)|^2 - R\left(\frac{2\pi}{b_0}\right) \right], \tag{3.3.19}$$

$$B = \frac{2\pi}{b_0} \left[\sup_{1 \leqslant |\xi| \leqslant 2} \sum_{\nu=1}^{N} \sum_{m=-\infty}^{\infty} |\hat\psi^\nu(2^m \xi)|^2 + R\left(\frac{2\pi}{b_0}\right) \right], \tag{3.3.20}$$

其中

$$R(x) = \sum_{k \neq 0} \sum_{\nu=1}^{N} [\beta^\nu(kx)\, \beta^\nu(-kx)]^{1/2}\,,$$

$$\beta^\nu(s) = \sup_{1 \leqslant |\xi| \leqslant 2} \sum_{m=-\infty}^{\infty} |\hat{\psi}^\nu(2^m\xi)|\, |\hat{\psi}^\nu(2^m\xi + s)|\,.$$

选择 $\hat{\psi}^1, \cdots, \hat{\psi}^n$ 使频率局部化中心之间稍有交错, 再加上在 ∞ 处的良好衰减特性, 可以得到 $B/A - 1 \ll 1$. (见下面 3.3.5 节的例子.) 与这种多音调方案相对应的时频点阵与图 1.4(a) 稍有不同. 图 3.2 给出这样一个例子, 每个倍频程有四个音调. 对于每个伸缩步长, 我们发现四个不同的频率级别 (对应于四个不同的频率局部化 $\psi^1, \cdots, \psi^4$) 都平移了相同的平移步长. 这样一种点阵可以看作是将图 1.4(a) 所示类型的四种不同点阵在频率方向上进行不同数量的拉伸然后再叠加在一起. 这些子点阵中的每一个都具有不同 "密度", 这一点体现在 ψ^ν 通常具有不同 L^2 范数上. Grossmann、Kronland-Martinet 和 Morlet 偏爱的一种选择是对单个小波 ψ 进行 "分形" 伸缩:

$$\psi^\nu(x) = 2^{-(\nu-1)/N}\, \psi(2^{-(\nu-1)/N}x)\,.$$

(注意, 它们实际上具有不同的 L^2 范数!) 在这种情况下, $\sum_{\nu=1}^{N} \sum_{m=-\infty}^{\infty} |\hat{\psi}^\nu(2^m\xi)|^2$ 直接变为 $\sum_{m'=-\infty}^{\infty} |\hat{\psi}(2^{m'/N}\xi)|^2$, 只要 N 选择得足够大, 很容易使其几乎为常值.

固定 $a_0 = 2$ 还可以对 3.2 节的估计方法进行一点修改, 在许多情况下可能会很有用. 让我们回到对 Rest (f) 的讨论. 可以将 $k \in \mathbb{Z}$, $k \neq 0$ 改写为 $k = 2^\ell(2k'+1)$, 其中 $\ell \geqslant 0$, $k' \in \mathbb{Z}$. $k \to (\ell, k')$ 是一一对应关系. 若 $a_0 = 2$, 则可以对不同项目进行重新分组, 并写为

$$\text{Rest } (f) = \frac{2\pi}{b_0} \sum_{m', k' \in \mathbb{Z}} \int d\xi\, \hat{f}(\xi) \overline{\hat{f}(\xi + 2\pi(2k'+1)b_0^{-1}2^{-m'})}$$

$$\cdot \sum_{\ell=0}^{\infty} \overline{\hat{\psi}(2^{m'+\ell}\xi)}\, \hat{\psi}[2^\ell(2^{m'}\xi + 2\pi(2\ell+1)b_0^{-1})]\,.$$

得出

$$A = \frac{2\pi}{b_0} \left\{ \inf_{1 \leqslant |\xi| \leqslant 2} \sum_m |\hat{\psi}(2^m\xi)|^2 \right.$$
$$\left. - \sum_{k'=-\infty}^{\infty} \left[\beta_1\left(\frac{2\pi}{b_0}(2k'+1)\right) \beta_1\left(-\frac{2\pi}{b_0}(2k'+1)\right) \right]^{1/2} \right\}, \tag{3.3.21}$$

$$B = \frac{2\pi}{b_0} \left\{ \sup_{1 \leqslant |\xi| \leqslant 2} \sum_m |\hat{\psi}(2^m\xi)|^2 \right.$$
$$\left. + \sum_{k'=-\infty}^{\infty} \left[\beta_1\left(\frac{2\pi}{b_0}(2k'+1)\right) \beta_1\left(-\frac{2\pi}{b_0}(2k'+1)\right) \right]^{1/2} \right\}, \tag{3.3.22}$$

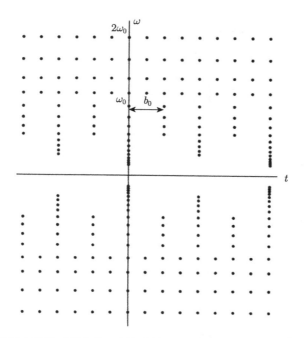

图 3.2　　一种四音调方案的时频点阵. 在这种情况下, 假定不同音调小波 $\psi^1, \cdots, \psi^4$ 是单个函数 ψ 的伸缩变化版本, $\psi^j(x) = 2^{-(j-1)/4}\psi(2^{-(j-1)/4}x)$. 若 $|\hat{\psi}(\xi)|$ (我们假定其为偶函数) 的峰值在 $\pm\omega_0$ 附近, 则 $|\hat{\psi}^j|$ 的中心将位于 $\pm 2^{-(j-1)/4}\omega_0$ 附近

其中

$$\beta_1(s) = \sup_{1 \leqslant |\xi| \leqslant 2} \sum_{m \in \mathbb{Z}} \left| \sum_{\ell=0}^{\infty} \hat{\psi}(2^{m+\ell}\xi) \, \overline{\hat{\psi}(2^\ell(2^m\xi + s))} \right| . \tag{3.3.23}$$

这些估计是由 Ph. Tchamitchian 提出的.[有关推导的全部细节可在 Daubechies (1990) 中找到.] 注意, β_1 不同于 β, 它仍然考虑了 $\hat{\psi}$ 的相位. 因此, 当 $\hat{\psi}$ 不是正函数时, 估计式 (3.3.21) 和式 (3.3.22) 通常要优于式 (3.3.11) 和式 (3.3.12). 若 $\hat{\psi}$ 为正, 则式 (3.3.11) 和式 (3.3.12) 可能更好一些. 如果每个倍频程只有一个音调, 则估计式 (3.3.21) 和式 (3.3.22) 成立. 它们当然也可以扩展到多音调情形.

3.3.5　示例

A. 紧框架

下面的构造 [由 Daubechies、Grossmann 和 Meyer (1986) 首先提出] 得到一个紧小波框架族. 设 ν 是由 $\mathbb{R}$ 到 $\mathbb{R}$ 的一个 C^k (或 C^∞) 函数, 满足

$$\nu(x) = \begin{cases} 0, & x \leqslant 0, \\ 1, & x \geqslant 1 \end{cases} \tag{3.3.24}$$

(参见图 3.3). 这种 (C^1) 函数 ν 的一个例子是

$$
\nu(x) = \begin{cases}
0 , & x \leqslant 0 , \\
\sin^2 \dfrac{\pi}{2} x , & 0 \leqslant x \leqslant 1 , \\
1 , & x \geqslant 1 .
\end{cases}
\tag{3.3.25}
$$

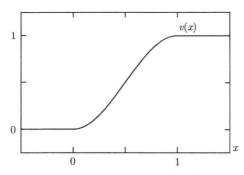

图 3.3 由式 (3.3.25) 定义的函数 $\nu(x)$

对于任意 $a_0 > 1$ 和 $b_0 > 0$, 将 $\hat{\psi}^{\pm}(\xi)$ 定义为

$$
\hat{\psi}^+(\xi) = [\ln a_0]^{-1/2} \begin{cases}
0 , & \xi \leqslant \ell \text{ 或 } \xi \geqslant a_0{}^2 \ell , \\
\sin\left[\dfrac{\pi}{2} \nu\left(\dfrac{\xi - \ell}{\ell(a_0 - 1)}\right)\right] , & \ell \leqslant \xi \leqslant a_0 \ell , \\
\cos\left[\dfrac{\pi}{2} \nu\left(\dfrac{\xi - a_0 \ell}{a_0 \ell(a_0 - 1)}\right)\right] , & a_0 \ell \leqslant \xi \leqslant a_0{}^2 \ell ,
\end{cases}
$$

式中 $\ell = 2\pi[b_0(a_0{}^2 - 1)]^{-1}$, $\hat{\psi}^-(\xi) = \hat{\psi}^+(-\xi)$. 图 3.4 给出了对于 $a_0 = 2$ 且 $b_0 = 1$ 及式 (3.3.25) 所示函数 ν 的 $\hat{\psi}^+$. 容易验证:

$$
|\text{support } \hat{\psi}^+| = (a_0{}^2 - 1)\ell = 2\pi/b_0 ,
$$

$$
[1ex] \sum_{m \in \mathbb{Z}} |\hat{\psi}^+(a_0^m \xi)|^2 = (\ln a_0)^{-1} \chi_{(0,\infty)}(\xi) ,
$$

其中 $\chi_{(0,\infty)}$ 是右半轴 $(0,\infty)$ 上的指示函数, 即当 $0 < \xi < \infty$ 时 $\chi_{(0,\infty)}(\xi) = 1$, 其他情况下为 0.

对于任意 $f \in L^2(\mathbb{R})$, 我们有

$$
\sum_{m,n \in \mathbb{Z}} |\langle f, \psi_{m,n}^+ \rangle|^2
$$

$$
= \sum_{m,n \in \mathbb{Z}} a_0^m \left| \int_{a_0^{-m}\ell}^{a_0^{-m}\ell a_0{}^2} \mathrm{d}\xi \hat{f}(\xi)\, \mathrm{e}^{2\pi\, i n a_0^m [\ell(a_0{}^2 - 1)]^{-1}} \overline{\hat{\psi}^+(a_0^m \xi)} \right|^2
$$

$$= \frac{2\pi}{b_0} \sum_{m \in \mathbb{Z}} \int \mathrm{d}\xi \, |\hat{f}(\xi)|^2 \, |\hat{\psi}^+(a_0^m \xi)|^2$$

$$= \frac{2\pi}{b_0 \ln a_0} \int_0^\infty \mathrm{d}\xi \, |\hat{f}(\xi)|^2 .$$

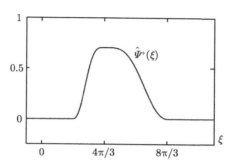

图 3.4　选择 $a_0 = 2$ 和 $b_0 = 1$ 时的函数 $\hat{\psi}^+(\xi)$

同理，$\sum_{m,n} |\langle f, \psi^-_{m,n} \rangle|^2 = \frac{2\pi}{b_0 \ln a_0} \int_{-\infty}^0 \mathrm{d}\xi \, |\hat{f}(\xi)|^2$. 由此得出，集合 $\{\psi^\epsilon_{m,n}; \, m, n \in \mathbb{Z}, \, \epsilon = +$ 或 $-\}$ 是 $L^2(\mathbb{R})$ 的一个紧框架，框架界为 $\frac{2\pi}{b_0 \ln a_0}$. 可以使用一种变化形式来获得由实小波组成的框架：$\psi^1 = \mathrm{Re}\,\psi^+ = \frac{1}{2}[\psi^+ + \psi^-]$ 和 $\psi^2 = \mathrm{Im}\,\psi^+ = \frac{1}{2i}[\psi^+ - \psi^-]$ 生成紧框架 $\{\psi^\lambda_{m,n}; \, m, n \in \mathbb{Z}, \, \lambda = 1$ 或 $2\}$. 这些框架不是通过单个函数的平移和伸缩生成的，这是在构造中对正负频率解耦而自然导致的结果. 这些框架的实际应用有一个更为严重的障碍：它们的傅里叶变换是紧支撑的，而且这一支集较小（对于合适的 a_0 和 b_0）. 结果，这些小波的衰减速度相当慢：即使可以将 ν 选为 C^∞ 使得 $\psi^\pm$ 的衰减速度快于任意多项式的倒数，

$$|\psi^\pm(x)| \leqslant C_N \, (1 + |x|)^{-N} ,$$

C_N 也会因为太大而无法实用. 注意，在这一构造中未对 a_0 和 b_0 引入任何限制.

B. 墨西哥帽函数

墨西哥帽函数是高斯函数 $e^{-x^2/2}$ 的二阶导数. 如果对其归一化，使其 L^2 范数为 1，且 $\psi(0) > 0$，则有

$$\psi(x) = \frac{2}{\sqrt{3}} \, \pi^{-1/4} \, (1 - x^2) e^{-x^2/2} .$$

这个函数（以及它的伸缩和平移版本）绘于图 1.2(b) 中. 如果取这样一个函数曲线，设想将其绕对称轴旋转，将会得到一个类似于墨西哥帽子的形状. 这个函数在视觉分析中非常流行（至少在理论展示中非常流行），其名字就是在这一领域获得的. 表 3.1 给出了这个函数的框架界，这些数值是在式 (3.3.19) 和式 (3.3.20) 中选

择 $a_0 = 2$ 针对不同的 b_0 值从 1 到 4 的不同音调数目计算得出的. 只要取两个或多个音调, 就可以认为该框架对于所有 $b_0 \leqslant 0.75$ 都是紧框架. 注意 $b_0 = 0.75$ 和 $(a_0)_{\text{effective}} = 2^{1/2} \approx 1.41$ (直觉上对应于每倍频程两个音调) 对于墨西哥帽函数来说并不是小数值: ψ 的最大值与其零点之间的距离仅为 1, 而且 $\hat{\psi}$ 的正频率隆起部分的宽度为 $\sqrt{3/2} \approx 1.22$ (根据 $[\int_0^\infty d\xi \ (\xi - \xi_{\text{av}})^2 \ |\hat{\psi}(\xi)||^2]^{1/2}$ 测得, 其中 $\xi_{\text{av}} = \int_0^\infty d\xi \ \xi \ |\hat{\psi}(\xi)|^2$). 对于固定的 N 值和足够使该框架为几乎紧框架的小的 b_0 值, 该表还表明 $A \approx B$ 与 b_0 成反比, 这一点与人们的直觉吻合: 对于归一化向量紧框架, $A = B$ 测量的是框架的 "冗余度" (参见 3.2 节), 若 b_0 折半, 该冗余度应当加倍. 另一方面, 表中的数值还表明, 当 b_0 选得 "太大" 时 B/A 将激剧增大. 对于每个 N 值, 表中给出的最后一个 b_0 值是最后一个使 A 的估计值 (3.3.19) 为正的 b_0 值 (增量为 0.25), 从下一个 b_0 开始 $\psi_{m,n}$ 可能就不再是框架了. J. Morlet (1985, 私人通信) 最早观察到当 b_0 增大时的这种激剧变化, 从一个合理的框架, 到一个非常松散的框架, 然后到不再形成框架, 这是促使人们进行更详尽数学分析的动机之一.

C. 调制高斯函数

这是 R. Kronland-Martinet 和 J. Morlet 最常使用的函数. 它的傅里叶变换是移位后的高斯函数, 稍微调整, 使得 $\hat{\psi}(0) = 0$,

$$\hat{\psi}(\xi) = \pi^{-1/4} \ \left[e^{-(\xi - \xi_0)^2/2} - e^{-\xi^2/2} \ e^{-\xi_0^2/2} \right] , \tag{3.3.26}$$

$$\psi(x) = \pi^{-1/4} \ \left(e^{-i\xi_0 x} - e^{-\xi_0^2/2} \right) \ e^{-x^2/2} .$$

表 3.1　基于墨西哥帽函数 $\psi(x) = 2/\sqrt{3} \ \pi^{-1/4}(1 - x^2)e^{-x^2/2}$ 的小波变换的框架界. 所有情况下的伸缩参数 $a_0 = 2$. N 是音调数

$N = 1$			
b_0	A	B	B/A
0.25	13.091	14.183	1.083
0.50	6.546	7.092	1.083
0.75	4.364	4.728	1.083
1.00	3.223	3.596	1.116
1.25	2.001	3.454	1.726
1.50	0.325	4.221	12.986
$N = 2$			
b_0	A	B	B/A
0.25	27.273	27.278	1.0002
0.50	13.673	13.639	1.0002
0.75	9.091	9.093	1.0002

(续)

$N = 2$			
b_0	A	B	B/A
1.00	6.768	6.870	1.015
1.25	4.834	6.077	1.257
1.50	2.609	6.483	2.485
1.75	0.517	7.276	14.061
$N = 3$			
b_0	A	B	B/A
0.25	40.914	40.914	1.0000
0.50	20.457	20.457	1.0000
0.75	13.638	13.638	1.0000
1.00	10.178	10.279	1.010
1.25	7.530	8.835	1.173
1.50	4.629	9.009	1.947
1.75	1.747	9.942	5.691
$N = 4$			
b_0	A	B	B/A
0.25	54.552	54.552	1.0000
0.50	27.276	27.276	1.0000
0.75	18.184	18.184	1.0000
1.00	13.586	13.690	1.007
1.25	10.205	11.616	1.138
1.50	6.594	11.590	1.758
1.75	2.928	12.659	4.324

通常，ξ_0 的选择应当使得 ψ 的最大值和第二大值之比近似为 $\frac{1}{2}$，即 $\xi_0 = \pi[2/\ln 2]^{1/2}$ ≈ 5.3364，在实践中经常取 $\xi_0 = 5$. 对于这个 ξ_0 值，式 (3.3.26) 中的第二项非常小，在实践中可以忽略. 这个 Morlet 小波是复数，尽管它的大多数应用中都仅涉及实信号 f. 通常 [例如，参见 Kronland-Martinet、Morlet 和 Grossmann (1989)]，以这一复小波对实信号进行的小波变换会以模–相位形式绘制，也就是说，不是绘制 Re $\langle f, \psi_{m,n} \rangle$ 和 Im $\langle f, \psi_{m,n} \rangle$，而是绘制 $|\langle f, \psi_{m,n} \rangle|$ 和 $\tan^{-1}$ [Im $\langle f, \psi_{m,n} \rangle/$ Re $\langle f, \psi_{m,n} \rangle$]. 相位曲线特别适于检测奇点 [Grossmann 等 (1987)]. 对于实函数 f，可以利用 $\hat{f}(-\xi) = \overline{\hat{f}(\xi)}$ 推出以下框架界（这类似于在 2.4 节对 f 的做法）：

$$A \|f\|^2 \leqslant \sum_{m,n \in \mathbb{Z}} |\langle f, \psi_{m,n} \rangle|^2 \leqslant B \|f\|^2 \quad \text{（当 } f \text{ 实函数时）},$$

其中

$$A = \frac{2\pi}{b_0} \left\{ \frac{1}{2} \inf_{\xi} \left[\sum_{m \in \mathbb{Z}} |\hat{\psi}(a_0^m \xi)|^2 + |\hat{\psi}(a_0^{-m} \xi)|^2 \right] - R \right\},$$

$$B = \frac{2\pi}{b_0} \left\{ \frac{1}{2} \sup_{\xi} \left[\sum_{m \in \mathbb{Z}} |\hat{\psi}(a_0^m \xi)|^2 + |\hat{\psi}(a_0^{-m} \xi)|^2 \right] + R \right\},$$

式中

$$R = \sum_{\epsilon=+,-} \sum_{k \neq 0} \left[\beta_\epsilon \left(\frac{2\pi}{b_0} k \right) \beta_\epsilon \left(-\frac{2\pi}{b_0} k \right) \right]^{1/2},$$

$$\beta_\epsilon(s) = \frac{1}{4} \sup_{\xi} \sum_{m \in \mathbb{Z}} |\hat{\psi}(a_0^m \xi) + \epsilon \hat{\psi}(-a_0^m \xi)| \; |\hat{\psi}(a_0^m \xi + s) + \epsilon \hat{\psi}(-a_0^m \xi - s)| .$$

这些公式当然可以再次推广到多音调情形. 表 3.2 给出了当 $a_0 = 2$ 时对于 b_0 中的几种选择和音调数从 2 到 4 变化时的框架界. 在实践中, 音调数通常要更高一些.

表 3.2　基于调制高斯函数 $\psi(x) = \pi^{-1/4} \left(\mathrm{e}^{-i\xi_0 x} - \mathrm{e}^{-\xi_0^2/2} \right) \mathrm{e}^{-x^2/2}$ 的小波框架的框架界, 其中 $\xi_0 = \pi(2/\ln 2)^{1/2}$. 所有情况下的伸缩参数 $a_0 = 2$. N 是音调数

$N = 2$			
b_0	A	B	B/A
0.5	6.019	7.820	1.299
1.0	3.009	3.910	1.230
1.5	1.944	2.669	1.373
2.0	1.173	2.287	1.950
2.5	0.486	2.282	4.693
$N = 3$			
b_0	A	B	B/A
0.5	10.295	10.467	1.017
1.0	5.147	5.234	1.017
1.5	3.366	3.555	1.056
2.0	2.188	3.002	1.372
2.5	1.175	2.977	2.534
3.0	0.320	3.141	9.824
$N = 4$			
b_0	A	B	B/A
0.5	13.837	13.846	1.0006
1.0	6.918	6.923	1.0008
1.5	4.540	4.688	1.032
2.0	3.013	3.910	1.297
2.5	1.708	3.829	2.242
3.0	0.597	4.017	6.732

D. 一个易于实现的例子

到目前为止，我们还没有讨论如何在实践中计算小波系数 $\langle f, \psi_{m,n} \rangle$ 的问题. 在现实生活中，f 不是以函数形式给出，而是给出其采样版本. 积分 $\int \mathrm{d}x\, f(x)\, \overline{\psi_{m,n}(x)}$ 的计算需要一些求积分公式. 对于所关注的最小尺度（大多数负的 m），将不会涉及 f 的许多采样，计算可以快速完成. 但对于较大的尺度，就需要面对巨大的积分，可能会显著减缓对任意给定函数小波变换的计算速度. 特别是对于网络实现，应当避免计算这种长积分. 达到这个目的的一种构造就是所谓的"裤形算法"（algorithme à trous）[Holschneider 等 (1989)]，它采用插值方法避免长时间计算（具体细节请参阅他们的论文）. 我在这里给出一个类似的例子（尽管它不是一个"裤形"），它借用了多分辨率分析和正交基的一点讨论（后面还会回来讨论这一内容），也就是引入了一个辅助函数 ϕ. 基本思想如下：假定存在一个函数 ϕ 满足

$$\cdot \quad \psi(x) = \sum_k d_k\, \phi(x-k)\,, \tag{3.3.27}$$

$$\cdot \quad \phi(x) = \sum_k c_k\, \phi(2x-k)\,, \tag{3.3.28}$$

其中，在每种情况下，只有有限多个非零系数.[11]（这样的 ϕ, ψ 对儿有很多，下面给出一个例子. "裤形算法"对应于一个特殊的 ϕ，其中 $c_0 = 1$，所有其他偶索引的值 $c_{2n} = 0$.）此处 ϕ 的积分不为零（但 ψ 的积分为零），我们将归一化 ϕ，使 $\int \mathrm{d}x\, \phi(x) = 1$. 尽管 ϕ 不是小波，但仍然定义 $\phi_{m,n}(x) = 2^{-m/2}\, \phi(2^{-m}x - n)$，取 $a_0 = 2$ 且 $b_0 = 1$. 显然

$$\langle f, \psi_{m,n} \rangle = \sum_k d_k\, \langle f, \phi_{m,n+k} \rangle\,,$$

求解小波系数的问题就简化为计算 $\langle f, \phi_{m,n} \rangle$（对其进行有限次组合就可以得出 $\langle f, \psi_{m,n} \rangle$）. 另一方面，

$$\langle f, \phi_{m,n} \rangle = \frac{1}{\sqrt{2}} \sum_k c_k\, \langle f, \phi_{m-1,2n+k} \rangle\,,$$

所以 $\langle f, \phi_{m,n} \rangle$ 可以递归计算，从最小尺度（此时最容易计算）到最大尺度. 所有一切都通过简单的有限卷积完成.

满足式 (3.3.27) 和式 (3.3.28) 的函数对的一个例子是

$$\psi(x) = N \left[-\frac{1}{2}\, \phi(x+1) + \phi(x) - \frac{1}{2}\, \phi(x-1) \right]\,,$$

$$\hat{\phi}(\xi) = \frac{1}{\sqrt{2\pi}}\, \mathrm{e}^{-2i\xi}\, \left(\frac{\mathrm{e}^{i\xi} - 1}{i\xi} \right)^4 = \frac{1}{\sqrt{2\pi}}\, \left(\frac{\sin\, \xi/2}{\xi/2} \right)^4\,,$$

对应于

$$\phi(x) = \begin{cases} \dfrac{1}{6}\,(x+2)^3\,, & -2 \leqslant x \leqslant -1\,, \\[2mm] \dfrac{2}{3} - x^2(1+x/2)\,, & -1 \leqslant x \leqslant 0\,, \\[2mm] \dfrac{2}{3} - x^2(1-x/2)\,, & 0 \leqslant x \leqslant 1\,, \\[2mm] -\dfrac{1}{6}(x-2)^3\,, & 1 \leqslant x \leqslant 2\,, \\[2mm] 0 & \text{其他}\,. \end{cases}$$

N 是使得 $\|\psi\| = 1$ 的归一化常数，可以求得 $N = 6\sqrt{\frac{70}{1313}}$. 图 3.5(a) 给出了 ϕ 和 ψ 的曲线，它们不同于高斯函数及其二阶导数，为便于比较，将后者绘制在图 3.5(b) 中. 函数 ψ 显然满足式 (3.3.27)，其中 $d_0 = N$，$d_{\pm 1} = -N/2$，所有其他 $d_k = 0$，而

$$\hat{\phi}(2\xi) = \frac{1}{\sqrt{2\pi}} \left(\frac{\sin\,\xi}{\xi} \right)^4 = \frac{1}{\sqrt{2\pi}} \left(\frac{2\,\sin\,\xi/2\,\cos\,\xi/2}{\xi} \right)^4 = (\cos\,\xi/2)^4\,\hat{\phi}(\xi)\,,$$

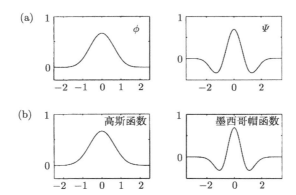

图 3.5　一个易于实现的例子：ϕ 和 ψ 的曲线 [图(a)]，作为对比的高斯函数
　　　　及其二阶导数 [图(b)]

这意味着

$$\phi(x) = \frac{1}{8}\phi(2x+2) + \frac{1}{2}\phi(2x+1) + \frac{3}{4}\phi(2x) + \frac{1}{2}\phi(2x-1) + \frac{1}{8}\phi(2x-2)\,,$$

或者，$c_0 = \frac{3}{4}$，$c_{\pm 1} = \frac{1}{2}$，$c_{\pm 2} = \frac{1}{8}$，所有其他 $c_k = 0$. 对于这个 ψ，$a_0 = 2$ 且 $b_0 = 1$，框架界为 $A = 0.73178$，$B = 1.77107$，对应于 $B/A = 2.42022$. 对于 $a_0 = 2$ 且 $b_0 = 0.5$，有 $A = 2.33854$，$B = 2.66717$，$B/A = 1.14053$（取 $b_0 = 0.5$ 意味着需要修改将 $\psi_{m,n}$ 联系到 $\phi_{m,n}$、将 $\phi_{m,n}$ 联系到 $\phi_{m-1,n}$ 的递归公式，但这一修改非常容易）. 这里只有一个音调. 当然可以选择几种不同的 ψ^ν，与不同的 d_k^ν 相对应，给出更接近紧框架的多音频方案.

我们的示例小节到此结束. Daubechies (1990) 还给出了其他一些例子 [其中有一个例子，估计式 (3.3.21) 和式 (3.3.22) 的性能要优于式 (3.3.11) 和式 (3.3.12)]. 当然还可以构造其他许多例子. Mallat 和 Zhong (1990) 使用的小波与上面最后一个例子的类型相同，他们将 ψ 选为一个函数的一阶导数，该函数的积分不为零 （因此 $\int \mathrm{d}x\, \psi(x) = 0$ 但 $\int \mathrm{d}x\, x\psi(x) \neq 0$）.

3.4 加窗傅里叶变换的框架

第 2 章的加窗傅里叶变换也可以离散化. $g^{\omega,t}(x) = \mathrm{e}^{i\omega x}\, g(x-t)$ 中 ω, t 可以很自然地离散为 $\omega = m\omega_0$, $t = nt_0$, 其中 $\omega_0, t_0 > 0$ 固定，而 m, n 的取值范围为 $\mathbb{Z}$, 离散函数族为

$$g_{m,n}(x) = \mathrm{e}^{im\omega_0 x}\, g(x - nt_0)\ .$$

我们可以再次寻求回答在讨论小波时遇到的相同问题：选择什么样的 g, ω_0, t_0 使得可以用内积 $\langle f, g_{m,n}\rangle$ 来表征函数 f；是否可能使用一种数值稳定的方法由这些内积重构出 f；能否给出一种高效算法将 f 写为 $g_{m,n}$ 的线性组合？这些问题的答案仍然是由同样的抽象框架提供：若想由函数 f 的加窗傅里叶系数

$$\langle f, g_{m,n}\rangle = \int \mathrm{d}x\, f(x)\, \mathrm{e}^{-im\omega_0 x}\, \overline{g(x - nt_0)}$$

稳定地重构出 f, $g_{m,n}$ 必须构成一个框架，即：存在 $A > 0$, $B < \infty$ 使得

$$A \int \mathrm{d}x\, |f(x)|^2 \leqslant \sum_{m,n \in \mathbb{Z}} |\langle f, g_{m,n}\rangle|^2 \leqslant B \int \mathrm{d}x\, |f(x)|^2\ .$$

若 $g_{m,n}$ 构成一个框架，则任何函数 $f \in L^2(\mathbb{R})$ 都可写为

$$f = \sum_{m,n} \langle f, g_{m,n}\rangle\, \widetilde{g_{m,n}} = \sum_{m,n} \langle f, \widetilde{g_{m,n}}\rangle\, g_{m,n}\ , \tag{3.4.1}$$

式中 $\widetilde{g_{m,n}}$ 是对偶框架中的向量. 式 (3.4.1) 说明了如何由 $\langle f, g_{m,n}\rangle$ 恢复 f，以及如何将 f 表示为 $g_{m,n}$ 的叠加形式. 由于构造方式的不同，对加窗傅里叶函数框架的详尽分析产生了一些不同于小波框架的特性.

3.4.1 一个必要条件：足够高的时频密度

在证明定理 3.3.1 时采用的论证方法也可用于加窗傅里叶情形 （当然要做一些明显的修改），可以对任意加窗傅里叶函数框架得出结论

$$A \leqslant \frac{2\pi}{\omega_0 t_0} \|g\|^2 \leqslant B \tag{3.4.2}$$

其中 A 和 B 为框架界. 这里未对 g 施加任何附加限制 (我们总是假设 $g \in L^2(\mathbb{R})$).
式 (3.4.2) 的一个推论是: 任何紧框架的框架界都等于 $2\pi (\omega_0 t_0)^{-1}$ (如果选择 g 是
范数为 1 的函数). 特别地, 若 $g_{m,n}$ 构成一个正交基, 则 $\omega_0 t_0 = 2\pi$.

不等式 (3.4.2) 未对 g 设置任何约束, 这类似于连续加窗傅里叶变换中没有容
许条件 (见第 2 章), 这与母小波的约束条件 $\int \mathrm{d}\xi \, |\xi|^{-1} \, |\hat{\psi}(\xi)|^2 < \infty$ 很不一样, 后
者对于小波框架和连续小波变换都是必须的. 与小波框架的另一不同点是时间和
频率平移步长 t_0 和 ω_0 是受限的: 对于 $\omega_0 t_0 > 2\pi$ 的 ω_0, t_0 对, 不存在加窗傅里叶
框架. 甚至以下结论也是成立的: 若 $\omega_0 t_0 > 2\pi$, 则对于任意选定的 $g \in L^2(\mathbb{R})$, 都
存在一个对应的 $f \in L^2(\mathbb{R})$ ($f \neq 0$), 使 f 正交于所有 $g_{m,n}(x) = \mathrm{e}^{im\omega_0 x} \, g(x - nt_0)$.
在这种情况下, 不仅 $g_{m,n}$ 不能构成框架, 内积 $\langle f, g_{m,n} \rangle$ 甚至不足以确定 f. 因此
我们将限制 $\omega_0 t_0 \leqslant 2\pi$. 为了获得良好的时频局部化特性, 甚至必须选择 $\omega_0 t_0 < 2\pi$.
注意, 对于 a_0 和 b_0 不存在小波情形中的类似限制! 第 4 章会再次回来讨论这些
条件, 届时将讨论时频密度在加窗傅里叶框架和小波框架中的角色对比, 其详尽程
度要远高于本节. 关于 $\omega_0 t_0 < 2\pi$ 是必要条件的证明, 也将推后到该章进行.

3.4.2　一个充分条件和对框架界的估计

即使 $\omega_0 t_0 \leqslant 2\pi$, $g_{m,n}$ 也不一定能构成一个框架. 很容易给出一个反例: 当 $0 \leqslant x \leqslant 1$ 时 $g(x) = 1$, 在其他情况下 $g(x) = 0$. 若 $t_0 > 1$, 无论选择多么小的 ω_0, 任何
以 $[1, t_0]$ 为支集的函数 f 都正交于所有的 $g_{m,n}$. 在这个例子中, $\mathrm{ess} \inf_x \sum_n |g(x - nt_0)|^2 = 0$, 这正是 $g_{m,n}$ 无法构成框架的原因. (有点类似于小波框架中的情形, 参
见 3.3 节.)

采用与小波情形中完全类似的计算, 可以得出

$$\inf_{\substack{f \in \mathcal{H} \\ f \neq 0}} \|f\|^{-2} \sum_{m,n} |\langle f, g_{m,n} \rangle|^2$$

$$\geqslant \frac{2\pi}{\omega_0} \left\{ \inf_x \sum_n |g(x - nt_0)|^2 - \sum_{k \neq 0} \left[\beta \left(\frac{2\pi}{\omega_0} k \right) \beta \left(-\frac{2\pi}{\omega_0} k \right) \right]^{1/2} \right\}, \quad (3.4.3)$$

$$\sup_{\substack{f \in \mathcal{H} \\ f \neq 0}} \|f\|^{-2} \sum_{m,n} |\langle f, g_{m,n} \rangle|^2$$

$$\leqslant \frac{2\pi}{\omega_0} \left\{ \sup_x \sum_n |g(x - nt_0)|^2 + \sum_{k \neq 0} \left[\beta \left(\frac{2\pi}{\omega_0} k \right) \beta \left(-\frac{2\pi}{\omega_0} k \right) \right]^{1/2} \right\}, \quad (3.4.4)$$

其中, β 现在的定义为

$$\beta(s) = \sup_x \sum_n |g(x - nt_0)| \, |g(x - nt_0 + s)| .$$

和在小波情形中一样, g 足够快的衰减速度导致了 β 的衰减, 因此, 将 ω_0 选得足
够小就可以使式 (3.4.3) 和 (3.4.4) 右侧第二项变得任意小. 若 $\sum_n |g(x - nt_0)|^2$ 有

界，且有一个严格为正常量的下限（g 的零点除外），则可以推出：对于足够小的 ω_0, $g_{m,n}$ 构成一个框架，框架界由式 (3.4.3) 和 (3.4.4) 给出. 可由下面的命题加以明确表述.

命题 3.4.1 若 g, t_0 满足

$$\inf_{0 \leqslant x \leqslant t_0} \sum_{n=-\infty}^{\infty} |g(x - nt_0)|^2 > 0 \,,$$

$$\sup_{0 \leqslant x \leqslant t_0} \sum_{n=-\infty}^{\infty} |g(x - nt_0)|^2 < \infty \,, \tag{3.4.5}$$

并且 $\beta(s) = \sup_{0 \leqslant x \leqslant t_0} \sum_n |g(x - nt_0)| \, |g(x - nt_0 + s)|$ 的衰减速度至少与 $(1 + |s|)^{-(1+\epsilon)}$ $(\epsilon > 0)$ 一样快，则存在 $(\omega_0)_{\mathrm{thr}} > 0$ 使得 $g_{m,n}(x) = \mathrm{e}^{im\omega_0 x} \, g(x - nt_0)$ 在 $\omega_0 < (\omega_0)_{\mathrm{thr}}$ 时构成一个框架. 对于 $\omega_0 < (\omega_0)_{\mathrm{thr}}$，式 (3.4.3) 和 (3.4.4) 的右侧是 $g_{m,n}$ 的框架界.

例如，若对于 $\gamma > 1$ 有 $|g(x)| \leqslant C(1 + |x|)^{-\gamma}$，则式 (3.4.5) 和关于 β 的条件都得以满足.

注释. 加窗傅里叶情形在傅里叶变换下呈现一种对称性，这是小波情形中所没有的. 我们有

$$(g_{m,n})^\wedge(\xi) = \mathrm{e}^{-int_0\xi} \, \hat{g}(\xi - m\omega_0) \,,$$

这意味着，将式 (3.4.3) 和式 (3.4.4) 右侧的所有 g, ω_0, t_0 分别用 $\hat{g}$, t_0, ω_0 替换（β 定义中的内容也相应替换），式 (3.4.3) 和式 (3.4.4) 仍然成立. 根据这一注释，可以分别为 A 和 B 计算两个估计，然后为 A 选择最大值，为 B 选择最小值. □

3.4.3 对偶框架

对偶框架可再次定义为

$$\widetilde{g_{m,n}} = (F^*F)^{-1} \, g_{m,n} \,,$$

其中 F^*F 现在是 $(F^*F)f = \sum_{mn} \langle f, g_{m,n} \rangle \, g_{m,n}$. 容易验证，在这种情况下 F^*F 可以与平移 t_0 的操作、乘以 $\mathrm{e}^{i\omega_0 x}$ 的操作交换顺序，也就是说，若 $(Tf)(x) = f(x - t_0)$, $(Ef)(x) = \mathrm{e}^{i\omega_0 x} f(x)$，则

$$F^*F \, T = T \, F^*F, \qquad F^*F \, E = E \, F^*F \,.$$

由此可得出 $(F^*F)^{-1}$ 也可以与 E 和 T 交换顺序，因此

$$\widetilde{g_{m,n}} = (F^*F)^{-1} \, E^m \, T^n \, g = E^m \, T^n \, (F^*F)^{-1} \, g \,,$$

从而

$$\widetilde{g_{m,n}}(x) = \mathrm{e}^{im\omega_0 x}\, \tilde{g}(x - nt_0) = \tilde{g}_{m,n}(x)\,,$$

式中 $\tilde{g} = (F^*F)^{-1}g$. 与一般的小波情形不同, 对偶框架总是由单个函数 $\tilde{g}$ 生成. 这就是说, 在加窗傅里叶情形中框架是否接近于紧框架并不是那么重要: 若 $B/A - 1$ 不可忽略, 则只需要以高精度计算 $\tilde{g}$, 然后就可一劳永逸地处理两个对偶框架了.

3.4.4   示例

A. 在时域或频域具有紧支集的紧框架

下面的构造同样来自 Daubechies、Grossmann 和 Meyer (1986), 与 3.3.5.A 小节非常类似, 若 $\omega_0 t_0 < 2\pi$, 可以得出一个正则性达到任意高的紧加窗傅里叶框架. 若支集 support $g \subset \left[-\dfrac{\pi}{\omega_0},\, \dfrac{\pi}{\omega_0}\right]$, 则

$$\sum_{m,n} |\langle f, g_{m,n}\rangle|^2 = \sum_{m,n} \left| \int_0^{2\pi/\omega_0} \mathrm{d}x\, \mathrm{e}^{im\omega_0 x} \sum_{\ell \in \mathbb{Z}} f\left(x + \ell\frac{2\pi}{\omega_0}\right) \overline{g\left(x + \ell\frac{2\pi}{\omega_0} - nt_0\right)} \right|^2$$

$$= \frac{2\pi}{\omega_0} \sum_n \int_0^{2\pi/\omega_0} \mathrm{d}x\, \left| \sum_{\ell \in \mathbb{Z}} f\left(x + \ell\frac{2\pi}{\omega_0}\right) g\left(x + \ell\frac{2\pi}{\omega_0} - nt_0\right) \right|^2$$

$$= \frac{2\pi}{\omega_0} \sum_{n,\ell} \int_0^{2\pi/\omega_0} \mathrm{d}x\, \left| f\left(x + \ell\frac{2\pi}{\omega_0}\right) \right|^2 \left| g\left(x + \ell\frac{2\pi}{\omega_0} - nt_0\right) \right|^2\,,$$

式中用到了一个特点: 根据 g 的支集性质, 对于任意 n, 最多有一个 ℓ 值可以发挥作用.

于是

$$\sum_{m,n} |\langle f,\ g_{m,n}\rangle|^2 = \frac{2\pi}{\omega_0} \int \mathrm{d}x\, |f(x)|^2 \sum_n |g(x - nt_0)|^2\,,$$

而且, 当且仅当 $\sum_n |g(x - nt_0)|^2 =$ 常数, 该框架为紧框架. 例如, 若 $\omega_0 t_0 \geqslant \pi$, 可以再次从满足式 (3.3.25) 的 C^k 或 C^∞ 函数 ν 入手, 并定义

$$g(x) = t_0^{-1/2} \begin{cases} \sin\left[\dfrac{\pi}{2}\,\nu\left(\dfrac{\pi + \omega_0 x}{2\pi - \omega_0 t_0}\right)\right]\,, & -\dfrac{\pi}{\omega_0} \leqslant x \leqslant \dfrac{\pi}{\omega_0} - t_0\,, \\[2mm] 1\,, & \dfrac{\pi}{\omega_0} - t_0 \leqslant x \leqslant -\dfrac{\pi}{\omega_0} + t_0\,, \\[2mm] \cos\left[\dfrac{\pi}{2}\,\nu\left(\dfrac{\pi - \omega_0 x}{2\pi - \omega_0 t_0}\right)\right]\,, & -\dfrac{\pi}{\omega_0} + t_0 \leqslant x \leqslant \dfrac{\pi}{\omega_0}\,, \\[2mm] 0\,, & \text{其他}\,. \end{cases}$$

于是 g 是一个具有紧支集的 C^k 或 C^∞ 函数 (依赖于 ν 的选择), $\|g\| = 1$, 并且 $g_{m,n}$ 构成一个紧框架, 框架界为 $2\pi(\omega_0 t_0)^{-1}$ (已由式 (3.4.2) 推出). 若 $\omega_0 t_0 < \pi$, 则这一构造很容易调整. 这一构造以紧支撑的 g 给出一个紧框架. 取傅里叶变换, 可以得到一个框架, 其窗函数具有紧支撑的傅里叶变换.[12]

B. 高斯框架

在本例中 $g(x) = \pi^{-1/4}\, \mathrm{e}^{-x^2/2}$. 由于多种原因，从高斯窗函数开始的离散加窗傅里叶函数族已经在文献中得到了广泛讨论. Gabor (1946) 提出将它们用于通信目的（但他建议 $\omega_0 t_0 = 2\pi$，这是不恰当的，见下文）；由于"正则相干态"在量子力学中的重要性 [见 Klauder 和 Skagerstam (1985)]，它们深受物理学家的关注；高斯相干态与整函数巴格曼空间之间的联系，使人们有可能利用巴格曼空间的采样性质来改写有关 $g_{m,n}$ 的结果. 利用与整函数的这一关系，Bargmann 等人 (1971) 和 Perelomov (1971) 独立地证明了：$g_{m,n}$ 张成整个 $L^2(\mathbb{R})$ 当且仅当 $\omega_0 t_0 \leqslant 2\pi$. Bacry、Grossmann 和 Zak (1975) 使用一种不同方法证明了：若 $\omega_0 t_0 = 2\pi$，则

$$\inf_{\substack{f \in \mathcal{H} \\ f \neq 0}} \|f\|^{-2} \sum_{m,n} |\langle f, g_{m,n}\rangle|^2 = 0\,,$$

即使函数 $g_{m,n}$ 是"完备的"，也就是说它们张成了 $L^2(\mathbb{R})$，上式也成立.[13]（第 4 章将会看到，这是由 g 和 $\hat{g}$ 的正则性以及 $\omega_0 \cdot t_0 = 2\pi$ 直接推导出来的.）因此，在这个 $g_{m,n}$ 族的例子中内积 $\langle f, g_{m,n}\rangle$ 足以表征函数 f（若对于所有的 m 和 n 有 $\langle f_1,\, g_{m,n}\rangle = \langle f_2,\, g_{m,n}\rangle$，则 $f_1 = f_2$），但不存在一个数值稳定的重构公式可以由 $\langle f,\, g_{m,n}\rangle$ 恢复出 f. Bastiaans (1980, 1981) 构造了一个对偶函数 $\tilde{g}$，使得

$$f = \sum_{m,n} \langle f,\, g_{m,n}\rangle\, \tilde{g}_{m,n}\,, \tag{3.4.6}$$

其中 $\tilde{g}_{m,n}(x) = \mathrm{e}^{im\omega_0 x}\, \tilde{g}(x - nt_0)$，但式 (3.4.6) 的收敛仅在非常弱的意义上成立 [也就是在分布意义上成立，见 Janssen (1981, 1984)]，甚至在弱 L^2 意义上也不成立. 事实上，$\tilde{g}$ 本身就不在 $L^2(\mathbb{R})$ 中.

$\omega_0 t_0 = 2\pi$ 的情形已经完全清楚了. 当 $\omega_0 t_0 < 2\pi$ 时又会怎样呢？表 3.3 给出了在取不同 $\omega_0 \cdot t_0$ 值时框架界 A 和 B 的值还有比值 B/A，它们是根据式 (3.4.3) 和式 (3.4.4) 使用 $\hat{g}$ 的类似公式计算得出的. 我们发现，即使对于 $\omega_0 \cdot t_0/(2\pi) = 0.95$，$g_{m,n}$ 也可以构成一个框架，只不过 B/A 变得非常大，接近于"临界"密度. 事实证明，当 $\omega_0 \cdot t_0/(2\pi) = 1/N$（$N \in \mathbb{N},\ N > 1$）时，这些框架界也可以通过另一方法计算，给出 A 和 B 的准确值（当然是在计算误差范围内），而不是给出 A 的下限和 B 的上限.[14] 表 3.3 给出了在选择 $\omega_0 \cdot t_0/(2\pi) = \frac{1}{4}$ 和 $\frac{1}{2}$ 时的这些准确值. 看到我们的 A 和 B 的上下限（它们毕竟是通过柯西–施瓦茨不等式得到的，可能非常粗略）与准确值如此接近，还是很令人惊讶的. 将这些 A 和 B 的值代入 3.2 节末尾的近似方案，可以针对 ω_0 和 t_0 的这些不同选择计算 $\tilde{g}$. 图 3.6 绘制了在 $\omega_0 = t_0 = (\lambda 2\pi)^{1/2}$ 的特殊情况下 $\tilde{g}$ 的曲线，其中 $\lambda = 0.25, 0.375, 0.5, 0.75, 0.95, 1$. 注意，对应于 $\lambda = 1$ 的 Bastiaans 函数 $\tilde{g}$（见图 3.6 右下图）必须采用不同的计算方法，因为当 $\lambda = 1$ 时 $A = 0$. 当 λ 较小时，这个框架非常接近于紧框架，$\tilde{g}$ 非常接近于 g 本身，例

如, 当 $\lambda = 0.25$ 时 $\tilde{g}$ 的曲线形状非常接近于高斯函数. 随着 λ 的增大, 框架的冗余度降低 ($\tilde{g}$ 的最大振幅的增长反映了这一点), 紧凑度也降低, 使 $\tilde{g}$ 与高斯函数偏离得越来越多. 因为 g 和 $\hat{g}$ 的衰减速度均呈指数 (或更快), 由 $\tilde{g}$ 的收敛级数表示 (见 3.2 节) 容易证明, 若 $A > 0$, $\tilde{g}$ 和 $\hat{\tilde{g}}$ 也都具有指数衰减速度. 由此可推出, 对于图 3.6 中所有 $\lambda < 1$ 的值, $\tilde{g}_{m,n}$ 均具有良好的时频局部化特性, 尽管当 λ 增大时 $\tilde{g}$ 令人惊讶地趋向于 Bastiaans 病态 $\tilde{g}$. 当 $\lambda = 1$ 时, 所有的时频局部化都无效了. [15] 图 3.6 中的一系列曲线让人们想到一种推测: 至少对于高斯函数 g, 只要 $\omega_0 t_0 < 2\pi$, $g_{m,n}$ 就是一个框架 [这个推测最早由 Daubechies 和 Grossmann (1988) 提出]. Daubechies (1990) 证明了, 当 $\omega_0 t_0/(2\pi) < 0.996$ 时的确如此. 采用整函数的方法, Lyubarskii (1989) 证明了这个推测, Seip 和 Wallstén (1990) 也独立证明了这个推测.

表 3.3 当 $g(x) = \pi^{-1/4} \exp(-x^2/2)$ 时, 对于 ω_0 和 t_0 的不同取值, 框架界 A 和 B 的取值及其比值 B/A. 当 $\omega_0 t_0 = \pi/2$ 和 π 时, 可通过 Zak 变换计算其准确值 [见 Daubechies 和 Grossmann (1988)]

t_0	A_a	$A_{准确}$	B	$B_{准确}$	B/A
			$\omega_0 t_0 = \pi/2$		
0.5	1.203	1.221	7.091	7.091	5.896
1.0	3.853	3.854	4.147	4.147	1.076
1.5	3.899	3.899	4.101	4.101	1.052
2.0	3.322	3.322	4.679	4.679	1.408
2.5	2.365	2.365	5.664	5.664	2.395
3.0	1.427	1.427	6.772	6.772	4.745

t_0	A	B	B/A
		$\omega_0 t_0 = 3\pi/4$	
1.0	1.769	3.573	2.019
1.5	2.500	2.833	1.133
2.0	2.210	3.124	1.414
2.5	1.577	3.776	2.395
3.0	0.951	4.515	4.745

t_0	A	$A_{准确}$	B	$B_{准确}$	B/A
			$\omega_0 t_0 = \pi$		
1.0	0.601	0.601	3.546	3.546	5.901
1.5	1.519	1.540	2.482	2.482	1.635
2.0	1.575	1.600	2.425	2.425	1.539
2.5	1.172	1.178	2.843	2.843	2.426
3.0	0.713	0.713	3.387	3.387	4.752

（续）

t_0	A	$\omega_0 t_0 = 3\pi/4$ B	B/A
1.0	0.027	3.545	130.583
1.5	0.342	2.422	7.082
2.0	0.582	2.089	3.592
2.5	0.554	2.123	3.834
3.0	0.393	2.340	5.953
3.5	0.224	2.656	11.880
4.0	0.105	3.014	28.618
t_0	A	$\omega_0 t_0 = 1.9\pi$ B	B/A
1.5	0.031	2.921	92.935
2.0	0.082	2.074	25.412
2.5	0.092	2.021	22.004
3.0	0.081	2.077	25.668
3.5	0.055	2.218	40.455
4.0	0.031	2.432	79.558

关于窗函数 g，当然还有许多其他可能和常见的选择，但我们的示例清单就此结束，下面将回到对小波的讨论.

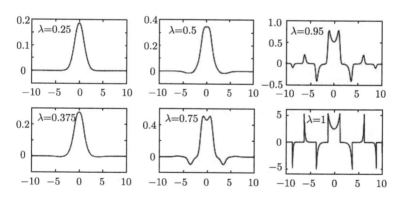

图 3.6　高斯函数 g 的对偶框架函数 $\tilde{g}$，$\omega_0 = t_0 = (2\pi\lambda)^{1/2}$，其中 $\lambda = 0.25, 0.375, 0.5, 0.75,$ 0.95, 1. 当 λ 增大时，$\tilde{g}$ 与高斯函数的偏离越来越大（反映了 B/A 的增大），它的幅值也增大（因为 $A+B$ 减小）. 当 $\lambda = 1$ 时，$\tilde{g}$ 不再平方可积

3.5　时频局部化

我们研究小波变换（或加窗傅里叶变换）的主要动机之一就是想提供一幅时频图，希望在这两个变量上都有良好的局部化特性. 前面已经多次断言：如果 ψ 本身

在时间和频率两方面都有很好的局部化特性，那么由 ψ 生成的框架也将共享这一特性. 本节希望将这个有些含糊的说法更准确地表述出来.

为方便起见，假设 $|\psi|$ 和 $|\hat{\psi}|$ 是对称的 （比如，当 ψ 为实数且对称时即是如此，墨西哥帽函数就是一个很好的例子） [16]，则 ψ 在时间上集中在 0 附近，在频率上集中在 $\pm\xi_0$ 附近 （例如，$\xi_0 = \int_0^\infty \mathrm{d}\xi\, \xi |\hat{\psi}(\xi)|^2 / [\int_0^\infty \mathrm{d}\xi\, |\hat{\psi}(\xi)|^2]$）. 如果 ψ 在时间和频率上有很好的局部化特性，那么 $\psi_{m,n}$ 同样会在时间上集中在 $a_0^m n b_0$ 附近，在频率上集中在 $\pm a_0^{-m}\xi_0$ 附近. 直观地说，$\langle f,\ \psi_{m,n}\rangle$ 代表着函数 f 在时间 $a_0^m n b_0$ 附近和在频率 $\pm a_0^{-m}\xi_0$ 附近的"信息内容". 若 f 本身"基本上位于"时频空间中的两个矩形上，也就是说，对于 $0 < \Omega_0 < \Omega_1 < \infty,\ 0 < T < \infty$,

$$\int_{\Omega_0 \leqslant |\xi| \leqslant \Omega_1} \mathrm{d}\xi\, |\hat{f}(\xi)|^2 \geqslant (1-\delta)\, \|f\|^2\,, \tag{3.5.1}$$

$$\int_{|x| \leqslant T} \mathrm{d}x\, |f(x)|^2 \geqslant (1-\delta)\, \|f\|^2\,, \tag{3.5.2}$$

其中 δ 是一个很小的数，这个直观的描述可以让人们想到，要以很好的近似程度来重构 f，只需要与某一部分 m 和 n 相对应的 $\langle f,\ \psi_{m,n}\rangle$，这部分 m 和 n 使得 $(a_0^m n b_0,\ \pm a_0^{-m}\xi_0)$ 位于 $[-T, T] \times ([-\Omega_1,\ -\Omega_0]\ \cup\ [\Omega_0,\ \Omega_1])$ 的内部或其附近. 以下定理说明这一描述确实正确，从而证明了我们的直觉是正确的.

定理 3.5.1　　假设 $\psi_{m,n}(x) = a_0^{-m/2}\,\psi(a_0^{-m}x - nb_0)$ 构成一个框架，框架界为 A 和 B，并假设

$$|\psi(x)| \leqslant C(1+x^2)^{-\alpha/2}, \qquad |\hat{\psi}(\xi)| \leqslant C|\xi|^\beta\,(1+\xi^2)^{-(\beta+\gamma)/2}\,, \tag{3.5.3}$$

其中 $\alpha > 1, \beta > 0, \gamma > 1$. 则，对于任意 $\epsilon > 0$，存在一个有限集 $B_\epsilon(\Omega_0,\ \Omega_1;\ T) \subset \mathbb{Z}^2$ 使得对于所有 $f \in L^2(\mathbb{R})$,

$$\left\| f - \sum_{(m,n)\in B_\epsilon(\Omega_0,\Omega_1;T)} \langle f,\ \psi_{m,n}\rangle\, \widetilde{\psi_{m,n}} \right\|$$

$$\leqslant \sqrt{\frac{B}{A}}\left[\left(\int_{\substack{|\xi|<\Omega_0 \\ \text{或 } |\xi|>\Omega_1}} \mathrm{d}\xi |\hat{f}(\xi)|^2\right)^{1/2} + \left(\int_{|x|>T} \mathrm{d}x |f(x)|^2\right)^{1/2} + \epsilon\|f\|\right]. \tag{3.5.4}$$

注释

1. 若 f 满足式 (3.5.1) 和 (3.5.2)，则式 (3.5.3) 右侧前两项的界为 $2\delta\sqrt{\dfrac{B}{A}}\,\|f\|$. 选择 $\epsilon = \delta$ 将得到 $\|f - \sum_{m,n\in B_\delta} \langle f,\ \psi_{m,n}\rangle\, \widetilde{\psi_{m,n}}\| = O(\delta)$.

2. 当 $\epsilon \to 0$ 时 $\# B_\epsilon(\Omega_0, \Omega_1; T) \to \infty$（见下面的证明）：无限精确只有在使用多个 $\langle f, \psi_{m,n} \rangle$ 时才有可能实现.　　□

图 3.7 给出集合 $B_\epsilon(\Omega_0, \Omega_1; T)$ 对于一个特定 ϵ 值的图形. 证明过程将说明如何获得这一形状.

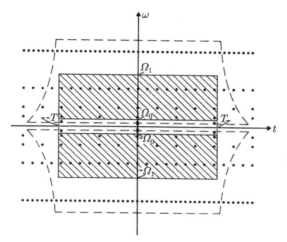

图 3.7　　当 f 在时间上主要集中在 $[-T, T]$, 在频率上主要集中在 $[-\Omega_1, -\Omega_0] \cup [\Omega_0, \Omega_1]$, 为近似构建 f 所需"小波点阵"的集合 $B_\epsilon(\Omega_0, \Omega_1; T)$

证明:

1. 将集合 B_ϵ 定义为

$$B_\epsilon(\Omega_0, \Omega_1; T) = \{(m,n) \in \mathbb{Z}^2; \ m_0 \leqslant m \leqslant m_1, \ |nb_0| \leqslant a_0^{-m}T + t\},$$

其中 m_0, m_1, t 的定义如下, 它们依赖于 $\Omega_0, \Omega_1, T, \epsilon$, 与此集合中的 (m,n) 相对应的点 $(a_0^m n b_0, \pm a_0^{-m}\xi_0)$ 确实填充成为一个如图 3.7 所示的形状.

2. $\left\| f - \sum\limits_{m,n \in B_\epsilon} \langle f, \psi_{m,n} \rangle \widetilde{\psi_{m,n}} \right\|$

$$= \sup_{\|h\|=1} \left| \langle f, h \rangle - \sum_{(m,n) \in B_\epsilon} \langle f, \psi_{m,n} \rangle \langle \widetilde{\psi_{m,n}}, h \rangle \right|$$

$$= \sup_{\|h\|=1} \left| \sum_{(m,n) \notin B_\epsilon} \langle f, \psi_{m,n} \rangle \langle \widetilde{\psi_{m,n}}, h \rangle \right|$$

$$\leqslant \sup_{\|h\|=1} \sum_{\substack{m < m_0 \\ \text{或 } m > m_1}} \sum_{n \in \mathbb{Z}}$$

$$[|\langle P_{\Omega_0,\Omega_1}f, \ \psi_{m,n}\rangle| \ + \ |\langle(1-P_{\Omega_0,\Omega_1})f, \ \psi_{m,n}\rangle|] \ |\langle\widetilde{\psi_{m,n}}, \ h\rangle|$$

$$+ \ \sup_{\|h\|=1} \sum_{m_0\leqslant m\leqslant m_1} \sum_{|nb_0|>a_0^{-m}T+t}$$

$$[|\langle Q_Tf, \psi_{m,n}\rangle| \ + \ |\langle(1-Q_T)f, \psi_{m,n}\rangle|] \ |\langle\widetilde{\psi_{m,n}}, \ h\rangle|, \tag{3.5.5}$$

式中引入了 Q_Tf, 当 $|x| \leqslant T$ 时 $(Q_Tf)(x) = f(x)$, 其他情况下 $(Q_Tf)(x) = 0$, 还有 $P_{\Omega_0,\Omega_1}f$, 当 $\Omega_0 \leqslant |\xi| \leqslant \Omega_1$ 时 $(P_{\Omega_0,\Omega_1}f)^\wedge(\xi) = \hat{f}(\xi)$, 其他情况下 $(P_{\Omega_0,\Omega_1}f)^\wedge(\xi) = 0$. 由于 $\widetilde{\psi_{m,n}}$ 构成了一个框架界为 B^{-1} 和 A^{-1} 的框架, 所以有

$$\sum_{\substack{m<m_0 \\ \text{或 } m>m_1}} \sum_{n\in\mathbb{Z}} |\langle(1-P_{\Omega_0,\Omega_1})f, \ \psi_{m,n}\rangle| \ |\langle\widetilde{\psi_{m,n}}, \ h\rangle|$$

$$\leqslant \left(\sum_{m,n} |\langle(1-P_{\Omega_0,\Omega_1})f, \ \psi_{m,n}\rangle|^2\right)^{1/2} \left(\sum_{m,n} |\langle\tilde{\psi}_{m,n}, \ h\rangle|^2\right)^{1/2}$$

$$\leqslant B^{1/2} \ \|(1-P_{\Omega_0,\Omega_1})f\| \ A^{-1/2} \ \|h\|$$

$$= \sqrt{\frac{B}{A}} \left[\int_{\substack{|\xi|<\Omega_0 \\ \text{或 } |\xi|>\Omega_1}} \mathrm{d}\xi \ |\hat{f}(\xi)|^2\right]^{1/2} \qquad (\text{因为 } \|h\|=1).$$

类似地,

$$\sup_{\|h\|=1} \sum_{m_0\leqslant m\leqslant m_1} \sum_{|nb_0|>a_0^{-m}T+t} |\langle(1-Q_T)f, \psi_{m,n}\rangle||\langle\widetilde{\psi_{m,n}}, \ h\rangle|$$

$$\leqslant \sqrt{\frac{B}{A}} \left[\int_{|x|>T} \mathrm{d}x \ |f(x)|^2\right]^{1/2}.$$

还要验证式 (3.5.5) 中的另两项以 $\sqrt{\frac{B}{A}}\epsilon \ \|f\|$ 为界.

3. 采用相同的柯西–施瓦茨技巧, 将式 (3.5.5) 中的剩下两项化简为

$$A^{-1/2} \left\{ \left[\sum_{\substack{m<m_0 \\ \text{或 } m>m_1}} \sum_{n\in\mathbb{Z}} |\langle P_{\Omega_0,\Omega_1}f, \ \psi_{m,n}\rangle|^2\right]^{1/2} \right.$$

$$\left. + \left[\sum_{m_0\leqslant m\leqslant m_1} \sum_{|nb_0|>a_0^{-m}T+t} |\langle Q_Tf, \ \psi_{m,n}\rangle|^2\right]^{1/2} \right\}. \tag{3.5.6}$$

因此, 只要证明对于适当的 m_0, m_1, t, 方括号中的每个表达式都小于 $B\epsilon^2 \ \|f\|^2/4$ 就足够了.

4. 我们用证明命题 3.3.2 时的相同方法来解决式 (3.5.6) 中的第一项:

$$\sum_{\substack{m<m_0 \\ \text{或 } m>m_1}} \sum_{n\in\mathbb{Z}} |\langle P_{\Omega_0,\Omega_1}f, \ \psi_{m,n}\rangle|^2$$

$$\leqslant \frac{2\pi}{b_0} \sum_{\substack{m<m_0 \\ \text{或 } m>m_1}} \sum_{\ell\in\mathbb{Z}} \int_{\substack{\Omega_0\leqslant|\xi|\leqslant\Omega_1 \\ \Omega_0\leqslant|\xi-2\pi\ell a_0^{-m}b_0^{-1}|\leqslant\Omega_1}} \mathrm{d}\xi \ |\hat{f}(\xi)|$$

$$\cdot\left|\hat{f}\left(\xi-\frac{2\pi}{b_0}\ell a_0^{-m}\right)\right| |\hat{\psi}(a_0^m\xi)|\left|\hat{\psi}\left(a_0^m\xi-\frac{2\pi}{b_0}\ell\right)\right|$$

$$\leqslant \frac{2\pi}{b_0} \sum_{\ell\in\mathbb{Z}} \left[\int_{\substack{\Omega_0\leqslant|\xi|\leqslant\Omega_1 \\ \Omega_0\leqslant|\xi-2\pi\ell a_0^{-m}b_0^{-1}|\leqslant\Omega_1}} \mathrm{d}\xi \ |\hat{f}(\xi)|^2 \right.$$

$$\cdot \sum_{\substack{m<m_0 \\ \text{或 } m>m_1}} |\hat{\psi}(a_0^m\xi)|^{2-\lambda} \left.\left|\hat{\psi}\left(a_0^m\xi-\frac{2\pi}{b_0}\ell\right)\right|^{\lambda}\right]^{1/2}$$

$$\cdot \left[\int_{\substack{\Omega_0\leqslant|\zeta|\leqslant\Omega_1 \\ \Omega_0\leqslant|\zeta+2\pi\ell a_0^{-m}b_0^{-1}|\leqslant\Omega_1}} \mathrm{d}\zeta \ |\hat{f}(\zeta)|^2 \right.$$

$$\cdot \sum_{\substack{m<m_0 \\ \text{或 } m>m_1}} \left.\left|\hat{\psi}\left(a_0^m\zeta+\frac{2\pi}{b_0}\ell\right)\right|^{\lambda} |\hat{\psi}(a_0^m\zeta)|^{2-\lambda}\right]^{1/2}, \tag{3.5.7}$$

其中 $0<\lambda<1$, 下面我们固定 λ. 由于 $[1+(u-s)^2]^{-1}(1+s^2)[1+(u+s)^2]^{-1}$ 关于 u 和 s 一致有界, 所以有

$$|\hat{\psi}(a_0^m\xi)| \ \left|\hat{\psi}\left(a_0^m\xi-\frac{2\pi}{b_0}\ell\right)\right|$$

$$\leqslant C[1+(a_0^m\xi)^2]^{-\gamma/2} \left[1+\left(a_0^m\xi-\frac{2\pi}{b_0}\ell\right)^2\right]^{-\gamma/2}$$

$$\leqslant C_1(1+\ell^2)^{-\gamma/2} .$$

将此式代入式 (3.5.7), 求得

$$(3.5.7) \leqslant \frac{2\pi}{b_0} C_2\|P_{\Omega_0,\Omega_1}f\|^2$$

$$\sum_{\ell\in\mathbb{Z}} (1+\ell^2)^{-\gamma\lambda/2} \sup_{\Omega_0\leqslant|\xi|\leqslant\Omega_1} \sum_{\substack{m<m_0 \\ \text{或 } m>m_1}} |\hat{\psi}(a_0^m\xi)|^{2(1-\lambda)}. \tag{3.5.8}$$

当 $\gamma\lambda > 1$ 时, 也就是当 $\lambda > 1/\gamma$ 时, 关于 ℓ 的和式收敛. 例如, 我们可以选择 $\lambda = \frac{1}{2}(1 + \gamma^{-1})$. 另一方面, 对于 $\Omega_0 \leqslant |\xi| \leqslant \Omega_1$,

$$\sum_{m > m_1} |\hat{\psi}(a_0^m \xi)|^{2(1-\lambda)} \leqslant C_3 \sum_{m > m_1} (1 + a_0^{2m} \Omega_0^2)^{-\gamma(1-\lambda)}$$
$$\leqslant C_4 \, \Omega_0^{-2\gamma(1-\lambda)} \, a_0^{-2m_1\gamma(1-\lambda)} \,, \tag{3.5.9}$$
$$\sum_{m < m_0} |\hat{\psi}(a_0^m \xi)|^{2(1-\lambda)} \leqslant C_5 \sum_{m < m_0} (a_0^m \Omega_1)^{2\beta(1-\lambda)}$$
$$\leqslant C_6 \, \Omega_1^{2\beta(1-\lambda)} \, a_0^{2m_0\beta(1-\lambda)} \,. \tag{3.5.10}$$

在所有这些估计中, 常量 C_j 可能取决于 $a_0, b_0, \lambda, \beta, \gamma$, 但与 $\Omega_0, \Omega_1, m_0, m_1$ 无关. 代入式 (3.5.8) 中, 并选择 $\lambda = \frac{1}{2}(1 + \gamma^{-1})$, 得到

$$(3.5.8) \leqslant C_7 \, \|f\|^2 \left[(\Omega_0 a_0^{m_1})^{-(\gamma-1)} + (a_0^{m_0} \Omega_1)^{\beta(\gamma-1)/\gamma} \right] \,.$$

如果 $m_1 \geqslant (\ln a_0)^{-1} \left[(\gamma-1)^{-1} \ln(4C_7/B\epsilon^2) - \ln \Omega_0 \right]$ 且 $m_0 \leqslant (\ln a_0)^{-1} [\gamma\beta^{-1}(\gamma-1)^{-1} \ln (B\epsilon^2/4C_7) - \ln \Omega_1]$, 则得出

$$\sum_{\substack{m < m_0 \\ \text{或} \ m > m_1}} \sum_{n \in \mathbb{Z}} |\langle P_{\Omega_0, \Omega_1} f, \, \psi_{m,n} \rangle|^2 \leqslant B \frac{\epsilon^2}{4} \, \|f\|^2 \,,$$

即为所求.

5. 式 (3.5.6) 的第二项比较容易处理. 我们有

$$\sum_{|nb_0| > a_0^{-m}T + t} |\langle Q_T f, \, \psi_{m,n} \rangle|^2$$
$$\leqslant \sum_{|nb_0| > a_0^{-m}T + t} \|f\|^2 \, \|Q_T \, \psi_{m,n}\|^2$$
$$\leqslant \|f\|^2 \int_{|x| \leqslant T} \mathrm{d}x \, a_0^{-m} \sum_{|nb_0| > a_0^{-m}T + t} |\psi(a_0^m x - nb_0)|^2 \,.$$

关于 n 的和式分为两部分, $n > b_0^{-1} (a_0^{-m}T + t)$ 以及 $n < -b_0^{-1}(a_0^{-m}T + t)$. 设 n_1 是大于 $b_0^{-1}(a_0^{-m}T + t)$ 的最小整数. 则

$$a_0^{-m} \int_{|x| \leqslant T} \mathrm{d}x \sum_{nb_0 > a_0^{-m}T + t} |\psi(a_0^{-m}x - nb_0)|^2$$

$$\leqslant a_0^{-m} \int_{|x| \leqslant T} \mathrm{d}x \sum_{n=n_1}^{\infty} C_8 \left\{ 1 + [t + (n - n_1)b_0 + a_0^{-m}(T - x)]^2 \right\}^{-\alpha}$$
$$\text{(因为 } |a_0^{-m}x - nb_0| = nb_0 - a_0^{-m}x \geqslant (n - n_1)b_0 + t + a_0^{-m}(T - x))$$
$$\leqslant C_9 \sum_{\ell=0}^{\infty} [1 + (t + \ell b_0)^2]^{-\alpha} \leqslant C_{10} \, t^{-2\alpha} \,.$$

以相同方式处理关于 $n < -b_0^{-1}(a_0^{-m}T + t)$ 的和式. 由此推得

$$\sum_{m_0 \leqslant m \leqslant m_1} \sum_{|nb_0| > a_0^{-m}T + t} |\langle Q_T f, \psi_{m,n}\rangle|^2 \leqslant 2(m_1 - m_0 + 1) C_{10} \, t^{-2\alpha} \, \|f\|^2,$$

做如下选择可使上式小于 $B \, \epsilon^2 \|f\|^2/4$,

$$t \geqslant [8(m_1 - m_0 + 1)C_{10} \, B^{-1}\epsilon^{-2}]^{1/2\alpha}. \qquad \blacksquare$$

由这一证明过程为 m_0, m_1, t 得到的估计值是非常粗略的. 在实践中, 如果 ψ 和 $\hat{\psi}$ 的衰减速度快于定理中所述速度, 那么得到的估计值就可以精确得多 [例如, 见 Daubechies (1990), 第 996 页].

为方便引用, 让我们估计 $\# B_\epsilon(\Omega_0, \Omega_1; T)$, 将其作为 $\Omega_0, \Omega_1, T, \epsilon$ 的函数. 求得

$$\# B_\epsilon(\Omega_0, \Omega_1; T) \approx \sum_{m=m_0}^{m_1} 2b_0^{-1} (a_0^{-m}T + t)$$

$$= 2b_0^{-1}T \frac{a_0^{-m_0+1} - a_0^{-m_1}}{a_0 - 1} + 2b_0^{-1}(m_1 - m_0 + 1)t$$

$$\approx 2T \, C_{11} b_0^{-1} (a_0 - 1)^{-1} \, \epsilon^{2/(\gamma-1)} \, (\Omega_1 - \Omega_0)$$

$$+ 2\epsilon^{-1/\alpha} \, b_0^{-1}(\ln a_0)^{-(2\alpha+1)/2\alpha} \, C_{12} \, [C_{13} + \ln \Omega_1 - \ln \Omega_0]^{(2\alpha+1)/2\alpha}.$$

另一方面, 时频区域 $[-T,T] \times ([-\Omega_1, \Omega_0] \cup [\Omega_0, \Omega_1])$ 的面积是 $4T(\Omega_1 - \Omega_0)$. 当 $\Omega_0 \to 0$ 且 $T, \Omega_1 \to \infty$ 时, 可以求得

$$\lim \frac{\# B_\epsilon(\Omega_0, \Omega_1; T)}{4T(\Omega_1 - \Omega_0)} = \frac{1}{2} \, C_{11} \, b_0^{-1} (a_0 - 1)^{-1} \, \epsilon^{2/(\gamma-1)}, \qquad (3.5.11)$$

此极限依赖于 ϵ. 第 4 章将再次回来讨论这一内容.

定理 3.5.1 告诉我们, 如果 ψ 在时间和频率上合理衰减, ψ 生成的框架将呈现时频局部化特性, 至少相对于 $[-T,T] \times ([-\Omega_1, -\Omega_0] \cup [\Omega_0, \Omega_1])$ 类型的时频集合如此. 在实践中, 人们会关注其他许多集合的局部化. 比如, 一个线性调频信号在直观上对应于时频平面中的一个对角区域 (可能是弯曲的), 而且只需要那些使 $(a_0^m nb_0, \pm a_0^{-m}\xi_0)$ 位于或接近这一区域的 $\psi_{m,n}$, 应当就可以重构出该线性调频信号. 在实践中有很多此种情形 (对于线性调频信号和其他许多信号). 这一情形很难用一个精确的定理来描述, 主要是因为, 如果一个预定的时频集合不像定理 3.5.1 中那样是一组矩形的并集, 那么人们首先要就这一集合上的 "局部化" 含义达成一致. 如果选用 2.8 节定义的算子 L_S 的解释 (也就是说, 若 $\|(1-L_S)f\| \ll \|f\|$, f

主要集中在 S 中), 那么当 L_S 定义的小波和框架中的小波均具有良好的衰减特性时, 这个定理几乎是不证自明的. 对于任意的其他时频局部化过程 [例如, 使用维格纳分布, 或者 J. Bertrand 和 P. Bertrand (1989) 的仿射维格纳分布], 仍然可以预期结果与定理 3.5.1 中相似, 但证明取决于所选的局部化过程.

对于加窗傅里叶情形, 有一个完全类似的局部化定理成立.

定理 3.5.2 假设 $g_{m,n}(x) = e^{im\omega_0 x} g(x - nt_0)$ 构成了一个框架, 框架界为 A 和 B, 并假设

$$|g(x)| \leqslant C(1 + x^2)^{-\alpha/2}, \quad |\hat{g}(\xi)| \leqslant C(1 + \xi^2)^{-\alpha/2},$$

其中 $\alpha > 1$. 因此, 对于任意 $\epsilon > 0$, 存在 $t_\epsilon, \omega_\epsilon > 0$, 使得对于所有 $f \in L^2(\mathbb{R})$ 和所有 $T, \Omega > 0$,

$$\left\| f - \sum_{\substack{|m\omega_0| \leqslant \Omega + \omega_\epsilon \\ |nt_0| \leqslant T + t_\epsilon}} \langle f, g_{m,n} \rangle \tilde{g}_{m,n} \right\|$$

$$\leqslant \sqrt{\frac{B}{A}} \left[\left(\int_{|x| > T} \mathrm{d}x \, |f(x)|^2 \right)^{1/2} + \left(\int_{|\xi| > \Omega} \mathrm{d}\xi \, |\hat{f}(\xi)|^2 \right)^{1/2} + \epsilon \|f\| \right].$$

证明:

1. 使用与定理 3.5.1 证明过程的第 2、3 点相同的技巧, 有

$$\left\| f - \sum_{\substack{|m\omega_0| \leqslant \Omega + \omega_\epsilon \\ |nt_0| \leqslant T + t_\epsilon}} \langle f, g_{m,n} \rangle \tilde{g}_{m,n} \right\|$$

$$\leqslant \sqrt{\frac{B}{A}} \left[\|(1 - Q_T)f\| + \|(1 - P_\Omega)f\| \right]$$

$$+ A^{-1/2} \left\{ \left[\sum_{n \in \mathbb{Z}} \sum_{|m\omega_0| > \Omega + \omega_\epsilon} |\langle P_\Omega f, g_{m,n} \rangle|^2 \right]^{1/2} \right. \tag{3.5.12}$$

$$\left. + \left[\sum_{m \in \mathbb{Z}} \sum_{|nt_0| > T + t_\epsilon} |\langle Q_T f, g_{m,n} \rangle|^2 \right]^{1/2} \right\},$$

其中: 当 $|x| \leqslant T$ 时 $(Q_T f)(x) = f(x)$, 其他情况下 $(Q_T f)(x) = 0$, 当 $|\xi| \leqslant \Omega$ 时 $(P_\Omega f)^\wedge(\xi) = \hat{f}(\xi)$, 其他情况下 $(P_\Omega f)^\wedge(\xi) = 0$. 如果可以证明式 (3.5.12) 的后两项以 $B^{1/2} \epsilon \|f\|$ 为界, 即可证出该定理. 首先来看最后一项.

2. $\displaystyle\sum_{m \in \mathbb{Z}} \sum_{|nt_0| \geqslant T + t_\epsilon} |\langle Q_T f, g_{m,n} \rangle|^2$

$$\leqslant \frac{2\pi}{\omega_0} \sum_{|nt_0|\geqslant T+t_\epsilon} \sum_{\ell\in\mathbb{Z}} \int_{\substack{|x|\leqslant T \\ |x-\frac{2\pi}{\omega_0}\ell|\leqslant T}} \mathrm{d}x\, |f(x)|\, \left|f\left(x-\frac{2\pi}{\omega_0}\ell\right)\right|$$

$$|g(x-nt_0)|\,\left|g\left(x-\frac{2\pi}{\omega_0}\ell-nt_0\right)\right|$$

$$\leqslant \frac{2\pi}{\omega_0} \sum_{\ell\in\mathbb{Z}} \Bigg[\int_{\substack{|x|\leqslant T \\ |x-\frac{2\pi}{\omega_0}\ell|\leqslant T}} \mathrm{d}x\, |f(x)|^2 \sum_{|nt_0|\geqslant T+t_\epsilon} |g(x-nt_0)|$$

$$\left|g\left(x-\frac{2\pi}{\omega_0}\ell-nt_0\right)\right|\Bigg]^{1/2}$$

$$\cdot \Bigg[\int_{\substack{|y|\leqslant T \\ |y+\frac{2\pi}{\omega_0}\ell|\leqslant T}} \mathrm{d}y\, |f(y)|^2 \sum_{|nt_0|\geqslant T+t_\epsilon}$$

$$\left|g\left(y+\frac{2\pi}{\omega_0}\ell-nt_0\right)\right|\,|g(y-nt_0)|\Bigg]^{1/2}$$

$$\leqslant \frac{2\pi}{\omega_0} \|Q_T f\|^2 \sum_{\ell\in\mathbb{Z}} \sum_{|nt_0|\geqslant T+t_\epsilon} \sup_{\substack{|x|\leqslant T \\ |x-\frac{2\pi}{\omega_0}\ell|\leqslant T}} |g(x-nt_0)|$$

$$\left|g\left(x-\frac{2\pi}{\omega_0}\ell-nt_0\right)\right|$$

$$\leqslant \frac{2\pi}{\omega_0} \|f\|^2\, C^2 \sum_{\ell\in\mathbb{Z}} \sum_{|nt_0|\geqslant T+t_\epsilon} \sup_{\substack{|x|\leqslant T \\ |x-\frac{2\pi}{\omega_0}\ell|\leqslant T}} [1+(x-nt_0)^2]^{-\alpha/2}$$

$$\left[1+\left(x-\frac{2\pi}{\omega_0}\ell-nt_0\right)^2\right]^{-\alpha/2}. \tag{3.5.13}$$

可以轻松验证: $n > t_0^{-1}(T+t_\epsilon)$ 的贡献恰好等于 $n < -t_0^{-1}(T+t_\epsilon)$ 的贡献. 我们可以仅限于讨论负的 n, 代价是使用因子 2. 若 ℓ 为正, 重新定义 $y = x - \frac{2\pi}{\omega_0}\ell$, 于是也可以仅限于讨论负的 ℓ. 因此

$$(3.5.13) \leqslant \frac{4\pi}{\omega_0} C^2 \|f\|^2 \sum_{|nt_0|\geqslant T+t_\epsilon} \sum_{\ell\geqslant 0}$$

$$\sup_{\substack{|x|\leqslant T \\ |x-\frac{2\pi}{\omega_0}\ell|\leqslant T}} [1+(x+nt_0)^2]^{-\alpha/2} \left[1+\left(x+\frac{2\pi}{\omega_0}\ell+nt_0\right)^2\right]^{-\alpha/2}$$

$$\leqslant \frac{4\pi}{\omega_0} C^2 \|f\|^2 \sum_{|nt_0|\geqslant T+t_\epsilon} \sum_{\ell\geqslant 0}$$

$$[1 + (nt_0 - T)^2]^{-\alpha/2} \left[1 + \left(nt_0 - T + \frac{2\pi\ell}{\omega_0}\right)^2\right]^{-\alpha/2}. \qquad (3.5.14)$$

但是，对于任意 $\mu, \nu > 0$ 有

$$\sum_{\ell=0}^{\infty} [1 + (\mu + \nu\ell)^2]^{-\alpha/2}$$

$$\leqslant (1 + \mu^2)^{-\alpha/2} + \int_0^\infty \mathrm{d}x \, [1 + (\mu + \nu x)^2]^{-\alpha/2}$$

$$\leqslant (1 + \mu^2)^{-\alpha/2} + 2^{\alpha/2} \frac{1}{\nu} \int_0^\infty \mathrm{d}y \, \left(\sqrt{1 + \mu^2} + y\right)^{-\alpha}$$

$$\left(\text{use } a^2 + b^2 \geqslant \frac{1}{2}(a+b)^2\right)$$

$$\leqslant (1 + \mu^2)^{-\alpha/2} + 2^{\alpha/2} \, \nu^{-1}(\alpha - 1)^{-1}(1 + \mu^2)^{-\frac{\alpha-1}{2}}.$$

推得

$$(3.5.14) \leqslant \frac{4\pi}{\omega_0} C_1 \|f\|^2 \sum_{nt_0 \geqslant T + t_\epsilon} [1 + (nt_0 - T)^2]^{-\alpha + 1/2}.$$

设 n_1 是大于 $T + t_\epsilon$ 的最小整数. 则由以上计算得

$$\sum_{nt_0 \geqslant T + t_\epsilon} [1 + (nt_0 - T)^2]^{-\alpha + 1/2}$$

$$\leqslant \sum_{n=n_1}^{\infty} [1 + ((n - n_1)t_0 + t_\epsilon)^2]^{-\alpha + 1/2}$$

$$\leqslant C_2 \, (1 + t_\epsilon^2)^{-\alpha + 1}.$$

结合在一起，得到

$$\sum_{m \in \mathbb{Z}} \sum_{|nt_0| \geqslant T + t_\epsilon} |\langle Q_T f, g_{m,n} \rangle|^2 \leqslant C_3 \, (1 + t_\epsilon^2)^{-\alpha + 1} \, \|f\|^2, \qquad (3.5.15)$$

其中 C_3 取决于 ω_0, t_0, α, C，但与 T（或 Ω）无关.

3. 同理可证

$$\sum_{n \in \mathbb{Z}} \sum_{|m\omega_0| \geqslant \Omega + \omega_\epsilon} |\langle P_\Omega f, g_{m,n} \rangle|^2 \leqslant C_4 (1 + \omega_\epsilon^2)^{-\alpha + 1} \|f\|^2. \qquad (3.5.16)$$

由于 $\alpha > 1$，显然，恰当地选择 t_ϵ 和 ω_ϵ（与 T 或 Ω 无关），可以使式 (3.5.15) 和 (3.5.16) 小于 $B\epsilon^2 \|f\|^2/4$. 证毕. ∎

图 3.8 给出一组 (m, n) 的图形（它们满足 $|m\omega_0| \leqslant \Omega + \omega_\epsilon$, $|nt_0| \leqslant T + t_\epsilon$），并将其与时频矩形 $[-T, T] \times [-\Omega, \Omega]$ 对比. "ϵ 框"的形状不同于图 3.7.

再次将放大后的方框 $B_\epsilon = \{(m,n); |m\omega_0| \leqslant \Omega + \omega_\epsilon, |nt_0| \leqslant T + t_\epsilon\}$ 中的点数与 $[-T, T] \times [-\Omega, \Omega]$ 的面积对比, 并计算当 T 和 Ω 增大时的极限:

$$\frac{\# B_\epsilon(T, \Omega)}{4T\Omega} \approx \frac{2\omega_0^{-1}(\Omega + \omega_\epsilon) \cdot 2t_0^{-1}(T + t_\epsilon)}{4T\Omega} \longrightarrow (\omega_0 t_0)^{-1} . \qquad (3.5.17)$$

与小波情形不同, 这一极限与 ϵ 无关. 第 4 章将再次回来讨论它的意义所在.

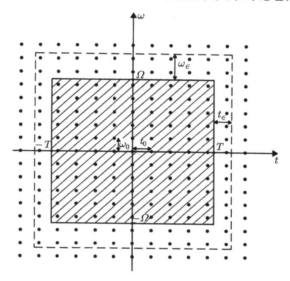

图 3.8　为通过加窗傅里叶变换近似重构一个在时间上主要位于 $[-T, T]$ 且在频率上主要位于 $[-\Omega, \Omega]$ 的函数所需格点 B_ϵ 的集合

3.6　框架中的冗余: 可以换回什么

如框架界的不同表格所示, 框架 (小波框架或加窗傅里叶函数的框架) 可能会有很大的冗余度 (比如, 若框架接近于紧框架, 而且所有框架向量都被归一化, 则可由 $\frac{A+B}{2}$ 来衡量这种冗余度). 在一些应用中 (例如, 在 Marseille 小组的工作中, 参见 Grossmann、Kronland-Martinet、Torresani 的论文), 因为人们希望得到接近于连续变换的表示, 所以寻求得出这一冗余度. 很早之前, J. Morlet (私人通信, 1986) 就注意到, 这种冗余度可能会带来某种稳健性, 也就是说, 可以容许以较低精度 (仅几比特) 来存储小波系数 $\langle f, \psi_{m,n} \rangle$, 却仍能以相当高的精度来重构 f. 直观上, 可以像下面这样来理解这一现象. 设 $(\varphi_j)_{j \in J}$ 是一个框架 (不一定是小波或加窗傅里叶函数的框架). 如果这个框架是一个正交基, 则

$$F: \quad \mathcal{H} \to \ell^2(J), \qquad (Ff)_j = \langle f, \varphi_j \rangle$$

是一个酉映射, F 在 $\mathcal{H}$ 上的映像是整个 $\ell^2(J)$. 如果框架是冗余的, 也就是说 φ_j 不是相互独立的, 那么 $F\mathcal{H}$ 的元素就是一些具有内在关系的序列, $F\mathcal{H} = \mathrm{Ran}\,(F)$ 是 $\ell^2(J)$ 的一个子空间, 小于 $\ell^2(J)$ 本身. 框架的冗余度越高, $\mathrm{Ran}\,(F)$ 就 "越小". 如 3.2 节所示, 重构公式

$$f = \sum_{j \in J} \langle f,\ \varphi_j \rangle\ \tilde{\varphi}_j$$

涉及一个到 $\mathrm{Ran}\,(F)$ 上的投影: 可以将它改写为

$$f = \tilde{F}^*\ Ff\ ,$$

而且当 $c \perp \mathrm{Ran}\,(F)$ 时 $\tilde{F}^* c = 0$. 如果对 $\langle f,\ \varphi_j \rangle$ "搀沙子", 也就是向 $\langle f,\ \varphi_j \rangle$ 的每个系数加上某个 α_j (截断误差就是其中一个例子), 那么对重构函数的整体影响就是

$$f_{\mathrm{approx}} = \tilde{F}^*\ (Ff + \alpha)\ .$$

由于 $\tilde{F}^*$ 包含一个到 $\mathrm{Ran}\,(F)$ 上的投影, 所以序列 α 中与 $\mathrm{Ran}\,(F)$ 垂直的分量没有什么贡献, 而我们希望 $\|f - f_{\mathrm{approx}}\|$ 小于 $\|\alpha\|$. $\mathrm{Ran}\,(F)$ "越小", 也就是说框架的冗余度越高, 这种效果就越明显.

　　为了表达得更明确一些, 我们使用 3.2 节一个例子中用到的二维框架, 并将它与一个正交基对比. 定义 $u_1 = (1,0)$, $u_2 = (0,1)$, $e_1 = u_2$, $e_2 = -\frac{\sqrt{3}}{2}u_1 - \frac{1}{2}u_2$, $e_3 = \frac{\sqrt{3}}{2}u_1 - \frac{1}{2}u_2$. (u_1, u_2) 构成 $\mathbb{C}^2$ 的一个正交基, (e_1, e_2, e_3) 是一个紧框架, 框架界为 $\frac{3}{2}$. 如果将 $\alpha_j \epsilon$ 加至系数 $\langle f,\ u_j \rangle$, 其中 α_j 是均值为 0 方差为 1 的独立随机变量, 则该重构结果的预期误差为

$$\mathbb{E}\left(\left\|f - \sum_{j=1}^{2}(\langle f, u_j \rangle + \alpha_j \epsilon)u_j\right\|^2\right) = \epsilon^2 \mathbb{E}\left(\left\|\sum_{j=1}^{2}\alpha_j u_j\right\|^2\right) = \epsilon^2\,\mathbb{E}(\alpha_1^2 + \alpha_2^2) = 2\epsilon^2\ .$$

如果将 $\alpha_j \epsilon$ 加至框架系数 $\langle f,\ e_j \rangle$, 则求得

$$\mathbb{E}\left(\left\|f - \frac{2}{3}\sum_{j=1}^{3}\left(\langle f,\ e_j \rangle + \alpha_j\ \epsilon\right)e_j\right\|^2\right)$$

$$= \frac{4}{9}\epsilon^2\,\mathbb{E}\left(\left\|\sum_{j=1}^{3}\alpha_j e_j\right\|^2\right) = \frac{4}{9}\epsilon^2\,\mathbb{E}\left(\alpha_1^2 + \alpha_2^2 + \alpha_3^2 - \alpha_1\alpha_2 - \alpha_2\alpha_3 - \alpha_1\alpha_3\right)$$

$$= \frac{4}{3}\epsilon^2\ ,$$

这意味着它相对于正交情形有 $\frac{2}{3}$ 的增益!

　　类似的论证过程也适用于小波或加窗傅里叶框架. 为了仅局限于有限多个 $\psi_{m,n}$ 或 $g_{m,n}$, 设 f "基本集中在" $[-T,T]\ \times\ ([-\Omega_1, -\Omega_0]\ \cup\ [\Omega_0, \Omega_1])$ (小波

情形）或 $[-T, T] \times [-\Omega, \Omega]$（加窗傅里叶情形）上，从而存在一个有限集 B_ϵ（见 3.5 节）使得

$$\left\| f - \sum_{m, n \in B_\epsilon} \langle f, \psi_{m,n} \rangle \widetilde{\psi_{m,n}} \right\| \leqslant \epsilon \| f \|$$

（对于加窗傅里叶情形也有类似公式）. 假定该框架为几乎紧的，$\widetilde{\psi_{m,n}} \approx A^{-1} \psi_{m,n}$. 将 $\alpha_{m,n} \delta$ 加至每个 $\langle f, \psi_{m,n} \rangle$，根据假设 $\mathbb{E}(\alpha_{m,n} \alpha_{m',n'}) = \delta_{mm'} \delta_{nn'}$，$\mathbb{E}(\alpha_{m,n}) = 0$，如果假定 $\| \psi_{m,n} \| = 1$，可得

$$\mathbb{E}\left(\left\| f - A^{-1} \sum_{m, n \in B_\epsilon} (\langle f, \psi_{m,n} \rangle + \alpha_{m,n} \delta) \psi_{m,n} \right\|^2 \right)$$

$$\leqslant \epsilon^2 \| f \|^2 + \delta^2 (\# B_\epsilon) A^{-2} . \tag{3.6.1}$$

如果将 b_0 折半，使"冗余度加倍"，则新框架再次为几乎紧的（例如，参见式 (3.3.11) 和 (3.3.12)），新的框架界 A' 的大小增至原框架界的两倍. 另一方面，新的"ϵ 框" B'_ϵ 将包含两倍的元素. 由此可推得

$$(\# B'_\epsilon) A'^{-2} = \tfrac{1}{2} (\# B_\epsilon) A^{-2} ,$$

即，使冗余度加倍将使小波系数中附加误差的影响减半. 对于加窗傅里叶情形也可进行类似论证.

上述论证是相当有启发性的. 有迹象表明这一论证还可进一步加强：Morlet 观测到的增益因子实际上要远大于由这些论证过程推导出的结果. 此外，Munch (1992) 近来证明了，对于紧加窗傅里叶框架，$\lambda = (2\pi)^{-1} \omega_0 t_0 = N^{-1}$，$N \in \mathbb{N}$，$N > 1$，相对于正交基的增益因子实际上是 N^{-2} 而不是 N^{-1}，也可以从我们的论证过程中得出这一结论. 他的证明中用到了 λ^{-1} 为整数这一条件，但很难相信对于非整数 λ^{-1} 就不存在相同现象. 它对于小波框架也可能成立! 我将这一猜想的证明作为一项挑战留给读者……

3.7 一些结论性要点

这一章相当深入地研究了由序列 $(\langle f, \psi_{m,n} \rangle)_{m,n \in \mathbb{Z}}$（其中 $\psi_{m,n}(x) = a_0^{-m/2} \psi(a_0^{-m} x - n b_0)$）到 f 的重构（以及一些变化形式，参见 3.3.4 节）. 我们已经看到，只有当 $\psi_{m,n}$ 构成框架时才可能存在数值稳定的重构，并推导出当 $\psi_{m,n}$ 为框架时的重构公式. 但是也可以使用其他重构公式（前提是 $\psi_{m,n}$ 确实构成一个框架：这一条件仍然是必要条件）. 作为本章的结束，我们大体描述一下 S. Mallat 的方法，它更多地考虑了平移不变性问题.

离散小波变换（比如本章已经讨论过的变换）在平移后会产生很大的变化，意思是说，两个函数可以通过平移得到对方，但它们的小波系数却可能有很大不同.

图 1.4(a) 中的 "双曲点阵" [17] 已经说明了这一点, 其中 $t = 0$ 轴发挥着非常独特的作用. 在实践中, 人们不会使用无穷多个尺度, 而是会截断非常低和非常高的频率: 只会使用那些满足 $m_1 \leqslant m \leqslant m_0$ 的 m. 这样生成的截断点阵在平移 $b_0 2^{m_0}$ 后是不变的 (为简单起见, 选择 $a_0 = 2$), 但相对于 f 的采样时间步长 (在大多数应用中 f 是以采样形式给出的), 这是一个很大的数值. 如果 f_1 是将 f 平移一个 $\neq n b_0 2^{m_0}$ 的数量后得到的版本, 那么 f_1 的小波系数通常不同于 f_0 的小波系数. 即使平移量为 $\bar{n} b_0 2^{\bar{m}}$ ($m_1 \leqslant \bar{m} \leqslant m_0$), 则在 $\bar{m} \geqslant m$ 时 $\langle f_1, \psi_{m,n} \rangle = \langle f, \psi_{m, n - 2^{\bar{m} - m} \bar{n}} \rangle$, 但对于 $m > \bar{m}$ 写不出这样的公式. 对于某些应用 (特别是所有需要 "识别" f 的应用), 这可能真是一个问题. S. Mallat 采用一阶近似给出的解决方案如下。

- 计算所有的 $\int \mathrm{d}x\, f(x)\, \psi(2^{-m} x - n 2^{-m} b_0) = \alpha_{m,n}(f)$ (如果 f 包括 N 个样本, 选择一个特殊的 ψ, 比如 3.3.5.D 小节中的 ψ, 有可能在 $C N \log N$ 次运算中计算出这些结果). 当 f 平移 $\bar{n} b_0$ 时, 这个系数列表是不变的.

- 在每个级别 m, 仅保留那些作为局部极值的 $\alpha_{m,n}(f)$ (作为 n 的函数). 它就对应于高冗余 $\alpha_{m,n}(f)$ 的二次采样. 在实践中, 所保留的二次采样数与原数目的 2^{-m} 倍成正比例. 这大约就是前述冗余度不太高的框架中的数目, 但这个二次采样过程现在应用于 f, 而不是由双曲格点阵施加.

综合这一分解方案 (这里以简化形式叙述), Mallat 提出了一种在实践中非常有效的算法 [见 Mallat (1991)]. [18] Mallat 和 Zhong (1992) 将上述过程扩展到二维情形, 用于处理图像. 可以这样来看待 Mallat 的方法, 将 $2^{-m} \psi(2^{-m} x - n 2^{-m} b_0)$ 看作底层基础框架 (注意, 归一化的变化抵消了每个 m 级中框架矢量的增大). 同样, 这一族也必须满足框架条件 (3.1.4) 才能存在稳定的重构算法, 但只要满足了这一条件, 就可能提出多种不同重构算法. 在这种情况下, Mallat 的极值算法当然要比标准框架逆算法更高级.

附注

1. 如果任何 f 都可写为这种叠加形式, 可以将 $\psi_{m,n}$ 称为 "原子", 相应的展开式称为 "原子分解". 除 $L^2(\mathbb{R})$ 之外, 还针对其他许多空间研究了原子分解, 并已在调和分析中使用了很多年: 例如, 关于整函数空间中原子分解的内容请参阅 Coifman 和 Rochberg (1980).

2. 除了非常特殊的 ψ 之外, 这一点是成立的. 如果 $\psi_{m,n}$ 构成一个正交基 (见第 4 章及之后内容), 则针对这一正交基进行的展开式提供了一种 "单位分解".

3. 极化恒等式由 $\|f \pm g\|$ 和 $\|f \pm ig\|$ 恢复 $\langle f, g \rangle$:

$$\langle f, g \rangle = \frac{1}{4} \left[\|f + g\|^2 - \|f - g\|^2 + i\|f + ig\|^2 - i\|f - ig\|^2 \right].$$

4. 也就是说, 如果 $(J_n)_{n \in \mathbb{N}}$ 是由 J 的有限子集组成的递增序列, 即对于 $n \leqslant m$

有 $J_n \subset J_m$，当 n 趋向于 ∞ 时它趋向于 J，即 $\cup_{n \in \mathbb{N}} J_n = J$，则当 $n \to \infty$ 时有 $\|F^*c - \sum_{j \in J_n} c_j \, \varphi_j\| \longrightarrow 0$. 其证明分为两步：

- 若 $n_2 \geqslant n_1 \geqslant n_0$，则

$$\| \sum_{j \in J_{n_2}} c_j \varphi_j - \sum_{j \in J_{n_1}} c_j \varphi_j \|$$

$$= \sup_{\|f\|=1} \left| \left\langle \sum_{j \in J_{n_2} \setminus J_{n_1}} c_j \varphi_j, f \right\rangle \right|$$

$$\leqslant \sup_{\|f\|=1} \left(\sum_{j \in J_{n_2} \setminus J_{n_1}} |c_j|^2 \right)^{1/2} \left(\sum_{j \in J} |\langle \varphi_j, f \rangle|^2 \right)^{1/2}$$

$$\leqslant B^{1/2} \left(\sum_{j \in J \setminus J_{n_0}} |c_j|^2 \right)^{1/2},$$

它在 $n_0 \to \infty$ 时趋向于 0. 因此，$\eta_n = \sum_{j \in J_n} c_j \varphi_j$ 构成了 $L^2(\mathbb{R})$ 中的一个柯西序列，极限为 η.

- 对于这个 η 及任意 $f \in L^2(\mathbb{R})$，

$$\langle \eta, f \rangle = \lim_{n \to \infty} \langle \eta_n, f \rangle = \lim_{n \to \infty} \sum_{j \in J_n} c_j \langle \varphi_j, f \rangle$$

$$= \sum_{j \in J} c_j \langle \varphi_j, f \rangle = \langle c, Ff \rangle .$$

因此 $\eta = F^*c$.

5. 证明如下：

- $\langle R(f+g), \, f+g \rangle - \langle R(f-g), \, f-g \rangle$

$$= 2\langle Rf, g \rangle + 2\langle Rg, f \rangle = 4 \operatorname{Re} \langle Rf, g \rangle$$

（因为 $R^* = R$）；

- $\operatorname{Re} \langle Rf, g \rangle \leqslant \frac{1}{4} \frac{B-A}{B+A} [\|f+g\|^2 + \|f-g\|^2] = \frac{1}{2} \frac{B-A}{B+A} [\|f\|^2 + \|g\|^2]$；

- $|\langle Rf, g \rangle| = \langle Rf, g \rangle \overline{\langle Rf, g \rangle} / |\langle Rf, g \rangle|$

$$= \langle Rf, \, \langle Rf, g \rangle g / |\langle Rf, g \rangle| \rangle$$

$$\leqslant \frac{1}{2} \frac{B-A}{B+A} [\|f\|^2 + \|\langle Rf, g \rangle g / |\langle Rf, g \rangle| \, \|^2]$$

$$\leqslant \frac{1}{2} \frac{B-A}{B+A} [\|f\|^2 + \|g\|^2]；$$

- $\|R\| = \sup_{\|f\|=1, \, \|g\|=1} |\langle Rf, g \rangle| \leqslant \frac{B-A}{B+A}$.

6. 直观上，C 可以理解为秩一迹族算子 $\langle \cdot, h^{a,b}\rangle h^{a,b}$ 施以权重 $c(a,b)$ 的"叠加". 如果 c 关于 $a^{-2}\, da\, db$ 可积，则 $\langle \cdot, h^{a,b}\rangle h^{a,b}$ 的各个迹（它们都等于 $\|h\|^2$）施以权重 $c(a,b)$ 是"可和的"，因此整个叠加有一个有限迹，

$$\mathrm{Tr}\, C = \|h\|^2 \int_0^\infty \frac{\mathrm{d}a}{a^2} \int_{-\infty}^\infty \mathrm{d}b\, c(a,b)\,.$$

这一比较随意的论证过程可以通过近似论证方法变得严格.

7. 这里使用如下定义的"本质下确界"（essential infimum，记为 ess inf）：

$$\underset{x}{\mathrm{ess\,inf}}\ f(x) = \inf\{\alpha;\ |\{y;\ f(y) \geqslant \alpha\}| > 0\}\,,$$

其中 $|A|$ 表示 $A \subset \mathbb{R}$ 的勒贝格测度. $\mathrm{ess\,inf}_x\, f(x)$ 和 $\inf_x\, f(x)$ 之间的区别在于正测度要求：若 $f(0) = 0$ 且对于所有 $x \neq 0$ 有 $f(x) = 1$，则 $\inf_x\, f(x) = 0$，但 $\mathrm{ess\,inf}_x\, f(x) = 1$，这是因为除了在一个测度为零的集合之外 $f \geqslant 1$，这个零测度集合"不计在内". 事实上我们可以做得更讲究一些，将大多数条件中的 inf 或 sup 代以 ess inf 或 ess sup，也不会违犯这些条件，但通常不值得这样做：在实践中我们处理的是连续函数，其 inf 和 ess inf 是一致的. 在式 (3.3.11) 中，条件就不一样了：即使对于非常平滑的 $\hat\psi$，和式 $\sum_{m\in\mathbb{Z}} |\hat\psi(a_0^m\xi)|^2$ 在 $\xi = 0$ 处也是不连续的，因为 $\hat\psi(0) = 0$. 例如，对于哈尔函数，当 $\xi \neq 0$ 时，$|\hat\psi(\xi)| = 4(2\pi)^{-1/2}|\xi|^{-1}\,\sin^2\,\xi/4$，$\sum_{m\in\mathbb{Z}} |\hat\psi(\xi)|^2 = (2\pi)^{-1}$，当 $\xi = 0$ 时它们等于 0. 因此需要取本质下确界. 下确界为零.

8. 这一条件蕴涵了 $\sum_{m\in\mathbb{Z}} |\hat\psi(a_0^m\xi)|^2$ 的有界性和 $\beta(s)$ 的误差：

$$\sum_{m\in\mathbb{Z}} |\hat\psi(a_0^m\xi)|^2 \leqslant \sup_{1\leqslant|\zeta|\leqslant a_0} \sum_{m\in\mathbb{Z}} |\hat\psi(a_0^m\zeta)|^2$$

$$\leqslant C^2 a_0^{2\alpha} \left[\sum_{m=-\infty}^{0} a_0^{2m\alpha} + \sum_{m=1}^{\infty} a_0^{2m\alpha}(1 + a_0^{2m})^{-\gamma}\right] < \infty\,,$$

$$\beta(s) = \sup_{1\leqslant|\xi|\leqslant a_0} \sum_{m\in\mathbb{Z}} |\hat\psi(a_0^m\xi)|\,|\hat\psi(a_0^m\xi + s)|$$

$$\leqslant C^2 \sup_{1\leqslant|\xi|\leqslant a_0} \left\{ a_0^\alpha \sum_{m=-\infty}^{-1} a_0^{m\alpha}\,(1 + |a_0^m 2\xi + s|^2)^{-(\gamma-\alpha)/2}\right.$$

$$\left. + \sum_{m=0}^{\infty} \left[(1 + |a_0^m\xi|^2)(1 + |a_0^m\xi + s|^2)\right]^{-(\gamma-\alpha)/2}\right\}\,.$$

在第一项里可以使用：当 $|s| \geqslant 2$ 时 $|a_0^m\xi + s| \geqslant |s| - 1 \geqslant \frac{|s|}{2}$，于是 $(1 + |a_0^m\xi + s|^2)^{-1} \leqslant 4(1+|s|^2)^{-1}$，当 $|s| \leqslant 2$ 时 $(1 + |a_0^m\xi + s|^2)^{-1} \leqslant 1 \leqslant 5(1+|s|^2)^{-1}$. 由此可以得出，只要 $\alpha > 0, \gamma > \alpha$，第一项即以 $C'(1+|s|^2)^{-(\gamma-\alpha)/2}$ 为界. 对于第二项，我们使用 $\sup_{x,y\in\mathbb{R}} (1+y^2)[1+(x-y)^2]^{-1}[1+(x+y)^2]^{-1} < \infty$ 求得和式的

界为 $C''(1+|s|^2)^{-(\gamma-\alpha)(1-\epsilon)/2} \sum_{m=0}^{\infty}(1+|a_0^m\xi|^2)^{-\epsilon(\gamma-\alpha)/2}$, 其中 $0<\epsilon<1$ 为任意值. 由于 $1 \leqslant |\xi| \leqslant a_0$, 若 $\gamma > \alpha$, 它的界可以是 $C'''(1+|s|^2)^{-(\gamma-\alpha)(1-\epsilon)/2}$. 所以, 对于 $0 < \rho < \gamma - \alpha$ 有

$$\beta(s) \leqslant C(\rho)(1+|s|^2)^{-\rho/2},$$

因此, 若 $\rho > 1$ 则有

$$\sum_{k \neq 0} \left[\beta\left(\frac{2\pi}{b_0}k\right) \beta\left(-\frac{2\pi}{b_0}k\right) \right]^{1/2} \leqslant C'(\rho) \, b_0^{-\rho+1}.$$

9. 若 $\hat{\psi}$ 连续且在 ∞ 处衰减, 则 $\sum_m |\hat{\psi}(a_0^m\xi)|^2$ 在 ξ 处是连续的, $\xi = 0$ 处除外. 因此存在 α 使得: 若 $|\xi - \xi_0| \leqslant \alpha$ 则 $\sum_{m \in \mathbb{Z}} |\hat{\psi}(a_0^m\xi)|^2 \leqslant \frac{3}{2}\epsilon$. 对于 $\alpha' < \alpha$ 定义一个函数 f, 若 $|\xi - \xi_0| \leqslant \alpha'$ 则 $\hat{f}(\xi) = (2\alpha')^{-1/2}$, 否则 $\hat{f}(\xi) = 0$. 于是

$$\sum_{m,n\in\mathbb{Z}} |\langle f, \psi_{m,n}\rangle|^2 \leqslant \frac{3}{2}\epsilon + \frac{2\pi}{b_0} \sum_{\substack{m,k\in\mathbb{Z}\\k\neq 0}} (2\alpha')^{-1}$$

$$\int_{\substack{|\xi-\xi_0|\leqslant\alpha'\\|\xi+2\pi k b_0^{-1}a_0^{-m}-\xi_0|\leqslant\alpha'}} \mathrm{d}\xi |\hat{\psi}(a_0^m\xi)| \, |\hat{\psi}(a_0^m\xi + 2\pi k b_0^{-1})|$$

$$\leqslant \frac{3}{2}\epsilon + \frac{2\pi}{b_0} \sum_{m\in\mathbb{Z}} \sum_{\substack{k\neq 0\\|k|\leqslant\alpha' b_0 a_0^m \pi^{-1}}} (2\alpha')^{-1}$$

$$\int_{|\xi-\xi_0|\leqslant\alpha'} \mathrm{d}\xi \, |\hat{\psi}(a_0^m\xi)|^2$$

（对积分使用柯西－施瓦茨不等式）

$$\leqslant \frac{3}{2}\epsilon + \frac{2\pi}{b_0}(2\alpha')^{-1} \, 2\alpha' b_0 \pi^{-1}$$

$$\sum_{m\in\mathbb{Z}} a_0^m \int_{|\xi-\xi_0|\leqslant\alpha'} \mathrm{d}\xi \, |\hat{\psi}(a_0^m\xi)|^2$$

$$\leqslant \frac{3}{2}\epsilon + 2\alpha' \sup_{\xi} \sum_{m\in\mathbb{Z}} a_0^m |\hat{\psi}(a_0^m\xi)|^2.$$

若 $|\hat{\psi}(\xi)| \leqslant C(1+|\xi|^2)^{-\gamma/2}$, 其中 $\gamma > 1$, 则这一无穷和式在 ξ 处一致有界, 可以选择 α' 使得不等式的整个右侧 $\leqslant 2\epsilon$.

10. 要留意 Daubechies (1990) 文献中第 988–989 页上一个示例中的错误. $(h_{00})^{\wedge}$

的公式应当是 $(h_{00})^{\wedge} = \sum_{j=0}^{\infty} \bar{r}^j \psi_{j0}$，从而得出对于很小的 p，$h_{00} \notin L^p(\mathbb{R})$. 感谢向我指出这一问题的 Chui 和 Shi (1993).

11. 这与多分辨率分析稍有不同，后者的式 (3.3.27) 也包含一个尺度因子 2：

$$\psi(x) = \sum_k d_k \, \phi(2x - k) \, .$$

12. 还可以构造出 g 和 $\hat{g}$ 都没有紧支集的紧框架. 比如，当 g 和 $\hat{g}$ 为指数衰减时，可能构造出一个紧框架. 一种做法是从任意加窗傅里叶框架入手，窗函数为 g，并定义函数 $G = (F^*F)^{-1/2} \, g$，其中 $F^*F = \sum_{m,n} \langle \cdot, g_{m,n} \rangle g_{m,n}$. 于是函数 $G_{m,n}(x) = \mathrm{e}^{im\omega_0 x} \, G(x - nt_0)$（$\omega_0$ 和 t_0 与 $g_{m,n}$ 中的相同）构成一个紧框架. 事实上我们有

$$\begin{aligned}
\sum_{m,n} |\langle f, G_{m,n} \rangle|^2 &= \sum_{m,n} |\langle f, \, (F^*F)^{-1/2} g_{m,n} \rangle|^2 \\
&= \sum_{m,n} |\langle (F^*F)^{-1/2} f, \, g_{m,n} \rangle|^2 = \langle (F^*F)(F^*F)^{-1/2} f, \, (F^*F)^{-1/2} f \rangle \\
&= \|f\|^2 \, .
\end{aligned}$$

G 的显式计算可以利用 $(F^*F)^{-1/2}$ 的级数展开进行，类似于 3.2 节 $(F^*F)^{-1}$ 的级数. 若 g 和 $\hat{g}$ 为指数衰减（特别是当 g 为高斯函数时），所得到的 G 及其傅里叶变换也具有指数衰减. Daubechies、Jaffard 和 Journé (1991) 的文献给出了更多细节、示例曲线和一个很有意义的应用.

13. Bacry、Grossmann 和 Zak (1975) 的证明使用了 Zak 变换，我们将在第 4 章介绍和使用这一变换. 其论证过程的完整细节也在 Daubechies (1990) 中给出. 有意义的地方在于他们的证明可以扩展：即使删除一个（任意一个）$g_{m,n}$，只要没有删除两个函数，可以证明 $g_{m,n}$ 仍能张成整个 $L^2(\mathbb{R})$.

14. 这些公式再次使用了 Zak 变换. 他们的推导在 Daubechies 和 Grossmann (1988) 中给出. Daubechies (1990) 也对其进行了综述.

15. 在一些应用中，Bastiaans 的结果被（正确地）解读为：要恢复稳定性，应当"过采样"（即选择 $\omega_0 t_0 < 2\pi$）. 但是，即使在这样一种"过采样"方法，有时也仍然会用到 Bastiaans 的病态对偶函数[例如，参见 Porat 和 Zeevi (1988)]. 若 $\omega_0 t_0 = \pi$，则可以将 $g_{m,n}$ 分为两组：$g_{m,2n}$ 和 $g_{m,2n+1}$，其中每一组都可以看作是 $\omega_0 t_0 = 2\pi$ 的高斯加窗傅里叶函数族，一组由 g 本身生成，另一组由 $g(x - t_0)$ 生成. 对于这两组函数，可以写出收敛性较差（在 L^2 中不收敛）的表达式 (3.4.6)，一个函数可以看作是两个展开式的均值. 这在分布意义上当然是正确的，而且，使用 Bastiaans 的 $\tilde{g}$[私人通信，Zeevi (1989)] 似乎可以在实践中实现合理收敛（可能是由于互相抵消的原因），然而，使用最优对偶函数

$\bar{g}$（对应于本例图 3.6 中 $\lambda = 0.5$ 的情形）应当可以实现好得多的时频局部化特性，我估计在实践中还可以得到更好的收敛性.

16. 这一对称性显然不是必要的.

17. 事实上，就正负频率半平面上的双曲几何而言，它是真正的双曲点阵.

18. 但要注意，Y. Meyer 最近已经证明，作为上述构造中局部极大值的 $\alpha_{m,n}(f)$ 不足以完全表征函数 f.

第4章

时频密度与正交基

本章很自然地分为两部分. 第一节讨论时频密度在小波变换及加窗傅里叶变换中的角色. 具体来说, 对于加窗傅里叶变换, 正交基只可能是在奈奎斯特密度, 但对于小波情景不存在这种限制. 这就很自然地引出了第二节, 它讨论了正交基在这两种情况下的不同可能性.

4.1 时频密度在小波框架与加窗傅里叶框架中的角色

我们从加窗傅里叶情形开始. 3.4.1 节曾经提到, 对于

$$g_{m,n}(x) = e^{im\,\omega_0 x}\ g(x - nt_0)\ ,\tag{4.1.1}$$

如果 $\omega_0 \cdot t_0 > 2\pi$, 那么无论选择何种 g, 函数族 $\{g_{m,n};\ m, n \in \mathbb{Z}\}$ 都不可能是框架. 事实上, 对于任意选定的 $g \in L^2(\mathbb{R})$, 可以找到 $f \in L^2(\mathbb{R})$ 使得 $f \neq 0$, 但对于所有的 $m, n \in \mathbb{Z}$ 有 $\langle f,\ g_{m,n}\rangle = 0$. 例如, 如果 $\omega_0 = 2\pi$ 且 $t_0 = 2$, 则这样一个函数 f 很容易构造: 对于所有的 $m, n \in \mathbb{Z}$ 取 $\langle f,\ g_{m,n}\rangle = 0$, 可以推出

$$0 = \int \mathrm{d}x\ e^{2\pi imx}\ f(x)\ \overline{g(x - 2n)}$$
$$= \int_0^1 \mathrm{d}x\ e^{2\pi imx} \sum_{\ell \in \mathbb{Z}} f(x + \ell)\ \overline{g(x + \ell - 2n)}\ ,$$

从而足以找到满足 $\sum_{\ell \in \mathbb{Z}} f(x + \ell)\ \overline{g(x + \ell - 2n)} = 0$ 的 $f \neq 0$. 现在定义, 对于 $0 \leqslant x < 1, \ell \in \mathbb{Z}, f(x + \ell) = (-1)^\ell \overline{g(x - \ell - 1)}$. 显然 $\int_{-\infty}^\infty \mathrm{d}x\ |f(x)|^2 = \int_{-\infty}^\infty \mathrm{d}x\ |g(x)|^2$, 所以 $f \in L^2(\mathbb{R})$ 且 $f \neq 0$. 但是, $\sum_{\ell \in \mathbb{Z}} f(x + \ell)\ \overline{g(x + \ell - 2n)} = \sum_{\ell \in \mathbb{Z}} (-1)^\ell\ \overline{g(x - \ell - 1)}$

$\overline{g(x + \ell - 2n)}$，如果代入 $\ell = 2n - \ell' - 1$，它会变为自身的相反数，因此它等于零. 同一构造可用于乘积为 4π 的任何其他 ω_0, t_0 对. 如果 $\omega_0 \cdot t_0 > 2\pi$ 且 $(2\pi)^{-1}\omega_0 t_0$ 为有理数，则这种构造方法存在一种普适方式 [参见 Daubechies (1990)，第 978 页]. 若 $\omega_0 t_0 (2\pi)^{-1}$ 大于 1，但为无理数，就我所知，不存在 $f \neq 0$ 且 $f \perp g_{m,n}$ 的显式构造方法. Rieffel (1981) 采用涉及冯·诺伊曼代数的论证方式证明了这种 f 是存在的.[1] 如果仅考虑"相当好的" g（也就是在时域和频域都具有某种衰减特性的 g），而且如果我们只希望证明 $g_{m,n}$ 不能构成一个框架（这一结论要弱于证明 $f \perp g_{m,n}$ 的存在），那么下面由 H. Landau 给出的非常优美的证明过程就已经成功了. 如果 $|g(x)| \leqslant C(1 + x^2)^{-\alpha/2}$，$|\hat{g}(\xi)| \leqslant C(1 + \xi^2)^{-\alpha/2}$，而且 $g_{m,n}$ 构成了一个框架，则定理 3.5.2 告诉我们，在时频平面上 $[-T, T] \times [-\Omega, \Omega]$ "大体局部化"的函数 f，只需要使用满足 $|m\omega_0| \lesssim \Omega$ 且 $|nt_0| \lesssim T$ 的 $\langle f, g_{m,n} \rangle$ 就可以重构出来，误差很小. 更准确地说，如果 f 是带限函数，仅限于 $[-\Omega, \Omega]$，并且 $[\int_{|x| \geqslant T} \mathrm{d}x \, |f(x)|^2]^{1/2} \leqslant \epsilon \|f\|$，则

$$\left\| f - \sum_{\substack{|m\omega_0| \leqslant \Omega + \omega_\epsilon \\ |nt_0| \leqslant T + t_\epsilon}} \langle f, g_{m,n} \rangle \, \tilde{g}_{m,n} \right\| \leqslant 2\epsilon \sqrt{\frac{B}{A}} \, \|f\| .$$

根据这一公式，可以将所有此种函数都表示为 $\tilde{g}_{m,n}$ 的叠加，误差可以达到任意小，其中 $|m| \leqslant \omega_0^{-1}(\Omega + \delta)$，$|n| \leqslant t_0^{-1}(T + \delta)$，$\delta$ 依赖于所允许的误差，但与 Ω 或 T 无关. 但是，Landau、Pollak 和 Slepian 所做工作（见 2.3 节）的一个推论是：带限于 $[-\Omega, \Omega]$ 且满足 $\int_{|x| \geqslant T} \mathrm{d}x \, |f(x)|^2 \leqslant \gamma \|f\|^2$（$0 < \gamma < 1$，$\gamma$ 固定）的函数空间，至少包含 $\frac{4\Omega T}{2\pi} - O(\log(\Omega T))$ 个不同正交函数 （合适的椭球波函数）. 如果 $\tilde{g}_{m,n}$ 的个数超过了正交函数的个数，即，对于任意 Ω, T，都有 $2\pi^{-1}\Omega T - O(\log(\Omega T)) \leqslant 4\omega_0^{-1} t_0^{-1}(\Omega + \delta)(T + \delta)$，则所有这些不同的正交函数只能用有限个 $\tilde{g}_{m,n}$ 的线性组合近似表示. 令 $\Omega, T \to \infty$，取极限，将得到 $(2\pi)^{-1} \leqslant (\omega_0 t_0)^{-1}$，从而 $\omega_0 t_0 \leqslant 2\pi$.[这实际只是证明过程的一个概要. 如需全部技术细节，请参阅 Landau (1993).]

对于所有实际目的，如果希望获得好的时频局部化特性，那就必须限制在 $\omega_0 \cdot t_0 < 2\pi$（严格不等式）：在取极限情形时，$\omega_0 \cdot t_0 = 2\pi$，框架必然在时域或频域（或同时两个方面）具有较差的局部化特性. 这就是以下定理的内容.

定理 4.1.1 (Balian–Low) *若 $g_{m,n}(x) = \mathrm{e}^{2\pi i m x} g(x - n)$ 构成 $L^2(\mathbb{R})$ 的一个框架，则或者 $\int \mathrm{d}x \, x^2 |g(x)|^2 = \infty$，或者 $\int \mathrm{d}\xi \, \xi^2 |\hat{g}(\xi)|^2 = \infty$.*

在证明这个定理之前，先来回顾一下它的历史，增加一些注释. 最初，这个定理是为正交基（而不是框架）表述的，由 Balian (1981) 和 Low (1985) 各自独立得出. 他们的证明非常相似，但存在一些微小的技术缺口，由 R. Coifman 和 S. Semmes 进行了弥补. 然后可以将这一证明扩展到框架，如 Daubechies (1990) 第 976~977 页所述. 后来 Battle (1988) 又为正交基找到了一种非常优美的不同证明，

由 Daubechies 和 Janssen (1993) 推广到框架.（这就是我们下面给出的证明.）

函数 g 有两个著名的例子, 其函数族 $\mathrm{e}^{2\pi i m x} g(x-n)$ 构成了一个正交基, 这两个例子分别是

$$g(x) = \begin{cases} 1, & 0 \leqslant x \leqslant 1, \\ 0, & \text{其他} \end{cases}$$

和 $g(x) = \frac{\sin \pi x}{\pi x}$. 在第一种情况下 $\int \mathrm{d}\xi\, \xi^2 |\hat{g}(\xi)|^2 = \infty$, 在第二种情况下 $\int \mathrm{d}x\, x^2 |g(x)|^2 = \infty$. Jensen、Hoholdt 和 Justesen (1988) 表明, 可以选择一种时频局部化性能稍佳的 g: 他们构造了使 g 和 $\hat{g}$ 均可积的 g（即, $\int \mathrm{d}x\, |g(x)| < \infty$, $\int \mathrm{d}\xi\, |\hat{g}(\xi)| < \infty$）, 但它们的衰减速度仍然相当慢, 如定理 4.1.1 所述.

注意, 在定理 4.1.1 的公式中选择 $\omega_0 = 2\pi$ 和 $t_0 = 1$ 并不是一个很严格的限制: 只要 $\omega_0 \cdot t_0 = 2\pi$, 这一结论就成立. 要明白这一点, 只需应用酉算子 $(Uf)(x) = (2\pi \omega_0^{-1})^{1/2} g(2\pi \omega_0^{-1} x)$ 就足够了: 将 U 应用于 $g_{m,n}(x) = \mathrm{e}^{i m \omega_0 x} g(x - n t_0)$, 可以求得 $(Ug_{m,n})(x) = \mathrm{e}^{2\pi i m x}(Ug)(x-n)$.

为证明定理 4.1.1, 我们将使用所谓的 Zak 变换. 此变换的定义为

$$(Zf)(s,t) = \sum_{\ell \in \mathbb{Z}} \mathrm{e}^{2\pi i t \ell} f(s - \ell) . \tag{4.1.2}$$

首先, 这一变换仅对于特定的 f 才有定义, 这些 f 要满足 $\sum |f(s-\ell)|$ 对于所有 s 均收敛, 特别是 $|f(x)| \leqslant C(1+|x|)^{-(1+\epsilon)}$. 但对 Z 的这一限制性解读可以扩展到从 $L^2(\mathbb{R})$ 到 $L^2([0,1]^2)$ 的酉映射. 可以采用如下方式来看待这件事情:

- $e_{m,n}(x) = \mathrm{e}^{2\pi i m x} e(x-n)$ 构成 $L^2(\mathbb{R})$ 的一个正交基, 其中 $e(x)$ 定义为: 当 $0 \leqslant x < 1$ 时 $e(x) = 1$, 其他情况下 $e(x) = 0$.
- $(Ze_{m,n})(s,t) = \sum_\ell \mathrm{e}^{2\pi i t \ell}\, \mathrm{e}^{2\pi i m(s-\ell)}\, e(s-n-\ell) = \mathrm{e}^{2\pi i m s}\, \mathrm{e}^{-2\pi i t n}(Ze)(s,t)$.
- $(Ze)(s,t) = 1$ 在 $[0,1]^2$ 几乎处处成立.

由此可推得: Z 将 $L^2(\mathbb{R})$ 的一个正交基映射到 $L^2([0,1]^2)$ 的一个正交基, 所以 Z 是酉算子. 我们可以将 $L^2(\mathbb{R})$ 在 Z 下的映像扩展到一个与 $L^2([0,1]^2)$ 等距的不同空间. 由式 (4.1.2) 发现, 如果允许 (s,t) 超出 $[0,1]^2$ 之外, 则

$$(Zf)(s, t+1) = (Zf)(s,t) ,$$
$$(Zf)(s+1, t) = \mathrm{e}^{2\pi i t}(Zf)(s,t) .$$

让我们将空间 $\mathcal{Z}$ 定义为

$$\mathcal{Z} = \{F:\ \mathbb{R}^2 \to \mathbb{C};\ F(s, t+1) = F(s,t),\ F(s+1, t) = \mathrm{e}^{2\pi i t} F(s,t)$$

$$\text{且}\ \|F\|_{\mathcal{Z}}^2 = \int_0^1 \mathrm{d}t \int_0^1 \mathrm{d}s\, |F(s,t)|^2 < \infty\} ,$$

则 Z 是 $L^2(\mathbb{R})$ 和 $\mathcal{Z}$ 之间的酉算子. 逆映射也很简单: 对于任意 $F \in \mathcal{Z}$,

$$(Z^{-1}F)(x) = \int_0^1 \mathrm{d}t\, F(x,t)\,,$$

前提是这一积分具有良好定义（否则必须采用极限论证方法）.

Zak 变换有许多优美而有用的特性. 这些优美而有用的概念经常会在不同领域被多次发现, 从而拥有许多不同名字. 它也被称为 Weil–Brezin 映射, 据称, 甚至高斯也了解它的一些性质. Gel'fand 也用过它. J. Zak 独立地发现了它, 并进行了系统研究, 最早是为了在固态物理学中的应用, 后来在更广泛的范围中使用. Janssen (1988) 的文献是一篇很重要的综述文章, 主要面向信号分析中的应用.

我们这里只关心 Zak 变换众多性质中的两个. 第一个是, 若 $g_{m,n}(x) = \mathrm{e}^{2\pi imx}g(x-n)$, 则

$$(Zg_{m,n})(s,t) = \mathrm{e}^{2\pi ims}\,\mathrm{e}^{-2\pi itn}(Zg)(s,t)$$

（前面已经针对特殊情况 $g=e$ 进行了证明）. 这意味着

$$\sum_{m,n\in\mathbb{Z}} |\langle f, g_{m,n}\rangle|^2 = \sum_{m,n\in\mathbb{Z}} |\langle Zf,\, Zg_{m,n}\rangle|^2 \qquad \text{（根据酉算子）}$$

$$= \sum_{m,n\in\mathbb{Z}} \left| \int_0^1 \mathrm{d}s \int_0^1 \mathrm{d}t\, \mathrm{e}^{-2\pi ims}\,\mathrm{e}^{2\pi int}\,(Zf)(s,t)\,\overline{(Zg)(s,t)} \right|^2$$

$$= \int_0^1 \mathrm{d}s \int_0^1 \mathrm{d}t\, |(Zf)(s,t)|^2\, |(Zg)(s,t)|^2\,.$$

等价地, 有 $Z(F^*F)Z^{-1} =$ 在 $\mathcal{Z}$ 上乘以 $|(Zg)(s,t)|^2$, 其中 $F^*Ff = \sum_{m,n}\langle f, g_{m,n}\rangle g_{m,n}$. 我们需要的第二条性质涉及 Z 与算子 Q, P 之间的关系, 这两个算子的定义为 $(Qf)(x) = xf(x)$, $(Pf)(x) = -if'(x)$ [或者, 更准确地说, 是 $(Pf)^\wedge(\xi) = \xi\hat{f}(\xi)$]. 可以验证

$$[Z(Qf)](s,t) = s(Zf)(s,t) - \frac{1}{2\pi i}\,\partial_t(Zf)(s,t)\,,$$

这意味着当且仅当 $\partial_t(Zf) \in L^2([0,1]^2)$ 时, $\int \mathrm{d}x\, x^2|f(x)|^2 < \infty$, 也就是 $Qf \in L^2(\mathbb{R})$. 同理, 当且仅当 $\partial_s(Zf) \in L^2([0,1]^2)$ 时, $\int \mathrm{d}\xi\, \xi^2|\hat{f}(\xi)|^2 < \infty$, 也就是 $Pf \in L^2(\mathbb{R})$. 我们现在做好证明定理 4.1.1 的准备了.

定理 4.1.1 的证明

1. 设 $g_{m,n}$ 构成一个框架. 由于

$$\sum_{m,n} |\langle f,\, g_{m,n}\rangle|^2 = \int_0^1 \mathrm{d}s \int_0^1 \mathrm{d}t\, |Zf(s,t)|^2\, |Zg(s,t)|^2$$

而且 Z 是酉算子, 所以可推出

$$0 < A \leqslant |Zg(s,t)|^2 \leqslant B < \infty\,. \tag{4.1.3}$$

2. 对偶框架向量 $\tilde{g}_{m,n}$ 由

$$\tilde{g}_{m,n} = (F^*F)^{-1}\, g_{m,n}$$

给出（参见 3.2 节、3.4.3 节）. 由于 $Z(F^*F)Z^{-1} = $ 乘以 $|Zg|^2$，所以可得出

$$Z\tilde{g}_{m,n} = |Zg|^{-2}\, Zg_{m,n}$$

从而

$$
\begin{aligned}
(Z\tilde{g}_{m,n})(s,t) &= |Zg(s,t)|^{-2}\, \mathrm{e}^{2\pi i m s}\, \mathrm{e}^{-2\pi i t n}(Zg)(s,t)\\
&= \mathrm{e}^{2\pi i m s}\, \mathrm{e}^{-2\pi i t n}\, \big[\,\overline{Zg(s,t)}\,\big]^{-1}\,,
\end{aligned}
\tag{4.1.4}
$$

根据式 (4.1.3)，它属于 $\mathcal{Z}$. 具体来说，式 (4.1.4) 意味着

$$\tilde{g}_{m,n}(x) = \mathrm{e}^{2\pi i m x}\, \tilde{g}(x-n)\,,$$

其中 $Z\tilde{g} = 1/\overline{Zg}$.

3. 现在假设 $\int \mathrm{d}x\, x^2|g(x)|^2 < \infty$, $\int \mathrm{d}\xi\, \xi^2|\hat{g}(\xi)|^2 < \infty$, 即 $Qg, Pg \in L^2(\mathbb{R})$. 这会导致一个矛盾，从而证明了定理. 由于 $Qg, Pg \in L^2(\mathbb{R})$, 得出 $\partial_s(Zg), \partial_t(Zg) \in L^2([0,1]^2)$. 所以

$$\partial_s Z\tilde{g} = (\overline{Zg})^{-2}\, \overline{\partial_s\, Zg} \ \ \text{和} \ \ \partial_t\, Z\tilde{g} = (\overline{Zg})^{-2}\, \overline{\partial_t\, Zg}$$

属于 $L^2([0,1]^2)$. 因此 $Q\tilde{g}, P\tilde{g} \in L^2(\mathbb{R})$.

4. $\langle \tilde{g},\, g_{m,n}\rangle = \langle Z\tilde{g},\, Zg_{m,n}\rangle$

$$= \int_0^1 \mathrm{d}s \int_0^1 \mathrm{d}t\, Z\tilde{g}(s,t)\, \overline{Zg(s,t)}\, \mathrm{e}^{-2\pi i m s}\, \mathrm{e}^{2\pi i t n} = \delta_{m0}\delta_{n0}\,,$$

同理，

$$\langle g,\, \tilde{g}_{m,n}\rangle = \delta_{m0}\delta_{n0}\,.\tag{4.1.5}$$

5. 由于 $Qg, P\tilde{g} \in L^2(\mathbb{R})$, 且由于 $(g_{m,n})_{m,n\in\mathbb{Z}}$, $(\tilde{g}_{m,n})_{m,n\in\mathbb{Z}}$ 构成对偶框架，我们有

$$\langle Qg,\, P\tilde{g}\rangle = \sum_{m,n} \langle Qg,\, \tilde{g}_{m,n}\rangle\langle g_{m,n},\, P\tilde{g}\rangle\,.$$

但，$\langle Qg,\, \tilde{g}_{m,n}\rangle = \int \mathrm{d}x\, xg(x)\, \mathrm{e}^{-2\pi i m x}\, \overline{\tilde{g}(x-n)}$

$$= \int \mathrm{d}x\, g(x)\, \mathrm{e}^{-2\pi i m x}\, (x-n)\, \overline{\tilde{g}(x-n)}$$

$$\text{（因为 } \langle g,\, \tilde{g}_{m,n}\rangle = \delta_{m0}\delta_{n0}\text{）}$$

$$= \langle g_{-m,-n},\, Q\tilde{g}\rangle.$$

同理，$\langle g_{m,n},\, P\tilde{g}\rangle = \langle Pg,\, \tilde{g}_{-m,-n}\rangle$. 相应地，

$$\langle Qg,\, P\tilde{g}\rangle = \sum_{m,n} \langle Pg,\, \tilde{g}_{-m,-n}\rangle\langle g_{-m,-n},\, Q\tilde{g}\rangle = \langle Pg,\, Q\tilde{g}\rangle\,,\tag{4.1.6}$$

因为 $Pg, Q\tilde{g} \in L^2(\mathbb{R})$, 这里的最后一项仍然具有良好定义.

6. 现在又到了矛盾之处：$\langle Qg,\ P\tilde{g} \rangle = \langle Pg,\ Q\tilde{g} \rangle$ 不可能. 对于任何两个满足 $|f_j(x)| \leqslant C(1+x^2)^{-1}$, $|\hat{f}_j(\xi)| \leqslant C(1+\xi^2)^{-1}$ 的 f_1 和 f_2 都有

$$\langle Qf_1,\ Pf_2 \rangle = \int \mathrm{d}x\ x f_1(x)\ i\ \overline{f_2'(x)}$$

$$= -\int \mathrm{d}x\ i\ [xf_1'(x) + f_1(x)]\ f_2(x)$$

$$= -i\,\langle f_1,\ f_2 \rangle + \langle Pf_1,\ Qf_2 \rangle\,.$$

另一方面，由于 $Pg,\ Qg \in L^2(\mathbb{R})$，所以存在满足 $|g_n(x)| \leqslant C_n(1+x^2)^{-1}$, $|\hat{g}_n(\xi)| \leqslant C_n(1+\xi^2)^{-1}$ 的 g_n，使得 $\lim_{n\to\infty} g_n = g$, $\lim_{n\to\infty} Pg_n = Pg$, $\lim_{n\to\infty} Qg_n = Qg$.（例如，取 $g_n = \sum_{k=0}^{n} \langle g, H_k \rangle H_k$，其中 H_k 是埃尔米特函数.）对于 $\tilde{g}$ 可构造一个类似的序列 $\tilde{g}_n$. 则

$$\langle Pg,\ Q\tilde{g} \rangle = \lim_{n\to\infty} \langle Pg_n,\ Q\tilde{g}_n \rangle$$

$$= \lim_{n\to\infty} [\langle Qg_n,\ P\tilde{g}_n \rangle + i\,\langle g_n,\ \tilde{g}_n \rangle]$$

$$= \langle Qg,\ P\tilde{g} \rangle + i\,\langle g, \tilde{g} \rangle\,.$$

结合式 (4.1.6)，这意味着 $\langle g, \tilde{g} \rangle = 0$. 但是，由式 (4.1.5) 可得 $\langle g,\ \tilde{g} \rangle = 1$. 这一矛盾证实了该定理.[2] ∎

我们的结论可总结如下.

- $\omega_0 t_0 > 2\pi \quad \longrightarrow \quad$ 无框架.
- $\omega_0 t_0 = 2\pi \quad \longrightarrow \quad$ 存在框架，但它们的时频局部化特性很差.
- $\omega_0 t_0 < 2\pi \quad \longrightarrow \quad$ 具有出色时频局部化特性的框架（甚至是紧框架）是可能出现的（见 3.4.4.A 节）.

此内容如图 4.1 所示，其中给出了 ω_0, t_0 平面上的三个区域. 3.4.1 节曾经指出，正交基只可能出现在"边界"情形 $\omega_0 t_0 = 2\pi$ 中. 考虑到定理 4.1.1，这意味着所有 $\{g_{m,n};\ m, n \in \mathbb{Z}\}$ [$g_{m,n}$ 的定义见式 (4.1.1)] 类型的正交基都具有较差的时频局部化特性.

事实上，$\omega_0 \cdot t_0$ 可以作为一种测度，用来测量 $g_{m,n}$ 所构成框架的"时频密度". 例如，可以将这个"密度"定义为

$$\lim_{\lambda \to \infty} \frac{\#\ \{(m, n);\ (m\omega_0, nt_0) \in \lambda S\}}{|\lambda S|}\,, \tag{4.1.7}$$

其中 S 是 $\mathbb{R}^2$ 中的一个"合理"集合（勒贝格测度不为零）. 这个极限与 S 无关，等于 $(\omega_0 \cdot t_0)^{-1}$. 在 3.5 节对时频局部化的讨论中也出现了这个"密度"，见式 (3.5.17). 限制条件 $(\omega_0 \cdot t_0)^{-1} \geqslant (2\pi)^{-1}$ 意味着该框架的时频密度至少为奈奎斯特密度（以

其"广义"形式, 见 2.3 节). 事实上, 定理 4.1.1 告诉我们, 如果希望以加窗傅里叶框架获得好的时频局部化特性, 必须严格高于奈奎斯特密度.

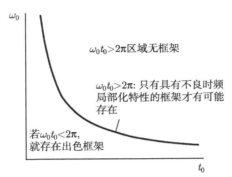

图 4.1　区域 $\omega_0 t_0 > 2\pi$ 中不可能存在框架, $\omega_0 t_0 < 2\pi$ 中存在具有出色时频局部化特性的框架, 这些区域由双曲线 $\omega_0 t_0 = 2\pi$ 分隔, 这个双曲线是唯一可能能存在正交基的区域

现在让我们转到小波, 这种情形有很大不同. 对于小波展开, 不存在"明确"的时频密度定义. 在 2.8 节研究局部化算子时曾经见过它的第一条指示: 对于加窗傅里叶情形, 当局部化区域的面积趋向于无穷时, 过渡区域中的特征值数量变得可以忽略 (与 1 附近的特征值个数相比), 而在小波情形中, 这两个数为同一数量级. 这样就无法与奈奎斯特密度进行准确对比.

在离散小波族中会发生类似的情况. 在 3.5 节关于框架时频局部化的讨论中, 我们知道了, 一个在时频平面上大体集中在 $[-T,T] \times ([-\Omega_1, -\Omega_0] \times [\Omega_0, \Omega_1])$ 附近的函数, 可以用有限数目的小波以极好的精度加以近似. 与加窗傅里叶情形中不同, 这个数量与 $4T(\Omega_1 - \Omega_0)$ 之比取决于所需要的近似精度 [见式 (3.5.11)], 从而不可能与奈奎斯特密度进行精确对比 (和在连续情形中一样). 另一方面, 如果尝试为图 1.4(a) 中双曲线点阵定义类似于式 (4.1.7) 的内容, 会发现

$$R_S(\lambda) = \frac{\# \left\{ (m,n);\ (m\omega_0, nt_0) \in \lambda S \right\}}{|\lambda S|}$$

(其中 S 的选择使分子为有限值) 在 $\lambda \to \infty$ 时不趋向于一个极限值. 例如, 对于 $S = [-T,T] \times ([-2^{m_1}, -2^{m_0}] \cup [2^{m_0}, 2^{m_1}])$ 和 $a_0 = 2$, $R_S(\lambda)$ 在 $\rho(1-2^{m_0-m_1-1})/(1-2^{m_0-m_1})$ 和 $2\rho(1-2^{m_0-m_1-1})/(1-2^{m_0-m_1})$ 之间振荡, 其中 ρ 取决于选定的小波 ψ. 可能正是因为这一现象, 导致了在计算时频局部化所需的小波数量时出现了问题, 而不是因为框架缺少固有的时频密度. 让我们探讨得再深入一些.

前面曾经提到, 对于小波框架中的伸缩与平移参数范围没有先验限制: 可以使用任意选定的 a_0 和 b_0, 为 ψ 定义一个在时域和频域都有良好局部化特性的紧框架

（见 3.3.5.A 节）. 事实上，由一个采用离散化参数 a_0 和 b_0 的（紧）框架，总能通过简单的伸缩操作，构造出一个参数为 a_0 和 b_0' 的不同（紧）框架，a_0 相同，b_0' 为任意值.[3] 由此自然可以知道，对于 a_0 和 b_0 没有先验限制. 我们也可以去除在伸缩方面的这一自由度：不仅固定 ψ 的归一化，$\|\psi\| = 1$，还要求 $\int \mathrm{d}\xi\, |\xi|^{-1}\, |\hat{\psi}(\xi)|^2$ 为固定值. 例如，对于实的 ψ，要求 $\int_0^\infty \mathrm{d}\xi\, \xi^{-1}\, |\hat{\psi}(\xi)|^2 = \int_{-\infty}^0 \mathrm{d}\xi\, |\xi|^{-1}\, |\hat{\psi}(\xi)|^2 = 1$. 因此，由受限 ψ 生成的紧框架将自动拥有框架界 $A = \frac{2\pi}{b_0 \ln a_0}$（见定理 3.3.1）. 与紧加窗傅里叶框架的公式 $A = \frac{2\pi}{\omega_0 t_0}$ 对比，可能会让人想到，$(b_0 \ln a_0)^{-1}$ 也许可以在小波情形的时频密度中发挥作用. 但下面这个例子破坏了在这个方向上的所有希望. 下一节会遇到 Meyer 小波 ψ，它具有紧支撑傅里叶变换 $\hat{\psi} \in C^k$（其中 k 可能是 ∞，和 3.3.5.A 节中一样. 这两个构造是相关的），对于 $m, n \in \mathbb{Z}$，$\psi_{m,n} = 2^{-m/2}\psi(2^{-m}x - n)$ 是 $L^2(\mathbb{R})$ 的正交基. 做如下定义（仅适用于本章）

$$\psi_{m,n}^b(x) = 2^{-m/2}\, \psi(2^{-m}x - nb) , \tag{4.1.8}$$

其中，ψ 是 Meyer 小波，$b > 0$ 是任意的. 考虑与 b 相关的一组 $F(b) = \{\psi_{m,n}^b;\, m, n \in \mathbb{Z}\}$. 当 b 改变时，相关点阵的"密度"也发生变化.（注意，a_0 和 ψ 对于所有 $F(b)$ 都是相同的！）如果类似于图 4.1 中的任何表示对于小波也成立，可以预料，由于 $F(1)$ 是 $L^2(\mathbb{R})$ 的正交基，所以 $F(b)$ 在 $b > 1$ 时不会张成整个 $L^2(\mathbb{R})$（"没有足够的"向量），$F(b)$ 在 $b < 1$ 时不是线性独立的（"过多的"向量）. 但可以证明（参见 Daubechies (1990) 中的定理 2.10，本章后面还会概述这一证明过程），对于某个 $\epsilon > 0$，对于任何 $b \in (1 - \epsilon, 1 + \epsilon)$，$F(b)$ 都是 $L^2(\mathbb{R})$ 的一个里斯基. 这一示例最终表明，向小波族应用"时频空间密度的直觉"并非总是安全的.

4.2 正交基

4.2.1 正交小波基

上一段的结论似乎是小波的一个负面：没有明确的时频密度概念. 本节要强调的这一点要正面得多：存在具有良好时频局部化特性的正交小波基.

历史上的第一个正交小波基是哈尔基，它的构建远早于"小波"一词的出现. 在第 1 章已经看到，基本小波是

$$\psi(x) = \begin{cases} 1 , & 0 \leqslant x < \frac{1}{2} , \\ -1 , & \frac{1}{2} \leqslant x < 1 , \\ 0 , & \text{其他} . \end{cases} \tag{4.2.1}$$

在 1.6 节已经证明：$\psi_{m,n}(x) = 2^{-m/2}\psi(2^{-m}x - n)$ 构成 $L^2(\mathbb{R})$ 的一个正交基. 哈尔函数不是连续的，其傅里叶变换的衰减速度仅与 $|\xi|^{-1}$ 相当，对应于很糟糕的频率

局部化. 由此似乎可以得出, 这个基并不优于加窗傅里叶基

$$g_{m,n}(x) = e^{2\pi i m x} \, g(x - n) \tag{4.2.2}$$

其中

$$g(x) = \begin{cases} 1, & 0 \leqslant x \leqslant 1, \\ 0, & \text{其他}, \end{cases}$$

它也是 $L^2(\mathbb{R})$ 的一个正交基. 但是哈尔基拥有这个加窗傅里叶基不具备的优点. 例如, 对于 $1 < p < \infty$ 哈尔基是 $L^p(\mathbb{R})$ 的一个无条件基, 而当 $p \neq 2$ 时加窗傅里叶基 (4.2.2) 则不是.[4] 第 9 章将再回来讨论这一内容. 在分析更为平滑的函数时, 非连续哈尔基就不适合.

李特尔伍德–佩利基

$$\hat{\psi}(\xi) = \begin{cases} (2\pi)^{-1/2}, & \pi \leqslant |\xi| \leqslant 2\pi, \\ 0, & \text{其他} \end{cases}$$

或

$$\psi(x) = (\pi x)^{-1} \, (\sin 2\pi x - \sin \pi x)$$

是一种正交小波基, 其时频特性与哈尔基互补. 容易验证 $\psi_{m,n}(x) = 2^{-m/2} \psi(2^{-m}x - n)$ 确实构成了 $L^2(\mathbb{R})$ 的一个正交基. 对于所有的 $m, n \in \mathbb{Z}$ 有 $\|\psi_{m,n}\| = 1$ 且

$$\sum_{m,n} |\langle f, \psi_{m,n} \rangle|^2 = \sum_{m,n} (2\pi)^{-1} \, 2^m \left| \int_{2^{-m}\pi \leqslant |\xi| \leqslant 2^{-m+1}\pi} \mathrm{d}\xi \, \hat{f}(\xi) \, e^{in2^m \xi} \right|^2$$

$$= \sum_{m,n} (2\pi)^{-1} 2^{-m} \left| \int_{\pi \leqslant |\zeta| \leqslant 2\pi} \mathrm{d}\zeta \, \hat{f}(2^{-m}\zeta) \, e^{in\zeta} \right|^2$$

$$= \sum_{m,n} (2\pi)^{-1} 2^{-m} \left| \int_0^{2\pi} \mathrm{d}\zeta e^{in\zeta} \left[\hat{f}(2^{-m}\zeta)\chi_{[\pi,2\pi]}(\zeta) + \hat{f}(2^{-m}(\zeta - 2\pi))\chi_{[0,\pi]}(\zeta) \right] \right|^2$$

$$= \sum_m 2^{-m} \int_0^{2\pi} \mathrm{d}\zeta \, |\hat{f}(2^{-m}\zeta) \, \chi_{[\pi,2\pi]}(\zeta) + \hat{f}(2^{-m}(\zeta - 2\pi)) \, \chi_{[0,\pi]}(\zeta)|^2$$

$$= \sum_m 2^{-m} \int_{\pi \leqslant |\zeta| \leqslant 2\pi} \mathrm{d}\zeta \, |\hat{f}(2^{-m}\zeta)|^2 = \int_{-\infty}^{\infty} \mathrm{d}\zeta \, |\hat{f}(\zeta)|^2 = \|f\|^2.$$

根据命题 3.2.1, 这意味着 $\{\psi_{m,n}; \, m, n \in \mathbb{Z}\}$ 是 $L^2(\mathbb{R})$ 的正交基. $\psi(x)$ 的衰减特性与香农展开式 (2.1.1) 中使用的正交加窗傅里叶基一样糟糕 ($x \to \infty$ 时 $\psi(x) \sim |x|^{-1}$). 因为它们的傅里叶变换是紧支撑的, 所以它们都具有出色的频率局部化特性.

在过去十年里，人们构建出了 $L^2(\mathbb{R})$ 的几种正交小波基，它们具有哈尔基和李特尔伍德 – 佩利基两者的最佳特性：这些新的构造结果在时域和频域都具有非常出色的局部化性质. 第一种构造由 Stromberg (1982) 给出，他的小波具有指数衰减，且属于 C^k（k 是任意但有限的）. 遗憾的是，他的构造结果当时很少受到人们的关注. 下面一个例子就是上面提到的 Meyer 基[Meyer (1985)]，其中 $\hat{\psi}$ 是紧支撑的（因此 $\psi \in C^\infty$），且属于 C^k（k 为任意，可能是 ∞）. Y. Meyer 当时并不知道 Stromberg 的构造，他实际上是在尝试定义一个与定理 4.1.1 等价的小波时发现了这个基，他可能已经证明了不存在这些非常好的小波基！不久之后，Tchamitchian (1987) 构建了第一个例子，我们应当称之为双正交小波基（见 8.3 节）. 第二年，Battle (1987) 和 Lemarié (1988) 使用一些非常不同的方法构建了同一组正交小波基，它们具有指数衰减的 $\psi \in C^k$（k 为任意的，但有限）.（Battle 是受量子域理论中某些方法的启示，Lemarié 重复利用了 Tchamitchian 的一些计算.）尽管拥有一些类似的性质，但 Battle–Lemarié 小波 还是不同于 Stromberg 小波. 1986 年秋天，S. Mallat 和 Y. Meyer 开发了“多分辨率分析”框架，它很好地解释了所有这些构造方法，并提供了一种用于构建其他基的工具. 但这些部分留到后续各章. 在开始多分辨率分析之前，先来回顾一下 Meyer 小波基的构造.

$|\hat{\psi}|$ 的构造类似于 3.3.5.A 节中的紧框架. 该框架的冗余度为 2（两倍的“过多”向量）. 为消除这一冗余，Meyer 的构造将正负频率合并在一起（将一对函数化简为一个函数）. 为实现正交性，需要一些与相位分解有关的更聪明技巧. 为了表达得更明确一点，我们将 ψ 定义为

$$\hat{\psi}(\xi) = \begin{cases} (2\pi)^{-1/2} \, e^{i\xi/2} \, \sin\left[\dfrac{\pi}{2} \, \nu\left(\dfrac{3}{2\pi}|\xi| - 1\right)\right], & \dfrac{2\pi}{3} \leqslant |\xi| \leqslant \dfrac{4\pi}{3} , \\[2ex] (2\pi)^{-1/2} \, e^{i\xi/2} \, \cos\left[\dfrac{\pi}{2} \, \nu\left(\dfrac{3}{4\pi}|\xi| - 1\right)\right], & \dfrac{4\pi}{3} \leqslant |\xi| \leqslant \dfrac{8\pi}{3} , \\[2ex] 0 , & \text{其他} , \end{cases} \quad (4.2.3)$$

其中 ν 是一个满足式 (3.3.25) 的 C^k 或 C^∞ 函数，即

$$\nu(x) = \begin{cases} 0 , & x \leqslant 0 , \\ 1 , & x \geqslant 1 , \end{cases} \quad (4.2.4)$$

它还有另外一条性质

$$\nu(x) + \nu(1-x) = 1 . \quad (4.2.5)$$

$\hat{\psi}$ 的正则性与 ν 相同. 图 4.2 给出了典型的 ν 和 $|\hat{\psi}|$ 的形状. 为证明 $\psi_{m,n}(x) = 2^{-m/2}\psi(2^{-m}x - n)$ 构成一个正交基，只需要验证 $\|\psi\| = 1$，并且 $\psi_{m,n}$ 构成了具有框架常数 1 的紧框架（见命题 3.2.1）.

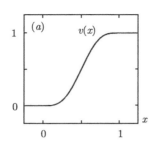

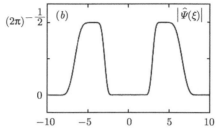

图 4.2　由式 (4.2.3)–(4.2.5) 给出的函数 ν 和 ψ

我们有

$$
\|\psi\|^2 = (2\pi)^{-1} \left\{ \int\limits_{\frac{2\pi}{3} \leqslant |\xi| \leqslant \frac{4\pi}{3}} \mathrm{d}\xi \ \sin^2\left[\frac{\pi}{2}\ \nu\left(\frac{3}{2\pi}|\xi|-1\right)\right] \right.
$$

$$
\left. + \int\limits_{\frac{4\pi}{3} \leqslant |\xi| \leqslant \frac{8\pi}{3}} \mathrm{d}\xi \ \cos^2\left[\frac{\pi}{2}\ \nu\left(\frac{3}{4\pi}|\xi|-1\right)\right] \right\}
$$

$$
= (2\pi)^{-1} \left\{ 2\ \frac{2\pi}{3} \int_0^1 \mathrm{d}s \ \sin^2\left[\frac{\pi}{2}\ \nu(s)\right] + 2\ \frac{4\pi}{3} \int_0^1 \mathrm{d}s \ \cos^2\left[\frac{\pi}{2}\ \nu(s)\right] \right\}
$$

$$
= \frac{2}{3} \left\{ 1 + \int_0^1 \mathrm{d}s \ \cos^2\left[\frac{\pi}{2}\ \nu(s)\right] \right\}.
$$

但是

$$
\int_0^1 \mathrm{d}s \ \cos^2\left[\frac{\pi}{2}\ \nu(s)\right] = \int_0^{1/2} \mathrm{d}s \ \cos^2\left[\frac{\pi}{2}\ \nu(s)\right]
$$

$$
+ \int_0^{1/2} \mathrm{d}s \ \cos^2\left[\frac{\pi}{2}\left(1 - \nu\left(\frac{1}{2}-s\right)\right)\right]
$$

[因为根据 (4.2.5)，$\nu(s + 1/2) = 1 - \nu(1/2 - s)$]

$$= \int_0^{1/2} \mathrm{d}s \, \cos^2\left[\frac{\pi}{2}\,\nu(s)\right] + \int_0^{1/2} \mathrm{d}s' \, \sin^2\left[\frac{\pi}{2}\,\nu(s')\right]$$

$$= \frac{1}{2}\,,$$

因此 $\|\psi\|^2 = 1$.

为计算 $\sum_{m,n} |\langle f, \psi_{m,n}\rangle|^2$，我们使用 Tchamitchian 的框架界估计式 (3.3.21) 和 (3.3.22). 首先证明，对于所有 $k \in \mathbb{Z}$，$\beta_1(2\pi(2k+1)) = 0$，即，对于所有 $\zeta \in \mathbb{R}$，

$$\sum_{\ell=0}^{\infty} \overline{\hat{\psi}(2^\ell\zeta)}\, \hat{\psi}[2^\ell(\zeta + 2\pi(2k+1))] = 0\,. \tag{4.2.6}$$

考虑到 $\hat{\psi}$ 的支集，对式 (4.2.6) 的非零贡献只可能是因为 $|2^\ell\zeta| \leqslant \frac{8\pi}{3}$ 及 $|2^\ell(\zeta + 2\pi(2k+1))| \leqslant \frac{8\pi}{3}$，这意味着 $2^\ell|2k+1| \leqslant 8/3$. 不违犯这一条件的 (ℓ, k) 对只有 $(0,0)$，$(0,-1)$，$(1,0)$，$(1,-1)$. 让我们验证 $k = 0$（$k = -1$ 类似）. 式 (4.2.6) 的左侧变为

$$\overline{\hat{\psi}(\zeta)}\, \hat{\psi}(\zeta + 2\pi) + \overline{\hat{\psi}(2\zeta)}\, \hat{\psi}(2\zeta + 4\pi)\,. \tag{4.2.7}$$

容易验证，式 (4.2.7) 中的两项都将消失，除非 $-\frac{4\pi}{3} \leqslant \zeta \leqslant -\frac{2\pi}{3}$. 对于此区间内的 ζ，$\zeta = -\frac{4\pi}{3} + \frac{2\pi}{3}\alpha$（$0 \leqslant \alpha \leqslant 1$），有

$$(4.2.7) = \mathrm{e}^{-i\zeta/2}\, \sin\left[\frac{\pi}{2}\,\nu(1-\alpha)\right]\, \mathrm{e}^{i(\zeta+2\pi)/2}\, \sin\left[\frac{\pi}{2}\,\nu(\alpha)\right]$$

$$+ \mathrm{e}^{-i\zeta}\, \cos\left[\frac{\pi}{2}\,\nu(1-\alpha)\right]\, \mathrm{e}^{i(\zeta+2\pi)}\, \cos\left[\frac{\pi}{2}\,\nu(\alpha)\right]$$

$$= -\cos\left[\frac{\pi}{2}\,\nu(\alpha)\right] \sin\left[\frac{\pi}{2}\,\nu(\alpha)\right] + \sin\left[\frac{\pi}{2}\,\nu(\alpha)\right] \cos\left[\frac{\pi}{2}\,\nu(\alpha)\right]$$

[利用式 (4.2.5)]

$$= 0\,.$$

这就证明了式 (4.2.6). 另一方面，容易验证对于所有 $\xi \neq 0$ 有 $\sum_m |\hat{\psi}(2^m\xi)|^2 = (2\pi)^{-1}$. 于是，由式 (3.3.21) 和 (3.3.22) 可以推出 $\psi_{m,n}$ 构成了框架界为 1 的一个紧框架.[可使用类似计算证明，若 b 接近于 1，则 $F(b)$（见 4.1 节末尾）构成了 $L^2(\mathbb{R})$ 的一个里斯基.[5]]

"Meyer 小波构成正交基" 的证明依赖于一种近乎神奇的消去效果，利用了 $\hat{\psi}$ 的相位与 ν 的特殊性质 (4.2.5) 之间的相互作用. 这一奇迹大多可以用多分辨率分析来解释（见下一章）. 图 4.3 显示了 $\psi(x)$ 的曲线，其中，对于 $0 \leqslant x \leqslant 1$，$C^{4-\epsilon}$

选择 $\nu(x) = x^4(35 - 84x + 70x^2 - 20x^3)$. 注意，即使 $\nu \in C^\infty$，从而 ψ 衰减速度快于任何多项式的倒数，即，对于所有 $N \in \mathbb{N}$，存在 $C_N < \infty$，使得

$$|\psi(x)| \leqslant C_N \left(1 + |x|^2\right)^{-N} , \tag{4.2.8}$$

ψ 的**数值衰减**可能相当慢 [即，$\inf \{a;$ 当 $|x| > a$ 时 $|\psi(x)| \leqslant 0.001 \|\psi\|_{L^\infty}\}$ 可能非常大，反映出式 (4.2.8) 中的 C_N 也相当大]. Stromberg 或 Battle–Lemarié 的指数衰减小波拥有快得多的数值衰减速度，其代价是牺牲了正则性.

就正交基而言，小波似乎要远优于加窗傅里叶函数：存在一些使 ψ 和 $\hat{\psi}$ 都具有快速衰减特性的构造，这与定理 4.1.1 形成了鲜明对比，根据该定理，当 g 是一个可导出正交基的窗函数时，g 和 $\hat{g}$ 无法同时实现快速衰减. 如果我是在三年前撰写本章，那可能就会到此为止了. 但事情并没有那么简单：在过去几年里，加窗傅里叶变换已有多次惊人之举，本章后续部分将对其进行简要讨论.

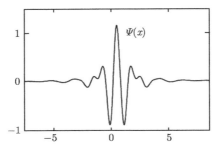

图 4.3　选择 $\nu(x) = x^4(35 - 84x + 70x^2 - 20x^3)$ 的 Meyer 小波 $\psi(x)$

4.2.2　加窗傅里叶变换回顾：毕竟是"好"正交基!

有一种方法可以推广加窗傅里叶的构造，绕过定理 4.1.1，那就是：考虑不是由严格时频点阵生成的函数族 $g_{m,n}(x)$. 这样可以灵活一点：Bourgain (1988) 为 $L^2(\mathbb{R})$ 构造了一种正交基 $(g_j)_{j \in J}$，在 $j \in J$ 中一致满足

$$\int \mathrm{d}x \, (x - x_j)^2 \, |g_j(x)|^2 \leqslant C ,$$

$$\int \mathrm{d}\xi \, (\xi - \xi_j)^2 \, |\hat{g}_j(\xi)|^2 \leqslant C ,$$

其中 $x_j = \int \mathrm{d}x \, x|g_j(x)|^2$, $\xi_j = \int \mathrm{d}\xi \, \xi|\hat{g}_j(\xi)|^2$.（注意，小波基不满足这种一致界.[6]）放弃点阵结构可以获得优于 Balian–Low 定理所允许的局部化特性. 但是，Steger (私人通信，1986) 证明了，即使是稍优于式 (4.2.9) 的局部化特性也是不可能实现的：如果 $\epsilon > 0$，$L^2(\mathbb{R})$ 不允许存在一个正交基 $(g_j)_{j \in J}$ 在 j 中一致满足

$$\int \mathrm{d}x \, (x - x_j)^{2(1+\epsilon)} \, |g_j(x)|^2 \leqslant C ,$$

$$\int \mathrm{d}\xi \, (\xi - \xi_j)^{2(1+\epsilon)} \, |\hat{g}_j(\xi)|^2 \leqslant C .$$

因此这种方法不能得出很好的时频局部化. 这是另一种可借以尝试脱离点阵方式 (4.1.1) 的方法. 注意在式 (4.2.9) 和 (4.2.10) 中,"时频局部化"表示 $g_{m,n}$ 和 $(g_{m,n})^\wedge$ 远离 $x_{m,n}$ 和 $\xi_{m,n}$ 的强衰减性质. 这对应于 $g_{m,n}$ 和 $(g_{m,n})^\wedge$ 具有一个峰值的情形. Wilson (1987) 提议构建以下类型的正交基 $g_{m,n}$:

$$g_{m,n}(x) = f_m(x - n), \quad m \in \mathbb{N}, \, n \in \mathbb{Z}, \tag{4.2.9}$$

其中 $\hat{f}_m$ 有两个峰值,分别在 $\frac{m}{2}$ 和 $-\frac{m}{2}$ 附近,

$$\hat{f}_m(\xi) = \phi_m^+\left(\xi - \frac{m}{2}\right) + \phi_m^-\left(\xi + \frac{m}{2}\right), \tag{4.2.10}$$

ϕ_m^+ 和 ϕ_m^- 以 0 为中心. 这一假设改变了一切. Wilson (1987) 提出了存在这种正交基的数值证据,对于 f_m 和 ϕ_m^+, ϕ_m^- 具有一致的指数衰减. 在他的数值构造中,通过做出以下要求进一步"优化了"局部化特性:

$$\int \mathrm{d}\xi \, \xi^2 \overline{(\psi_{m,n})^\wedge(\xi)} \, \psi_{m',n'}(\xi) = 0, \qquad \text{若} \quad |m - m'| > 1$$
$$\text{或者,若} \quad \begin{cases} |m - m'| = 1, \\ |n - n'| > 1. \end{cases} \tag{4.2.11}$$

Sullivan 等人 (1987) 给出了论证过程,解释了 Wilson 基的存在及其指数衰减特性. 在这两篇论文中有无数多个函数 $\phi_m^\pm$. 当 m 趋向于 ∞ 时 $\phi_m^\pm$ 趋向于极限函数 $\phi_\infty^\pm$.

Wilson 构造的关键在于,如果像式 (4.2.13) 中一样使用双模式函数,似乎有可能找到具有出色相位空间局部化特性的正交基.

注意,我们的许多小波构造、框架,以及之前看到的正交基,都在频率上有两个峰值(一个是 $\xi > 0$ 的情况,一个是 $\xi < 0$ 的情况). 对于框架,或者连续小波变换,这两个频率区域可以分隔开 [对应于单频峰值函数,见 3.3.5.A 节或式 (2.4.9)],但对于正交基似乎并非如此. 后面将会看到,ψ 的两个频率峰值不一定是对称的: 甚至存在 $\|\psi\|^{-2} \int_{\xi \leq 0} \mathrm{d}\xi \, |\hat{\psi}(\xi)|^2$ 任意小(但严格为正!)的例子. 但是,到目前为止,还没有找到一些满足以下条件的 $\psi^\pm$ 函数示例: 具有相当好的局部化特性,支集 support $p(\widehat{\psi^\pm}) \subset \mathbb{R}^\pm$,使得 $\{\psi_{m,n}^\epsilon; \, m, n \in \mathbb{Z}, \, \epsilon = +\text{ 或 } -\}$ 构成 $L^2(\mathbb{R})$ 的一个正交基,对应于在频率上仅有一个"峰值"的小波基.[相应的,也没有找到一个合理平滑的函数 $\eta = \widehat{\psi^+}$,使得对于 $m, n \in \mathbb{Z}$ 函数 $2^{m/2} \exp(2\pi i \, 2^m \, n\xi) \, \eta(2^m \xi)$ 是 $L^2(\mathbb{R}^+)$ 的正交基.] 人们相信不存在这种基,但到目前为止尚未得到证明.[7]

让我们回到对 Wilson 基的讨论. 如果放弃限制 (4.2.13)(若 f_m 和 $\phi_m^\pm$ 呈指数衰减,则这些量在 $|m - m'|$ 和 $|n - n'|$ 上呈指数衰减),则 Wilson 的假设 (4.2.11) 和 (4.2.12) 可以得到极大简化.

Daubechies、Jaffard 和 Journé (1991) 提出了一种构造,仅使用一个函数 ϕ. 这个构造明确定义了

$$g_{m,n}(x) = f_m(x - n), \qquad m \in \mathbb{N} \setminus \{0\}, \, n \in \mathbb{Z}, \tag{4.2.12}$$

其中

$$\hat{f}_1(\xi) = \phi(\xi) \,,$$

$$\hat{f}_2(\xi) = \frac{1}{\sqrt{2}} \left[\phi(\xi - 2\pi) - \phi(\xi + 2\pi) \right] \,,$$

$$\hat{f}_3(\xi) = \frac{1}{\sqrt{2}} \left[\phi(\xi - 2\pi) + \phi(\xi + 2\pi) \right] \mathrm{e}^{i\xi/2} \,,$$

$$\hat{f}_4(\xi) = \frac{1}{\sqrt{2}} \left[\phi(\xi - 4\pi) + \phi(\xi + 4\pi) \right] \,,$$

$$\hat{f}_5(\xi) = \frac{1}{\sqrt{2}} \left[\phi(\xi - 4\pi) - \phi(\xi + 4\pi) \right] \mathrm{e}^{i\xi/2} \,,$$

$$\cdots$$

$$\hat{f}_{2\ell+\sigma}(\xi) = \frac{1}{\sqrt{2}} \left[\phi(\xi - 2\pi\ell) + (-1)^{\ell+\sigma} \phi(\xi + 2\pi\ell) \right] \mathrm{e}^{i\sigma\xi/2}, \qquad (4.2.13)$$

其中 $\ell \in \mathbb{N}$, $\sigma = 0$ 或 1, 但排除 $\ell = 0$, $\sigma = 0$. 所有这些相位因子和交替信号的结果为

$$f_1(x) = \check{\phi}(x) \,,$$

$$f_{2\ell+\sigma}(x) = \frac{1}{\sqrt{2}} \check{\phi}\left(x + \frac{\sigma}{2} \right) \mathrm{e}^{i\pi\sigma\ell} \left[\mathrm{e}^{2\pi i\ell x} + (-1)^{\ell+\sigma} \mathrm{e}^{-2\pi i\ell x} \right] \,.$$

如果我们重新标记式 (4.2.14) 中的 $g_{m,n}$, 对于 $m \in \mathbb{N}$ 且 $n \in \mathbb{Z}$ 将 $G_{m,n}$ 定义为

$$G_{0,n} = g_{1,n} \,,$$

$$G_{\ell,2n+\sigma} = g_{2\ell+\sigma,n} \,,$$

则

$$G_{0,n}(x) = \check{\phi}(x - n) \,, \qquad (4.2.14)$$

且对于 $\ell > 0$,

$$G_{\ell,n}(x) = \sqrt{2} \, \check{\phi} \left(x - \frac{n}{2} \right) \begin{cases} \cos 2\pi \,\ell x \,, & \text{若 } \ell + n \text{ 为偶数} \,, \\ \sin 2\pi \,\ell x \,, & \text{若 } \ell + n \text{ 为奇数} \,. \end{cases} \qquad (4.2.15)$$

于是, 这一构造 (及下面将要提到的一些构造) 表明, 在加窗傅里叶框架中获得良好时频局部化特性 (可以选择 ϕ 使得 ϕ 和 $\check{\phi}$ 呈指数衰减) 及正交性的关键在于, 使用正弦和余弦函数 (以适当方式交替使用), 而不是复指数.

    让我们回到式 (4.2.14) 和 (4.2.15), 说明如何由这一构造得到一个正交基. 和通常一样, 只需要验证 $\|g_{m,n}\| = 1$ 和 $\sum_{m=1}^{\infty} \sum_{n \in \mathbb{Z}} |\langle h, g_{m,n} \rangle|^2 = \|h\|^2$. 立即得出 $\|g_{1,n}\| = \|f_1\| = \|\phi\|$, 以及对于 $m > 1$,

$$\|g_{m,n}\|^2 = \|f_m\|^2 = \|f_{2\ell+\sigma}\|^2 \qquad (m = 2\ell + \sigma, \ \ell > 0)$$

$$= \frac{1}{2} \left[2\|\phi\|^2 + 2(-1)^{\ell+\sigma} \int \mathrm{d}\xi \ \phi(\xi)\phi(\xi + 4\pi\ell) \right]$$

（为简单起见，假设 ϕ 为实数）. 因此，如果

$$\int \mathrm{d}\xi \, \phi(\xi) \, \phi(\xi + 4\pi\ell) = \delta_{\ell 0} , \tag{4.2.16}$$

则对于所有 m, n 有 $\|g_{m,n}\| = 1$. 另一方面，如果

$$\sum_{m=1}^{\infty} \overline{\hat{f}_m(\xi)} \, \hat{f}_m(\xi + 2\pi k) = (2\pi)^{-1}\delta_{k0} , \tag{4.2.17}$$

则

$$\sum_{m=1}^{\infty} \sum_{n \in \mathbb{Z}} |\langle h, \ g_{m,n} \rangle|^2 = 2\pi \sum_{m=1}^{\infty} \sum_{k \in \mathbb{Z}} \int \mathrm{d}\xi \ \hat{h}(\xi) \ \overline{\hat{h}(\xi + 2\pi k)\hat{f}_m(\xi)} \ \hat{f}_m(\xi + 2\pi k)$$

等于 $\|h\|^2$. 经过一些简单处理，可得出

$$\sum_{m=1}^{\infty} \overline{\hat{f}_m(\xi)} \, \hat{f}_m(\xi + 2\pi k)$$

$$= \phi(\xi) \, \phi(\xi + 2\pi k) + \frac{1}{2} \sum_{\ell \neq 0} \phi(\xi + 2\pi\ell)\phi(\xi + 2\pi\ell + 2\pi k) \left[1 + (-1)^k\right]$$

$$+ \frac{1}{2} \sum_{\ell \neq 0} (-1)^\ell \, \phi(\xi - 2\pi\ell)\phi(\xi + 2\pi\ell + 2\pi k)[1 - (-1)^k] . \tag{4.2.18}$$

若 k 为奇数，$k = 2k' + 1$，则化简为

$$\sum_{\ell \in \mathbb{Z}} (-1)^\ell \, \phi(\xi - 2\pi\ell) \, \phi(\xi + 2\pi(\ell + 2k' + 1)) , \tag{4.2.19}$$

由于代入 $\ell' = -(\ell + 2k' + 1)$ 可以将式 (4.2.21) 变换为其相反数，所以其结果为 0. 若 k 为偶数，$k = 2k'$，则式 (4.2.19) 化简为

$$\sum_{\ell \in \mathbb{Z}} \phi(\xi + 2\pi\ell) \, \phi(\xi + 2\pi\ell + 4\pi k') = (2\pi)^{-1}\delta_{k'0} . \tag{4.2.20}$$

若 ϕ 为满足式 (4.2.18) 和 (4.2.22) 的实函数，则 $\{g_{m,n}; \ m \in \mathbb{N} \setminus \{0\}, \ n \in \mathbb{Z}\}$ 构成一个正交基. 注意，将式 (4.2.22) 对 ξ 自 0 至 2π 求积分会自动得出式 (4.2.18)，从而只有一个需要满足的条件 (4.2.22). 这是很容易的：例如，可取支集 support $\phi \subset [-2\pi, 2\pi]$，使式 (4.2.22) 对于 $k' \neq 0$ 自动得到满足，所以只需要验证 $\sum_{\ell \in \mathbb{Z}} \phi(\xi + 2\pi\ell)^2 = (2\pi)^{-1}$. 例如，如果

$$\phi(\xi) = \begin{cases} (2\pi)^{-1/2} \sin\left[\dfrac{\pi}{2}\,\nu\left(\dfrac{\xi}{2\pi}+1\right)\right], & -2\pi \leqslant \xi \leqslant 0\,, \\[3mm] (2\pi)^{-1/2} \cos\left[\dfrac{\pi}{2}\,\nu\left(\dfrac{\xi}{2\pi}\right)\right], & 0 \leqslant \xi \leqslant 2\pi\,, \\[3mm] 0\,, & \text{其他}\,, \end{cases}$$

其中 ν 与 (4.2.4) 中相同, 则前式为真. 若 ν 为 C^∞, 则 f_m 的衰减速度快于任何多项式的倒数, 但对于 Meyer 基, 数值衰减速度可能会很慢. 使用非紧支 ϕ, 可以实现 f_m 的更快速衰减. 为构造这样一个满足式 (4.2.22) 的 ϕ, 可以再次使用 Zak 变换, 现在对其归一化使得

$$(Zh)(s,t) = (4\pi)^{1/2} \sum_{\ell \in \mathbb{Z}} \mathrm{e}^{2\pi \mathrm{i} t \ell}\, h(4\pi(s-\ell))\,.$$

利用这个归一化, Z 再次成为从 $L^2(\mathbb{R})$ 到 $L^2([0,1]^2)$ 的酉算子. 不难验证式 (4.2.22) 等价于

$$|(Z\phi)(s,t)|^2 + \left|(Z\phi)\left(s+\frac{1}{2},\,t\right)\right|^2 = 2\,. \tag{4.2.21}$$

[详尽细节在 Daubechies、Jaffard 和 Journé (1991) 中给出.] 这让人想到下面用于构建 ϕ 的技术:

- 取任意 h, 使得

$$0 < \alpha \leqslant |Zh(s,t)|^2 + \left|Zh\left(s+\frac{1}{2},t\right)\right|^2 \leqslant \beta < \infty\,; \tag{4.2.22}$$

- 将 ϕ 定义为

$$Z\phi(s,t) = \sqrt{2}\,\frac{Zh(s,t)}{\left[|Zh(s,t)|^2 + \left|Zh\left(s+\dfrac{1}{2},t\right)\right|^2\right]^{1/2}}\,. \tag{4.2.23}$$

如果 h 和 $\hat{h}$ 均呈指数衰减, 则 ϕ 也将呈指数衰减. 图 4.4 显示了当 h 为高斯函数时 ϕ 和 $\check{\phi}$ 的曲线.[高斯函数的确满足式 (4.2.24).] 一个重要的观察结论是, 式 (4.2.23) 完全等价于如下要求: 对于 $m,n \in \mathbb{Z}$, $\check{\phi}_{m,n}(x) = \mathrm{e}^{2\pi \mathrm{i} m x}\,\check{\phi}\left(x-\frac{n}{2}\right)$ (或与之等价的 $\psi_{m,n}(\xi) = \mathrm{e}^{\pi \mathrm{i} n \xi}\,\phi(\xi-m)$) 构成 $L^2(\mathbb{R})$ 的一个紧框架 (拥有必要的冗余度 2). 于是, 可以将构造 (4.2.25) 解读为通过应用 $(F^*F)^{-1/2}$ 将由 h 生成的一般框架转换为紧框架 [见第 3 章末的附注 11, 或见 Daubechies、Jaffard 和 Journé (1991)]. 因此, 这个 Wilson 基可以看作是采用一种很聪明的 "除草" 过程对一个具有 "两倍过多" 元素的 (紧) 框架进行处理后的结果.

这个 Wilson 方案可以有许多变化形式. Laeng (1990) 构建了上述方案的一种扩展形式, 其中的频率间隔不必像这里一样是规则的. Auscher (1990) 重新表述了

整个构造: 他直接以式 (4.2.16) 和 (4.2.17) 作为假设, 在没使用傅里叶变换的情况下推导所有结果, 并构建了不同示例. 具体来说, 他得到了一些例子, 采用式 (4.2.17) 的表示符号, "窗函数" $\check{\phi}$ 是紧支撑的, 这在应用中非常有用.（频域的衰减没有那么重要, 只要"合理"即可.）这些例子也可以看作是对以下框架执行"除草"过程的结果: 在 3.4.4.A 节取 $\omega_0 t_0 = \pi$ 时获得的冗余度为 2 的紧框架.

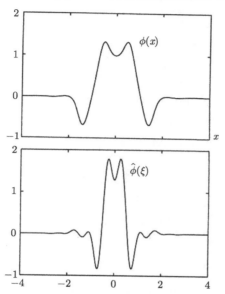

图 4.4 若 $h(x) = \pi^{-1/4} \exp(-x^2/2)$, 与式 (4.2.25) 对应的函数 ϕ 和 $\check{\phi}$

Malvar (1990) 以及 Coifman 和 Meyer (1990) 找到了使用余弦和正弦函数（而不是使用复指数）的其他一些加窗傅里叶基, 得到了很好的时频局部化特性. Malvar 的论文再次使用交替正弦和余弦函数, 他介绍了他的构造在语音编码中的应用. Coifman 和 Meyer 的"局部化正弦基"先将 $\mathbb{R}$ 划分为区间:

$$\mathbb{R} = \bigcup_{j \in \mathbb{Z}} [a_j,\ a_{j+1}]\ ,$$

其中 $a_j < a_{j+1}$ 且 $\lim_{j \to \pm\infty} a_j = \pm\infty$. 随后, 他们构造了集中在这些 $I_j = [a_j,\ a_{j+1}]$ 附近的窗函数 w_j, 相邻区间稍有重叠:

$$0 \leqslant w_j(x) \leqslant 1\ ,$$
$$w_j(x) = 1, \quad \text{如果 } a_j + \epsilon_j \leqslant x \leqslant a_{j+1} - \epsilon_{j+1}\ ,$$
$$0, \quad \text{如果 } x \leqslant a_j - \epsilon_j \ \text{ 或 } \ x \geqslant a_{j+1} + \epsilon_{j+1}\ ,$$

其中, 我们假定 ϵ_k 对于所有 j 均满足 $a_j + \epsilon_j \geqslant a_{j+1} - \epsilon_{j+1}$. 此外, 我们要求 w_j 和 w_{j-1} 在 a_j 附近互补: 若 $|x - a_j| \leqslant \epsilon_j$, 则 $w_j(x) = w_{j-1}(2a_j - x)$ 且 $w_j^2(x) + w_{j-1}^2(x) =$

1.（所有这些都可以用平滑的 w_j 获得. 例如, 当 $|x - a_j| \leqslant \epsilon_j$ 时可取 $w_j(x) = \sin[\frac{\pi}{2} \, \nu(\frac{x - a_j + \epsilon_j}{2\epsilon_j})]$, 当 $|x - a_{j+1}| \leqslant \epsilon_{j+1}$ 时可取 $w_j(x) = \cos[\frac{\pi}{2} \, \nu(\frac{x - a_{j+1} + \epsilon_{j+1}}{\epsilon_{j+1}})]$, 其中 ν 满足式 (4.2.4) 和 (4.2.5).) Coifman 和 Meyer (1990) 证明了: 由

$$u_{j,k}(x) = \sqrt{\frac{2}{a_{j+1} - a_j}} \, w_j(x) \sin\left[\pi\left(k + \frac{1}{2}\right) \frac{x - a_j}{a_{j+1} - a_j}\right].$$

定义的函数族 $\{u_{j,k}; \, j, k \in \mathbb{Z}\}$ 构成 $L^2(\mathbb{R})$ 的一个正交基, 它由在频域上具有快速衰减特性的紧支函数组成. 这个基还有一个非常有意义的性质: 如果对于任意 $j \in \mathbb{Z}$, 将 P_j 定义为到 $\{u_{j,k}; \, k \in \mathbb{Z}\}$ 所张成空间的正交投影 (P_j "肯定" 是到 $[a_j, a_{j+1}]$ 的投影), 所以 $P_j + P_{j+1}$ 就是投影算子 $\tilde{P}_j$, 它与 $[a_j, a_{j+2}]$ 相关联, 从 $\mathbb{R}$ 的 "片断" 中删除点 a_{j+1} (也就是说, 如果从序列 $\tilde{a}_k$ 开始, 当 $k \leqslant j$ 时 $\tilde{a}_k = a_k$, 当 $k \geqslant j+1$ 时 $\tilde{a}_k = a_{k+1}$) 即可获得它. 利用这一性质, 可以随意分割和重组区间, 以适应想要的应用. Auscher、Weiss 和 Wickerhauser (1992) 对整个构造过程做了很好的讨论, 给出了全部细节.

毕竟, 近几年来人们对正交加窗傅里叶基的了解加深了许多. 然而, 如果 $p \neq 2$, 这些基都不是 $L^p(\mathbb{R})$ 的无条件基. 这是小波基占优势的地方: 与这些 "好的" 加窗傅里叶基相比, 小波基是许多函数空间族的无条件基, 而且这种空间的数量要大得多. 第 9 章将再次讨论这一问题.

附注

1. Rieffel 的证明没有生成一个与所有 $g_{m,n}$ 正交的显式 f. 这对读者是一项挑战: 找到一个（简单）构造, 对于所有 m, n, 对于满足 $\omega_0 t_0 > 2\pi$ 的任意 ω_0, t_0, 都有 $f \perp g_{m,n}$.

2. 对正交基来说这一证明要简单得多. 在这种情况下我们不需要再非常麻烦地使用 Zak 变换, 它的引入只是为了证明在 $Qg, \, Pg \in L^2$ 时也有 $Q\tilde{g}, \, P\tilde{g} \in L^2$. 对于正交基, 可以直接从第 5 点开始, 确定 $\langle Qg, \, Pg \rangle = \langle Pg, \, Qg \rangle$, 根据第 6 点这是不可能的. 这是 Battle (1988) 给出的原始优雅证明.

3. 如果 $\psi_{m,n}(x) = a_0^{-m/2} \, \psi(a_0^{-m}x - nb_0)$ 构成了一个（紧）框架, $\psi_{m,n}{}^{\#}(x) = a_0^{-m/2} \, \psi^{\#}(a_0^{-m}x - nb_0')$ (其中 $\psi^{\#}(x) = (b_0/b_0')^{1/2} \, \psi(b_0 x/b_0')$) 也是如此.

4. 为说明这一点, 下面的例子表明复指数函数 $\exp(2\pi i n x)$ 不会构成 $L^p([0,1])$ ($p \neq 2$) 的无条件基. 可以证明 [见 Zygmund (1959)]:

$$\left|\sum_{n=2}^{\infty} n^{-1/4} \, e^{2\pi i n x}\right| \underset{|x| \to 0}{\sim} C|x|^{-3/4},$$

$$\left|\sum_{n=2}^{\infty} n^{-1/4} \, e^{i\sqrt{n}} \, e^{2\pi i n x}\right| \underset{\substack{x \to 0 \\ >}}{\sim} C|\log x|$$

$$\underset{\substack{x \to 0 \\ <}}{\sim} \quad C x^{-2} \ .$$

在这两种情况下 $x = 0$ 都是最差的奇异点, 这些函数的幂在 $[0,1]$ 上的可积性由它们在 0 附近的行为特性决定. 第一个函数属于 L^p ($p < \frac{4}{3}$), 第二个函数则不属于, 尽管其傅里叶系数的绝对值是相同的. 这意味着函数 $\exp(2\pi inx)$ 没有构成 $L^{4/3}([0,1])$ 的无条件基.

调整到区间 $[0,1]$ 的哈尔基包括 $\{\phi\} \cup \{\psi_{m,n}; \ m,n \in \mathbb{Z}, \ m \leqslant 0, \ 0 \leqslant n \leqslant 2^{|m|} - 1\}$, 在 $[0,1]$ 上有 $\phi(x) \equiv 1$. 这个基在 $L^2([0,1])$ 中是正交的, 并且是 $L^p([0,1])$ ($1 < p < \infty$) 的无条件基.

5. 下面概略证明 $F(b) = \{\psi_{m,n}^b; \ m,n \in \mathbb{Z}\}$ [其中 $\psi_{m,n}^b$ 与式 (4.1.8) 中相同] 在 b 接近于 1 时构成 $L^2(\mathbb{R})$ 的一个里斯基 (即, 一个线性独立框架). 首先, 仍然可以用式 (3.3.21) 和 (3.3.22) 求出框架界的估计值. 当 $b \neq 1$ 时有 $\beta_1(2\pi(2k+1)/b) \neq 0$, 但若 $b < 2$, 则只有 $k = 0, \pm 1, \pm 2$ 可得出非零 β_1. 在式 (4.2.6) 的计算中 [$(2k+1)$ 由 $(2k+1)/b$ 代替], 只有有限个 ℓ 有贡献, 因此这个表达式关于 b 连续. 由此可知, 式 (3.3.21) 和 (3.3.22) 的 "其余项" 也关于 b 连续. 由于当 $b = 1$ 时有 $(3.3.21) = (3.3.22) = 1$, 所以有: 当 b 在 1 附近时 $A > 0, B < \infty$. 剩下的是要证明 $\psi_{m,n}^b$ 是独立的. 为此, 我们构造算子 $S(b)$,

$$S(b)f = \sum_{m,n} \langle f, \ \psi_{m,n}^1 \rangle \ \psi_{m,n}^b \ .$$

显然 $S(b)\psi_{m,n}^1 = \psi_{m,n}^b$. 为证明 $\psi_{m,n}^b$ 的独立性, 只需证明对于某个 $C > 0$, $\|S(b)f\| \geqslant C\|f\|$ 关于 $f \in L^2(\mathbb{R})$ 一致成立. 但是

$$\|S(b)f\|^2 = \|f\|^2 - \sum_{\substack{m,n,m',n' \\ (m,n) \neq (m',n')}} \langle f, \ \psi_{m,n}^1 \rangle \langle \psi_{m,n}^1, \ \psi_{m',n'}^b \rangle \langle \psi_{m',n'}^1, \ f \rangle \ .$$

针对 $|B_{jk}| = |B_{kj}|$ 应用该式, 有

$$\sum_{\substack{j,k \\ j \neq k}} a_j \overline{a_k} \, B_{jk} \leqslant \left[\sum_{\substack{j,k \\ j \neq k}} |a_j|^2 \, |B_{jk}| \right]^{1/2} \left[\sum_{\substack{j,k \\ j \neq k}} |a_k|^2 \, |B_{jk}| \right]^{1/2}$$

$$\leqslant \|a\| \, \sup_j \sum_{\substack{k \\ k \neq j}} |B_{jk}| \ ,$$

可以得到

$$\|S(b)f\|^2 \geqslant \|f\|^2 \left[1 - \sup_{m,n} \sum_{\substack{m',n' \\ (m',n') \neq (m,n)}} |\langle \psi_{m,n}^b, \psi_{m',n'}^b \rangle| \right]$$

$$= \|f\|^2 \left[1 - \sup_n \sum_{\substack{m',n' \\ (m',n') \neq (0,n)}} |\langle \psi_{0,n}^b, \psi_{m',n'}^b \rangle| \right]. \tag{4.2.26}$$

由于 $\hat{\psi}$ 的支撑性质, 只有 $m' = 0, \pm 1$ 对这个和式有贡献. 如果 $m' = 0$ 或 -1, 则任意选择 n 都会给出相同的结果. 若 $m' = 1$, 该和式可以为两个可能输出之一, 具体取决于 n 为奇数还是偶数. 另一方面, 利用 ψ 的衰减特性 $|\psi(x)| \leqslant C_N (1 + |x|^2)^{-N}$, 容易验证, 当 $m' = 0, \pm 1$ 时 $\sum_{n' \in \mathbb{Z}} |\langle \psi_{0,n}^b, \psi_{m',n'}^b \rangle|$ 收敛且关于 b 连续. 由此可推出式 (4.2.26) 右侧 $\|f\|^2$ 的系数关于 b 连续. 由于它在 $b = 1$ 时为 1, 所以当 b 在 1 附近时, 它是 > 0 的.

6. 它们满足

$$\int dx \, (x - 2^m n)^2 \, |\psi_{m,n}(x)|^2 \leqslant 2^{2m} C \, ,$$

$$\int d\xi \, |\xi|^2 \, |\hat{\psi}_{m,n}(\xi)|^2 \leqslant 2^{-2m} C \, .$$

7. 本书第一次印刷之后, P. Auscher 找到了一种证明, 发表在 Comptes Rendus de l'Académie Scientifique, Paris, Série 1, 315, 第 769–772 页. 他明确证明了不可能同时出现 $\eta \in C^1$ 和 $|\eta(\xi)| + |\eta'(\xi)| \leqslant C(1 + |\xi|)^{-\alpha}$ ($\alpha > 1/2$).

第5章

小波正交基与多分辨率分析

平滑正交小波基的早期构造似乎有些神奇, 4.2.1 节证明 Meyer 小波构成正交基的过程正是一个注脚. 这一情形随着多分辨率分析的出现发生了变化, 这种分析方法由 Mallat 和 Meyer 在 1986 年秋天阐述. 多分辨率分析为理解小波基以及构造新的示例提供了一个很自然的框架. 多分辨率分析的历史是应用促进理论发展的一个绝好例子. 当 Mallat 最早学习 Meyer 基时, 他正在从事图像分析, 在这一领域, 有一种做法已经流行多年, 那就是同时以不同尺度研究图像, 然后再对比结果 [例如, 见 Witkin (1983) 或 Burt 和 Adelson (1983)]. 这一做法启发他将正交小波基看作一种工具, 以数学方式描述从粗略近似到高分辨率近似过程中所需要的"信息递增". 这种深刻理解变为结晶, 具体体现在多分辨率分析中 [Mallat (1989) 和 Meyer (1986)].

5.1 基本思想

多分辨率分析包括一系列的逐次逼近空间 V_j. 更精确地说, 闭子空间 V_j 满足 [1]

$$\cdots V_2 \subset V_1 \subset V_0 \subset V_{-1} \subset V_{-2} \subset \cdots \tag{5.1.1}$$

其中

$$\overline{\bigcup_{j \in \mathbb{Z}} V_j} = L^2(\mathbb{R}) , \tag{5.1.2}$$

$$\bigcap_{j \in \mathbb{Z}} V_j = \{0\} . \tag{5.1.3}$$

如果用 P_j 表示 V_j 上的正交投影算子, 则式 (5.1.2) 确保了对于所有 $f \in L^2(\mathbb{R})$ 均有 $\lim_{j \to -\infty} P_j f = f$. 有许多满足式 (5.1.1)–(5.1.3) 的阶梯空间, 却与"多分辨率"无关. 多分辨率是以下附加要求的结果:

$$f \in V_j \iff f(2^j \cdot) \in V_0 . \tag{5.1.4}$$

也就是说, 所有空间都是中央空间 V_0 经过尺度变换的版本. 满足式 (5.1.1)–(5.1.4) 的空间 V_j 的一个例子是

$$V_j = \{f \in L^2(\mathbb{R}); \ \forall k \in \mathbb{Z}: \ f|_{[2^j k, \, 2^j (k+1))} = \text{常量}\} .$$

这个示例称为哈尔多分辨率分析. (它与哈尔基相关联, 见第 1 章或下文.) 图 5.1 显示了某个 f 在哈尔空间 V_0 和 V_{-1} 上的投影可能是什么样的. 这个例子还展示了多分辨率分析需要具备的另外一个特性: V_0 在整数平移下的不变性,

$$f \in V_0 \Rightarrow \text{对于所有 } n \in \mathbb{Z}, \, f(\cdot - n) \in V_0. \tag{5.1.5}$$

因为式 (5.1.4) 的原因, 这意味着如果 $f \in V_j$, 则对于所有 $n \in \mathbb{Z}$ 都有 $f(\cdot - 2^j n) \in V_j$. 最后, 还需要存在 $\phi \in V_0$ 使得

$$\{\phi_{0,n}; \ n \in \mathbb{Z}\} \ \text{是 } V_0 \text{ 中的一个正交基}, \tag{5.1.6}$$

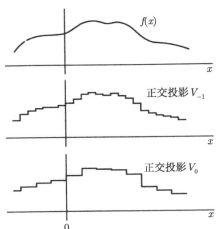

图 5.1 函数 f 及其在 V_{-1} 和 V_0 上的投影

式中, 对于所有 $j, n \in \mathbb{Z}$ 有 $\phi_{j,n}(x) = 2^{-j/2} \phi(2^{-j} x - n)$. 式 (5.1.6) 和 (5.1.4) 共同推出, 对于所有 $j \in \mathbb{Z}$, $\{\phi_{j,n}; \ n \in \mathbb{Z}\}$ 是 V_j 的一个正交基. 最后一条需求 (5.1.6) 要比其他几条的 "人为色彩" 似乎更浓一些, 下面将会看到可以将其放松许多. 在上述例子中, ϕ 的一种可能选择是 $[0,1]$ 的指示函数, 若 $0 \leqslant x \leqslant 1$ 则 $\phi(x) = 1$, 否则 $\phi(x) = 0$. 我们经常将 ϕ 称为多分辨率分析的 "尺度函数".[2]

多分辨率分析的基本原则是：只要一组闭子空间满足式 (5.1.1)–(5.1.6)，那就存在 $L^2(\mathbb{R})$ 的一个正交小波基 $\{\psi_{j,k};\ j,k \in \mathbb{Z}\}$，$\psi_{j,k}(x) = 2^{-j/2}\psi(2^{-j}x - k)$，使得对于 $L^2(\mathbb{R})$ 中的所有 f，

$$P_{j-1}f = P_j f + \sum_{k \in \mathbb{Z}} \langle f,\ \psi_{j,k} \rangle\, \psi_{j,k}\,. \tag{5.1.7}$$

（P_j 是 V_j 上的正交投影.）此外，也可以显式构造小波 ψ. 下面来看如何构建.

对于每个 $j \in \mathbb{Z}$，将 W_j 定义为 V_j 在 V_{j-1} 中的正交补. 我们有

$$V_{j-1} = V_j \oplus W_j \tag{5.1.8}$$

和

$$W_j \perp W_{j'} \quad 若 \quad j \neq j'\,. \tag{5.1.9}$$

（例如，若 $j > j'$，则 $W_j \subset V_{j'} \perp W_{j'}$.）由此可以推出，对于 $j < J$，

$$V_j = V_J \oplus \bigoplus_{k=0}^{J-j-1} W_{J-k}\,, \tag{5.1.10}$$

其中，所有这些子空间都是正交的. 由于式 (5.1.2) 和 (5.1.3)，这意味着

$$L^2(\mathbb{R}) = \bigoplus_{j \in \mathbb{Z}} W_j\,, \tag{5.1.11}$$

就是将 $L^2(\mathbb{R})$ 分解为相互正交的子空间. 此外，W_j 空间还从 V_j 那里继承了尺度性质 (5.1.4)：

$$f \in W_j \Longleftrightarrow f(2^j\cdot) \in W_0\,. \tag{5.1.12}$$

式 (5.1.7) 相当于在说：对于固定的 j，$\{\psi_{j,k};\ k \in \mathbb{Z}\}$ 构成 W_j 的一个正交基. 由于式 (5.1.11) 和 (5.1.2) 以及 (5.1.3)，这自然推出整个集合 $\{\psi_{j,k};\ j,k \in \mathbb{Z}\}$ 是 $L^2(\mathbb{R})$ 的一个正交基. 另一方面，式 (5.1.12) 确保：如果 $\{\psi_{0,k};\ k \in \mathbb{Z}\}$ 是 W_0 的一个正交基，则对于任意 $j \in \mathbb{Z}$，$\{\psi_{j,k};\ k \in \mathbb{Z}\}$ 同样是 W_j 的一个正交基. 因此我们的任务简化为，找出 $\psi \in W_0$，使得 $\psi(\cdot - k)$ 构成 W_0 的一个正交基.

为构造这个 ψ，我们写出 ϕ 和 W_0 的一些重要性质.

1. 由于 $\phi \in V_0 \subset V_{-1}$，$\phi_{-1,n}$ 是 V_{-1} 中的一个正交基，我们有

$$\phi = \sum_n h_n\, \phi_{-1,n}\,, \tag{5.1.13}$$

其中

$$h_n = \langle \phi,\ \phi_{-1,n} \rangle \quad 且 \quad \sum_{n \in \mathbb{Z}} |h_n|^2 = 1\,. \tag{5.1.14}$$

可以将式 (5.1.13) 改写为

$$\phi(x) = \sqrt{2} \sum_n h_n \, \phi(2x - n) \tag{5.1.15}$$

或

$$\hat{\phi}(\xi) = \frac{1}{\sqrt{2}} \sum_n h_n \, \mathrm{e}^{-in\xi/2} \, \hat{\phi}(\xi/2) \,, \tag{5.1.16}$$

其中，每个和式都在 L^2 意义上收敛. 式 (5.1.16) 可以改写为

$$\hat{\phi}(\xi) = m_0(\xi/2) \, \hat{\phi}(\xi/2) \,, \tag{5.1.17}$$

其中

$$m_0(\xi) = \frac{1}{\sqrt{2}} \sum_n h_n \, \mathrm{e}^{-in\xi} \,. \tag{5.1.18}$$

式 (5.1.17) 几乎处处逐点成立. 如式 (5.1.14) 所示，m_0 是 $L^2([0, 2\pi])$ 中一个以 2π 为周期的函数.

2. $\phi(\cdot - k)$ 的正交性得出 m_0 的一些特殊性质. 我们有

$$\delta_{k,0} = \int \mathrm{d}x \, \phi(x) \, \overline{\phi(x - k)} \; = \; \int \mathrm{d}\xi \, |\hat{\phi}(\xi)|^2 \, \mathrm{e}^{ik\xi}$$

$$= \int_0^{2\pi} \mathrm{d}\xi \, \mathrm{e}^{ik\xi} \sum_{\ell \in \mathbb{Z}} |\hat{\phi}(\xi + 2\pi\ell)|^2 \,,$$

这意味着

$$\sum_\ell |\hat{\phi}(\xi + 2\pi\ell)|^2 = (2\pi)^{-1} \quad \text{几乎处处成立.} \tag{5.1.19}$$

代入式 (5.1.17) 得出

$$\sum_\ell |m_0(\zeta + \pi\ell)|^2 \, |\hat{\phi}(\zeta + \pi\ell)|^2 = (2\pi)^{-1} \,,$$

其中 $\zeta = \xi/2$. 将这个和式按 ℓ 的奇偶性分开，利用 m_0 的周期性，并再次应用式 (5.1.19)，得出

$$|m_0(\zeta)|^2 \; + \; |m_0(\zeta + \pi)|^2 = 1 \quad \text{几乎处处成立.} \tag{5.1.20}$$

3. 现在来刻画 W_0：$f \in W_0$ 等价于 $f \in V_{-1}$ 且 $f \perp V_0$. 由于 $f \in V_{-1}$，我们有

$$f = \sum_n f_n \, \phi_{-1,n} \,,$$

其中 $f_n = \langle f, \, \phi_{-1,n} \rangle$. 这意味着

$$\hat{f}(\xi) = \frac{1}{\sqrt{2}} \sum_n f_n \, \mathrm{e}^{-in\xi/2} \, \hat{\phi}(\xi/2) = m_f(\xi/2) \, \hat{\phi}(\xi/2) \,, \tag{5.1.21}$$

其中

$$m_f(\xi) = \frac{1}{\sqrt{2}} \sum_n f_n \, e^{-in\xi} \; . \tag{5.1.22}$$

m_f 是 $L^2([0, 2\pi])$ 中一个以 2π 为周期的函数, 式 (5.1.22) 几乎处处逐点收敛. 约束条件 $f \perp V_0$ 意味着: 对于所有 k 均有 $fp \perp \phi_{0,k}$, 即

$$\int d\xi \; \hat{f}(\xi) \; \overline{\hat{\phi}(\xi)} \; e^{ik\xi} \; = \; 0$$

或

$$\int_0^{2\pi} d\xi \; e^{ik\xi} \sum_\ell \hat{f}(\xi + 2\pi\ell) \; \overline{\hat{\phi}(\xi + 2\pi\ell)} \; = \; 0 \; ;$$

因此

$$\sum_\ell \hat{f}(\xi + 2\pi\ell) \; \overline{\hat{\phi}(\xi + 2\pi\ell)} \; = \; 0 \; , \tag{5.1.23}$$

其中, 式 (5.1.23) 中的级数在 $L^1([-\pi, \pi])$ 中绝对收敛. 代入式 (5.1.17) 和 (5.1.21), 根据 ℓ 的奇偶性对和式重新分组 (由于它绝对收敛, 所以允许这样做), 并使用式 (5.1.19), 由此得出

$$m_f(\zeta) \; \overline{m_0(\zeta)} \; + \; m_f(\zeta + \pi) \; \overline{m_0(\zeta + \pi)} \; = \; 0 \quad \text{几乎处处成立.} \tag{5.1.24}$$

由于 $\overline{m_0(\zeta)}$ 和 $\overline{m_0(\zeta + \pi)}$ 不能在一个非零测度集上同时消失 [因为式 (5.1.20)], 这意味着存在一个以 2π 为周期的函数 $\lambda(\zeta)$ 使得

$$m_f(\zeta) = \lambda(\zeta) \; \overline{m_0(\zeta + \pi)} \quad \text{几乎处处成立} \tag{5.1.25}$$

且

$$\lambda(\zeta) + \lambda(\zeta + \pi) \; = \; 0 \quad \text{几乎处处成立.} \tag{5.1.26}$$

最后一个等式可重新表述如下

$$\lambda(\zeta) \; = \; e^{i\zeta} \; \nu(2\zeta) \; , \tag{5.1.27}$$

其中 ν 以 2π 为周期. 将式 (5.1.27) 和 (5.1.25) 代入式 (5.1.21) 得出

$$\hat{f}(\xi) = e^{i\xi/2} \; \overline{m_0(\xi/2 + \pi)} \; \nu(\xi) \; \hat{\phi}(\xi/2) \; , \tag{5.1.28}$$

其中 ν 以 2π 为周期.

4. $f \in W_0$ 的傅里叶变换的一般形式 (5.1.28) 让我们想到, 可以取

$$\hat{\psi}(\xi) = e^{i\xi/2} \; \overline{m_0(\xi/2 + \pi)} \; \hat{\phi}(\xi/2) \tag{5.1.29}$$

作为小波的一种备选形式. 忽略收敛问题, 式 (5.1.28) 实际上可以写为

$$\hat{f}(\xi) = \left(\sum_k \nu_k \; e^{-ik\xi} \right) \hat{\psi}(\xi)$$

或

$$f = \sum_k \nu_k \, \psi(\cdot - k) \,,$$

所以 $\psi(\cdot - n)$ 可以作为 W_0 一个很好的备选基. 我们需要验证 $\psi_{0,k}$ 实际上就是 W_0 的一个正交基. 首先, m_0 和 $\hat{\phi}$ 的性质确保式 (5.1.29) 实际上定义了一个 L^2 函数 $\in V_{-1}$ 且 $\perp V_0$（根据上述分析）, 因此 $\psi \in W_0$. 容易验证 $\psi_{0,k}$ 的正交性:

$$\int \mathrm{d}x \, \psi(x) \, \overline{\psi(x-k)} = \int \mathrm{d}\xi \, e^{ik\xi} \, |\hat{\psi}(\xi)|^2$$
$$= \int_0^{2\pi} \mathrm{d}\xi \, e^{ik\xi} \sum_\ell |\hat{\psi}(\xi + 2\pi\ell)|^2 \,.$$

现在

$$\sum_\ell |\hat{\psi}(\xi + 2\pi\ell)|^2 = \sum_\ell |m_0(\xi/2 + \pi\ell + \pi)|^2 \, |\hat{\phi}(\xi/2 + \pi\ell)|^2$$
$$= |m_0(\xi/2 + \pi)|^2 \sum_n |\hat{\phi}(\xi/2 + 2\pi n)|^2$$
$$+ |m_0(\xi/2)|^2 \sum_n |\hat{\phi}(\xi/2 + \pi + 2\pi n)|^2$$
$$= (2\pi)^{-1} \left[|m_0(\xi/2)|^2 + |m_0(\xi/2 + \pi)|^2 \right]$$

几乎处处成立 [根据 (5.1.19)]

$$= (2\pi)^{-1} \text{ 几乎处处成立}. \qquad\qquad \text{[根据 (5.1.20)]}$$

因此 $\int \mathrm{d}x \, \psi(x) \, \overline{\psi(x-k)} = \delta_{k0}$. 要验证 $\psi_{0,k}$ 确实是所有 W_0 的一个基, 只需验证任意 $f \in W_0$ 都可写为

$$f = \sum_n \gamma_n \, \psi_{0,n} \,,$$

其中 $\sum_n |\gamma_n|^2 < \infty$, 或者

$$\hat{f}(\xi) = \gamma(\xi) \, \hat{\psi}(\xi) \,, \qquad\qquad (5.1.30)$$

其中 γ 以 2π 为周期且 $\in L^2([0, 2\pi])$. 现在回到式 (5.1.28). 我们有 $\hat{f}(\xi) = \nu(\xi) \, \hat{\psi}(\xi)$, 其中 $\int_0^{2\pi} \mathrm{d}\xi |\nu(\xi)|^2 = 2 \int_0^\pi \mathrm{d}\zeta \, |\lambda(\zeta)|^2$. 根据式 (5.1.22),

$$\int_0^{2\pi} \mathrm{d}\xi |m_f(\xi)|^2 = \pi \sum_n |f_n|^2 = \pi \|f\|^2 < \infty \,.$$

另一方面, 根据式 (5.1.25),

$$\int_0^{2\pi} \mathrm{d}\xi \; |m_f(\xi)|^2 = \int_0^{2\pi} \mathrm{d}\xi \; |\lambda(\xi)|^2 |m_0(\xi+\pi)|^2$$
$$= \int_0^{\pi} \mathrm{d}\xi \; |\lambda(\xi)|^2 \; \left[|m_0(\xi+\pi)|^2 + |m_0(\xi)|^2\right] \; [\text{利用式 } (5.1.26)]$$
$$= \int_0^{\pi} \mathrm{d}\xi \; |\lambda(\xi)|^2 \; . \; [\text{利用 } (5.1.20)]$$

因此 $\int_0^{2\pi} \mathrm{d}\xi \; |\nu(\xi)|^2 = 2\pi \, \|f\|^2 < \infty$，且 f 可表示为式 (5.1.30) 的形式，其中的 γ 是周期为 2π 的平方可积函数.

于是，我们已经证明了以下定理.

定理 5.1.1 如果 $L^2(\mathbb{R})$ 中的一组阶梯形闭子空间 $(V_j)_{j\in\mathbb{Z}}$ 满足条件 (5.1.1)-(5.1.6)，则存在 $L^2(\mathbb{R})$ 的一个相关联正交小波基 $\{\psi_{j,k}; \, j,k \in \mathbb{Z}\}$ 使得

$$P_{j-1} = P_j + \sum_k \langle \cdot, \; \psi_{j,k}\rangle \; \psi_{j,k} \; . \tag{5.1.31}$$

小波 ψ 的一种可能构造是

$$\hat{\psi}(\xi) = \mathrm{e}^{i\xi/2} \; \overline{m_0(\xi/2+\pi)} \; \hat{\phi}(\xi/2) \; ,$$

[m_0 由 (5.1.18) 和 (5.1.14) 定义]，或者等价地

$$\psi = \sum_n (-1)^{n-1} \; \overline{h_{-n-1}} \; \phi_{-1,n} \; , \tag{5.1.32}$$
$$\psi(x) = \sqrt{2} \; \sum_n (-1)^{n-1} \; \overline{h_{-n-1}} \; \phi(2x-n) \; .$$

（最后一个级数在 L^2 意义上收敛）.

注意 ψ 不是由多分辨率阶梯和要求 (5.1.31) 唯一决定的：如果 ψ 满足式 (5.1.31)，则任意如下类型的 $\psi^\#$ 也是如此：

$$\widehat{\psi^\#}(\xi) = \rho(\xi) \; \hat{\psi}(\xi) \; , \tag{5.1.33}$$

其中 ρ 以 2π 为周期，且 $|\rho(\xi)| = 1$ 几乎处处成立.[3] 特别地，可以选择 $\rho(\xi) = \rho_0 \, \mathrm{e}^{imp}$（其中 $m \in \mathbb{Z}$ 且 $|\rho_0| = 1$），对应于将 ψ 进行相位变化和平移 m. 我们将利用这一自由度做如下定义，代替式 (5.1.32)，

$$\psi = \sum_n g_n \; \phi_{-1,n}, \quad \text{其中} \quad g_n = (-1)^n \; \overline{h_{-n+1}} \tag{5.1.34}$$

或偶尔有

$$g_n = (-1)^n \; h_{-n+1+2N} \; , \tag{5.1.35}$$

其中有适当选择的 $N \in \mathbb{Z}$. 当然，可以在式 (5.1.33) 中取更为一般的 ρ，但通常仍然坚持使用式 (5.1.34) 或 (5.1.35).[4]

尽管到目前为止每个具有实际意义的正交小波基都与一种多分辨率分析相关联, 但仍然可能构造"病态" ψ, 使得 $\psi_{j,k}(x) = 2^{-j/2}\,\psi(2^{-j}x-k)$ 构成 $L^2(\mathbb{R})$ 的一个正交基, 但却不能从多分辨率分析中推导得出. 下面的例子 (由 J. L. Journé 给出) 摘自 Mallat (1989). 定义

$$\hat{\psi}(\xi) = \begin{cases} (2\pi)^{-1/2}\,, & \text{若}\ \dfrac{4\pi}{7} \leqslant |\xi| \leqslant \pi\ \text{或}\ 4\pi \leqslant |\xi| \leqslant \dfrac{32\pi}{7}\,, \\ 0\,, & \text{其他}\,. \end{cases} \tag{5.1.36}$$

可立即得出 $\|\psi_{j,k}\| = \|\psi\| = 1$. 此外, $2\pi \sum_j |\hat{\psi}(2^j\xi)|^2 = 1$ 几乎处处成立. 根据 Tchamitchian 的判定标准 (3.3.21)–(3.3.22), $\psi_{j,k}$ 也构成一个具有框架常量 1 的紧框架, 前提是

$$\sum_{\ell=0}^{\infty} \hat{\psi}(2^\ell\xi)\,\overline{\hat{\psi}(2^\ell(\xi+2\pi(2k+1)))} = 0\ \text{几乎处处成立}\,. \tag{5.1.37}$$

容易验证, 对于所有 $\ell \geqslant 0$ 和 $k \in \mathbb{Z}$, support $\hat{\psi} \cap [\text{support } \hat{\psi} + (2k+1)2\pi 2^\ell]$ 的测度为零, 因此式 (5.1.37) 得以满足. 由命题 3.2.1 可以得出 $\psi_{j,k}$ 构成 $L^2(\mathbb{R})$ 的正交基.

如果 ψ 与多分辨率分析相关联, 则式 (5.1.29) 和 (5.1.17) 对于相应的尺度函数 ϕ 成立 [在 ψ 的公式中可能有一个额外的 $\rho(\xi)$, 其中 $|\rho(\xi)| = 1$ 几乎处处成立 — 见式 (5.1.33)]. 然后由式 (5.1.20) 得出

$$|\hat{\phi}(\xi)|^2 + |\hat{\psi}(\xi)|^2 = |\hat{\phi}(\xi/2)|^2\,, \tag{5.1.38}$$

这意味着, 对于 $\xi \neq 0$,

$$|\hat{\phi}(\xi)|^2 = \sum_{j=1}^{\infty} |\hat{\psi}(2^j\xi)|^2\,.$$

容易由式 (5.1.36) 验证: 这意味着

$$|\hat{\phi}(\xi)| = \begin{cases} (2\pi)^{-1/2}\,, & \text{若}\ 0 \leqslant |\xi| \leqslant 4\pi/7\,, \\ & \text{或}\ \pi \leqslant |\xi| \leqslant 8\pi/7\,, \\ & \text{或}\ 2\pi \leqslant |\xi| \leqslant 16\pi/7\,, \\ 0\,, & \text{其他}\,. \end{cases}$$

如果存在一个以 2π 为周期的 m_0 使得式 (5.1.17) 对于此 ϕ 成立, 则对于 $0 \leqslant |\xi| \leqslant 4\pi/7$ 有 $|m_0(\xi)| = 1$. 根据周期性, 这意味着 $|m_0(\xi)| = 1$ 对于 $2\pi \leqslant \xi \leqslant 18\pi/7$ 也成立. 因此, 当 $2\pi \leqslant \xi \leqslant 16\pi/7$ 时, 即使在这个区间上有 $|\hat{\phi}(2\xi)| = 0$, $|m_0(\xi)|\,|\hat{\phi}(\xi)| = (2\pi)^{-1/2}$ 也成立. 这一矛盾证明了这个正交小波基不能从多分辨率分析中推导得出. 注意 ψ 的衰减性能很差. 如果对 $\hat{\psi}$ 施加某种平滑性要求 (即改善 ψ 的衰减性

能), 这种"病态"将不能保持. [5] 为便于后文进行讨论, 我们注意到, 式 (5.1.20) 可以用 h_n 改写为

$$\sum_n h_n \overline{h_{n+2k}} = \delta_{k,0} . \tag{5.1.39}$$

(只需写出 $|m_0(\zeta)|^2 + |m_0(\zeta + \pi)|^2$ 的显式傅里叶级数即可轻松得出上式.)

5.2 示例

让我们看看式 (5.1.34) 为哈尔多分辨率分析带来了什么. 在这种情况下, 当 $0 \leqslant x < 1$ 时 $\phi(x) = 1$, 否则 $\phi(x) = 0$. 因此

$$h_n = \sqrt{2} \int \mathrm{d}x \, \phi(x) \, \overline{\phi(2x - n)} = \begin{cases} 1/\sqrt{2} , & \text{若} \ n = 0, 1 , \\ 0 , & \text{其他} . \end{cases}$$

因此, $\psi = \frac{1}{\sqrt{2}} \phi_{-1,0} - \frac{1}{\sqrt{2}} \phi_{-1,1}$, 或

$$\psi(x) = \begin{cases} 1 , & \text{若} \ 0 \leqslant x < \frac{1}{2} , \\ -1 , & \text{若} \ \frac{1}{2} \leqslant x < 1 , \\ 0 , & \text{其他} . \end{cases}$$

这是哈尔基, 没有什么值得惊奇的: 在 1.6 节我们已经看到这个小波基与哈尔多分辨率分析关联在一起.

Meyer 基也非常适合这一方案. 为了解这一点, 将 ϕ 定义为

$$\hat{\phi}(\xi) = \begin{cases} (2\pi)^{-1/2}, & |\xi| \leqslant 2\pi/3 , \\ (2\pi)^{-1/2} \cos\left[\frac{\pi}{2}\nu\left(\frac{3}{2\pi}|\xi| - 1\right)\right], & 2\pi/3 \leqslant |\xi| \leqslant 4\pi/3 , \\ 0 , & \text{其他} , \end{cases}$$

其中 ν 是一个满足式 (4.2.4) 和 (4.2.5) 的平滑函数. $\hat{\phi}$ 的曲线绘制在图 5.2 中. 由式 (4.2.5) 可轻松推导出 $\sum_{k \in \mathbb{Z}} |\hat{\phi}(\xi + 2\pi k)|^2 = (2\pi)^{-1}$, 它等价于 $\phi(\cdot - k) \, (k \in \mathbb{Z})$ 的正交性 (见 5.2 节). 然后将 V_0 定义为由这个正交集张成的闭子空间. 同理, V_j 是由 $\phi_{j,k} \, (k \in \mathbb{Z})$ 张成的闭空间. V_j 满足式 (5.1.1) 当且仅当 $\phi \in V_{-1}$, 即当且仅当存在一个以 2π 为周期的函数 m_0, 它在区间 $[0, 2\pi]$ 上平方可积, 使得

$$\hat{\phi}(\xi) = m_0(\xi/2) \, \hat{\phi}(\xi/2) .$$

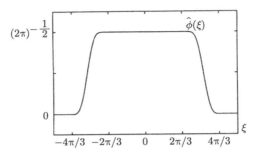

图 5.2   Meyer 基的尺度函数 ϕ, 其中 $\nu(x) = x^4(35 - 84x + 70x^2 - 20x^3)$

在这一具体情况下, m_0 可以由 $\hat{\phi}$ 本身轻松构造得出: $m_0(\xi) = \sqrt{2\pi} \sum_{\ell \in \mathbb{Z}} \hat{\phi}(2(\xi + 2\pi\ell))$. 它以 2π 为周期且属于 $L^2([0, 2\pi])$, 并且

$$m_0(\xi/2)\, \hat{\phi}(\xi/2) = \sqrt{2\pi} \sum_{\ell \in \mathbb{Z}} \hat{\phi}(\xi + 4\pi\ell)\, \hat{\phi}(\xi/2)$$

$$= \sqrt{2\pi}\, \hat{\phi}(\xi)\, \hat{\phi}(\xi/2)$$

（因为 $[\text{support } \hat{\phi}(\cdot/2)]$ 和 $[\text{support } \hat{\phi}(\cdot + 4\pi\ell)]$

在 $\ell \neq 0$ 时不重叠）

$$= \hat{\phi}(\xi)$$

（因为对于 $\xi \in \text{support } \hat{\phi}$ 有 $\sqrt{2\pi}\, \hat{\phi}(\xi/2) = 1$）.

给读者留一个（很简单的）练习: 验证 V_j 满足性质 (5.1.2) 和 (5.1.3)[(5.1.4) 和 (5.1.5) 已经满足. 也见 5.3.2 节]. 现在我们应用 (5.1.29) 来查找 ψ:

$$\hat{\psi}(\xi) = e^{i\xi/2}\, \overline{m_0(\xi/2 + \pi)}\, \hat{\phi}(\xi/2)$$

$$= \sqrt{2\pi}\, e^{i\xi/2} \sum_{\ell \in \mathbb{Z}} \hat{\phi}(\xi + 2\pi(2\ell + 1))\, \hat{\phi}(\xi/2)$$

$$= \sqrt{2\pi}\, e^{i\xi/2} \left[\hat{\phi}(\xi + 2\pi) + \hat{\phi}(\xi - 2\pi) \right] \hat{\phi}(\xi/2)$$

（对于所有其他 ℓ, 两个因式的支集不重叠）.

容易验证（也见图 5.3）它等价于式 (4.2.3). 通过 5.1 节的一般分析, 这里很自然地出现了相位因子 $e^{i\xi/2}$, 4.2 节的 "神奇消去" 需要这一因子.

在讨论其他示例之前, 我们需要放松条件 (5.1.6).

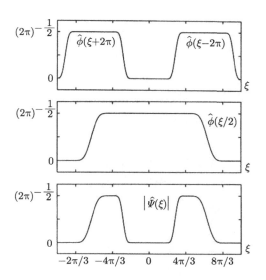

图 5.3　Meyer 多分辨率分析 $\hat{\phi}(\xi+2\pi) + \hat{\phi}(\xi-2\pi)$ 和 $\hat{\phi}(\xi/2)$ 的曲线，它们的乘积为 $|\hat{\psi}(\xi)|$（也请参见图 4.2）

5.3　放松某些条件

5.3.1　尺度函数的里斯基

式 (5.1.6) 中 $\phi(\cdot - k)$ 的正交性可以放松：只需要 $\phi(\cdot - k)$ 构成一个里斯基. 下面的论证过程说明如何从 V_0 的里斯基 $\{\phi(\cdot - k); k \in \mathbb{Z}\}$ 入手为 V_0 生成一个正交基 $\phi^{\#}(\cdot - k)$. 我们说 $\phi(\cdot - k)$ 是 V_0 的里斯基的充要条件是：它们张成了 V_0，并且对于所有 $(c_k)_{k \in \mathbb{Z}} \in \ell^2(\mathbb{Z})$ 有

$$A \sum_k |c_k|^2 \leqslant \left\| \sum_k c_k\, \phi(\cdot - k) \right\|^2 \leqslant B \sum_k |c_k|^2 , \tag{5.3.1}$$

其中 $A > 0$，$B < \infty$ 与 c_n 独立（见"预备知识"）.

但是，

$$\left\| \sum_k c_k\, \phi(\cdot - k) \right\|^2 = \int \mathrm{d}\xi \left| \sum_k c_k\, \mathrm{e}^{-ik\xi}\, \hat{\phi}(\xi) \right|^2$$

$$= \int_0^{2\pi} \mathrm{d}\xi \left| \sum_k c_k\, \mathrm{e}^{-ik\xi} \right|^2 \sum_{\ell \in \mathbb{Z}} |\hat{\phi}(\xi + 2\pi\ell)|^2$$

且

$$\sum_k |c_k|^2 = (2\pi)^{-1} \int_0^{2\pi} \mathrm{d}\xi \left| \sum_k c_k\, \mathrm{e}^{-ik\xi} \right|^2 ,$$

所以 (5.3.1) 等价于

$$0 < (2\pi)^{-1}A \leqslant \sum_{\ell} |\hat{\phi}(\xi + 2\pi\ell)|^2 \leqslant (2\pi)^{-1}B < \infty \text{ 几乎处处成立 .} \qquad (5.3.2)$$

于是我们可以将 $\phi^\# \in L^2(\mathbb{R})$ 定义为

$$\hat{\phi}^\#(\xi) = (2\pi)^{-1/2} \left[\sum_{\ell} |\hat{\phi}(\xi + 2\pi\ell)|^2 \right]^{-1/2} \hat{\phi}(\xi) . \qquad (5.3.3)$$

显然 $\sum_{\ell} |\hat{\phi}^\#(\xi + 2\pi\ell)|^2 = (2\pi)^{-1}$ 几乎处处成立，这意味着 $\phi^\#(\cdot - k)$ 是正交的. 另一方面，由 $\phi^\#(\cdot - k)$ 张成的空间 $V_0^\#$ 给出如下:

$$
\begin{aligned}
V_0^\# &= \left\{ f; \ f = \sum_n f_n^\# \phi^\#(\cdot - n), \ (f_n^\#)_{n\in\mathbb{Z}} \in \ell^2(\mathbb{Z}) \right\} \\
&= \{ f; \ \hat{f} = \nu \, \hat{\phi}^\#, \ \text{其中 } \nu \text{ 以 } 2\pi \text{ 为周期}, \ \nu \in L^2([0, 2\pi]) \} \\
&= \{ f; \ \hat{f} = \nu_1 \, \hat{\phi}, \ \text{其中 } \nu_1 \text{ 以 } 2\pi \text{ 为周期}, \ \nu_1 \in L^2([0, 2\pi]) \} \\
&\quad \text{[利用 (5.3.2) 和 (5.3.3)]} \\
&= \left\{ f; \ f = \sum_n f_n \phi(\cdot - n), \ \text{其中 } (f_n)_{n\in\mathbb{Z}} \in \ell^2(\mathbb{Z}) \right\} \\
&= V_0 \quad \text{（因为 } \phi(\cdot - n) \text{ 是 } V_0 \text{ 的里斯基）.}
\end{aligned}
$$

5.3.2   以尺度函数为起点

如 5.1 节所述，一个多分辨率分析包括一组阶梯空间 $(V_j)_{j\in\mathbb{Z}}$，以及一个特殊函数 $\phi \in V_0$，使 (5.1.1)–(5.1.6) 得以满足 [其中的 (5.1.6) 可能会如 5.3.1 节所述有所放松]. 我们还可以尝试从恰当地选择尺度函数 ϕ 来开始构造过程: 毕竟，V_0 可以从 $\phi(\cdot - k)$ 构造，而且所有其他 V_j 都可由此生成. 在许多示例中都可以遵循这一策略. 更准确地说，可选择 ϕ 使得

$$\phi(x) = \sum_n c_n \phi(2x - n) , \qquad (5.3.4)$$

其中 $\sum_n |c_n|^2 < \infty$ 且

$$0 < \alpha \leqslant \sum_{\ell \in \mathbb{Z}} |\hat{\phi}(\xi + 2\pi\ell)|^2 \leqslant \beta < \infty . \qquad (5.3.5)$$

于是，将 V_j 定义为由 $\phi_{j,k} \ (k \in \mathbb{Z})$ 张成的闭子空间，其中 $\phi_{j,k}(x) = 2^{-j/2} \phi(2^{-j}x - k)$. 条件 (5.3.4) 和 (5.3.5) 作为充要条件，可以确保 $\{\phi_{j,k}; \ k \in \mathbb{Z}\}$ 是每个 V_j 的里斯基，且 V_j 满足 "阶梯特性" (5.1.1). 由此可推出 V_j 满足 (5.1.1)、(5.1.4)、(5.1.5) 和 (5.1.6). 为确保有一种多分辨率分析，需要验证 (5.1.2) 和 (5.1.3) 是否成立. 这正是以下两个命题的目的.

命题 5.3.1 假设 $\phi \in L^2(\mathbb{R})$ 满足 (5.3.5),并定义 $V_j = \overline{Span\{\phi_{j,k};\ k \in \mathbb{Z}\}}$. 则 $\cap_{j \in \mathbb{Z}} V_j = \{0\}$.

证明:

1. 根据 (5.3.5),$\phi_{0,k}$ 构成了 V_0 的一个里斯基. 特别地,它们构成 V_0 的一个框架,即存在 $A > 0, B < \infty$,使得对于所有 $f \in V_0$ 有

$$A\|f\|^2 \leqslant \sum_{k \in \mathbb{Z}} |\langle f,\ \phi_{0,k}\rangle|^2 \leqslant B\|f\|^2 \tag{5.3.6}$$

（见"预备知识"）. 由于 V_j 和 $\phi_{j,k}$ 是 V_0 和 $\phi_{0,k}$ 在酉映射 $(D_j f)(x) = 2^{-j/2} f(2^{-j}x)$ 下的映像,所以可推得,对于所有 $f \in V_j$ 有

$$A\|f\|^2 \leqslant \sum_{k \in \mathbb{Z}} |\langle f,\ \phi_{j,k}\rangle|^2 \leqslant B\|f\|^2 , \tag{5.3.7}$$

其中的 A 和 B 与 (5.3.6) 中相同.

2. 现在取 $f \in \cap_{j \in \mathbb{Z}} V_j$. 选取 $\epsilon > 0$ 为任意小. 存在一个紧支撑且连续的 $\tilde{f}$ 使得 $\|f - \tilde{f}\|_{L^2} \leqslant \epsilon$. 如果用 P_j 表示在 V_j 上的正交投影,则

$$\|f - P_j\tilde{f}\| = \|P_j(f - \tilde{f})\| \leqslant \|f - \tilde{f}\| \leqslant \epsilon ,$$

因此

$$\text{对于所有 } j \in \mathbb{Z} \text{ 有 } \|f\| \leqslant \epsilon + \|P_j\tilde{f}\|. \tag{5.3.8}$$

3. $\|P_j\tilde{f}\| \leqslant A^{-1/2}\left[\sum_{k \in \mathbb{Z}} |\langle \tilde{f},\ \phi_{j,k}\rangle|^2\right]^{1/2}$ 且

$$\sum_k |\langle \tilde{f},\ \phi_{j,k}\rangle|^2 \leqslant 2^{-j} \sum_k \left[\int_{|x| \leqslant R} \mathrm{d}x\ |\tilde{f}(x)|\ |\phi(2^{-j}x - k)|\right]^2$$
$$（R \text{ 的选择使 } [-R, R] \text{ 包含 } \tilde{f} \text{ 的紧支集}）$$
$$\leqslant 2^{-j} \|\tilde{f}\|^2_{L^\infty} \sum_k \left(\int_{|x| \leqslant R} \mathrm{d}x\ |\phi(2^{-j}x - k)|\right)^2$$
$$\leqslant 2^{-j} \|\tilde{f}\|^2_{L^\infty}\ 2R \sum_k \int_{|x| \leqslant R} \mathrm{d}x\ |\phi(2^{-j}x - k)|^2$$
$$= \|\tilde{f}\|^2_{L^\infty}\ 2R \int_{S_{R,j}} \mathrm{d}y\ |\phi(y)|^2 , \tag{5.3.9}$$

其中 $S_{R,j} = \cup_{k \in \mathbb{Z}} [k - 2^{-j}R,\ k + 2^{-j}R]$,假定 j 大得足以保证 $2^{-j}R \leqslant \frac{1}{2}$.

4. 可以将式 (5.3.9) 改写为

$$\sum_k |\langle \tilde{f}, \phi_{j,k}\rangle|^2 \leqslant 2R\|\tilde{f}\|^2_{L^\infty} \int_{\mathbb{R}} \mathrm{d}y\ \chi_j(y)|\phi(y)|^2 \tag{5.3.10}$$

其中 χ_j 是 S_{R_j} 的指示函数，即当 $y \in S_{R_j}$ 时 $\chi_j(y) = 1$，当 $y \notin S_{R_j}$ 时 $\chi_j(y) = 0$. 对于 $y \notin \mathbb{Z}$，显然有当 $j \to \infty$ 时 $\chi_j(y) \to 0$. 由控制收敛定理，当 $j \to \infty$ 时式 (5.3.10) 趋向于 0. 具体来说，存在一个 j 使得 (5.3.9) $\leqslant \epsilon^2 A$. 结合式 (5.3.8) 可知 $\|f\| \leqslant 2\epsilon$. 由于 ϵ 可为任意小，所以 $f = 0$. ∎

这证明了式 (5.1.3) 是满足的. 对于式 (5.1.2)，另外引入了一条假设：$\hat{\phi}$ 有界且 $\int dx\, \phi(x) \neq 0$.

命题 5.3.2 假设 $\phi \in L^2(\mathbb{R})$ 满足 (5.3.5)，且 $\hat{\phi}(\xi)$ 对于所有 ξ 有界，并在 $\xi = 0$ 处连续，其中 $\hat{\phi}(0) \neq 0$. V_j 定义如上. 则 $\overline{\cup_{j \in \mathbb{Z}} V_j} = L^2(\mathbb{R})$.

证明:

1. 我们将再次用到 (5.3.7)，其中 A 和 B 独立于 j.
2. 取 $f \in (\cup_{j \in \mathbb{Z}} V_j)^\perp$. 固定 $\epsilon > 0$ 为任意小. 存在一个紧支 C^∞ 函数 $\tilde{f}$ 使得 $\|f - \tilde{f}\|_{L^2} \leqslant \epsilon$. 因此对于所有 $J = -j \in \mathbb{Z}$ 有

$$\|P_{-J}\tilde{f}\| = \|P_j \tilde{f}\| = \|P_j(\tilde{f} - f)\| \quad \text{（因为 } P_j f = 0\text{）}$$
$$\leqslant \epsilon \,. \tag{5.3.11}$$

另一方面，根据 (5.3.7)，

$$\|P_{-J}\tilde{f}\|^2 \geqslant B^{-1} \sum_{k \in \mathbb{Z}} |\langle \tilde{f},\, \phi_{-J,k}\rangle|^2 \,. \tag{5.3.12}$$

3. 根据标准处理方法（见第 3 章），我们有

$$\sum_{k \in \mathbb{Z}} |\langle \tilde{f},\, \phi_{-J,k}\rangle|^2 = 2\pi \int d\xi\, |\hat{\phi}(2^{-J}\xi)|^2\, |\hat{\tilde{f}}(\xi)|^2 + R \,, \tag{5.3.13}$$

其中

$$|R| \leqslant 2\pi \sum_{\ell \neq 0} \int d\xi\, |\hat{\tilde{f}}(\xi)|\, |\hat{\tilde{f}}(\xi + 2^J\, 2\pi\ell)|\, |\hat{\phi}(2^{-J}\xi)|\, |\hat{\phi}(2^{-J}\xi + 2\pi\ell)|$$
$$\leqslant \|\hat{\phi}\|_{L^\infty}^2 \sum_{\ell \neq 0} \int d\xi\, |\hat{\tilde{f}}(\xi)|\, |\hat{\tilde{f}}(\xi + 2^J\, 2\pi\ell)| \,.$$

由于 $\tilde{f}$ 为 C^∞，所以可找到 C 使得

$$|\hat{\tilde{f}}(\xi)| \leqslant C(1 + |\xi|^2)^{-3/2} \,. \tag{5.3.14}$$

于是可以得出

$$|R| \leqslant C^2 \, \|\hat{\phi}\|_{L^\infty}^2 \sum_{\ell \neq 0} \int d\xi \, (1 + |\xi + 2^J \pi \ell|^2)^{-3/2} \, (1 + |\xi - 2^J \pi \ell|^2)^{-3/2}$$

$$\leqslant C' \, \|\hat{\phi}\|_{L^\infty}^2 \sum_{\ell \neq 0} (1 + \pi^2 \, \ell^2 2^{2J})^{-1/2} \int d\zeta \, (1 + |\zeta|^2)^{-1}$$

$$\left(\text{两次使用} \sup_{x,y \in \mathbb{R}} (1 + y^2)[1 + (x-y)^2]^{-1}[1 + (x+y)^2]^{-1} < \infty \right)$$

$$\leqslant C'' \, 2^{-J} . \tag{5.3.15}$$

4. 结合 (5.3.12)–(5.3.15) 可以求得

$$2\pi \int d\xi \, |\hat{\phi}(2^{-J}\xi)|^2 \, |\hat{\tilde{f}}(\xi)|^2 \leqslant B\epsilon^2 \, + \, C'' \, 2^{-J} . \tag{5.3.16}$$

由于 $\hat{\phi}(\xi)$ 一致有界且在 $\xi = 0$ 处连续,所以式 (5.3.16) 的左侧在 $J \to \infty$ 时收敛到 $2\pi |\hat{\phi}(0)|^2 \|\tilde{f}\|_{L^2}^2$(根据控制收敛定理). 于是可推得

$$\|\tilde{f}\|_{L^2} \leqslant |\hat{\phi}(0)|^{-1} C\epsilon, \tag{5.3.17}$$

其中 C 独立于 ϵ. 结合式 (5.3.17) 与 $\|f - \tilde{f}\|_{L_2} \leqslant \epsilon$ 可以得出

$$\|f\|_{L^2} \leqslant \epsilon + \|\tilde{f}\|_{L^2} \leqslant (1 + C|\hat{\phi}(0)|^{-1})\epsilon.$$

由于 ϵ 为任意小,所以 $f = 0$. ∎

注释

1. 如果对 ϕ 设定稍强一点的条件,则命题 5.3.1 和 5.3.2 的证明要更容易一些. 例如,Micchelli (1991) 证明了同样的结论,其条件为:ϕ 连续且满足 $|\phi(x)| \leqslant C(1 + |x|)^{-1-\epsilon}$,$\sum_{\ell \in \mathbb{Z}} \phi(x - \ell) = $ 常数 $\neq 0$,这意味着 $\phi \in L^1$ 且 $\int dx \, \phi(x) \neq 0$.

2. 命题 5.3.2 中关于 $\hat{\phi}$ 在 0 处连续的附加条件并非必需的. 下面是多分辨率分析的一个例子,其中的尺度函数不是绝对可积的. 设 V_j^M、ϕ^M、ψ^M 分别是 Meyer 小波基的多分辨率空间、尺度函数和小波,其中 $\nu \in C^\infty$(参见 5.2 节). 设 H 是希尔伯特变换,若 $\xi \geqslant 0$ 则 $(Hf)^\wedge(\xi) = \hat{f}(\xi)$,若 $\xi < 0$ 则 $(Hf)^\wedge(\xi) = -\hat{f}(\xi)$. 定义 $V_j = H V_j^M$ 和 $\phi = H\phi^M$. 因为希尔伯特变换是酉映射,并且可以与尺度变换和(关于 x 的)平移变换交换顺序,则 V_j 仍能构成一个多分辨率分析,且 $\phi_{0,k}$ 是 V_0 中的一个正交基. 但 $\hat{\phi}$ 在 0 处不连续. 因为 $0 \notin \text{support} \, (\hat{\psi}^M)$,所以 $\hat{\psi} = (H\psi^M)^\wedge$ 是具有紧支的 C^∞ 函数,从而 ψ 本身是一个具有快速衰减特性的 C^∞. 因此这就是一个很好的例子:一个具有良好衰减特性、非常平滑的小波,关联到一个由衰减特性很差的 ϕ 生成的多分辨率分析.[6] 还要注意,ϕ^M 和 ϕ 满足具有相同 m_0 的 (5.1.17),这说明式 (5.3.4) 中的 c_n(也就是等价的 m_0)并不能唯一确定 ϕ,且 c_n 在 $|n| \to \infty$ 时的衰减不能确保 ϕ 是衰减的.[7]

3. 若 $\hat{\phi}$ 有界且在 0 处连续，则条件 $\hat{\phi}(0) \neq 0$ 在命题 5.3.2 中是必要的. 如下所示. 取 $f \in L^2(\mathbb{R})$，$f \neq 0$，其中 support $\hat{f} \subset [-R, R]$，$R < \infty$. 若 $\overline{\cup_{j \in \mathbb{Z}} V_j} = L^2(\mathbb{R})$，则 $f = \lim_{J \to \infty} P_{-J} f$. 但是，和在 (5.3.13) 中一样，我们有

$$\|P_{-J} f\|^2 \leqslant A^{-1} \sum_k |\langle f, \phi_{-J,k} \rangle|^2$$

$$\leqslant A^{-1} \left[2\pi \int \mathrm{d}\xi \, |\hat{\phi}(2^{-J}\xi)|^2 \, |\hat{f}(\xi)|^2 \; + \; R \right] .$$

由于 $\hat{\phi}$ 是连续的，则根据控制收敛定理，当 $J \to \infty$ 时第一项趋向于 $A^{-1} 2\pi$ $|\hat{\phi}(0)|^2 \|f\|^2$. 第二项可以像 (5.3.15) 中一样有界，所以当 $J \to \infty$ 时这一项趋向于 0. 由此可知

$$\|f\|^2 = \lim_{J \to \infty} \|P_{-J} f\|^2 \leqslant 2\pi A^{-1} |\hat{\phi}(0)|^2 \|f\|^2 .$$

由于 $\|f\| \neq 0$，所以这意味着 $\hat{\phi}(0) \neq 0$.

4. 证明中第 3、4 点的论证过程也可用于证明 $|\hat{\phi}(0)|^2 \leqslant B/2\pi$. 实际上我们有

$$B\|f\|^2 \geqslant B\|P_{-J} f\|^2 \geqslant \sum_{k \in \mathbb{Z}} |\langle f, \phi_{-J,k} \rangle|^2$$

$$= 2\pi \int \mathrm{d}\xi |\hat{\phi}(2^{-J}\xi)|^2 \, |\hat{f}(\xi)|^2 + R,$$

其中，对于很好的 f，$|R|$ 可以 $C2^{-J}$ 为界. 其他项趋向于 $2\pi|\hat{\phi}(0)|^2\|f\|^2$（见第 4 点）. 结合上面的注释 3，这意味着 $A/2\pi \leqslant |\hat{\phi}(0)|^2 \leqslant B/2\pi$. 特别地，若 $\phi_{0,k}$ 正交，则 $A = B$ 且 $|\hat{\phi}(0)| = (2\pi)^{-1/2}$.

5. 条件 $\hat{\phi} \in L^\infty$，$\hat{\phi}(0) \neq 0$（其中 $\hat{\phi}$ 在 0 处连续）意味着对于 c_n 也有特定的限制. 式 (5.3.4) 可以改写为

$$\hat{\phi}(\xi) = m_0(\xi/2) \, \hat{\phi}(\xi/2) , \tag{5.3.18}$$

其中 $m_0(\xi) = \frac{1}{2} \sum_n c_n \, e^{in\xi}$. 特别地，$\hat{\phi}(0) = m_0(0) \, \hat{\phi}(0)$，这意味着 $m_0(0) = 1$[因为 $\hat{\phi}(0) \neq 0$] 或

$$\sum_n c_n = 2 . \tag{5.3.19}$$

此外，式 (5.3.18) 意味着 m_0 是连续的，在 $\hat{\phi}$ 的零点附近可能有例外. 特别地，m_0 在 $\xi = 0$ 处是连续的. 此外，若 $|\hat{\phi}(\xi)| \leqslant C(1+|\xi|)^{-1/2-\epsilon}$，则 $\hat{\phi}$ 的连续性意味着 $\sum_\ell |\hat{\phi}(\xi+2\pi\ell)|^2$ 也是连续的，从而 $\hat{\phi}^{\#}$（见 5.3.1 节中的定义）也连续. 因此 $m_0^{\#}(\xi) = \hat{\phi}^{\#}(2\xi)/\hat{\phi}^{\#}(\xi)$ 满足 $m_0^{\#}(0) = 1$. 由于 $|m_0^{\#}(\xi)|^2 + |m_0^{\#}(\xi+\pi)|^2 = 1$，可推出 $m_0^{\#}(\pi) = 0$. 这意味着 $m_0(\pi) = 0$（$m_0^{\#}(\xi) = m_0(\xi)[\sum_\ell |\hat{\phi}(\xi+2\pi\ell)|^2]^{1/2} \cdot [\sum_\ell |\hat{\phi}(2\xi + 2\pi\ell)|^2]^{-1/2}$），或者

$$\sum_n c_n(-1)^n = 0 . \tag{5.3.20}$$

结合 $\sum_n c_n = 2$ 可推出 $\sum_n c_{2n} = 1 = \sum_n c_{2n+1}$. 这与 ψ 的容许条件一致.[8] 还要注意, 若 $|\phi(x)| \leqslant C (1+|x|)^{-1-\epsilon}$ 且 ϕ 连续, 则 $\sum_n c_{2n} = 1 = \sum_n c_{2n+1}$ 等价于 Micchelli (1991) 条件 $\sum_\ell \phi(x-\ell) = $ 常量 $\neq 0$.[9] $\qquad\square$

所有这一切使我们想到下面这种用于构建新的正交小波基的策略:

- 选择 ϕ, 使得 (1) ϕ 和 $\hat\phi$ 具有合理的衰减特性,

  (2) 满足 (5.3.4) 和 (5.3.5),

  (3) $\int \mathrm{d}x\ \phi(x) \neq 0$

（根据命题 5.3.1 和 5.3.2, V_j 构成一个多分辨率分析）;

- 必要时, 执行"正交化处理"

$$\hat\phi^\#(\xi) = \hat\phi(\xi) \left[2\pi \sum_\ell |\hat\phi(\xi + 2\pi\ell)|^2 \right]^{-1/2} ;$$

- 最后, $\hat\psi(\xi) = \mathrm{e}^{i\xi/2} \overline{m_0^\#(\xi/2+\pi)} \hat\phi^\#(\xi/2)$, 其中 $m_0^\#(\xi) = m_0(\xi) [\sum_\ell |\hat\phi(\xi + 2\pi\ell)|^2]^{1/2} [\sum_\ell |\hat\phi(2\xi + 2\pi\ell)|^2]^{-1/2}$, 或者, 等价地

$$\psi(x) = \sum_n (-1)^n h_{-n+1}^\# \phi^\# (2x-n),$$

其中 $m_0^\#(\xi) = \frac{1}{\sqrt{2}} \sum_n h_n^\# \mathrm{e}^{-in\xi}$.

5.4 更多示例: Battle–Lemarié 小波族

Battle–Lemarié 小波与由样条函数空间组成的多分辨率分析阶梯相关联. 在每种情况下均选择具有整数节点的 B 样条作为原始尺度函数. 如果选择 ϕ 为分段常值样条,

$$\phi(x) = \begin{cases} 1, & 0 \leqslant x \leqslant 1, \\ 0, & \text{其他}, \end{cases}$$

最终会得到哈尔基.

下一个例子是分段线性样条,

$$\phi(x) = \begin{cases} 1 - |x|, & 0 \leqslant |x| \leqslant 1, \\ 0, & \text{其他}, \end{cases}$$

其曲线绘制于图 5.4(a) 中. 这个 ϕ 满足

$$\phi(x) = \frac{1}{2} \phi(2x+1) + \phi(2x) + \frac{1}{2} \phi(2x-1) ,$$

见图 5.4(b). 其傅里叶变换为

$$\hat{\phi}(\xi) \;=\; (2\pi)^{-1/2}\;\left(\frac{\sin\,\xi/2}{\xi/2}\right)^2,$$

且 $2\pi\,\sum_{\ell\in\mathbb{Z}}\,|\hat{\phi}(\xi+2\pi\ell)|^2 \;=\; \frac{2}{3}+\frac{1}{3}\,\cos\xi = \frac{1}{3}(1+2\cos^2\frac{\xi}{2}).$[10]

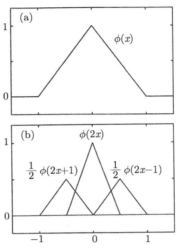

图 5.4　分段线性 B 样条 ϕ，满足 $\phi(x)=\frac{1}{2}\phi(2x+1)+\phi(2x)+\frac{1}{2}\,\phi(2x-1)$

(5.3.4) 和 (5.3.5) 都得以满足，$\phi\in L^1$ 且 $\int dx\,\phi(x)=1\neq0$. V_j 构成一个多分辨率分析（由在 $2^j\mathbb{Z}$ 处具有节点的分段线性函数组成）. 由于 ϕ 与它的平移版本并不正交，所以需要应用正交化处理 (5.3.3)

$$\hat{\phi}^{\#}(\xi) \;=\; \sqrt{3}\,(2\pi)^{-1/2}\;\frac{4\sin^2\,\xi/2}{\xi^2\,[1+2\cos^2\,\xi/2]^{1/2}}\;.$$

与 ϕ 本身不同，$\phi^{\#}$ 不是紧支撑的，其曲线绘制于图 5.5(a) 中. 要绘制 $\phi^{\#}$，最简单的过程就是（以数值方式）计算 $[1+2\cos^2\,\xi/2]^{-1/2}$ 的傅里叶系数，

$$[1+2\cos^2\,\xi/2]^{-1/2} \;=\; \sum_n c_n\,e^{-in\xi}\;,$$

并写出 $\phi^{\#}(x)=\sqrt{3}\,\sum_n c_n\,\phi(x-n)$. 相应的 $m_0^{\#}$ 为

$$m_0^{\#}(\xi)=\cos^2\,\xi/2\,\left[\frac{1+2\cos^2\,\xi/2}{1+2\cos^2\,\xi}\right]^{1/2},$$

$\hat{\psi}$ 给出如下：

$$\hat{\psi}(\xi)=e^{i\xi/2}\,\sin^2\,\xi/4\,\left[\frac{1+2\sin^2\,\xi/4}{1+2\cos^2\,\xi/2}\right]^{1/2}\,\hat{\phi}^{\#}(\xi/2)$$

$$=\sqrt{3}e^{i\xi/2}\,\sin^2\,\xi/4\,\left[\frac{1+2\sin^2\,\xi/4}{(1+2\cos^2\,\xi/2)(1+2\cos^2\,\xi/4)}\right]^{1/2}\,\hat{\phi}(\xi/2)\;.$$

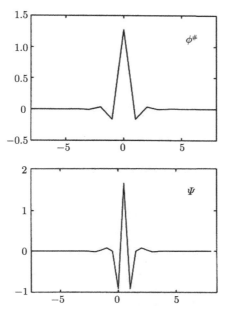

图 5.5 线性样条 Battle–Lemarié 构造的尺度函数 $\phi^{\#}$ 及小波 ψ

同样可以计算 $[(1 - \sin^2 \xi/4)(1 + \cos^2 \xi/2)^{-1}(1 + \cos^2 \xi/4)^{-1}]^{1/2}$ 的傅里叶系数 d_n, 并写出

$$\psi(x) = \frac{\sqrt{3}}{2} \sum_n (d_{n+1} - 2d_n + d_{n-1}) \, \phi(2x - n) \,.$$

此函数的曲线绘制于图 5.5(b) 中.

在下面的例子中, ϕ 为分段二次 B 样条函数,

$$\phi(x) = \begin{cases} \dfrac{1}{2}(x+1)^2, & -1 \leqslant x \leqslant 0, \\[2mm] \dfrac{3}{4} - (x - \tfrac{1}{2})^2, & 0 \leqslant x \leqslant 1, \\[2mm] \dfrac{1}{2}(x-2)^2, & 1 \leqslant x \leqslant 2, \\[2mm] 0, & \text{其他}, \end{cases}$$

其曲线绘制于图 5.6(a) 中. 现在, ϕ 满足

$$\phi(x) = \frac{1}{4}\phi(2x+1) + \frac{3}{4}\phi(2x) + \frac{3}{4}\phi(2x-1) + \frac{1}{4}\phi(2x-2)$$

（见图 5.6(b)）. 我们有

$$\hat{\phi}(\xi) = (2\pi)^{-1/2} \, \mathrm{e}^{-i\xi/2} \left(\frac{\sin \xi/2}{\xi/2}\right)^3,$$

且 $2\pi \sum_\ell |\hat{\phi}(\xi + 2\pi\ell)|^2 = \frac{11}{20} + \frac{13}{30} \cos\xi + \frac{1}{60} \cos 2\xi = \frac{8}{15} + \frac{13}{30} \cos\xi + \frac{1}{30} \cos^2\xi$.

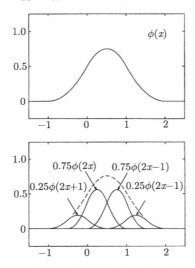

图 5.6　二次 B 样条函数 ϕ, 经过平移, 使其节点位于整数处. 它满足 $\phi(x) = \frac{1}{4}\phi(2x+1) + \frac{3}{4}\phi(2x) + \frac{3}{4}\phi(2x-1) + \frac{1}{4}\phi(2x-2)$

(5.3.4) 和 (5.3.5) 再次得以满足, 且 $\phi \in L^1$, 其中 $\int dx\, \phi(x) \neq 0$. 由于 $\phi(\cdot - k)$ 不正交, 需要首先应用正交化处理 (5.3.3) 找出 $\phi^\#$ 和 $m_0^\#$, 然后才能构造 ψ. 图 5.7 给出了 ϕ 和 ψ 的曲线.

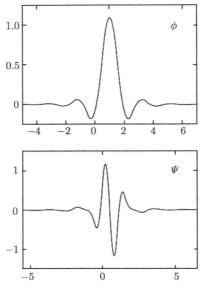

图 5.7　二次样条 Battle–Lemarié 构造的尺度函数 ϕ 和小波 ψ

在一般情况下，ϕ 是一个 N 次 B 样条函数，

$$\hat{\phi}(\xi) = (2\pi)^{-1/2} \, e^{-i\mathcal{K}\xi/2} \left(\frac{\sin \xi/2}{\xi/2}\right)^{N+1},$$

其中，若 N 为奇数则 $\mathcal{K}=0$，若 N 为偶数则 $\mathcal{K}=1$. 这个 ϕ 满足 $\int dx \, \phi(x) = 1$ 且

$$\phi(x) = \begin{cases} 2^{-2M} \displaystyle\sum_{j=0}^{2M+1} \binom{2M+1}{j} \phi(2x - M - 1 + j), & \text{若 } N = 2M \text{ 为偶数}, \\[4mm] 2^{-2M-1} \displaystyle\sum_{j=0}^{2M+2} \binom{2M+2}{j} \phi(2x - M - 1 + j), & \text{若 } N = 2M+1 \text{ 为奇数}. \end{cases}$$

对于一般的 N 值，$\sum_{\ell} |\hat{\phi}(\xi + 2\pi\ell)|^2$ 的显式公式可以在比如 Chui (1992) 中找到. 在所有情况下 ϕ 满足式 (5.3.4) 和 (5.3.5). 对于偶数 N，ϕ 在 $x = \frac{1}{2}$ 附近对称，对于奇数 N，ϕ 在 $x = 0$ 附近对称. 除了 $N = 0$ 之外，$\phi(\cdot - k)$ 不是正交的，必须应用正交化处理 (5.3.3). 其结果是，对于所有 Battle–Lemarié 小波都有 support $\phi^{\#} = \mathbb{R} =$ support ψ. "正交化"后的 $\phi^{\#}$ 与 ϕ 具有相同的对称轴. ψ 的对称轴总是位于 $x = \frac{1}{2}$ 处.（当 N 为偶数时 ψ 关于这个轴反对称，当 N 为奇数时 ψ 关于这个轴对称.）即使 $\phi^{\#}$ 和 ψ 的支集"拉伸"到整个数轴，$\phi^{\#}$ 和 ψ 仍然具有很好的（指数）衰减特性. 为证明这一点，需要以下命题.

命题 5.4.1 设 ϕ 具有指数衰减特性，$|\phi(x)| \leqslant C \, e^{-\gamma|x|}$，并且对于某个 $\alpha \leqslant \gamma \, (\alpha > 0)$ 有

$$\sup_{|\beta| \leqslant \alpha} |(e^{\beta \cdot} \phi)^{\wedge}(\xi)| \leqslant C \, (1 + |\xi|)^{-1-\epsilon}. \tag{5.4.1}$$

另设 $0 < a \leqslant \sum_{\ell} |\hat{\phi}(\xi + 2\pi\ell)|^2$. 根据 $\hat{\phi}^{\#}(\xi) = \hat{\phi}(\xi) \, [2\pi \sum_{\ell} |\hat{\phi}(\xi + 2\pi\ell)|^2]^{-1/2}$ 定义 $\phi^{\#}$. 则 $\phi^{\#}$ 也具有指数衰减特性.

证明：

1. 界 $|\phi(x)| \leqslant C \, e^{-\alpha|x|}$ 意味着 $\hat{\phi}(\xi)$ 可以解析延拓到带状区域 $|\operatorname{Im} \xi| < \alpha$，而且对于所有 $|\xi_2| < \alpha$ 有 $\hat{\phi}(\cdot + i\xi_2) \in L^2(\mathbb{R})$. 对于 $\overline{\hat{\phi}(\xi)} = \hat{\bar{\phi}}(-\xi)$ 有同样的结论.

2. 对于固定的 ξ_2，定义 $F_{\xi_2}(\xi_1) = \hat{\phi}(\xi_1 + i\xi_2)\hat{\bar{\phi}}(-\xi_1 - i\xi_2)$. 则

$$\sum_{\ell \in \mathbb{Z}} |F_{\xi_2}(\xi_1 + 2\pi\ell)|$$

$$\leqslant \left(\sum_{\ell} |\hat{\phi}(\xi_1 + i\xi_2 + 2\pi\ell)|^2\right)^{1/2} \left(\sum_{\ell} |\hat{\bar{\phi}}(-\xi_1 - i\xi_2 - 2\pi\ell)|^2\right)^{1/2}$$

且

$$\sum_{\ell} |\hat{\phi}(\xi_1 + i\xi_2 + 2\pi\ell)|^2$$

$$\leqslant \frac{1}{2\pi} \int d\xi_1 \, |\hat{\phi}(\xi_1 + i\xi_2)|^2 + 2 \int d\xi_1 \, |\hat{\phi}(\xi_1 + i\xi_2)||\hat{\phi}'(\xi_i + i\xi_2)|$$

$$\leqslant \frac{1}{2\pi} \int dx e^{2\xi_2 x} |\phi(x)|^2$$

$$+ 2 \left[\int dx \, e^{2\xi_2 x} |\phi(x)|^2 \right]^{1/2} \left[\int dx \, e^{2\xi_2 x} \, x^2 \, |\phi(x)|^2 \right]^{1/2} < \infty.$$

（我们使用了 $\sum_{\ell} |f(x+2\pi\ell)| \leqslant (2\pi)^{-1} \int dx \, |f(x)| + \int dx \, |f'(x)|$.[11]）因此，当 $|\mathrm{Im}\,\xi_2| < \gamma$ 时 $\sum_{\ell} F_{\xi_2}(\xi_1 + 2\pi\ell)$ 绝对收敛. 使用类似的界限，再结合控制收敛定理可以证明，在条形区域 $|\mathrm{Im}\,\xi| < \gamma$ 上，$\sum_{\ell} F_{\xi_2}(\xi_1 + 2\pi\ell)$ 在 $\xi = \xi_1 + i\xi_2$ 处是解析的.

3. 函数 $G(\xi) = \sum_{\ell} |\hat{\phi}(\xi + 2\pi\ell)|^2$ 解析延拓到 $|\mathrm{Im}\,\xi| < \gamma$. 由于 G 是周期函数，周期为 2π 且 $G|_{\mathbb{R}} \geqslant a > 0$，这意味着存在 $\tilde{\alpha}$（可能小于 γ）使得当 $|\mathrm{Im}\,\xi| < \tilde{\alpha}$ 时 $\mathrm{Re}G(\xi) \geqslant a/2$. 因此 $G^{-1/2}$ 可定义为 $|\mathrm{Im}\,\xi| < \tilde{\alpha}$ 上的一个解析函数，这意味着 $\hat{\phi}^{\#} = G^{-1/2}\,\hat{\phi}$ 在条形区域 $|\mathrm{Im}\,\xi| < \tilde{\alpha}$ 上延拓到一个一致有界的解析函数.

4. 另一方面，式 (5.4.1) 可导出对于 $|\xi_2| \leqslant \alpha$ 有

$$|\hat{\phi}(\xi_1 + i\xi_2)| \leqslant C \, (1 + |\xi_1|)^{-1-\epsilon}.$$

可推出在 $|\mathrm{Im}\,\xi| < \min(\tilde{\alpha}, \alpha)$ 上 $\hat{\phi}^{\#}$ 是解析的，其上界为

$$|\hat{\phi}^{\#}(\xi)| \leqslant C \, (1 + |\mathrm{Re}\,\xi|)^{-1-\epsilon}.$$

因此

$$|\phi^{\#}(x)| = \lim_{R \to \infty} (2\pi)^{-1/2} \left| \int_{-R}^{R} d\xi \, e^{i\xi x} \, \hat{\phi}^{\#}(\xi) \right|$$

$$= \lim_{R \to \infty} (2\pi)^{-1/2} \left| \int_{-R}^{R} d\xi_1 \, e^{i\xi_1 x} \, e^{-\xi_2 x} \, \hat{\phi}^{\#}(\xi_1 + i\xi_2) \right.$$

$$+ \int_{0}^{\xi_2} ds \, e^{-i\xi_1 R} \, e^{-sx} \phi^{\#}(-R + is)$$

$$\left. - \int_{0}^{\xi_2} ds \, e^{i\xi_1 R} \, e^{-sx} \phi^{\#}(R + is) \right|$$

$$\leqslant C \, e^{-\xi_2 x}, \quad \text{其中 } |\xi_2| < \min(\tilde{\alpha}, \alpha). \quad \blacksquare$$

推论 5.4.2 所有 Battle–Lemarié 小波 ψ 及相应的正交尺度函数 $\phi^{\#}$ 均具有指数衰减特性.

证明:

1. 如果 B 样条函数 ϕ 的次数 N 为零, 那就是哈尔情形, 无需证明任何内容. 取 $N > 1$. 则 $|\hat{\phi}(\xi)| = |2(\sin \xi/2)/\xi|^{N+1}$. 因此

$$|\hat{\phi}(\xi)| \leqslant C_N \, (1 + |\xi|)^{-N-1} .$$

2. 当 γ 为任意大时, 条件 $|\phi(x)| \leqslant C \, \mathrm{e}^{-\gamma|x|}$ 的成立是平凡的. 此外, 对于任意 $\alpha > 0$, 可以构造 $f_\beta(x)$, $0 \leqslant |\beta| \leqslant \alpha$, 使得对于所有 $M \in \mathbb{N}$ 有 $f_\beta \in \mathcal{S}(\mathbb{R})$, $\sup_{\xi \in \mathbb{R}} \sup_{0 \leqslant |\beta| \leqslant \alpha} |(1 + |\xi|)^M \, \hat{f}_\beta(\xi)| = C'_M < \infty$, 并且在 $\mathrm{support}\,(\phi)$ 上有 $f_\beta(x) = \mathrm{e}^{\beta x}$. 则

$$
\begin{aligned}
|(\mathrm{e}^{\beta \cdot} \phi)^\wedge(\xi)| = |(f_\beta \phi)^\wedge(\xi)| &= |(\hat{f}_\beta * \hat{\phi})(\xi)| \\
&\leqslant C \int \mathrm{d}\zeta \, (1 + |\zeta - \xi|)^{-M} \, (1 + |\zeta|)^{-N-1} \\
&\leqslant C'(1 + |\xi|)^{-N-1} \ (\text{当 } M \text{ 足够大时}),
\end{aligned}
$$

所以 (5.4.1) 在 α 任意大时也得以满足.

3. 可以推得 $\phi^\#$ 具有指数衰减, 其衰减速率完全由 $\mathrm{Re}\,[\sum_\ell \hat{\phi}(\xi + 2\pi\ell)\, \bar{\hat{\phi}}(-\xi - 2\pi\ell)]$ 最接近实轴的复零点决定.

4. 由于 $\phi^\#$ 具有指数衰减特性, $|\phi^\#(x)| \leqslant C_\# \, \mathrm{e}^{-\gamma_\#|x|}$, 则有 $|h_n^\#| \leqslant \sqrt{2} \int \mathrm{d}x \, |\phi^\#(x)|$ $|\phi^\#(2x - n)| \leqslant C \, \mathrm{e}^{-\gamma_\# |n|/2}$ (利用 $|x + a| + |x - a| \geqslant 2 \max\,(|x|, |a|)$). 所以

$$
\begin{aligned}
|\psi(x)| \leqslant \sqrt{2} \sum_n |h_{-n+1}||\phi^\#(2x - n)| &\leqslant C \sum_n \mathrm{e}^{-\gamma_\# n/2} \, \mathrm{e}^{-\gamma_\#|2x - n|} \\
&\leqslant C_\epsilon \, \mathrm{e}^{-\gamma_\#|x|(1-\epsilon)} . \quad \blacksquare
\end{aligned}
$$

注释. Battle 对 Battle–Lemarié 小波的构造完全不同于此处给出的构造. 他的分析受到量子场理论方法的启发, Battle (1992) 提供了一篇可读性很强的综述. $\square$

目前已经看到的 "较平滑" 示例有

- Meyer 小波, 它是 C^∞, 衰减速度快于任意多项式的倒数 (但没有达到指数速度);
- Battle–Lemarié 小波, 可以将其选为 C^k (即 $N \geqslant k+1$), 其中 k 为有限值, 具有指数衰减速度 (衰减速度随 k 的增加而下降).

在下一节我们将会看到, 正交小波无法同时拥有两个最佳特性: 它们不能既是 C^∞ 的又是指数衰减的. (注意小波框架不受这一约束的限制, 墨西哥帽函数就是一个例子.)

5.5 正交小波基的正则性

对于小波基（无论正交与否，见第 8 章），ψ 的正则性与 $\hat{\psi}$ 在 $\xi = 0$ 处的零点阶数之间存在一种关系. 这就是以下定理的结果（为方便后面使用，这里对该定理的表述和证明更具一般意义，超出了本处的需要）.

定理 5.5.1 设 f 和 $\tilde{f}$ 是两个不恒为常量的函数，满足

$$\langle f_{j,k}, \tilde{f}_{j',k'} \rangle = \delta_{jj'}\delta_{kk'} ,$$

其中 $f_{j,k}(x) = 2^{-j/2} f(2^{-j}x - k)$, $\tilde{f}_{j,k}(x) = 2^{-j/2}\tilde{f}(2^{-j}x - k)$. 设 $|\tilde{f}(x)| \leqslant C(1 + |x|)^{-\alpha}$, 其中 $\alpha > m + 1$, 并假设 $f \in C^m$ 且 $f^{(\ell)}$ 在 $\ell \leqslant m$ 时有界. 则

$$\int \mathrm{d}x\, x^\ell\, \tilde{f}(x) = 0, \quad 其中 \ell = 0, 1, \cdots, m . \tag{5.5.1}$$

证明:

1. 证明的思路非常简单. 选择 j, k, j', k' 使得 $f_{j,k}$ 相当分散而 $\tilde{f}_{j',k'}$ 非常集中.（仅出于解释目的，假定 $\tilde{f}$ 具有紧支集. ）在 $\tilde{f}_{j',k'}$ 的小支集中，由 $\tilde{f}_{j',k'}$ "看到" 的 $f_{j,k}$ 片段可以用其泰勒级数代替，只要有定义，该级数中可以使用任意多项. 但是，由于 $\int \mathrm{d}x\, \overline{f_{j,k}(x)}\, \tilde{f}_{j',k'}(x) = 0$, 这意味着 $\tilde{f}$ 和一个 m 阶多项式的乘积的积分为零. 然后可以通过 k' 来改变 $\tilde{f}_{j',k'}$ 的位置. 对于每个位置都可以重复此论证过程，从而得出一整组不同的 m 阶多项式，它们与 $\tilde{f}$ 乘积的积分均为零. 这就得到了所需要的矩条件. 但让我们表述得更准确一些，如下所示.

2. 我们通过对 ℓ 应用归纳法来证明 (5.5.1). 下面的论证过程对初始步骤和归纳步骤均有效. 假设对于 $n \in \mathbb{N}$ 且 $n < \ell$ 有 $\int \mathrm{d}x\, x^n \tilde{f}(x) = 0$.（若 $\ell = 0$, 就相当于根本没有假设.）由于 $f^{(\ell)}$ 连续（$\ell \leqslant m$），而且由于二进有理数 $2^{-j}k$ ($j, k \in \mathbb{Z}$) 在 $\mathbb{R}$ 上是密集的，所以存在 J 和 K 使得 $f^{(\ell)}(2^{-J}K) \neq 0$.（否则将得出 $f^{(\ell)} \equiv 0$, 这意味着当 $\ell = 0$ 或 1 时 $f \equiv$ 常值，我们知道事实并非如此，或者，当 $\ell \geqslant 2$ 时 f 是 $\ell - 1 \geqslant 1$ 阶多项式，这意味着 f 不是有界的，因此也被排除在外.）此外，对于任意 $\epsilon > 0$, 存在 $\delta > 0$ 使得在 $|x - 2^{-J}K| \leqslant \delta$ 时有

$$\left| f(x) - \sum_{n=0}^{\ell} (n!)^{-1} f^{(n)}(2^{-J}K) (x - 2^{-J}K)^n \right| \leqslant \epsilon |x - 2^{-J}K|^\ell .$$

现在取 $j > J$ 且 $j > 0$. 则

$$0 = \int \mathrm{d}x\, f(x)\, \overline{\tilde{f}(2^j x - 2^{j-J}K)}$$

$$= \sum_{n=0}^{\ell} (n!)^{-1} f^{(n)}(2^{-J}K) \int \mathrm{d}x\, (x - 2^{-J}K)^n\, \overline{\tilde{f}(2^j x - 2^{j-J}K)}$$

$$+ \int dx \left[f(x) - \sum_{n=0}^{\ell} (n!)^{-1} f^{(n)} (2^{-J}K)(x - 2^{-J}K)^n \right]$$
$$\cdot \ \overline{\tilde{f}(2^j x - 2^{j-J}K)} . \tag{5.5.2}$$

因为当 $n < \ell$ 时有 $\int dx \, x^n \tilde{f}(x) = 0$，所以第一项等于

$$(\ell!)^{-1} f^{(\ell)}(2^{-J}K) 2^{-(\ell+1)j} \int dx \, x^\ell \, \overline{\tilde{f}(x)} . \tag{5.5.3}$$

利用 $f^{(n)}$ 的界，可知第二项的界为

$$\epsilon \int_{|y|<\delta} dy \, |y|^\ell \, |\tilde{f}(2^j y)| + C' \int_{|y|>\delta} dy \, (1 + |y|^\ell) \, |\tilde{f}(2^j y)|$$

$$\leqslant 2\epsilon C \, 2^{-j(\ell+1)} \int_0^{2^j \delta} dt \, t^\ell (1+t)^{-\alpha}$$

$$+ 2C' \, C \int_\delta^\infty dt \, (1+t)^\ell (1 + 2^j t)^{-\alpha}$$

$$\leqslant C_1 \, \epsilon \, 2^{-j(\ell+1)} + C_2 \, 2^{-j\alpha} \delta^{-\alpha} (1+\delta)^{\ell+1} , \tag{5.5.4}$$

其中，我们用 ∞ 替代了第一项中的积分上限，在第二项中对于 $t \geqslant \delta$ 使用了 $(1 + 2^j t)^{-1} \leqslant \frac{1+\delta}{1+2^j \delta} (1+t)^{-1} \leqslant 2^{-j} \frac{1+\delta}{\delta} (1+t)^{-1}$. 注意 C_1 和 C_2 仅依赖于 C, α, ℓ, 它们与 ϵ, δ, j 无关. 合并 (5.5.2)–(5.5.4) 可以得出

$$\left| \int dx \, x^\ell \tilde{f}(x) \right| \leqslant (\ell!) \, [f^{(\ell)}(2^{-J}K)]^{-1} \left[\epsilon C_1 + \delta^{-\alpha}(1+\delta)^{\ell+1} \, 2^{-j(\alpha-\ell-1)} \, C_2 \right] .$$

这里的 ϵ 可取任意小，对于相应的 δ，可将 j 选为足够大使得第二项也任意小，由此可得出 $\int dx \, x^\ell \tilde{f}(x) = 0$. ∎

当应用于正交小波基时，此定理有以下推论：

推论 5.5.2 若 $\psi_{j,k}(x) = 2^{-j/2} \psi(2^{-j}x - k)$ 构成 $L^2(\mathbb{R})$ 中的一个正交集，其中 $|\psi(x)| \leqslant C \, (1 + |x|)^{-m-1-\epsilon}$, $\psi \in C^m(\mathbb{R})$ 且 $\psi^{(\ell)}$ 在 $\ell \leqslant m$ 时有界，则对于 $\ell = 0, 1, \cdots, m$ 有 $\int dx \, x^\ell \, \psi(x) = 0$.

证明: 取 $f = \tilde{f} = \psi$，由定理 5.5.1 可立即得证. ∎

注释

1. 其他证明可在 Meyer (1990) 和 Battle (1989) 中找到. 与本书所给证明不同的是这两个证明都使用了傅里叶变换. 在小波之前，零矩与正则性之间的类似关系就已经成为 Calderón–Zygmund 理论学者"传统智慧"的组成部分.

2. 注意, 在推论 5.5.2 和定理 5.5.1 的证明中没有用到多分辨率分析, 甚至没有要求 $\psi_{j,k}$ 构成一个基: 正交性是唯一的要求. Battle 的证明（启发了本证明）也只是利用了正交性. Meyer 的证明使用了多分辨率分析的完整框架.　□

推论 5.5.3 设 $\psi_{j,k}$ 是正交的. 除非 $\psi \equiv 0$, 否则不可能同时满足 ψ 呈指数衰减且 $\psi \in C^\infty$ 且所有导数均有界.

证明:

1. 若 $\psi \in C^\infty$, 且其导数均有界, 则根据定理 5.5.1, 对于所有 $\ell \in \mathbb{N}$ 均有 $\int \mathrm{d}x \, x^\ell \psi(x) = 0$. 因此对于所有 $\ell \in \mathbb{N}$ 均有 $\left. \frac{\mathrm{d}^\ell}{\mathrm{d}\xi^\ell} \hat\psi \right|_{\xi=0} = 0$.

2. 若 ψ 为指数衰减, 则 $\hat\psi$ 在某个带状区域 $|\mathrm{Im}\, \xi| < \lambda$ 上是解析的. 再结合对于所有 $\ell \in \mathbb{N}$ 均有 $\left. \frac{\mathrm{d}^\ell}{\mathrm{d}\xi^\ell} \hat\psi \right|_{\xi=0} = 0$ 可推出 $\psi \equiv 0$.　∎

这是上一节最后所说的权衡: 我们必须选择是在时域还是频域中具有指数（或更快）衰减速度, 不能兼得两者. 在实践中人们对 x 衰减的偏爱程度通常多于 ξ 的衰减.

定理 5.5.1 的最后一条推论是以下因式分解.

推论 5.5.4 假设 $\psi_{j,k}$ 构成了一个正交小波基, 与某个多分辨率分析相关联, 如 5.1 节所述. 若 $|\phi(x)|,\ |\psi(x)| \leqslant C\, (1+|x|)^{-m-1-\epsilon}$, 且 $\psi \in C^m$, 当 $\ell \leqslant m$ 时 $\psi^{(\ell)}$ 有界, 则根据 (5.1.18) 和 (5.1.14) 定义的 m_0 可分解为

$$m_0(\xi) = \left(\frac{1 + \mathrm{e}^{-i\xi}}{2} \right)^{m+1} \mathcal{L}(\xi), \tag{5.5.5}$$

其中 $\mathcal{L}$ 以 2π 为周期且 $\in C^m$.

证明:

1. 根据推论 5.5.2, 对于所有 $\ell \leqslant m$ 有 $\left. \frac{\mathrm{d}^\ell}{\mathrm{d}\xi^\ell} \hat\psi \right|_{\xi=0} = 0$.

2. 另一方面, $\hat\psi(\xi) = \mathrm{e}^{-i\xi/2}\, \overline{m_0(\xi/2 + \pi)}\, \hat\phi(\xi/2)$. 由于 $\hat\psi$ 和 $\hat\phi$ 都属于 C^m, 并且 $\hat\phi(0) \neq 0$（见 5.3.2 节末尾的注释 3）, 这意味着 m_0 在 $\xi = \pi$ 处是 m 次可微的, 且

$$\left. \frac{\mathrm{d}^\ell}{\mathrm{d}\xi^\ell} m_0 \right|_{\xi=\pi} = 0 \quad \ell \leqslant m\ .$$

3. 这意味着 m_0 在 $\xi = \pi$ 处有一个 $m+1$ 阶零点, 或

$$m_0(\xi) = \left(\frac{1 + \mathrm{e}^{-i\xi}}{2} \right)^{m+1} \mathcal{L}(\xi)\ .$$

由于 $m_0 \in C^m$, 所以也有 $\mathcal{L} \in C^m$.　∎

第 7 章将再次讨论小波基的正则性.

5.6 与子带滤波方法的联系

多分辨率分析很自然地引出了一种用于为给定函数计算小波系数的快速的分层方法. 假设我们已经计算（或得到）f 与 $\phi_{j,k}$ 的内积, 其具有某一给定的精细尺度.[12] 通过调整"单位"（或调整 f 的尺度）, 可以假设这一精细尺度的标记为 $j = 0$. 于是容易计算出当 $j \geqslant 1$ 时的 $\langle f, \psi_{j,k} \rangle$. 首先, 我们有（参见 (5.1.34)）

$$\psi = \sum_n g_n \, \phi_{-1,n} \,,$$

其中 $g_n = \langle \psi, \phi_{-1,n} \rangle = (-1)^n \, h_{-n+1}$. 因此

$$\begin{aligned}
\psi_{j,k}(x) &= 2^{-j/2} \, \psi(2^{-j}x - k) \\
&= 2^{-j/2} \sum_n g_n \, 2^{1/2} \, \phi(2^{-j+1}x - 2k - n) \\
&= \sum_n g_n \, \phi_{j-1,2k+n}(x) \\
&= \sum_n g_{n-2k} \, \phi_{j-1,n}(x) \,.
\end{aligned} \tag{5.6.1}$$

由此可得出

$$\langle f, \psi_{1,k} \rangle = \sum_n \overline{g_{n-2k}} \, \langle f, \phi_{0,n} \rangle \,,$$

即, $\langle f, \psi_{1,k} \rangle$ 的获取方法为: 首先将序列 $(\langle f, \phi_{0,n} \rangle)_{h \in \mathbb{Z}}$ 和 $(\bar{g}_{-n})_{n \in \mathbb{Z}}$ 求卷积, 然后仅保留偶数采样值. 同理有

$$\langle f, \psi_{j,k} \rangle = \sum_n \overline{g_{n-2k}} \, \langle f, \phi_{j-1,n} \rangle \,, \tag{5.6.2}$$

若 $\langle f, \phi_{j-1,k} \rangle$ 已知, 则可以利用上式, 采用相同操作（与 $\bar{g}$ 求卷积, 然后二中抽一）由 $\langle f, \phi_{j-1,k} \rangle$ 计算 $\langle f, \psi_{j,k} \rangle$. 但根据 (5.1.15) 我们有

$$\begin{aligned}
\phi_{j,k}(x) &= 2^{-j/2} \, \phi(2^{-j}x - k) \\
&= \sum_n h_{n-2k} \, \phi_{j-1,n}(x) \,,
\end{aligned} \tag{5.6.3}$$

据此

$$\langle f, \phi_{j,k} \rangle = \sum_n \overline{h_{n-2k}} \, \langle f, \phi_{j-1,n} \rangle \,. \tag{5.6.4}$$

要遵循的过程现在已经很清晰了: 从 $\langle f, \phi_{0,n} \rangle$ 入手, 根据 (5.6.2) 计算 $\langle f, \psi_{1,k} \rangle$, 根据 (5.6.4) 计算 $\langle f, \phi_{1,k} \rangle$. 然后可以再次应用 (5.6.2) 和 (5.6.4) 由 $\langle f, \phi_{1,n} \rangle$ 计算 $\langle f, \psi_{2,k} \rangle$ 和 $\langle f, \phi_{2,k} \rangle$, 以此类推: 在每一步, 不仅计算相应 j 级别的小波系数 $\langle f, \psi_{j,k} \rangle$, 还为同一 j 级别计算 $\langle f, \phi_{j,k} \rangle$, 在计算下一级小波系数时会用到它们.

整个过程可以看作是计算 f 的连续粗略近似, 还有两个连续级别之间的 "信息" 差. 从这个角度来看, 我们首先从 f 的一个精细尺度近似 $f^0 = P_0 f$ 入手 (回想一下, P_j 是对 V_j 的正交投影, 对 W_j 的正交投影表示为 Q_j), 将 $f^0 \in V_0 = V_1 \oplus W_1$ 分解为 $f^0 = f^1 + \delta^1$, 其中 $f^1 = P_1 f^0 = P_1 f$ 是 f 在多分辨率分析中的下一个粗略近似, 而 $\delta^1 = f^0 - f^1 = Q_1 f^0 = Q_1 f$ 就是在变换 $f^0 \to f^1$ 中 "丢失" 的信息. 在 V_j 和 W_j 每一个空间中, 分别有正交基 $(\phi_{j,k})_{k \in \mathbb{Z}}$ 和 $(\psi_{j,k})_{k \in \mathbb{Z}}$ 使得

$$f^0 = \sum_n c_n^0 \, \phi_{0,n} \,, \qquad f^1 = \sum_n c_n^1 \, \phi_{1,n} \,, \qquad \delta^1 = \sum_n d_n^1 \, \psi_{1,n} \,.$$

式 (5.6.2) 和 (5.6.4) 给出了 V_0 中正交基变换 $(\phi_{0,n})_{n \in \mathbb{Z}} \to (\phi_{1,n}, \psi_{1,n})_{n \in \mathbb{Z}}$ 对系数的影响:

$$c_k^1 = \sum_n \overline{h_{n-2k}} \, c_n^0 \,, \qquad d_k^1 = \sum_n \overline{g_{n-2k}} \, c_n^0 \,. \tag{5.6.5}$$

引入符号 $a = (a_n)_{n \in \mathbb{Z}}, \bar{a} = (\overline{a_{-n}})_{n \in \mathbb{Z}}$ 和 $(Ab)_k = \sum_n a_{2k-n} \, b_n$ 可以将上式重写为

$$c^1 = \overline{H} \, c^0 \,, \qquad d^1 = \overline{G} \, c^0 \,.$$

粗略近似 $f^1 \in V_1 = V_2 \oplus W_2$ 可再次分解为 $f^1 = f^2 + \delta^2, f^2 \in V_2, \delta^2 \in W_2$, 其中

$$f^2 = \sum_n c_n^2 \, \phi_{2,n} \,, \qquad \delta^2 = \sum_n d_n^2 \, \psi_{2,n} \,.$$

再次有

$$c^2 = \overline{H} \, c^1 \,, \qquad d^2 = \overline{G} \, c^1 \,.$$

所有这些可以用图 5.8 示意表示.

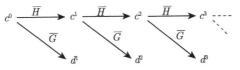

图 5.8　式 (5.6.5) 的示意表示

在实践中, 我们将在有限个级别之后停止, 这就是说, 我们已经将 $(\langle f, \phi_{0,n} \rangle)_{n \in \mathbb{Z}} = c^0$ 中的信息重写为 $d^1, d^2, d^3, \cdots, d^J$ 和一个最终的粗略近似 c^J, 即 $(\langle f, \psi_{j,k} \rangle)_{k \in \mathbb{Z}, \, j=1, \cdots, J}$ 和 $(\langle f, \phi_{J,k} \rangle)_{k \in \mathbb{Z}}$. 由于我们所做的全部工作就是一连串的正交基变换, 所以其逆运算可以用伴随矩阵表示. 显然

$$f^{j-1} = f^j + \delta^j$$
$$= \sum_k c_k^j \, \phi_{j,k} + \sum_k d_k^j \, \psi_{j,k} \,,$$

因此

$$c_n^{j-1} = \langle f^{j-1}, \ \phi_{j-1,n} \rangle$$

$$= \sum_k c_k^j \langle \phi_{j,k}, \ \phi_{j-1,n} \rangle \ + \ \sum_k d_k^j \langle \psi_{j,k}, \ \phi_{j-1,n} \rangle$$

$$= \sum_k \left[h_{n-2k} \ c_k^j \ + \ g_{n-2k} \ d_k^j \right] \tag{5.6.6}$$

[利用 (5.6.1) 和 (5.6.3)].

在电气工程中, 式 (5.6.5) 和 (5.6.6) 是可实现信号准确重建的子带滤波方案的分析与综合步骤. 在一个两通道子带滤波方案中, 将输入序列 $(c_n^0)_{n\in\mathbb{Z}}$ 与两个不同滤波器求卷积, 一个是低通滤波器, 一个是高通滤波器. 然后对所得到的两个序列进行二次采样, 即仅保留偶数项 (或仅保留奇数项). 这正是式 (5.6.5) 中进行的操作. 考虑到一些读者不熟悉这一 "滤波" 术语, 我们先来简要介绍一下它的含意. 任何一个平方可和序列 $(c_n)_{n\in\mathbb{Z}}$ 都可以解读为一个带限函数 γ (support $\hat{\gamma} \subset [-\pi, \pi]$) 的采样值序列 $\gamma(n)$ (见第 2 章),

$$\gamma(x) \ = \ \sum_n c_n \ \frac{\sin \ \pi(x-n)}{\pi(x-n)}$$

或者

$$\hat{\gamma}(\xi) \ = \ \frac{1}{\sqrt{2\pi}} \ \sum_{n\in\mathbb{Z}} c_n \ \mathrm{e}^{-in\xi} \ .$$

滤波运算对应于将 $\hat{\gamma}$ 乘以一个以 2π 为周期的函数, 例如

$$\hat{\alpha}(\xi) \ = \ \sum_{n\in\mathbb{Z}} a_n \ \mathrm{e}^{-in\xi} \ . \tag{5.6.7}$$

其结果是另一个带限函数 $\alpha * \gamma$,

$$(\alpha * \gamma)^{\wedge}(\xi) \ = \ \frac{1}{\sqrt{2\pi}} \ \sum_{n\in\mathbb{Z}} \mathrm{e}^{-in\xi} \sum_{m\in\mathbb{Z}} a_{n-m} \ c_m \ ,$$

或者

$$(\alpha * \gamma)(x) \ = \ \sum_n \left(\sum_m a_{n-m} \ c_m \right) \frac{\sin \ \pi(x-n)}{\pi(x-n)} \ .$$

若 $\hat{\alpha}|_{[-\pi,\pi]}$ 主要集中在 $[-\pi/2, \ \pi/2]$, 则该滤波器为低通滤波器, 若 $\hat{\alpha}|_{[-\pi,\pi]}$ 主要集中在 $\{\xi; \ \pi/2 \leqslant |\xi| \leqslant \pi\}$, 则为高通滤波器, 见图 5.9. "理想的" 低通滤波器是在 $|\xi| < \pi/2$ 时 $\hat{\alpha}_L(\xi) = 1$, 在 $\pi/2 < |\xi| < \pi$ 时等于 0, 而 "理想的" 高通滤波器则是在 $|\xi| < \pi/2$ 时 $\hat{\alpha}_H(\xi) = 0$, 在 $\pi/2 < |\xi| < \pi$ 时等于 1. 相应的 a_n [如在式 (5.6.7) 中] 给出如下:

$$a_n^L = \begin{cases} \dfrac{1}{2}, & n = 0, \\ 0, & n = 2k,\ k \neq 0, \\ \dfrac{(-1)^k}{(2k+1)\pi}, & n = 2k+1; \end{cases}$$

$$a_n^H = \begin{cases} \dfrac{1}{2}, & n = 0, \\ 0, & n = 2k,\ k \neq 0, \\ \dfrac{(-1)^{k+1}}{(2k+1)\pi}, & n = 2k+1. \end{cases}$$

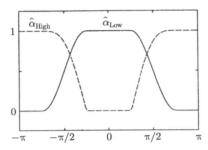

图 5.9　一个低通滤波器（实线）和一个高通滤波器（虚线）

在将理想低通滤波器应用于 γ 时，其结果是支集 $\subset [-\pi/2,\ \pi/2]$ 的带限函数. 这样一个函数完全由它在 $2\mathbb{Z}$ 中的采样值决定，且有（见式 (2.1.2)）

$$(\alpha_L * \gamma)(x) = \sum_n \left(\sum_m a_{2n-m}^L\, c_m \right) \frac{\sin\left[\pi(x-2n)/2\right]}{\pi(x-2n)/2}.$$

同理，将理想高通滤波器应用于 γ 的结果是一个支集 $\subset [-\pi/2,\ \pi/2]$ 的带限函数的频移版本. 这样一个函数同样完全由它在 $2\mathbb{Z}$ 上的采样值决定，

$$(\alpha_H * \gamma)(x) = \frac{1}{\pi} \int_{\frac{\pi}{2} \leqslant |\xi| \leqslant \pi} \mathrm{d}\xi\ \mathrm{e}^{ix\xi} \sum_n \left(\sum_m a_{2n-m}^L\, c_m \right) \mathrm{e}^{-2in\xi}$$

$$= \sum_n \left(\sum_m a_{2n-m}^H\, c_m \right) \frac{\sin\left[\pi(x-2n)/2\right]}{\pi(x-2n)/2} \left\{ 2\cos[\pi(x-2n)/2] - 1 \right\}.$$

因为 a_n^L 和 a_n^H 与 c_k 卷积的偶数项就足以完全表征 $\alpha_L * \gamma$ 和 $\alpha_H * \gamma$，所以在卷积之后仅保留这些项目就可以了. 这就是子带滤波之后进行二抽一（也称为"降低采样"）的合理之处. 两个经过滤波和抽选的序列是

$$c_n^L = \sum_m a_{2n-m}^L\, c_m, \quad c_n^H = \sum_m a_{2n-m}^H\, c_m, \tag{5.6.8}$$

可以很轻松地由它们重建原 c_m:

$$c_m = \gamma(m) = (\alpha_L * \gamma)(m) + (\alpha_H * \gamma)(m)$$

$$\text{（因为 } \hat{\alpha}_L + \hat{\alpha}_H = 1\text{）}$$

$$= \sum_k \frac{\sin[\pi(m-2k)/2]}{\pi(m-2k)/2} \left\{ c_k^L + c_k^H (2\cos(\pi(m-2k)/2] - 1) \right\}.$$

区分奇偶 m，求得

$$c_{2m} = c_m^L + c_m^H,$$

$$c_{2m+1} = \sum_\ell \frac{2(-1)^\ell}{\pi(2\ell+1)} \left(c_{m-\ell}^L - c_{m-\ell}^H \right).$$

还可以改写为

$$c_m = 2 \sum_n \left(a_{m-2n}^L c_n^L + a_{m-2n}^H c_n^H \right). \tag{5.6.9}$$

最后一步运算可以看作是以下操作的结果:

- 将 c_n^L 和 c_n^H 与零交织（即，构建一个新的序列，其中的奇数项为 0，偶数项由连续的 c_n^L 和 c_n^H 给定）;
- 将这些交织后（"升采样"）的序列分别与滤波器 a^L 和 a^H 求卷积;
- 将两个结果相加.

式 (5.6.8) 和 (5.6.9) 可用图 5.10 示意表示.

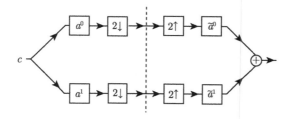

图 5.10   子带滤波方案中分解与重构阶段（用垂直虚线分隔）的示意表示. 方框中的每个字母（$a^0, a^1, \cdots$）表示与相应序列的卷积，2↓ 表示以 2 为因子的降低采样（仅保留偶数项），2↑ 表示以 2 为因子的上升采样（与零进行交织）. 在"理想"情况下 $a^0 = a^L$, $a^1 = a^H$, $\tilde{a}^0 = 2a^L$, $\tilde{a}^1 = 2a^H$, 最终结果与输入相同: $\tilde{c} = c$

理想低通滤波器 a^L 和高通滤波器 a^H 的滤波器系数 a_n^L 和 a_n^H 衰减过慢，无法使用. 实践中人们更愿意使用图 5.10 中的方案，其中滤波器 $a^0, a^1, \tilde{a}^0, \tilde{a}^1$ 的系数的衰减速度要快得多. 只有当相应的以 2π 为周期的函数 $\alpha^0, \alpha^1, \tilde{\alpha}^0, \tilde{\alpha}^1$ 比 α^L 和

α^H 更平滑时才能获得这种效果. 这就是说, 可能会出现 "混叠" 现象: $|\alpha^0|$ 和 $|\alpha^1|$ 看起来似乎是 α^L 和 α^H 的 "圆润" 版本 (参见图 5.9), 这意味着它们的支集要分别大于 $[-\pi/2,\, \pi/2]$ 和 $\{\xi;\, \pi/2 \leqslant |\xi| \leqslant \pi\}$. 结果 $\alpha^0 * \gamma$ 和 $\alpha^1 * \gamma$ 不再是最高频率为 $\pi/2$ 的带限信号, 如果在采样时还把它们当做这样的带限信号将会导致混叠, 见 2.1 节的解释. 在重构阶段必须对此进行补救: $\tilde{a}^0$ 和 $\tilde{a}^1$ 要与 a^0 和 a^1 匹配以消除在分解之后存在的混叠. 而这种 "匹配" 也只能在 a^0 和 a^1 已经进行某种匹配后才可能实现. 为了找出这些滤波器的适当条件, 使用 "z 符号" 是一种很方便的方法, 序列 $(a_n)_{n \in \mathbb{Z}}$ 可以表示为一个形式序列 $a(z) = \sum_{n \in \mathbb{Z}} a_n\, z^n$. 若 $z = e^{-i\xi}$ 在单位圆上, 则这就是一个傅里叶级数. 有时, 考虑一般的 $z \in \mathbb{C}$ 要比 $|z| = 1$ 更方便. 图 5.10 中子带滤波方案的分解步骤可重写为

$$c^0(z^2) = \frac{1}{2}\left[a^0(z)c(z) + a^0(-z)c(-z)\right],$$
$$c^1(z^2) = \frac{1}{2}\left[a^1(z)c(z) + a^1(-z)c(-z)\right].$$

这里的 $a^0(z)c(z)$ 是 a^0 与 c 卷积的 z 符号表示, $\frac{1}{2}[b(z) + b(-z)]$ 等于形式序列 $\sum_n b_{2n}\, z^{2n}$, 即消除了所有奇数项的 $b(z)$.

　　重构阶段为

$$\tilde{c}(z) = \tilde{a}^0(z)c^1(zp^2) + \tilde{a}^1(z)c^2(z^2),$$

其中 $c^j(z^2)$ 是 c^j 上采样的 z 符号表示 (已经与零交织: $c^j(z^2) = \sum_n c_n^j\, z^{2n}$). 总效果为

$$\tilde{c}(z) = \frac{1}{2}\left[\tilde{a}^0(z)a^0(z) + \tilde{a}^1(z)a^1(z)\right] c(z)$$
$$+ \frac{1}{2}\left[\tilde{a}^0(z)a^0(-z) + \tilde{a}^1(z)a^1(-z)\right] c(-z). \tag{5.6.10}$$

这个表达式的第二项包含混叠效应: $c(-z)$ 对应于傅里叶级数 $\sum_n c_n\, e^{-in\xi}$ 平移 π, 正是以奈奎斯特速率的一半进行采样时所得到的结果. 为消除混叠, 需要

$$\tilde{a}^0(z)a^0(-z) + \tilde{a}^1(z)a^1(-z) = 0. \tag{5.6.11}$$

第一种无混叠子带编码方案要追溯到 Esteban 和 Galand (1977). 与本书考虑的大多数方案一样, 他们的工作中的所有序列都是实序列. 他们选择

$$a^1(z) = a^0(-z),$$
$$\tilde{a}^0(z) = a^0(z), \tag{5.6.12}$$
$$\tilde{a}^1(z) = -a^0(-z),$$

使式 (5.6.11) 得以满足, 式 (5.6.10) 简化为

$$\tilde{c}(z) \;=\; \frac{1}{2}\,[a^0(z)^2 \;-\; a^0(-z)^2]\,c(z)\;.$$

如果 a^0 是对称的, $a^0_{-n} = a^0_n$, 则 $\alpha^1(\xi) = \sum_n a^1_n \mathrm{e}^{-in\xi}$ 是 α^0 关于 "半带" 值 $\xi = \pi/2$ 的 "镜像", 这是因为 $\alpha^1(\xi) = \sum_n a^0_n\,(-1)^n\,\mathrm{e}^{-in\xi} = \alpha^0(\pi-\xi)$. 因此, 在式 (5.6.12) 中选择的滤波器称为 "镜像正交滤波器" (quadrature mirror filter, QMF). 实践中人们喜欢使用有限脉冲响应 (finite impulse response, FIR) 滤波器, 有限脉冲响应意味着只有有限多个 a_n 不等于零. 遗憾的是, 不存在 a^0 的 FIR 选择使得 $a^0(z)^2 - a^0(-z)^2 = 2$, 所以在此方案中 $\tilde{c}$ 不会恒等于 c. 但有可能找到使 $a^0(z)^2 - a^0(-z)^2$ 接近 2 的 a^0, 使得此方案的输出接近于输入. 到目前为止, 关于各种 QMF 的设计已经有大量文献, 请参阅近十五年的 IEEE 期刊 *Trans. Acoust. Speech Signal Process*. 还有许多划分为两个以上子带的推广形式 (GQMF — 推广的 QMF).

在 Mintzer (1985)、Smith 和 Barnwell (1986)、Vetterli (1986) 等文献中提出了一种不同于 (5.6.12) 的方案:

$$\begin{aligned}
a^1(z) &= z^{-1}\,a^0(-z^{-1})\;,\\
\tilde{a}^0(z) &= a^0(z^{-1})\;,\\
\tilde{a}^1(z) &= a^1(z^{-1}) = z\,a^0(-z)\;.
\end{aligned} \tag{5.6.13}$$

容易验证, 它同样满足式 (5.6.11), 而式 (5.6.10) 变为

$$\tilde{c}(z) \;=\; \frac{1}{2}\,[a^0(z)a^0(z^{-1}) \;+\; a^0(-z)a^0(-z^{-1})]\,c(z)\;.$$

对于 $z = \mathrm{e}^{i\xi}$ 和实 a^0_n, 方括号之间的表达式变为 $\frac{1}{2}[|a^0(\mathrm{e}^{-i\xi})|^2 + |a^0(-\mathrm{e}^{-i\xi})|^2]$ $= \frac{1}{2}[|\alpha^0(\xi)|^2 + |\alpha^0(\xi+\pi)|^2]$. 于是存在 a^0 的 FIR 选择使得上式恰好为 1, 从而可以在子带滤波方案中实现准确重构. Smith 和 Barnwell (1986) 将式 (5.6.13) 中选择的滤波器 [13] 命名为 "共轭正交滤波器" (conjugate quadrature filter, CQF), 但这个术语还不像 QMF 那样普及.

在回到小波的讨论之前, 还有最后一条注释. 子带滤波的整体目的当然不只是分解和重构: 如果出于这样一个目的, 那只需要一根导线, 要比图 5.10 中的方案简单、高效得多. 这个游戏的目的是在分解与重建阶段进行一些压缩或处理. 对于许多应用 (比如图像分析) 来说, 子带滤波之后进行压缩要比未滤波之前更切实可行. 进行这种压缩 (量化) 之后的重构不再完全精确, [14] 但人们希望利用特殊设计的滤波器可以使量化失真保持很小, 同时实现较大的压缩比. 下一章会再来讨论这一内容, 不过, 届时的讨论仍然很简单.

回到正交小波基. 式 (5.6.5) 和 (5.6.6) 的结构分别与式 (5.6.8) 和 (5.6.9) 完全相同. 从多分辨率分析的一个级别到下一粗略级别及相应的小波级别, 再进行逆运

算, 这一过程可以用类似于图 5.11 的图形表示. 这里 $(\bar{h})_n = \overline{h_{-n}}$, $(\bar{g})_n = \overline{g_{-n}}$（见上文）. 如果假定 h_n 为实值, 并考虑到 $g_n = (-1)^n h_{-n+1}$, 则通过以下选择可以让图 5.11 与图 5.10 等同起来:

$$a^0(z) = h(z^{-1}) , \qquad \tilde{a}^0(z) = h(z) ,$$
$$a^1(z) = g(z^{-1}) = -z^{-1}h(-z) , \qquad \tilde{a}^1(z) = g(z) = -z\,h(-z^{-1}) .$$

在 a^1 和 $\tilde{a}^1$ 中做一个微小的符号变化, 上式就与式 (5.6.13) 完全对应. 这意味着每个与多分辨率分析相对应的正交小波基都会给出一对 CQF 滤波器, 也就是能够准确重构的子带滤波方案. 但反过来就不正确了: 在正交基构造中, 必须有 $a^0(1) = \sum_n h_n = 2^{1/2}$（见 5.3.2 节末尾的注释 5）, 但存在一些 CQF, 其中的 $a^0(1)$ 接近但不等于 $2^{1/2}$. 另外, 到目前为止我们看到的所有正交基示例都对应于具有无限支集的 $\phi^{\#}$, 因此对应于非有限序列 h_n. 就实际应用而言 FIR 滤波器更为合适. 是否有可能构造出与有限滤波器相对应的正交小波基呢? 这些滤波器对应于某种小波（比如正则小波）是什么意思呢? 小波如何应用于滤波领域呢? 所有这些问题都将在下一章讨论.

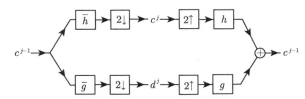

图 5.11　多分辨率分析中一个分解 + 重建步骤的子带滤波方案

附注

1. 这里选择与 Sobolev 阶梯形空间相同的嵌套顺序（下标越负, 空间越大）. 由 A. Grossmann 和 J. Morle 引入的非正交小波符号中也很自然地采用了这一顺序. 但它并非一个标准: Meyer (1990) 使用了相反顺序, 其与调和分析中已经形成的实践做法更为一致. 对于数值分析中的应用, Beylkin、Coifman 和 Rokhlin (1989) 发现这里给出的顺序最为实用.

2. 这里没有对 ϕ 的正则性和衰减特性做出要求, 这一点不同于 Meyer (1990).

3. 式 (5.1.33) 表征了所有可能出现的 $\psi^{\#}$. 由第 8 章引理 8.1.1 可得出这一结论.

4. 当 ϕ 有紧支集, 并且我们希望 ψ 拥有相同的紧支集, 则 (5.1.35) 是唯一可能的选择.

5. 人们通常认为当 ψ 连续时不存在这种"病态". 这是留给读者的又一个挑战!
　　当本书进入最后的出版流程时, 我听说 Lemarié (1991) 证明了: 若 ψ 是紧支撑的（无论连续与否）, 它自动与一个多分辨率分析相联系. 这就针对一种非常重要的特殊情形解决了这个原本悬而未决的问题.

6. 注意, 存在 $\phi^\# \in V_0$ 使得 $\phi_{0,k}^\#$ 为 V_0 的一个正交基且 $\phi^\# \in L^1(\mathbb{R})$, 这一点不同于 ϕ. 只需取 $\hat{\phi}^\#(\xi) = \lambda(\xi)\,\hat{\phi}(\xi)$, 其中 λ 以 2π 为周期, 且当 $|\xi| \leqslant \pi$ 时 $\lambda(\xi) = \text{sign}(\xi) \cdot e^{i\xi/2}$. 这个 $\hat{\phi}^\#$ 又是一个施瓦茨函数. 同样的希尔伯特变换技巧可应用于其他多分辨率分析, 比如 Battle–Lemarié 情形, 或下一章将要介绍的紧支撑 ψ 的构造.

7. 如果要求 $\hat{\phi}$ 在 $\xi = 0$ 处连续, 则 m_0 将唯一确定 $\hat{\phi}$.

8. $\hat{\phi}$ 的连续性加上 $\hat{\phi}(0) \neq 0$, 可以得出 $m_0(0) = 1$ 且 m_0 在 $\xi = 0$ 处连续. 由此可以推得 $m_0^\#$ 在 $\xi = 0$ 处连续. 由于 $|m_0^\#(\xi)|^2 + |m_0^\#(\xi + \pi)|^2 = 1$, 可推出 $|m_0^\#|$ 在 $\xi = \pi$ 处连续. 结果, 由于 ψ 必须满足容许条件, 所以 $|\hat{\psi}(\xi)| = \overline{|m_0^\#(\xi/2) + \pi)|}\,|\hat{\phi}(\xi/2)|$ 在 $\xi = 0$ 处连续, 这意味着 $m_0^\#(\pi) = 0$. 因此 $m_0(\pi) = 0$. 从而给出了式 (5.3.20) 的另一种推导.

9. 证明:

我们证明, $\sum c_{2n} = 1 = \sum c_{2n+1} \iff$ 若 $|\phi(x)| \leqslant C(1 + |x|)^{-1-\epsilon}$ 且 ϕ 连续, 则 $\sum_\ell \phi(x - \ell) = $ 常数 $\neq 0$.

$\Rightarrow$ 定义 $f(x) = \sum_\ell \phi(x - \ell)$. 关于 ϕ 的条件确保 f 具有良好定义且连续. 我们有

$$f(x) = \sum_\ell \sum_n c_n\,\phi(2x - 2\ell - n) = \sum_\ell \sum_m c_{m-2\ell}\,\phi(2x - m)$$

$$= \sum_m \left(\sum_j c_{m-2j} \right)\,\phi(2x - m) = \sum_m \phi(2x - m) = f(2x)\,.$$

因此, f 连续, 周期为 1, 且

$$f(x) = f(2x) = \cdots = f(2^n x) = \cdots\,.$$

由此可推出 f 为常值.

$\Leftarrow \sum_\ell \phi(x - \ell) = c$ 意味着 $\hat{\phi}(2\pi n) = \delta_{n0}(2\pi)^{-1/2}\,c$. 但 $\hat{\phi}(\xi) = m_0(\xi/2)\,\hat{\phi}(\xi/2)$. 因此

$$0 = \hat{\phi}(2\pi(2n+1)) = m_0(\pi(2n+1))\,\hat{\phi}(\pi(2n+1)) = m_0(\pi)\,\hat{\phi}(\pi(2n+1))\,.$$

若 $m_0(\pi) \neq 0$, 则对于所有 $n \in \mathbb{Z}$ 均有 $\hat{\phi}(\pi(2n+1)) = 0$, 这与 $\sum |\hat{\phi}(\pi + 2\pi n)|^2 > 0$ 矛盾. 因此 $m_0(\pi) = 0$, 从而 $\sum c_{2n} = 1 = \sum c_{2n+1}$. $\blacksquare$

10. 一种计算 $\sum_\ell |\hat{\phi}(\xi + 2\pi\ell)|^2$ 傅里叶系数的简单方法如下:

$$\frac{1}{2\pi} \int_0^{2\pi} d\xi\, e^{in\xi} \sum_\ell |\hat{\phi}(\xi + 2\pi\ell)|^2 = \frac{1}{2\pi} \int_{-\infty}^{\infty} d\xi\, e^{in\xi}\, |\hat{\phi}(\xi)|^2$$

$$= \frac{1}{2\pi} \int_{-\infty}^{\infty} dx\, \phi(x)\, \overline{\phi(x-n)}\,.$$

对于 B 样条 ϕ，这很容易计算. 也请参见 Chui (1992)，其给出了一个显式公式.

11. 证明:
$$f(y) = f(x) + \int_x^y \mathrm{d}z \; f'(z)$$
$\Rightarrow$ 对于 $0 \leqslant y \leqslant 2\pi$,

$$2\pi \; f(y + 2\pi\ell) = \int_0^{2\pi} \mathrm{d}x \; f(x + 2\pi\ell) + \int_0^y \mathrm{d}x \int_x^y \mathrm{d}z \; f'(z + 2\pi\ell)$$
$$- \int_y^{2\pi} \mathrm{d}x \int_y^x \mathrm{d}z \; f'(z + 2\pi\ell)$$

$\Rightarrow |f(y + 2\pi\ell)| \leqslant \frac{1}{2\pi} \int_{2\pi\ell}^{2\pi(\ell+1)} \mathrm{d}x \; |f(x)| + \int_{2\pi\ell}^{2\pi(\ell+1)} \mathrm{d}z \; |f'(z)|$

$\Rightarrow \sum_\ell |f(y + 2\pi\ell)| \leqslant (2\pi)^{-1} \int \mathrm{d}x \; |f(x)| + \int \mathrm{d}x \; |f'(x)|$. ∎

12. 若 f 以"采样"形式给出，即，如果仅知道 $f(n)$，则在假定 $f \in V_0$ 的情况下，内积 $\langle f, \phi_{0,n} \rangle$ 可以用一个卷积（或滤波）运算计算得出（f 中与 V_0 垂直的分量不能恢复）. 我们有 $f = \sum_k \langle f, \phi_{0,k} \rangle \phi_{0,k}$，因此 $f(n) = \sum_k \langle f, \phi_{0,k} \rangle \phi(n - k)$. 所以

$$\sum_n f(n) \, \mathrm{e}^{-in\xi} = \left(\sum_k \langle f, \phi_{0,k} \rangle \, \mathrm{e}^{-ik\xi} \right) \cdot \left(\sum_m \phi(m) \, \mathrm{e}^{-im\xi} \right),$$

即，$\langle f, \phi_{0,k} \rangle$ 是 $\left(\sum_n f(n) \, \mathrm{e}^{-in\xi} \right) \left(\sum_m \phi(m) \, \mathrm{e}^{-im\xi} \right)^{-1}$ 的傅里叶系数. 可推得 $\langle f, \phi_{0,k} \rangle = \sum_n a_{k-n} f(n)$，其中

$$a_m = (2\pi)^{-1} \int_0^{2\pi} \mathrm{d}\xi \; \mathrm{e}^{im\xi} \left(\sum_\ell \phi(\ell) \, \mathrm{e}^{-i\ell\xi} \right)^{-1}.$$

13. 为方便起见，他们选择 $a^1(z) = z^{2N-1} a^0(-z^{-1})$, $\tilde{a}^0(z) = z^{2N} a^0(z^{-1})$, $\tilde{a}^1(z) = z \, a^0(-z)$，而不是 (5.6.13)，$N \in \mathbb{Z}$ 的选择使 a^j 和 $\tilde{a}^j$ 是 z 中的多项式（不含负指数）. 于是可求得 $\tilde{c}(z) = z^{2N} c(z)$，对应于重构过程中的单纯延迟.

14. 这是 Esteban–Galand 型 QMF 滤波器爱好者给出的论证：它们不能从头给出精确的重建结果，但却能使重建偏差比量化误差小很多.

定理 6.1.1 若 p_1 和 p_2 是两个多项式，次数分别为 n_1 和 n_2，没有共同的零点，则存在次数分别为 $n_2 - 1$ 和 $n_1 - 1$ 的唯一多项式 q_1 和 q_2 使得

$$p_1(x)\, q_1(x) + p_2(x)\, q_2(x) = 1 \,. \tag{6.1.8}$$

证明：

1. 首先证明存在性，然后再证明唯一性. 假设 $n_1 \geqslant n_2$（必要时可重新编号）. 由于 $\mathrm{degree}\,(p_2) \leqslant \mathrm{degree}\,(p_1)$，可以找到多项式 $a_2(x)$ 和 $b_2(x)$，其中 $\mathrm{degree}\,(a_2) = \mathrm{degree}\,(p_1) - \mathrm{degree}\,(p_2)$, $\mathrm{degree}\,(b_2) < \mathrm{degree}\,(p_2)$，使得

$$p_1(x) = a_2(x)\, p_2(x) + b_2(x) \,.$$

2. 类似地，可以找到 $a_3(x)$ 和 $b_3(x)$，其中 $\mathrm{degree}\,(a_3) = \mathrm{degree}\,(p_2) - \mathrm{degree}\,(b_2)$, $\mathrm{degree}\,(b_3) < \mathrm{degree}\,(b_2)$，使得

$$p_2(x) = a_3(x)\, b_2(x) + b_3(x) \,.$$

继续这一过程，在最后一个方程中 b_{n-1} 代替 p_2，b_n 代替 b_2，

$$b_{n-1}(x) = a_{n+1}(x)\, b_n(x) + b_{n+1}(x) \,.$$

由于 $\mathrm{degree}\,(b_n)$ 是严格递减的，所以以上操作必在某点停止，而这只可能在以下情形发生：对于某个 N 有 $b_{N+1} = 0$ 且 $b_N \neq 0$，

$$b_{N-1}(x) = a_{N+1}(x)\, b_N(x) \,.$$

3. 由于

$$b_{N-2} = a_N\, b_{N-1} + b_N \,,$$

得出 b_N 也可以整除 b_{N-2}. 根据归纳法，b_N 可以整除之前的所有 b_n 和 p_2，所以 b_N 可整除 p_1 和 p_2. 由于 p_1 和 p_2 没有共同的零点，所以可得出 b_N 是一个不等于零的常数.

4. 现在有

$$b_N = b_{N-2} - a_N\, b_{N-1} = b_{N-2} - a_N(b_{N-3} - a_{N-1}\, b_{N-2})$$

$$= (1 + a_N\, a_{N-1})b_{N-2} - a_N\, b_{N-3}$$

$$\cdots$$

根据归纳法

$$b_N = \tilde{a}_{N,k}\, b_{N-k} + \tilde{\tilde{a}}_{N,k}\, b_{N-k-1} \,,$$

其中 $\tilde{a}_{N,1} = -a_N$, $\tilde{\tilde{a}}_{N,1} = 1$, $\tilde{a}_{N,k+1} = \tilde{\tilde{a}}_{N,k} - \tilde{a}_{N,k}\, a_{N-k}$, $\tilde{\tilde{a}}_{N,k+1} = \tilde{a}_{N,k}$. 再次根据归纳法，得出 $\mathrm{degree}\,(\tilde{a}_{N,k}) = \mathrm{degree}\,(b_{N-k-1}) - \mathrm{degree}\,(b_{N-1})$, $\mathrm{degree}\,(\tilde{\tilde{a}}_{N,k}) = \mathrm{degree}\,(b_{N-k}) - \mathrm{degree}\,(b_{N-1})$. 对于 $k = N - 1$ 求得

第6章

紧支撑小波的正交基

除哈尔基之外，上一章的所有正交小波基示例都由无穷支撑函数组成，这是正交化处理 (5.3.3) 的结果. 要构造其中 ψ 为紧支撑的正交示例，应当从 m_0 入手（或者从子带滤波方案入手，这是等价的，见 5.6 节），而不是从 ϕ 或 V_j 入手. 6.1 节将说明如何构造 m_0 使 (5.1.20) 和 (5.5.5) 对于某一 $N > 0$ 都得以满足（这是 ψ 具有某种正则性的必要条件）. 但是并非所有这种 m_0 都与一个正交小波基相关联，6.2 节和 6.3 节将讨论这一问题. 这两节的主要结果汇总在 6.3 节末尾的定理 6.3.6 中. 6.4 节给出了几个生成正交基的紧支撑小波示例. 所得到的正交小波基通常无法写成封闭的解析格式. 利用一种被我称为"级联算法"的算法，可以任意高的精度计算它们的曲线，这种算法事实上就是计算机辅助设计中使用的"细化格式". 所有这些内容都在 6.5 节讨论.

这些材料中有很多可追溯到 Daubechies (1988b). 对于其中很多结果，后来找到了更好更简单或更一般的证明，我优先选择这些看待事物的新方式. 这些不同方法主要摘自 Mallat (1989)、Cohen (1990)、Lawton (1990, 1991)、Meyer (1990) 以及 Cohen、Daubechies 和 Feauveau (1992). 关于与细化方程有关的联系，可参阅 Cavaretta、Dahmen 和 Micchelli (1991) 以及 Dyn 和 Levin(1990)，还有这些作者的早期论文（见 6.5 节）.

6.1 m_0 的构造

本章主要关注紧支撑小波 ψ 的构造. 确保小波 ψ 具有紧支集的最简单方法是选择具有紧支集的尺度函数 ϕ（以其正交化版本）. 随后由 h_n 的定义

$$h_n = \sqrt{2} \int \mathrm{d}x\, \phi(x)\, \overline{\phi(2x-n)}$$

可以得出只有有限多个 h_n 不为零，从而 ψ 简化为紧支撑函数的有限线性组合 [见式 (5.1.34)]，因此其本身自动拥有紧支集. 选择同时具有紧支集的 ϕ 和 ψ 还有一个好处：相应的子带滤波方案（见 5.6 节）仅使用 FIR 滤波器.

对于紧支撑的 ϕ，以 2π 为周期的函数 m_0

$$m_0(\xi) = \frac{1}{\sqrt{2}} \sum_n h_n\, \mathrm{e}^{-in\xi}$$

变为三角多项式. 如第 5 章所示 [见式 (5.1.20)]，$\phi_{0,n}$ 的正交性意味着

$$|m_0(\xi)|^2 + |m_0(\xi+\pi)|^2 = 1 \,, \tag{6.1.1}$$

其中，我们删除了"几乎处处成立"，这是因为 m_0 必然是连续的，因此，如果式 (6.1.1) 几乎处处成立，则它对于所有 ξ 也必须成立.

我们还关心让 ψ 和 ϕ 合理正则. 根据推论 5.5.4，这意味着 m_0 应当为如下形式

$$m_0(\xi) = \left(\frac{1 + \mathrm{e}^{-i\xi}}{2} \right)^N \mathcal{L}(\xi) \,, \tag{6.1.2}$$

其中 $N \geqslant 1$，$\mathcal{L}$ 为三角多项式. 注意，即使没有正则性约束，也需要 N 至少为 1 的式 (6.1.2).[1] 结合式 (6.1.1) 和 (6.1.2) 可知，我们正在寻找

$$M_0(\xi) = |m_0(\xi)|^2 \,, \tag{6.1.3}$$

它是 $\cos\xi$ 的一个多项式，满足

$$M_0(\xi) + M_0(\xi+\pi) = 1 \tag{6.1.4}$$

和

$$M_0(\xi) = \left(\cos^2 \frac{\xi}{2} \right)^N L(\xi) \,, \tag{6.1.5}$$

其中 $L(\xi) = |\mathcal{L}(\xi)|^2$ 也是 $\cos\xi$ 的一个多项式. 就我们的目的而言，将 $L(\xi)$ 重写为 $\sin^2 \xi/2 = (1-\cos\xi)/2$ 的多项式是很方便的，

$$M_0(\xi) = \left(\cos^2 \frac{\xi}{2} \right)^N P\left(\sin^2 \frac{\xi}{2} \right) \,. \tag{6.1.6}$$

用 P 表示的话，约束条件 (6.1.4) 变为

$$(1-y)^N P(y) + y^N P(1-y) = 1 \,, \tag{6.1.7}$$

它应当对于所有 $y \in [0,1]$ 成立，因此对于所有 $y \in \mathbb{R}$ 成立. 为从式 (6.1.7) 中解出 P，我们使用 Bezout 定理.[2]

$$b_N = \tilde{a}_{N,N-1}\, p_2 + \tilde{\tilde{a}}_{N,N-1}\, p_1 \,,$$

其中 $\mathrm{degree}\,(\tilde{a}_{N,N-1}) = \mathrm{degree}\,(p_1) - \mathrm{degree}\,(b_{N-1}) < \mathrm{degree}\,(p_1)$, $\mathrm{degree}\,(\tilde{\tilde{a}}_{N,N-1})$ $= \mathrm{degree}\,(p_2) - \mathrm{degree}\,(b_{N-1}) < \mathrm{degree}\,(p_2)$.[我们用到了 $\mathrm{degree}\,(b_{N-1}) \geqslant 1$, 因为如果 $\mathrm{degree}\,(b_{N-1})$ 为 0 则 b_N 必将为 0.] 由此可知 $q_1 = \tilde{\tilde{a}}_{N,N-1}/b_N$ 和 $q_2 = \tilde{a}_{N,N-1}/b_N$ 满足方程 (6.1.8), 并且满足所期望的次数限制.

5. 剩下的就是确定唯一性了. 设 q_1, q_2 和 $\tilde{q}_1$, $\tilde{q}_2$ 是方程 (6.1.8) 的两对解, 都满足次数限制. 则

$$p_1(q_1 - \tilde{q}_1) + p_2(q_2 - \tilde{q}_2) = 0 \,.$$

由于 p_1 和 p_2 没有共同零点, 这意味着 p_2 的每个零点都是 $q_1 - \tilde{q}_1$ 的一个零点, 而且至少具有相同的重数. 若 $q_1 \neq \tilde{q}_1$, 则这意味着 $\mathrm{degree}\,(q_1 - \tilde{q}_1) \geqslant \mathrm{degree}\,(p_2)$, 由于 $\mathrm{degree}\,(q_1)$, $\mathrm{degree}\,(\tilde{q}_1) < \mathrm{degree}\,(p_2)$, 所以这是不可能的. 因此 $q_1 = \tilde{q}_1$. 于是立即得出 $q_2 = \tilde{q}_2$. ∎

注释

1. 为方便后文 (第 8 章), 我们从更一般的意义上来表述 Bezout 定理, 其实超出了本章所需. 事实上, 该定理甚至在更为一般的情形上同样成立: 若 p_1 和 p_2 具有共同的零点, 当 (6.1.8) 的右侧可被 p_1 和 p_2 的最大公约数整除时, 该方程仍然可解. 其证明是一样的, 但 b_N 现在是 p_1 和 p_2 的最大公约数, 而不再是常数. 证明过程就是根据欧几里得算法来构造最大公约数. 这一方法在其他许多非多项式框架中都是有效的 (用代数术语来说, 就是在任意分次环内).

2. 由 p_1 和 p_2 的构造过程可明显看出, 若 p_1 和 p_2 仅有有理数系数, 则 q_1 和 q_2 也是如此. 这一结论会在第 8 章用到. □

现在让我们将其应用于手边的问题, 也就是 (6.1.7). 根据定理 6.1.1, 存在次数 $\leqslant N-1$ 的唯一多项式 q_1 和 q_2 使得

$$(1-y)^N q_1(y) + y^N q_2(y) = 1 \,. \tag{6.1.9}$$

式 (6.1.9) 中的 y 用 $1-y$ 代替, 得出

$$(1-y)^N q_2(1-y) + y^N q_1(1-y) = 1 \,,$$

q_1 和 q_2 的唯一性蕴涵着 $q_2(y) = q_1(1-y)$. 由此得出 $P(y) = q_1(y)$ 是 (6.1.7) 的一个解. 在这种情况下, 甚至不用欧几里得算法就能找出 q_1 的显式形式:

$$q_1(y) = (1-y)^{-N} \left[1 - y^N q_1(1-y)\right]$$

$$= \sum_{k=0}^{N-1} \binom{N+k-1}{k} y^k + O(y^N) \,,$$

其中明确写出了 $(1-y)^{-N}$ 泰勒展开式的前 N 项. 由于 $\text{degree}\,(q_1) \leqslant N-1$, 所以 q_1 等于在 N 项之后截断的泰勒展开式, 即

$$q_1(y) = \sum_{k=0}^{N-1} \binom{N+k-1}{k} y^k \,.$$

这就给出了 (6.1.7) 的显式解.[幸运的是, 它对于 $y \in [0,1]$ 是正的, 所以是 $|\mathcal{L}(\xi)|^2$ 的一个很好的候选者.] 它是唯一的最低次解, 我们用 P_N 来表示.[3] 不过, 还存在许多更高次的解. 对于任何这样一个高次解, 有

$$(1-y)^N \left[P(y) - P_N(y) \right] + y^N [P(1-y) - P_N(1-y)] = 0 \,.$$

这已经意味着 $P - P_N$ 可被 y^N 整除,

$$P(y) - P_N(y) = y^N \tilde{P}(y) \,.$$

此外,

$$\tilde{P}(y) + \tilde{P}(1-y) = 0 \,,$$

即 $\tilde{P}$ 关于 $\frac{1}{2}$ 反对称. 我们的结论可以总结如下.

命题 6.1.2 *形如*

$$m_0(\xi) = \left(\frac{1+\mathrm{e}^{-i\xi}}{2} \right)^N \mathcal{L}(\xi) \tag{6.1.10}$$

的三角多项式 m_0 满足 (6.1.1) 的充要条件是: $L(\xi) = |\mathcal{L}(\xi)|^2$ 可写为

$$L(\xi) = P(\sin^2 \xi/2) \,,$$

其中

$$P(y) = P_N(y) + y^N R(\tfrac{1}{2} - y) \,, \tag{6.1.11}$$

而

$$P_N(y) = \sum_{k=0}^{N-1} \binom{N-1+k}{k} p\, y^k \tag{6.1.12}$$

且 R 是一个奇多项式, 其选择使得在 $y \in [0,1]$ 时 $P(y) \geqslant 0$.

这一命题完全刻画了 $|m_0(\xi)|^2$ 的特征. 但我们这里需要的是 m_0 本身, 而不是 $|m_0|^2$. 那么, 如何从 L "提取出平方根" 呢? 这里, 由里斯给出的一条引理 (见 Polya 和 Szegö (1971)) 赶来救驾了.

引理 6.1.3 *设 A 是一个正的三角多项式, 在做替换 $\xi \to -\xi$ 后保持不变. A 必然为以下形式*

$$A(\xi) = \sum_{m=0}^{M} a_m \cos m\xi, \quad a_m \in \mathbb{R} \,.$$

于是, 存在一个 M 阶三角多项式 B

$$B(\xi) = \sum_{m=0}^{M} b_m \, \mathrm{e}^{im\xi}, \quad b_m \in \mathbb{R}$$

使得 $|B(\xi)|^2 = A(\xi)$.

证明:

1. 可以记 $A(\xi) = p_A(\cos\xi)$, 其中 p_A 为一个 M 阶实系数多项式. 这个多项式可做因式分解

$$p_A(c) = \alpha \prod_{j=1}^{M} (c - c_j),$$

其中, p_A 的零点 c_j 或者以复数对 c_j, $\bar{c}_j$ 的形式出现, 或者是单个实数. 我们还能写出

$$A(\xi) = \mathrm{e}^{+iM\xi} \, P_A(\mathrm{e}^{-i\xi}),$$

其中 P_A 是一个 $2M$ 阶多项式. 对于 $|z| = 1$ 有

$$\begin{aligned}
P_A(z) &= z^M \, \alpha \prod_{j=1}^{M} \left(\frac{z + z^{-1}}{2} - c_j \right) \\
&= \alpha \prod_{j=1}^{M} \left(\frac{1}{2} - c_j z + \frac{1}{2} z^2 \right),
\end{aligned} \tag{6.1.13}$$

式 (6.1.13) 左右两边的两个多项式在整个 $\mathbb{C}$ 上一致.

2. 若 c_j 为实数, 则 $\frac{1}{2} - c_j z + \frac{1}{2} z^2$ 的零点为 $c_j \pm \sqrt{c_j^2 - 1}$. 对于 $|c_j| \geqslant 1$, 存在两个实零点 (若 $c_j = \pm 1$, 则退化), 它们的形式为 r_j, r_j^{-1}. 对于 $|c_j| < 1$, 这两个零点为复共轭且绝对值为 1, 即它们的形式为 $\mathrm{e}^{i\alpha_j}$, $\mathrm{e}^{-i\alpha_j}$. 由于 $|c_j| < 1$, 所以这些零点对应于 A 的 "实际" 零点 [也就是对应于使 $A(\xi) = 0$ 的 ξ 值]. 为避免与 $A \geqslant 0$ 产生任何矛盾, 这些零点的重数必须为偶数.

3. 若 c_j 不为实数, 则将它与 $c_k = \bar{c}_j$ 一起考虑. 多项式 $\left(\frac{1}{2} - c_j z + \frac{1}{2} z^2 \right) \left(\frac{1}{2} - \bar{c}_j z + \frac{1}{2} z^2 \right)$ 有四个零点, $c_j \pm \sqrt{c_j^2 - 1}$ 和 $\bar{c}_j \pm \sqrt{\bar{c}_j^2 - 1}$. 容易验证四个零点都不相同, 构成一组四个根 z_j, z_j^{-1}, $\bar{z}_j$, $\bar{z}_j^{-1}$.

4. 于是有

$$\begin{aligned}
P_A(z) = \frac{1}{2} \, a_M & \left[\prod_{j=1}^{J} (z - z_j)(z - \bar{z}_j)(z - z_j^{-1})(z - \bar{z}_j^{-1}) \right] \\
& \cdot \left[\prod_{k=1}^{K} (z - \mathrm{e}^{i\alpha_k})^2 (z - \mathrm{e}^{-i\alpha_k})^2 \right] \cdot \left[\prod_{\ell=1}^{L} (z - r_\ell)(z - r_\ell^{-1}) \right],
\end{aligned}$$

其中, 对三种不同类型的零点进行了重新分组.

5. 对于单位圆上的 $z = \mathrm{e}^{-i\xi}$ 有

$$|(\mathrm{e}^{-i\xi} - z_0)(\mathrm{e}^{-i\xi} - \overline{z}_0^{-1})| = |z_0|^{-1} \, |\mathrm{e}^{-i\xi} - z_0|^2 .$$

因此

$$
\begin{aligned}
A(\xi) &= |A(\xi)| = |P_A(\mathrm{e}^{-i\xi})| \\
&= \left[\frac{1}{2}|a_M| \prod_{j=1}^{J} |z_j|^{-2} \prod_{k=1}^{K} |r_k|^{-1} \right] \left| \prod_{j=1}^{J} (\mathrm{e}^{-i\xi} - z_j)(\mathrm{e}^{-i\xi} - \overline{z}_j) \right|^2 \\
&\quad \cdot \left| \prod_{k=1}^{K} (\mathrm{e}^{-i\xi} - \mathrm{e}^{i\alpha_k})(\mathrm{e}^{-i\xi} - \mathrm{e}^{-i\alpha_k}) \right|^2 \cdot \left| \prod_{\ell=1}^{L} (\mathrm{e}^{-i\xi} - r_\ell) \right|^2 \\
&= |B(\xi)|^2 ,
\end{aligned}
$$

其中

$$
\begin{aligned}
B(\xi) &= \left[\frac{1}{2}|a_M| \prod_{j=1}^{J} |z_j|^{-2} \prod_{k=1}^{K} |r_k|^{-1} \right]^{1/2} \cdot \prod_{j=1}^{J} (\mathrm{e}^{-2i\xi} - 2\mathrm{e}^{-i\xi} \mathrm{Re}z_j + |z_j|^2) \\
&\quad \cdot \prod_{k=1}^{K} (\mathrm{e}^{-2i\xi} - 2\mathrm{e}^{-i\xi} \cos\alpha_j + 1) \cdot \prod_{\ell=1}^{L} (\mathrm{e}^{-i\xi} - r_\ell)
\end{aligned}
$$

显然是一个 M 阶实系数三角多项式. ∎

注释

1. 这一证明是构造性的. 但它用到了一个 M 阶多项式的因式分解, 当 M 很大且某些零点相距很近时, 这一过程必须以数值方式完成, 可能会导致问题. 注意, 在这一证明中, 只需要对阶数为 M 的多项式进行因式分解, 不像其他某些过程, 需要直接对阶数为 $2M$ 的多项式 P_A 进行因式分解.

2. 在工程文献中, 这个 "提取平方根" 的过程也称为谱分解.

3. 多项式 B 并不唯一! 例如, 当 M 为奇数时 P_A 可能有 $\frac{M-1}{2}$ 个复零点四元组和一对实零点. 在每个四元组中, 可以选择保留 z_j 和 $\overline{z}_j$ 来构建 B, 也可以选择 z_j^{-1} 和 $\overline{z}_j^{-1}$; 在每一对中, 可以选择 r_ℓ 或 r_ℓ^{-1}. 这样, 就已经存在 $2^{(M+1)/2}$ 种不同的 B 选择. 此外, 总是可以将 B 乘以 $\mathrm{e}^{in\xi}$, n 是 $\mathbb{Z}$ 中的任意值. □

命题 6.1.2 和引理 6.1.3 一同告诉我们如何构造所有满足 (6.1.1) 和 (6.1.2) 的三角多项式 m_0. 但还不清楚是否任意一个这样的 m_0 都能导出一个正交小波基. 事实上, 有些确实不能. 接下来的两节将讨论这个话题. 希望略过大多数技术细节的读者可以在 6.3 节末尾的定理 6.3.6 中找到汇总于其中的主要结果.

6.2　与正交小波基的对应关系

首先为候选的尺度函数 ϕ 推导一个公式. 完成这一工作后, 再来检查这个候选函数在什么情况下确实会定义一个真正的多分辨率分析.

如果一个三角多项式 m_0 与一个多分辨率分析相关联, 如 5.1 节, 并且相应的 ϕ 属于 $L^1(\mathbb{R})$, 则可知对于所有 ξ 有

$$\hat{\phi}(\xi) = m_0(\xi/2)\,\hat{\phi}(\xi/2)\ . \tag{6.2.1}$$

[见 (5.1.17). $\hat{\phi}$ 和 m_0 的连续性允许去掉 "几乎处处成立".] 此外, 由命题 5.3.2 后面的注释 3 可知必有 $\hat{\phi}(0) \neq 0$, 因此 $m_0(0) = 1$. 由于 (6.1.1) 的原因, 这又可推出 $m_0(\pi) = 0$. 由此可以推出对于所有 $k \in \mathbb{Z}$ 且 $k \neq 0$ 有

$$\begin{aligned}
\hat{\phi}(2k\pi) &= \hat{\phi}(2\,2^\ell(2m+1)\pi) &&(\text{对于某 } \ell \geqslant 0,\ m \in \mathbb{Z}) \\
&= \left[\prod_{j=1}^{\ell} m_0(2^{\ell+1-j}(2m+1)\pi)\right] m_0((2m+1)\pi)\,\hat{\phi}((2m+1)\pi) \\
&= m_0(\pi)\,\hat{\phi}((2m+1)\pi) = 0\ .
\end{aligned}$$

由于 $\sum_\ell\ |\hat{\phi}(\xi + 2\pi\ell)|^2 = (2\pi)^{-1}$[见 (5.1.19)], 所以这确定了 ϕ 的归一化: $|\hat{\phi}(0)| = (2\pi)^{-1/2}$, 或 $|\int \mathrm{d}x\ \phi(x)| = 1$. 选择 ϕ 使得 $\int \mathrm{d}x\ \phi(x) = 1$ 是很方便的做法. 考虑所有这些因素, 由式 (6.2.1) 可以得出

$$\hat{\phi}(\xi) = (2\pi)^{-1/2} \prod_{j=1}^{\infty} m_0(2^{-j}\xi)\ . \tag{6.2.2}$$

这个无穷乘积是有意义的: 因为 $\sum_n\ |h_n|\,|n| < \infty$, 并且 $m_0(0) = 1$, $m_0(\xi) = 2^{-1/2} \sum_n h_n\,\mathrm{e}^{-in\xi}$ 满足

$$|m_0(\xi)| \leqslant 1 + |m_0(\xi) - 1| \leqslant 1 + \sqrt{2} \sum_n |h_n|\,|\sin n\xi/2| \leqslant 1 + C|\xi| \leqslant \mathrm{e}^{C|\xi|}\ ,$$

因此

$$\prod_{j=1}^{\infty} |m_0(2^{-j}\xi)| \leqslant \exp\left(\sum_{j=1}^{\infty} C|2^{-j}\xi|\right) \leqslant \mathrm{e}^{C|\xi|}\ .$$

所以式 (6.2.2) 右侧的无穷乘积在紧支集中一致绝对收敛.[4]

只要 $\phi \in L^1$, 并且 h_n 具有足够的衰减特性, 所有这些都是适用的. 在目前的情形中, m_0 是一个三角多项式 (只有有限多个 h_n 不等于零), 我们是在寻找具有紧支撑的 ϕ. 结合明显的约束条件 $\phi \in L^2$, ϕ 的紧支撑意味着 $\phi \in L^1$, 因此上述讨论是适用的. 于是可以得出, 对于在 6.1 节构造的三角多项式 m_0, 式 (6.2.2) 是唯一可能与其相对应的候选尺度函数 (仅相差一常数相位因子的函数被看作同一函数). 现在需要验证 ϕ 满足尺度函数的一些基本要求. 首先, ϕ 是平方可积的:

引理 6.2.1 (Mallat (1989)) 若 m_0 是一个以 2π 为周期的函数，满足 (6.1.1)，并且 $(2\pi)^{-1/2} \prod_{j=1}^{\infty} m_0(2^{-j}\xi)$ 几乎处处逐点收敛，则它的极限 $\hat{\phi}(\xi)$ 属于 $L^2(\mathbb{R})$，且 $\|\phi\|_{L^2} \leqslant 1$.

证明：

1. 定义 $f_k(\xi) = (2\pi)^{-1/2} \left[\prod_{j=1}^{k} m_0(2^{-j}\xi) \right] \chi_{[-\pi,\pi]}(2^{-k}\xi)$，其中，若 $|\zeta| \leqslant \pi$ 则 $\chi_{[-\pi,\pi]}(\zeta) = 1$，否则 $\chi_{[-\pi,\pi]}(\zeta) = 0$. 则 $f_k \longrightarrow \hat{\phi}$ 几乎处处逐点成立.

2. 此外，

$$\int \mathrm{d}\xi \, |f_k(\xi)|^2 = (2\pi)^{-1} \int_{-2^k\pi}^{2^k\pi} \mathrm{d}\xi \prod_{j=1}^{k} |m_0(2^{-j}\xi)|^2$$

$$= (2\pi)^{-1} \int_{0}^{2^{k+1}\pi} \mathrm{d}\xi \prod_{j=1}^{k} |m_0(2^{-j}\xi)|^2 \quad （\text{根据 } m_0 \text{ 以 } 2\pi \text{ 为周期}）$$

$$= (2\pi)^{-1} \int_{0}^{2^k\pi} \mathrm{d}\xi \left[\prod_{j=1}^{k-1} |m_0(2^{-j}\xi)|^2 \right] \left[|m_0(2^{-k}\xi)|^2 + |m_0(2^{-k}\xi + \pi)|^2 \right]$$

$$= (2\pi)^{-1} \int_{0}^{2^k\pi} \mathrm{d}\xi \prod_{j=1}^{k-1} |m_0(2^{-j}\xi)|^2 \quad （\text{根据 } (6.1.1)）$$

$$= \|f_{k-1}\|^2 .$$

3. 由此得出，对于所有 k，

$$\|f_k\|^2 = \|f_{k-1}\|^2 = \cdots = \|f_0\|^2 = 1 .$$

因此，根据法图引理，

$$\int \mathrm{d}\xi \, |\hat{\phi}(\xi)|^2 \leqslant \lim_{k \to \infty} \sup \int \mathrm{d}\xi \, |f_k(\xi)|^2 \leqslant 1 . \quad \blacksquare$$

其次，由于 m_0 是一个三角多项式，所以下面摘自 Deslauriers 和 Dubuc (1987) 文献的引理证明了 ϕ 具有紧支集.

引理 6.2.2 若 $\Gamma(\xi) = \sum_{n=N_1}^{N_2} \gamma_n \, e^{-in\xi}$，其中 $\sum_{n=N_1}^{N_2} \gamma_n = 1$，则 $\prod_{j=1}^{\infty} \Gamma(2^{-j}\xi)$ 是一个指数型的整函数. 特别地，它是支撑集为 $[N_1, N_2]$ 的一个分布的傅里叶变换.

证明： 由 Paley–Wiener 分布函数定理，只需证明 $\prod_{j=1}^{\infty} \Gamma(2^{-j}\xi)$ 是一个指数型整函数，对于某些 C_1, C_2, M_1, M_2，其界限为

$$\left| \prod_{j=1}^{\infty} \Gamma(2^{-j}\xi) \right| \leqslant C_1 (1+|\xi|)^{M_1} \exp\left(N_1 |\mathrm{Im}\,\xi|\right), \quad \text{若 } \mathrm{Im}\,\xi \geqslant 0,$$

$$\left| \prod_{j=1}^{\infty} \Gamma(2^{-j}\xi) \right| \leqslant C_2 (1+|\xi|)^{M_2} \exp\left(N_2 |\mathrm{Im}\,\xi|\right), \quad \text{若 } \mathrm{Im}\,\xi \leqslant 0.$$

我们只证明第一个界, 第二个界的证明完全类似. 定义

$$\Gamma_1(\xi) = \mathrm{e}^{iN_1\xi}\,\Gamma(\xi) = \sum_{n=0}^{N_2-N_1} \gamma_{n+N_1}\,\mathrm{e}^{-in\xi}.$$

则

$$\prod_{j=1}^{\infty} \Gamma(2^{-j}\xi) = \mathrm{e}^{-iN_1\xi} \prod_{j=1}^{\infty} \Gamma_1(2^{-j}\xi),$$

因此只需证明, 当 $\mathrm{Im}\,\xi \geqslant 0$ 时 $\prod_{j=1}^{\infty} \Gamma_1(2^{-j}\xi)$ 有一个多项式界. 对于 $\mathrm{Im}\,\zeta \geqslant 0$ 我们有

$$|\Gamma_1(\zeta) - 1| \leqslant \sum_{n=0}^{N_2-N_1} |\gamma_{n+N_1}|\, |\mathrm{e}^{-in\zeta} - 1|$$

$$\leqslant 2 \sum_{n=0}^{N_2-N_1} |\gamma_{n+N_1}|\, \min\left(1, n|\zeta|\right)$$

$$\leqslant C\, \min\left(1, |\zeta|\right).$$

任取满足 $\mathrm{Im}\,\xi \geqslant 0$ 的 ξ. 若 $|\xi| \leqslant 1$, 则

$$\left| \prod_{j=1}^{\infty} \Gamma_1(2^{-j}\xi) \right| \leqslant \prod_{j=1}^{\infty} [1 + C\, 2^{-j}]$$

$$\leqslant \prod_{j=1}^{\infty} \exp\left(2^{-j}C\right) \leqslant \mathrm{e}^{C}. \tag{6.2.3}$$

若 $|\xi| \geqslant 1$, 则存在 $j_0 \geqslant 0$ 使得 $2^{j_0} \leqslant |\xi| < 2^{j_0+1}$ 且

$$\left| \prod_{j=1}^{\infty} \Gamma_1(2^{-j}\xi) \right| \leqslant \prod_{j=1}^{j_0+1} (1+C) \left| \prod_{j=1}^{\infty} \Gamma_1(2^{-j}\, 2^{-j_0-1}\xi) \right|$$

$$\leqslant (1+C)^{j_0+1}\, \mathrm{e}^{C}$$

$$\leqslant \mathrm{e}^{C}\, (1+C)\, \exp\left[\ln(1+C)\, \ln|\xi|/\ln 2\right]$$

$$\leqslant (1+C)\, \mathrm{e}^{C}\, |\xi|^{\ln(1+C)/\ln 2}. \tag{6.2.4}$$

当 $|\xi| \leqslant 1$ 时使用 (6.2.3), 当 $|\xi| \geqslant 1$ 时使用 (6.2.4), 结合两式即可确定所需的多项式界. ∎

到目前为止一切均好. 但所有这些还不足以确定一个真正的尺度函数. 一个反例就是

$$m_0(\xi) = \left(\frac{1 + e^{-i\xi}}{2} \right) (1 - e^{-i\xi} + e^{-2i\xi})$$

$$= \frac{1 + e^{-3i\xi}}{2} = e^{-3i\xi/2} \cos \frac{3\xi}{2} .$$

它满足 (6.1.1), 而且 $m_0(0) = 1$. 将其代入式 (6.2.2) 将得出 [5]

$$\hat{\phi}(\xi) = (2\pi)^{-1/2} e^{-3i\xi/2} \frac{\sin 3\xi/2}{3\xi/2}$$

或者

$$\phi(x) = \begin{cases} \frac{1}{3}, & 0 \leqslant x \leqslant 3 , \\ 0, & \text{其他} . \end{cases}$$

这不是一个"很好的"尺度函数: 尽管 m_0 满足 (6.1.1), 但 $\phi_{0,n}(x) = \phi(x-n)$ 不正交. 换个角度来看, 式 (5.1.19) 也得不到满足:

$$\sum_\ell |\hat{\phi}(\xi + 2\pi\ell)|^2 = (2\pi)^{-1} \left[\frac{1}{3} + \frac{4}{9} \cos \xi + \frac{2}{9} \cos 2\xi \right] .$$

注意, 这意味着对于 $\xi = \frac{2\pi}{3}$ 有 $\sum_\ell |\hat{\phi}(\xi + 2\pi\ell)|^2 = 0$, 因此, 即使 (5.3.2) 也未能满足: $\phi_{0,n}$ 甚至不是它们所张成空间的里斯基. [6]

为避免这种不幸, 必须对 m_0 附加更多条件, 确保 ϕ 生成一个真正的多分辨率分析. 这些条件确保对于所有 ξ 都有

$$\sum_\ell |\hat{\phi}(\xi + 2\pi\ell)|^2 = (2\pi)^{-1}. \tag{6.2.5}$$

一旦满足了 (6.2.5), 其他一切就都解决了: 空间 $V_j = \overline{\text{Span}\{\phi_{j,n}; n \in \mathbb{Z}\}}$ 构成一个多分辨率分析（根据 5.3.2 节), 在每个 V_j 中 $(\phi_{j,n})_{n\in\mathbb{Z}}$ 构成一个正交基. 我们将 ψ 定义为

$$\psi(x) = \sqrt{2} \sum_n (-1)^n \overline{h_{-n+1}} \phi(2x - n); \tag{6.2.6}$$

这自然是紧支撑的, 因为 ϕ 是紧支撑的, 而且只有有限多个 h_n 不等于零. $(\psi_{j,k})_{j,k\in\mathbb{Z}}$ 于是构成了 $L^2(\mathbb{R})$ 上的紧支撑小波正交基.

在讨论如何对 m_0 施加条件以确保 (6.2.5) 成立之前, 先来看一点说明: 即使 (6.2.5) 不满足, 由 (6.2.6) 定义的函数 ψ 也仍然会生成一个紧框架, Lawton (1990) 对此进行了证明.

命题 6.2.3　　令 m_0 为满足 (6.1.1) 的三角多项式，且 $m_0(0) = 1$，令 ϕ 和 ψ 是由 (6.2.2) 和 (6.2.6) 定义的紧支撑 L^2 函数. 和通常一样，定义 $\psi_{j,k}(x) = 2^{-j/2}\,\psi(2^{-j}x - k)$. 则对于所有 $f \in L^2(\mathbb{R})$ 有

$$\sum_{j,k\in\mathbb{Z}} |\langle f,\,\psi_{j,k}\rangle|^2 = \|f\|^2\,,$$

即，$(\psi_{j,k};\ j,k \in \mathbb{Z})$ 构成了 $L^2(\mathbb{R})$ 的一个紧框架.

证明:

1. 首先回忆一下，式 (6.1.1) 还可写为

$$\sum_m h_m\,\overline{h_{m+2k}} = \delta_{k,0}\,. \tag{6.2.7}$$

[见式 (5.1.39)].

2. 取 f 为紧支撑，且属于 C^∞. 于是 $\sum_k |\langle f,\,\phi_{j,k}\rangle|^2$ 对于所有 j 收敛:

$$\sum_k |\langle f,\,\phi_{j,k}\rangle|^2 \leqslant 2^{-j}\sum_k \left[\int \mathrm{d}x\,|f(x)|\,|\phi(2^{-j}x - k)|\right]^2$$

$$\leqslant \|f\|_\infty^2\,|\mathrm{support}(f)|\,2^{-j}\sum_k \int_{x\in\mathrm{support}(f)} \mathrm{d}x\,|\phi(2^{-j}x - k)|^2$$

$$\leqslant \|f\|_\infty^2\,|\mathrm{support}(f)|\,\sum_k \int_{y\in 2^{-j}\,\mathrm{support}(f)} \mathrm{d}y\,|\phi(y - k)|^2\,. \tag{6.2.8}$$

选择 K 使得 $2^{-j}\,\mathrm{support}(f) \cap [2^{-j}\,\mathrm{support}(f) + k]$ 在 $k \geqslant K$ 时为空. 则

$$\sum_{k\in\mathbb{Z}} \int_{y\in 2^{-j}\,\mathrm{support}(f)} \mathrm{d}y\,|\phi(y - k)|^2$$

$$= \sum_{m\in\mathbb{Z}} \sum_{\ell=0}^{K-1} \int_{y\in 2^{-j}\,\mathrm{support}(f)} \mathrm{d}y\,|\phi(y - mK - \ell)|^2$$

$$\leqslant \sum_{\ell=0}^{K-1} \int \mathrm{d}y\,|\phi(y - \ell)|^2$$

[因为对于每个 ℓ 集合

$(2^{-j}\mathrm{support}(f) + \ell + mK)_{m\in\mathbb{Z}}$ 不重叠]

$$\leqslant K\,\|\phi\|^2\,.$$

同理，$\sum_k |\langle f,\,\psi_{j,k}\rangle|^2$ 对于所有 j 收敛.

3. 因为 $\phi = \sum_n h_n\phi_{-1,n}$，$\psi = \sum_n (-1)^n\,\overline{h_{-n+1}}\,\phi_{-1,n}$，所以有

$$\sum_k \left[|\langle f,\,\phi_{0,k}\rangle|^2 + |\langle f,\,\psi_{0,k}\rangle|^2\right]$$

$$= \sum_k \sum_{m,n} \left[h_{n-2k}\,\overline{h_{m-2k}} + (-1)^{n+m}\,\overline{h_{-n+1+2k}}\,h_{-m+1+2k}\right]$$

$$\cdot \langle f,\,\phi_{-1,n}\rangle\langle\phi_{-1,m},\,f\rangle\,. \tag{6.2.9}$$

容易验证式 (6.2.9) 的右侧绝对可和（根据只有有限多个 h_n 不为零），因此可以颠倒求和顺序.

4. 若 n 和 m 都是偶数，$n = 2r$, $m = 2s$，我们有

$$\sum_k \left[h_{2r-2k} \overline{h_{2s-2k}} + \overline{h_{-2r+2k+1}}\, h_{-2s+2k+1} \right]$$

$$= \sum_k h_{2r-2k} \overline{h_{2s-2k}} + \sum_\ell \overline{h_{2s-2\ell+1}}\, h_{2r-2\ell+1}$$

（代入 $k = s + r - \ell$）

$$= \sum_p h_{2r-p} \overline{h_{2s-p}} = \delta_{r,s} = \delta_{n,m} \quad [\text{根据 } (6.2.7)] .$$

同理，对于均为奇数的 $n = 2r+1$ 和 $m = 2s+1$，我们有

$$\sum_k \left[h_{2r+1-2k} \overline{h_{2s+1-2k}} + \overline{h_{-2r+2k}}\, h_{-2s+2k} \right] = \delta_{r,s} = \delta_{n,m} .$$

5. 若 $n = 2r$ 为偶数，且 $m = 2s+1$ 为奇数，则

$$\sum_k \left[h_{2r-2k} \overline{h_{2s+1-2k}} - \overline{h_{-2r+2k+1}}\, h_{-2s+2k} \right]$$

$$= \sum_k h_{2r-2k} \overline{h_{2s+1-2k}} - \sum_\ell \overline{h_{2s+1-2\ell}}\, h_{2r-2\ell}$$

（代入 $k = s + r - \ell$）

$$= 0 = \delta_{n,m} .$$

6. 这就证明了对于所有 m, n 有

$$\sum_k \left[h_{n-2k} \overline{h_{m-2k}} + (-1)^{n+m} \overline{h_{-n+1+2k}}\, h_{-m+1+2k} \right] = \delta_{m,n}.$$

因此

$$\sum_k \left[|\langle f, \phi_{0,k} \rangle|^2 + |\langle f, \psi_{0,k} \rangle|^2 \right] = \sum_m |\langle f, \phi_{-1,m} \rangle|^2 .$$

通过"折叠嵌套"，我们有

$$\sum_{j=-J+1}^{J} \sum_{k \in \mathbb{Z}} |\langle f, \psi_{j,k} \rangle|^2 = \sum_k |\langle f, \phi_{-J,k} \rangle|^2 - \sum_k |\langle f, \phi_{J,k} \rangle|^2 . \tag{6.2.10}$$

7. 利用证明命题 5.3.1 时第 3、4 点的相同估计可以证明，对于固定的连续紧支撑 f，对于任意小的 ϵ，只要 J 足够大（J 依赖于 f 和 ϵ），即可满足 $\sum_k |\langle f, \phi_{J,k} \rangle|^2 \leqslant \epsilon$. 同理，证明命题 5.3.2 时第 3 点中的估计值可导出

$$\sum_k |\langle f, \phi_{-J,k}\rangle|^2 = 2\pi \int d\xi \, |\hat{\phi}(2^{-J}\xi)|^2 \, |\hat{f}(\xi)|^2 + R \, , \tag{6.2.11}$$

当 J 足够大时 $|R| \leqslant \epsilon$. 由于 $\hat{\phi}$ 在 $\xi = 0$ 处连续且 $\hat{\phi}(0) = (2\pi)^{-1/2}$, 所以式 (6.2.11) 右侧第一项在 $J \to \infty$ 时收敛于 $\int d\xi \, |\hat{f}(\xi)|^2$（由控制收敛定理: 对于所有 ξ 有 $|\hat{\phi}(\xi)| \leqslant (2\pi)^{-1/2}$, 因为根据式 (6.1.1) 可知 $|m_0| \leqslant 1$). 将所有这些与式 (6.2.10) 结合在一起可知, 对于所有紧支撑 C^∞ 函数 f 有

$$\sum_{j,k \in \mathbb{Z}} |\langle f, \psi_{j,k}\rangle|^2 = \|f\|^2.$$

因为它们构成了 L^2 中的一个稠密集, 所以根据标准稠密性诊断, 此结果可延拓到整个 $L^2(\mathbb{R})$. ■

无需对 m_0 设置任何附加条件, 我们已经获得了一个框架常量为 1 的紧框架. 根据命题 3.2.1, 这个框架是正交基的充要条件是 $\|\psi\| = 1$（利用对于所有 $j, k \in \mathbb{Z}$ 有 $\|\psi_{j,k}\| = \|\psi\|$）, 或者等价的, 对于所有 $k \in \mathbb{Z}$ 有 $\int dx \, \psi(x) \, \overline{\psi(x-k)} = \delta_{k,0}$.[7] 这又等价于 $\sum_\ell |\hat{\psi}(\xi + 2\pi\ell)|^2 = (2\pi)^{-1}$. 利用 $|\hat{\psi}(\xi)| = |m_0(\xi/2 + \pi)| \, |\hat{\phi}(\xi/2)|$[式 (6.2.6) 的结果], 这可以改写为

$$|m_0(\xi/2 + \pi)|^2 \, \alpha(\xi/2) + |m_0(\xi/2)|^2 \, \alpha(\xi/2 + \pi) = 1 \, , \tag{6.2.12}$$

其中 $\alpha(\zeta) = 2\pi \sum_\ell |\hat{\phi}(\zeta + 2\pi\ell)|^2$. 这等价于

$$|m_0(\zeta)|^2 \, [\alpha(\zeta + \pi) - 1] + |m_0(\zeta + \pi)|^2 \, [\alpha(\zeta) - 1] = 0 \, . \tag{6.2.13}$$

我们有 $m_0(\zeta) = \frac{1}{\sqrt{2}} \sum_{n=N_1}^{N_2} h_n \, e^{-in\zeta}$, 其中 $h_{N_1} \neq 0 \neq h_{N_2}$, 所以 $|m_0(\zeta)|^2$ 是 $\cos\zeta$ 的一个多项式, 次数为 $N_2 - N_1$. 另一方面, $\alpha(\zeta) = \sum_\ell \alpha_\ell \, e^{-i\ell\zeta}$, 当 $\ell \geqslant N_2 - N_1$ 时 $\alpha_\ell = (2\pi)^{-1} \int d\xi \, e^{i\ell\xi} \, |\hat{\phi}(\xi)|^2 = (2\pi)^{-1} \int dx \, \phi(x) \, \overline{\phi(x-\ell)} = 0$, 这是因为 support $\phi \subset [N_1, N_2]$. 因此 $\alpha(\zeta) - 1$ 是 $\cos\zeta$ 的一个多项式, 次数为 $N_2 - N_1 - 1$. 但是, 根据式 (6.2.13), 只要 $|m_0(\zeta)|^2$ 为零, $\alpha(\zeta) - 1$ 就为零 [$|m_0(\zeta)|^2$ 和 $|m_0(\zeta+\pi)|^2$ 没有共同的零点], 因此这个多项式至少有 $N_2 - N_1$ 个零点（重数计算在内）. 因为它的次数为 $N_2 - N_1 - 1$, 所以它必须恒等于零, 即 $\alpha(\zeta) \equiv 1$, 因此 $\sum_\ell |\hat{\phi}(\zeta + 2\pi\ell)|^2 = (2\pi)^{-1}$. 这是另外一种推导方法, 用以证明式 (6.2.5) 是 $\psi_{j,k}$ 构成正交基的充要条件.

在上面看到的非正交示例中, 当 $m_0(\xi) = \frac{1}{2}(1 + e^{-3i\xi})$ 时, 用于计算 ψ 的式 (6.2.6) 可导出

$$\psi(x) = \begin{cases} \dfrac{1}{3} \, , & 0 \leqslant x < \dfrac{3}{2} \, , \\[2mm] -\dfrac{1}{3} \, , & \dfrac{3}{2} \leqslant x < 3 \, , \\[2mm] 0 \, , & \text{其他} \, . \end{cases}$$

在这种情况下 ψ 没有归一化, $\|\psi\| = 3^{-1/2}$. 如果定义 $\tilde{\psi} = \|\psi\|^{-1}\psi$, 则 $\tilde{\psi}_{j,k}$ 是归一化的, 构成框架常数为 3 的紧框架: 框架的 "冗余因子" 为 3. 一旦认识到 $(\tilde{\psi}_{j,k})_{j,k\in\mathbb{Z}}$ 族可以看作是一个 "拉伸" 哈尔基进行三次平移副本的组合, 这就不足为奇了:

$$\tilde{\psi}_{j,3k} = D_3\, \psi_{j,k}^{\mathrm{Haar}},$$
$$(\tilde{\psi}_{j,3k+1})(x) = \left(D_3\, \psi_{j,k}^{\mathrm{Haar}}\right)(x - 1/3),$$
$$(\tilde{\psi}_{j,3k+2})(x) = \left(D_3\, \psi_{j,k}^{\mathrm{Haar}}\right)(x - 2/3),$$

其中 $(D_3 f)(x) = 3^{1/2}\, f(3x)$.

让我们回到条件 (6.2.5),

$$\sum_\ell |\hat\phi(\xi + 2\pi\ell)|^2 = (2\pi)^{-1},$$

或其等价形式

$$\int \mathrm{d}x\, \phi(x)\, \overline{\phi(x-n)} = \delta_{n,0}. \tag{6.2.14}$$

人们已经制定了几种策略, 分别与 m_0 的条件相对应, 确保式 (6.2.5) 或 (6.2.14) 成立. 这些策略大多需要证明: 在证明引理 6.2.1 时引入的截断函数 f_k (或某一其他截断函数族) 不仅逐点收敛于 $\hat\phi$, 而且在 $L^2(\mathbb{R})$ 上也收敛于该函数. 不难证明, 对于每个固定的 k 值 $\{f_k(\cdot - n); \, n \in \mathbb{Z}\}$ 是正交的, 所以这个 L^2 收敛自动蕴涵着式 (6.2.14). 关于 m_0 的条件足以确保这个 L^2 收敛 (例如) 为

- $$\inf_{|\xi|\leqslant\pi/2} |m_0(\xi)| > 0 \quad \text{[Mallat (1989)]} \tag{6.2.15}$$

或

- $$m_0(\xi) = \left(\frac{1 + e^{i\xi}}{2}\right)^N \mathcal{L}(\xi),$$

其中

$$\sup_\xi |\mathcal{L}(\xi)| \leqslant 2^{N-1/2} \quad \text{[Daubechies (1988b)]}. \tag{6.2.16}$$

这些条件都不是必要条件, 但却都涵盖了许多很有意义的例子. $|\mathcal{L}|$ 中优于式 (6.2.16) 的界会得出 ϕ 和 ψ 的正则性, 第 7 章会再回来讨论这一主题. 后来发现了对 m_0 的充要条件. 下一节将详细讨论这一内容.

6.3 正交的充要条件

Cohen (1990) 确定了关于 m_0 的一个条件, 这是确保 f_k 为 L^2 收敛的第一个充要条件. Cohen 的条件涉及 m_0 零点集的结构. 在开始介绍他的结果之前, 先来引入一个新概念会比较方便.

定义. 一个紧集 K 称为关于模 2π 与 $[-\pi, \pi]$ 同余, 如果

1. $|K| = 2\pi$;

2. 对于所有 $\xi \in [-\pi, \pi]$, 存在 $\ell \in \mathbb{Z}$ 使得 $\xi + 2\ell\pi \in K$.

　　典型地, 这样一个与 $[-\pi, \pi]$ 同余的紧集 K 可看作是对 $[-\pi, \pi]$ 执行一些 "复制粘贴工作" 的结果. 图 6.1 中给出一个例子. 我们现在做好表述和证明 Cohen 定理的准备了.

定理 6.3.1 [Cohen (1990)] 设 m_0 是一个满足 (6.1.1) 的三角多项式, 且 $m_0(0) = 1$, 并定义 ϕ 如 (6.2.2) 所示. 则以下条件是等价的:

1.

$$\int \mathrm{d}x \; \phi(x) \; \overline{\phi(x-n)} = \delta_{n,0} \; . \tag{6.3.1}$$

2. 存在一个紧集 K, 它关于模 2π 与 $[-\pi, \pi]$ 同余, 并且包含 0 的一个邻域, 满足

$$\inf_{k>0} \inf_{\xi \in K} |m_0(2^{-k}\xi)| > 0 \; . \tag{6.3.2}$$

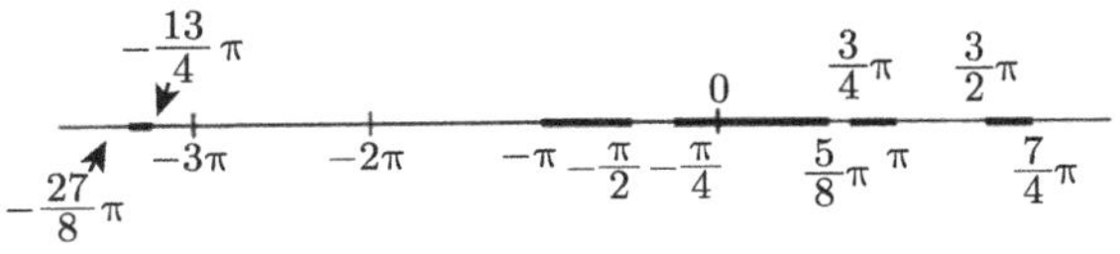

图 6.1　$K = \left[-\frac{27}{8}\pi, -\frac{13}{4}\pi\right] \cup \left[-\pi, -\frac{\pi}{2}\right] \cup \left[-\frac{\pi}{4}, \frac{5\pi}{8}\right] \cup \left[\frac{3\pi}{4}, \pi\right] \cup \left[\frac{3\pi}{2}, \frac{7\pi}{4}\right]$ 是一个关于模 2π 与 $[-\pi, \pi]$ 同余的紧集, 可以看作从 $[-\pi, \pi]$ 中剪去 $[-\pi/2, -\pi/4]$ 和 $[5\pi/8, 3\pi/4]$, 然后将第一段右移 2π, 将第二段左移 4π

注释. 条件 (6.3.2) 看起来可能有些理论化了, 很难在实践中验证. 但别忘了, K 是一个紧集, 因此是有界的: $K \subset [-R, R]$. 根据 m_0 的连续性及 $m_0(0) = 1$ 可以推出: 若 k 大于某个 k_0, $|m_0(2^{-k}\xi)| > \frac{1}{2}$ 对于所有 $|\xi| \leqslant R$ 一致成立. 这意味着 (6.3.2) 简化为要求 k_0 个函数 $m_0(\xi/2), m_0(\xi/4), \cdots, m_0(2^{-k_0}\xi)$ 在 K 上没有零点, 或者等价地说, m_0 在 $K/2, K/4, \cdots, 2^{-k_0}K$ 中没有零点. 这样就容易理解得多了!　　□

定理 6.3.1 的证明:

1. 首先证明 (1) $\Rightarrow$ (2).
   设 (6.3.1) 成立, 或等价地 $\sum_\ell |\hat{\phi}(\xi + 2\pi\ell)|^2 = (2\pi)^{-1}$. 于是, 对于所有 $\xi \in [-\pi, \pi]$, 存在 $\ell_\xi \in \mathbb{N}$ 使得

$$\sum_{|\ell| \leqslant \ell_\xi} |\hat{\phi}(\xi + 2\pi\ell)|^2 \geqslant (4\pi)^{-1} \; .$$

由于 $\hat{\phi}$ 连续，所以有限和 $\sum_{|\ell|\leqslant\ell_\xi}|\hat{\phi}(\cdot+2\pi\ell)|^2$ 也连续. 因此，对于 $[-\pi,\pi]$ 中的每个 ξ，存在一个邻域 $\{\zeta;|\zeta-\xi|\leqslant R_\xi\}$ 使得对于这一邻域中的所有 ζ 都有

$$\sum_{|\ell|\leqslant\ell_\xi}|\hat{\phi}(\zeta+2\pi\ell)|^2 \geqslant (8\pi)^{-1}.$$

由于 $[-\pi,\pi]$ 是紧集，所以区间族 $\{\zeta;|\zeta-\xi|\leqslant R_\xi\}$ 存在一个有限子集，仍能覆盖 $[-\pi,\pi]$. 取 ℓ_0 为与这个有限覆盖相关联的最大 ℓ_{ξ_j}. 则对于所有 $\zeta\in[-\pi,\pi]$ 有

$$\sum_{|\ell|\leqslant\ell_0}|\hat{\phi}(\zeta+2\pi\ell)|^2 \geqslant (8\pi)^{-1}. \tag{6.3.3}$$

2. 可得出，对于每个 $\xi\in[-\pi,\pi]$，存在介于 $-\ell_0$ 和 ℓ_0 之间的 ℓ 使得 $|\hat{\phi}(\xi+2\pi\ell)|\geqslant[8\pi(2\ell_0+1)]^{-1/2}=C$. 现在，对于 $-\ell_0\leqslant\ell\leqslant\ell_0$，将集合 S_ℓ 定义为

$$S_0=\{\xi\in[-\pi,\pi];|\hat{\phi}(\xi)|\geqslant C\}$$

以及，对于 $\ell\neq0$,

$$S_\ell=\left\{\xi\in[-\pi,\pi]\backslash\left(\bigcup_{k=-\ell_0}^{\ell-1}S_k\cup S_0\right);|\hat{\phi}(\xi+2\pi\ell)|\geqslant C\right\}.$$

对于 $-\ell_0\leqslant\ell\leqslant\ell_0$，$S_\ell$ 构成 $[-\pi,\pi]$ 的一个划分. 由于 $|\hat{\phi}(0)|=(2\pi)^{-1/2}>C$，并且 $\hat{\phi}$ 连续，所以 S_0 包含 0 的一个邻域. 现在定义

$$K=\bigcup_{\ell=-\ell_0}^{\ell_0}\overline{(S_\ell+2\pi\ell)}.$$

则 K 显然是紧集，且关于模 2π 与 $[-\pi,\pi]$ 同余. 根据构造，在 K 上有 $|\hat{\phi}(\xi)|\geqslant C$，并且 K 中包含 0 的一个邻域.

3. 接下来证明 K 满足 (6.3.2). 在证明之前的注释中曾经提出，只需要验证对于有限个 k，$1\leqslant k\leqslant k_0$，有 $\inf_{\xi\in K}|m_0(2^{-k}\xi)|>0$. 对于 $\xi\in K$，我们知道

$$|\hat{\phi}(\xi)|=\left(\prod_{k=1}^{k_0}|m_0(2^{-k}\xi)|\right)|\hat{\phi}(2^{-k_0}\xi)| \tag{6.3.4}$$

具有不为零的下界. 由于 $|\hat{\phi}|$ 也有界，则 (6.3.4) 右侧第一个因式在紧集 K 上没有零点. 作为连续函数的有限积，它本身是连续的，因此

$$\prod_{k=1}^{k_0}|m_0(2^{-k}\xi)|\geqslant C_1>0, \quad 对于 \xi\in K.$$

由于 $|m_0|\leqslant1$，所以对于满足 $1\leqslant k\leqslant k_0$ 的 k 有

$$|m_0(2^{-k}\xi)|\geqslant\prod_{k'=1}^{k_0}m_0(2^{-k'}\xi)\geqslant C_1>0.$$

这就证明了 (6.3.2) 得以满足，从而完成了 $(1)\Rightarrow(2)$ 的证明.

4. 现在证明反向结果, (2) ⇒ (1).

定义 $\mu_k(\xi) = (2\pi)^{-1/2}\left[\prod_{j=1}^k m_0(2^{-j}\xi)\right] \cdot \chi_K(2^{-k}\xi)$, 其中 χ_K 是 K 的指示函数, 若 $\xi \in K$ 则 $\chi_K(\xi) = 1$, 否则 $\chi_K(\xi) = 0$. 由于 K 中包含 0 的邻域, 所以当 $k \to \infty$ 时 $\mu_k \to \hat\phi$ 逐点成立.

5. 根据假设, 当 $k \geqslant 1$ 且 $\xi \in K$ 时 $|m_0(2^{-k}\xi)| \geqslant C > 0$. 另一方面, 对于任意 ξ 有 $|m_0(\xi) - m_0(0)| \leqslant C'|\xi|$, 因此 $|m_0(\xi)| \geqslant 1 - C'|\xi|$. 由于 K 有界, 所以可以找到 k_0, 使得在 $\xi \in K$、$k \geqslant k_0$ 时 $2^{-k}C'|\xi| < \frac{1}{2}$. 利用当 $0 \leqslant x \leqslant \frac{1}{2}$ 时 $1 - x \geqslant \mathrm{e}^{-2x}$ 可以求得, 当 $\xi \in K$ 时,

$$\begin{aligned}
|\hat\phi(\xi)| &= (2\pi)^{-1/2} \prod_{k=1}^{k_0} |m_0(2^{-k}\xi)| \prod_{k=k_0+1}^{\infty} |m_0(2^{-k}\xi)| \\
&\geqslant (2\pi)^{-1/2} C^{k_0} \prod_{k=k_0+1}^{\infty} \exp\left[-2C'\, 2^{-k}|\xi|\right] \\
&\geqslant (2\pi)^{-1/2} C^{k_0} \exp\left[-C'2^{-k_0+1} \max_{\xi \in K} |\xi|\right] = C'' > 0\ .
\end{aligned}$$

将其重新改述为

$$\chi_K(\xi) \leqslant |\hat\phi(\xi)|/C''\ .$$

这意味着

$$\begin{aligned}
|\mu_k(\xi)| &= (2\pi)^{-1/2} \prod_{j=1}^{k} |m_0(2^{-j}\xi)|\, \chi_K(2^{-k}\xi) \\
&\leqslant (C'')^{-1}\, (2\pi)^{-1/2} \prod_{j=1}^{k} |m_0(2^{-j}\xi)|\, |\hat\phi(2^{-k}\xi)| \\
&= (C'')^{-1}\, (2\pi)^{-1/2}\, |\hat\phi(\xi)|\ .
\end{aligned} \tag{6.3.5}$$

于是可以应用控制收敛定理得出结论: $\mu_k \to \hat\phi$ 在 L^2 上成立.

6. K 关于模 2π 与 $[-\pi, \pi]$ 同余, 意味着对于任何以 2π 为周期的函数 f 有 $\int_{\xi \in K} \mathrm{d}\xi\, f(\xi) = \int_{-\pi}^{\pi} \mathrm{d}\xi\, f(\xi) = \int_0^{2\pi} \mathrm{d}\xi\, f(\xi)$. 特别地,

$$\begin{aligned}
\int \mathrm{d}\xi\, |\mu_k(\xi)|^2\, \mathrm{e}^{-in\xi} &= (2\pi)^{-1}\, 2^k \int_{\zeta \in K} \mathrm{d}\zeta \prod_{\ell=0}^{k-1} |m_0(2^\ell\zeta)|^2\, \mathrm{e}^{-in2^k\zeta} \\
&= (2\pi)^{-1} 2^k \int_0^{2\pi} \mathrm{d}\zeta\, \mathrm{e}^{-in2^k\zeta} \left[\prod_{\ell=1}^{k-1} |m_0(2^\ell\zeta)|^2\right] |m_0(\zeta)|^2 \\
&= (2\pi)^{-1} 2^k \int_0^{\pi} \mathrm{d}\zeta\, \mathrm{e}^{-in2^k\zeta} \left[\prod_{\ell=1}^{k-1} |m_0(2^\ell\zeta)|^2\right] [|m_0(\zeta)|^2 + |m_0(\zeta + \pi)|^2]
\end{aligned}$$

$$= (2\pi)^{-1} 2^k \int_0^\pi \mathrm{d}\zeta \ \mathrm{e}^{-in2^k\zeta} \prod_{\ell=1}^{k-1} |m_0(2^\ell\zeta)|^2$$

$$= (2\pi)^{-1} 2^{k-1} \int_0^{2\pi} \mathrm{d}\xi \ \mathrm{e}^{-in2^{k-1}\xi} \prod_{\ell=0}^{k-2} |m_0(2^\ell\xi)|^2$$

$$= \int \mathrm{d}\xi \ |\mu_{k-1}(\xi)|^2 \mathrm{e}^{-in\xi} \ .$$

由于

$$\int \mathrm{d}\xi \ |\mu_1(\xi)|^2 \ \mathrm{e}^{-in\xi} = (2\pi)^{-1} \ 2 \ \int_0^\pi \mathrm{d}\zeta \ \mathrm{e}^{-2in\zeta} = \delta_{n,0} \ ,$$

这意味着对于所有 k 有 $\int \mathrm{d}\xi \ |\mu_k(\xi)|^2 \ \mathrm{e}^{-in\xi} = \delta_{n,0}$. 因此

$$\int \mathrm{d}\xi \ |\hat{\phi}(\xi)|^2 \ \mathrm{e}^{-in\xi} = \lim_{k\to\infty} \ \int |\mu_k(\xi)|^2 \ \mathrm{e}^{-in\xi}$$

（因为 $\mu_k \to \hat{\phi}$ 逐点成立,
再结合控制收敛式 (6.3.5)）

$$= \delta_{n,0}$$

这等价于 (6.2.5), 因此也等价于 (6.3.1). ∎

注释. "截断" 函数 μ_k 与引理 6.2.1 证明过程中引入的 f_k 并不相同, 但以下论证过程表明 μ_k 的 L^2 收敛可推出 f_k 的 L^2 收敛. 首先, K 包含 0 的一个邻域, 对于满足 $0 < \alpha < \pi$ 的某个 α 有 $K \supset [-\alpha, \alpha]$. 定义 $\nu_k = (2\pi)^{-1/2} \prod_{j=1}^k m_0(2^{-j}\xi) \ \chi_{[-\alpha,\alpha]}(2^{-k}\xi)$. 由于 $\chi_{[-\alpha,\alpha]} \leqslant \chi_K$, 所以关于 μ_k 的同一控制收敛论证过程也同样适用, 在 L^2 上有 $\nu_k \to \hat{\phi}$. 因此当 $k \to \infty$ 时 $\|\mu_k - \nu_k\|_{L^2} \to 0$. 利用 K 关于模 2π 与 $[-\pi, \pi]$ 同余, 我们可以证明 $\|\mu_k - \nu_k\|_{L^2} = \|f_k - \nu_k\|_{L^2}$. 因此, 当 $k \to \infty$ 时 $\|f_k - \hat{\phi}\|_{L^2} \leqslant \|f_k - \nu_k\|_{L^2} + \|\nu_k - \hat{\phi}\|_{L^2} \to 0$. □

注意, 如果满足 Mallat 条件 (6.2.15), 只需取 $K = [-\pi, \pi]$, Cohen 的条件自然得到满足, $\hat{\phi}_{0,n}$ 事实上就是正交的. 下面的推论给出如何应用 Cohen 条件的另外一个例子.

推论 6.3.2 (Cohen (1990)) 设 m_0 是满足 (6.1.1) 的三角多项式, 且 $m_0(0) = 1$, 定义 ϕ 如 (6.2.2) 所示. 如果 m_0 在 $[-\pi/3, \pi/3]$ 上没有零点, 则 $\phi_{0,n}$ 正交.

证明: 我们只需构造一个符合要求的紧集 K. 由于 m_0 在 $\pi/3 < |\xi| \leqslant \pi/2$ 上可能存在零点, 所以 $K = [-\pi, \pi]$ 不再是一个好的选择. 但可以采用这一选择作为出发点, 并 "剪除" 零点. 更准确地说, 假设 m_0 在 $\pi/3 < \xi \leqslant \pi/2$ 中的零点是 $\xi_1^+ < \cdots < \xi_{L_+}^+$. (它们的个数必然是有限的, 因为 m_0 是三角多项式.) 同理, 设 m_0

在 $-\pi/2 \leqslant \xi < -\pi/3$ 中的零点是 $\xi_{L_-}^- < \cdots < \xi_1^-$. 对于每个 ℓ, 选择 $I_\ell^\pm$ 为 $\xi_\ell^\pm$ 附近一个小的开区间与 $[-\pi, \pi]$ 的交集, 小到 $I_\ell^\pm$ 不会相互重叠, 也不会与 $[-\pi/3, \pi/3]$ 重叠, 且使得 $|m_0|_{I_\ell^\pm} < \frac{1}{2}$. (如果 $\xi_{L_+}^+ = \pi/2$, 则 $I_{L_+}^+$ 将为 $(\pi/2 - \epsilon, \pi/2]$ 形式.) 在定义 K 时, 首先从 $[-\pi, \pi]$ 中切去区间 $2I_\ell^\pm$, 将其向左或向右移动 2π, 然后再次包含在内 (见图 6.2):

$$K = [-\pi, \pi] \Big\backslash \left\{ \left(\bigcup_{\ell=1}^{L_+} 2I_\ell^+ \right) \cup \left(\bigcup_{\ell=1}^{L_-} 2I_\ell^- \right) \right\}$$

$$\cdot \cup \left\{ \bigcup_{\ell=1}^{L_+} \overline{(2I_\ell^+ - 2\pi)} \right\} \cup \left\{ \bigcup_{\ell=1}^{L_-} \overline{(2I_\ell^- + 2\pi)} \right\} . \tag{6.3.6}$$

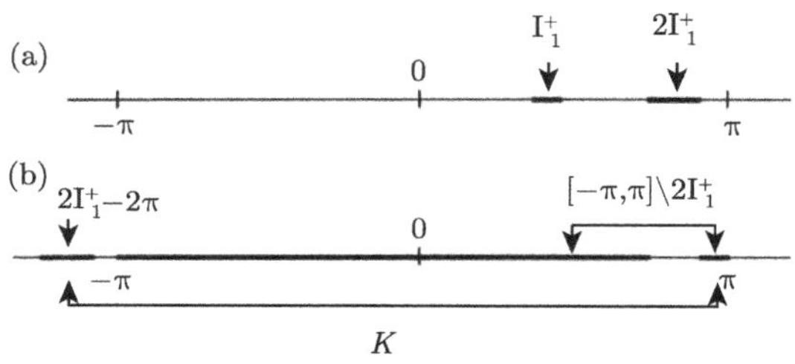

图 6.2　本图假设 m_0 在 $\pi/3 < |\xi| \leqslant \pi/2$ 上只有一个零点, 即在 $\xi_1^+ = \frac{5\pi}{12}$ 处. 我们选择 $I_1^+ = (\frac{9\pi}{24}, \frac{11\pi}{24})$, 因此 $2I_1^+ = (\frac{9\pi}{12}, \frac{11\pi}{12})$. 根据 (6.3.6), 紧集 K 为 $[-\frac{15\pi}{12}, -\frac{13\pi}{12}] \cup [-\pi, \frac{9\pi}{12}] \cup [\frac{11\pi}{12}, \pi]$

　　现在来验证 m_0 在 $K/2, K/4, \cdots$ 上是否有任何零点. 将 K 写为 $K_0 \cup K_1$, 其中 K_0 是切除了 $2I_\ell^\pm$ 的 $[-\pi, \pi]$, K_1 为剩余部分. 根据构造, m_0 在 $K_0/2$ 上没有零点. 另一方面,

$$K_1/2 = \left[\bigcup_{\ell=1}^{L_+} \overline{(I_\ell^+ - \pi)} \right] \cup \left[\bigcup_{\ell=1}^{L_-} \overline{(I_\ell^- + \pi)} \right] .$$

由于当 $\xi \in \overline{I_\ell^\pm}$ 时 $|m_0(\xi)| \leqslant 1/2$, 并且 m_0 满足 (6.1.1), 所以当 $\xi \in \overline{I_\ell^\pm}$ 时 $|m_0(\xi \pm \pi)| \geqslant \sqrt{3}/2$, 因此 m_0 在 $K_1/2$ 上没有零点. 对于所有 $n \geqslant 2$, 下面的论证过程表明 $2^{-n} K \subset [-\pi/3, \pi/3]$, 因此 m_0 在 $2^{-n} K$ 上没有零点, 这证明了 K 满足 (6.3.2). 根据构造, K 的"最左边"部分为 $\overline{2I_1^+ - 2\pi}$, K 的"最右边"部分为 $\overline{2I_1^- + 2\pi}$. 但 $I_1^+ \subset [\pi/3, \pi/2]$, 因此 $\overline{2I_1^+ - 2\pi} \subset [-\frac{4\pi}{3}, -\pi]$. 同理 $\overline{2I_1^- + 2\pi} \subset [\pi, \frac{4\pi}{3}]$. 因此 $K \subset [-\frac{4\pi}{3}, \frac{4\pi}{3}]$ 且 $2^{-n} K \subset [-2^{-n+2}\pi/3, 2^{-n+2}\pi/3]$. ∎

　　就以下意义而言, 推论 6.3.2 是最优的: 不可能找到 $\alpha < \frac{1}{3}$, 使得 m_0 在 $[-\alpha\pi, \alpha\pi]$ 上没有零点时就一定能够保证 $\phi_{0,n}$ 的正交性. [这一点可以由上文讨论

的反例 $m_0(\xi) = \frac{1}{2}(1 + e^{-3i\xi})$ 来说明.] $\xi = \pm\frac{\pi}{3}$ 发挥着一种特殊的作用, 原因如下: $m_0(\pm\frac{\pi}{3}) = 0$ 意味着对于所有 $k \in \mathbb{Z}$ 有 $\hat{\phi}(\frac{2\pi}{3} + 2k\pi) = 0$, 与式 (6.2.5) 矛盾. 这一结论可验证如下. 取任意 $k \in \mathbb{N}$ (负的 k 值可类似处理). 则 k 具有二进制表示 $k = \sum_{j=0}^{n} \epsilon_j 2^j$, 其中 $\epsilon_j = 0$ 或 1. 为了论证需要, 我们在 $k = \epsilon_n \epsilon_{n-1} \cdots \epsilon_1 \epsilon_0$ 的前端加两个零, 以便能够假定 $\epsilon_n = \epsilon_{n-1} = 0$. 若 k 为偶数, $k = 2\ell$, 则

$$\hat{\phi}\left(\frac{2\pi}{3} + 2k\pi\right) = m_0\left(\frac{\pi}{3} + 2\ell\pi\right) \hat{\phi}\left(\frac{\pi}{3} + 2\ell\pi\right) = 0$$
$$\left(\text{因为 } m_0\left(\frac{\pi}{3}\right) = 0\right).$$

因此只需要验证当 k 为奇数时会发生什么. $k = 2\ell + 1$, 或者说 $\epsilon_0 = 1$, 所以 $\frac{2\pi}{3} + 2k\pi = \frac{8\pi}{3} + 4\ell\pi$. 因此

$$\hat{\phi}\left(\frac{2\pi}{3} + 2k\pi\right) = m_0\left(\frac{4\pi}{3}\right) m_0\left(\frac{2\pi}{3} + \ell\pi\right) \hat{\phi}\left(\frac{2\pi}{3} + \ell\pi\right).$$

若 ℓ 为奇数, 即 $\epsilon_1 = 1$, 则 $m_0(\frac{2\pi}{3} + \ell\pi) = m_0(\frac{5\pi}{3}) = m_0(-\frac{\pi}{3}) = 0$. 由此可推出, 只需要进一步研究当 $\epsilon_1 = 0$ (也就是 ℓ 为偶数) 时会发生什么. 我们可以继续进行这一研究, 以证明只有二进制表示以 $010101\cdots 01$ 结尾的这些 k 不会自动得出 $\hat{\phi}(\frac{2\pi}{3} + 2k\pi) = 0$. 但是, 如果回退得足够远, 则必将遇到 $\epsilon_n \epsilon_{n-1} = 00$, 所以事实上有 $\hat{\phi}(\frac{2\pi}{3} + 2k\pi) = 0$.

整个论证过程用到了 m_0 的零点集中包含 $\{\frac{\pi}{3}, -\frac{\pi}{3}\} = [\{\frac{2\pi}{3}, \frac{-2\pi}{3}\} + \pi] \bmod (2\pi)$, 以及 $\{\frac{2\pi}{3}, \frac{-2\pi}{3}\}$ 对于运算 $\xi \mapsto 2\xi \bmod (2\pi)$ 是一个不变循环, 会将 $[-\pi, \pi]$ 映射到它自身. Cohen (1990b) 在他的博士论文中证明了这种不变循环是问题的根源所在.

定理 6.3.3 设 m_0 是一个满足 (6.1.1) 的三角多项式, 且 $m_0(0) = 1$, 并定义 ϕ 如 (6.2.2) 所示. 则定理 6.3.1 中的条件 (1) 和 (2) 也等价于

3. 对于运算 $\xi \mapsto 2\xi \bmod (2\pi)$, $[-\pi, \pi]$ 中不存在非平凡不变循环 $\{\xi_1, \cdots, \xi_n\}$ 使得对于所有 $j = 1, \cdots, n$ 均有 $|m_0(\xi_j)| = 1$.

注释

1. 因为 (6.1.1), 所以 $|m_0(\xi_j)| = 1$ 当然等价于 $|m_0(\xi_j + \pi)| = 0$.
2. 非平凡意味着不同于 $\{0\}$, 后者总是一个不变循环.
3. 在上面的例子中, $\xi_1 = \frac{2\pi}{3}$, $\xi_2 = -\frac{2\pi}{3}$. $\square$

关于本定理及其相关结果的证明, 我们引用了 Cohen (1990b). 实际上在下面证明定理 6.3.5 时的第 6 步中证明了两个隐含结果中的一个.

Lawton (1990) 提出了一种非常不一样的方法, 用来推导 m_0 为确保 (6.2.5) 成立而必须满足的条件. 假设 m_0 为如下形式

$$m_0(\xi) = \frac{1}{\sqrt{2}} \sum_{n=0}^{N} h_n \, \mathrm{e}^{-in\xi} \,, \tag{6.3.7}$$

即, 对于 $n < 0$ 或 $n > N$, $h_n = 0$. m_0 总是可以变为这种形式的, 只需将其乘以 $\mathrm{e}^{iN_1\xi}$ 即可, 相当于将 ϕ 平移了 N_1. 定义 $\alpha_\ell = \int \mathrm{d}x \, \phi(x) \, \overline{\phi(x-\ell)}$. 由于 support($\phi$) $\subset [0,N]$, 当 $|\ell| \geqslant N$ 时 $\alpha_\ell = 0$, 当 $|\ell| < N$ 时可以将非平凡 α_ℓ 重新分组为 $(2N-1)$ 维向量 $(\alpha_{-N+1}, \cdots, \alpha_0, \cdots, \alpha_{N-1})$. 因为 $\phi(x) = \sqrt{2} \sum_n h_n \, \phi(2x-n)$, 所以 α_ℓ 满足

$$\begin{aligned}
\alpha_\ell &= 2 \sum_{n,m=0}^{N} h_n \, \overline{h_m} \int \mathrm{d}x \, \phi(2x-n) \, \overline{\phi(2x-2\ell-m)} \\
&= \sum_{n,m=0}^{N} h_n \, \overline{h_m} \, \alpha_{2\ell+m-n} \\
&= \sum_{k=-N+1}^{N-1} \left(\sum_{n=0}^{N} h_n \, \overline{h_{k-2\ell+n}} \right) \alpha_k \,.
\end{aligned} \tag{6.3.8}$$

由此可以得出, 如果将 $(2N-1) \times (2N-1)$ 矩阵 A 定义为

$$A_{\ell k} = \sum_{n=0}^{N} h_n \, \overline{h_{k-2\ell+n}} \,, \qquad -N+1 \leqslant \ell, k \leqslant N-1 \,, \tag{6.3.9}$$

其中, 对于 $m < 0$ 或 $m > N$ 隐含地有 $h_m = 0$, 于是

$$A\alpha = \alpha \,, \tag{6.3.10}$$

即, α 是 A 的特征向量, 对应的特征值为 1. 注意, 1 总是 A 的特征值: 如果将 β 定义为 $\beta = (0, \cdots, 0, 1, 0, \cdots, 0)$（1 位于中央位置）, 或者 $\beta_\ell = \delta_{\ell,0}$, 则根据 (6.2.7),

$$(A\beta)_\ell = \sum_k A_{\ell k} \, \delta_{k,0} = \sum_n h_n \, \overline{h_{n-2\ell}} = \delta_{\ell,0} = \beta_\ell \,,$$

即 $A\beta = \beta$. 如果 A 的特征值 1 是非退化的, 则 α 必然是 β 的一个倍数, 即, 对于某一 $\gamma \in \mathbb{C}$ 有 $\int \mathrm{d}x \, \phi(x) \, \overline{\phi(x-\ell)} = \gamma \delta_{\ell,0}$. 这意味着 $\sum_k |\hat{\phi}(\xi+2\pi k)|^2 = (2\pi)^{-1}\gamma$. 根据定义, 当 $k \neq 0$ 时 $|\hat{\phi}(2\pi k)| = 0$（见 6.2 节开头）且 $\hat{\phi}(0) = (2\pi)^{-1/2}$, 可推得 $\gamma = 1$, 所以 $\int \mathrm{d}x \, \phi(x) \, \overline{\phi(x-\ell)} = \delta_{\ell,0}$. 关于 $\phi_{0,n}$ 的正交性于是有了一个非常简单的充分条件.

定理 6.3.4 (Lawton (1990)) 设 m_0 是 (6.3.7) 形式的一个三角多项式, 满足 (6.1.1) 且 $m_0(0) = 1$, 定义 ϕ 如 (6.2.2) 所示. 如果 (6.3.9) 定义的 $(2N-1) \times (2N-1)$ 矩阵 A 的特征值 1 是非退化的, 则 $\phi_{0,n}$ 是正交的.

只有当 A 的特征方程在 1 处有多重零点时 $\phi_{0,n}$ 的正交性才不成立. 这表明, 对于 $n = 0, \cdots, N$（保持 N 固定）, 在 h_n 的所有可能选择中, "差" 的选择（导致非正交 $\phi_{0,n}$）构成一个非常 "瘦" 的集合.[Lawton (1990) 文献中的表述更为准确.] 例如, 当 $N = 3$ 时唯一的非正交选择（除相差一个总相位因子之外）是 $h_0 = h_3 = 1/2$ 且 $h_1 = h_2 = 0$.

Lawton 条件可以用三角多项式重新表述. 和之前一样, 定义 $M_0(\xi) = |m_0(\xi)|^2$, 并定义以下算子 P_0, 对以 2π 为周期的函数 f 进行操作.

$$(P_0 f)(\xi) = M_0(\xi/2)\, f(\xi/2) + M_0(\xi/2 + \pi)\, f(\xi/2 + \pi).$$

显然, 根据 (6.1.1), 常量多项式 1 在 P_0 下是不变的. 将所有一切以傅里叶级数形式写出, 得到

$$M_0(\xi) = \frac{1}{2} \sum_k \left(\sum_n h_n\, \overline{h_{n-k}} \right) e^{-ik\xi},$$

$$M_0(\xi)\, f(\xi) = \frac{1}{2} \sum_\ell \left(\sum_{k,n} h_n\, \overline{h_{n-k}}\, f_{\ell-k} \right) e^{-i\ell\xi},$$

因此

$$(P_0 f)(\xi) = \sum_\ell \left(\sum_{k,n} h_n\, \overline{h_{n-k}}\, f_{2\ell-k} \right) e^{-i\ell\xi}$$

或

$$(P_0 f)_\ell = \sum_{k,n} h_n\, \overline{h_{n-k}}\, f_{2\ell-k} = \sum_m \left(\sum_n h_n\, \overline{h_{n-2\ell+m}} \right) f_m.$$

这基本上与 (6.3.8) 是同一表达式!（但这里并没有假定当 $|m| > N$ 时 $f_m = 0$, 所以不是完全相同.）可以推出, 如果知道在 P_0 下唯一不变的三角多项式就是常量, 则 Lawton 条件就得以满足.

之前并不清楚 Lawton 条件是否为充分条件: 矩阵 A 可能有一个不同于 β 的特征向量与特征值 1 相对应, 不过 α 碰巧等于 β. 但在 1990 年春天, Cohen 和 Lawton 独立证明了他们的两个条件是等价的 [在 Cohen、Daubechies 和 Feauveau (1992) 的文献中的定理 4.3 给出了一般形式, 也请参阅 Lawton (1991)], 这表明了 Lawton 条件的充分性.

定理 6.3.5 设 m_0 是满足 (6.1.1) 的三角多项式, 且 $m_0(0) = 1$. 如果存在一个紧集 K, 关于模 2π 与 $[-\pi, \pi]$ 同余, 并包含 0 的一个邻域, 使得 $\inf_{k \geqslant 1} \inf_{\xi \in K} |m_0(2^{-k}\xi)| > 0$, 那么, 在 P_0 下唯一不变的三角多项式就是常数.

注释. 证明等价性就足够了. 如果将 Lawton 的原始条件表示为 (L)，Cohen 条件表示为 (C)，用 P_0 重新表述的 Lawton 条件表示为 (P)，$\phi_{0,n}$ 的正交性表示为 (O)，则我们已经知道

$$(P) \Rightarrow (L) \Rightarrow (O) \Rightarrow (C) .$$

只要证明 $(C) \Rightarrow (P)$ 就足以证明所有这四个条件都是等价的.   □

定理 6.3.5 的证明:

1. 我们将证明，如果存在一个不是常量的三角多项式 f，在 P_0 下是不变的，那就会与存在满足所有这些性质的紧集 K 产生矛盾. 假设 f 是这样一个非常值三角多项式，在 P_0 运算下不发生变化. 定义 $f_1(\xi) = f(\xi) - \min_\zeta f(\zeta)$，$f_2(\xi) = -f(\xi) + \max_\zeta f(\zeta)$. 由于 f 不是常值，f_1 和 f_2 中至少有一个 $f_j(0) \neq 0$. 选择 j 使 $f_j(0) \neq 0$，并定义 $f_0 = f_j$. 于是 f_0 非负，$f_0(0) \neq 0$，f_0 至少有一个零点，f_0 在 P_0 下不变.

2. 接下来研究 f_0 的零点集，它具有一种非常特殊的结构. 若对于 $0 \neq \xi \in [0, 2\pi)$ 有 $f_0(\xi) = 0$，则

$$0 = f_0(\xi) = (P_0 f_0)(\xi) = M_0(\xi/2)\, f_0(\xi/2) + M_0(\xi/2 + \pi)\, f_0(\xi/2 + \pi) .$$

这里的 M_0 和 f_0 均为非负数，根据 (6.1.1)，$M_0(\xi/2)$ 和 $M_0(\xi/2 + \pi)$ 不能同时消失. 因此 $f_0(\xi/2) = 0$ 或 $f_0(\xi/2 + \pi) = 0$. 可得出，若选择 f_0 的一个零点 $0 \neq \xi_1 \in [0, 2\pi)$，可以为其关联 $[0, 2\pi)$ 上的一串零点 $\xi_2, \cdots, \xi_k, \cdots$，这些零点有一条性质：$\xi_{j+1}$ 或者等于 $\frac{\xi_j}{2}$，或者等于 $\frac{\xi_j}{2} + \pi$，这就等价于 $\xi_j = \tau \xi_{j+1}$，其中的 τ 为变换 $\xi \mapsto 2\xi \bmod (2\pi)$，将 $[0, 2\pi)$ 映射到其自身. 作为一个三角多项式，f_0 仅有有限多个零点，因此这个零点串不能无限延续下去. 注意，这个串至少有两个元素，因为 $\xi_2 = \xi_1$ 将推出 $\xi_1 = 0$. 设 r 是首次出现循环时的下标，循环是指对于某一 $k < r$ 有 $\xi_r = \xi_k$. 则必然有 $k = 1$，这是因为 $k > 1$ 将导致 $\xi_1 = \tau^{k-1}\xi_k = \tau^{k-1}\xi_r = \xi_{r-k+1}$ $(1 < r - k + 1 < r)$，使得 r 不是首次出现循环时的下标. 由此可以推得，有一个零点循环 $\xi_1, \cdots, \xi_{r-1}$，其中，当 $j = 1, \cdots, r - 2$ 时 $\tau \xi_{j+1} = \xi_j$，而 $\tau \xi_1 = \xi_{r-1}$. 注意，对于这个循环中的每个零点，$\tau^{r-1}\xi_j = \xi_j$.

3. 如果这个零点循环没有遍历除 0 之外的零点集合，则可以找到 $0 \neq \zeta_1 \neq \xi_j$，$j = 1, \cdots, r - 1$，使得 $f_0(\zeta_1) = 0$. 可以再次将它看作一个种子，生成零点串 $\zeta_1, \zeta_2, \cdots, \zeta_\ell, \cdots$. 这个新串中的每个元素必然不同于所有 ξ_j，因为 $\zeta_\ell = \xi_j$ 将意味着 $\zeta_1 = \tau^{\ell-1}\zeta_\ell = \tau^{\ell-1}\xi_j$，即 ζ_1 将等于某个 ξ_k. 同样使用上述论证过程，ζ_1 生成 f 的一个零点循环，在 τ 下不发生变化，且与第一个循环不相交. 可以一直构建这些循环，直到用尽 f_0 的有限零点集. f_0 的零点集就是由 τ 下的有限个不变循环的并集组成.

4. 现在注意到，如果 $f_0(\xi) = 0$，则必然有 $f_0(\xi + \pi) \neq 0$. 事实上，由于 $\tau\xi = \tau(\xi + \pi)$，所以当 $f_0(\xi) = 0 = f_0(\xi + \pi)$ 时，ξ 和 $\xi + \pi$ 将属于同一个零点循环. 如果这个循环的长度为 n，将会推出 $\xi = \tau^n\xi = \tau^{n-1}\tau\xi = \tau^{n-1}\tau(\xi+\pi) = \xi+\pi$，而这是不可能的.

5. 最后，若 $f_0(\xi) = 0$，则 $M_0(\xi + \pi) = 0$. 事实上，对于任意满足 $f_0(\xi) = 0$ 的 ξ，$\tau\xi$ 也是 f_0 的一个零点，由此得出

$$0 = f_0(\tau\xi) = (P_0 f)(\tau\xi) = M_0(\xi)\, f(\xi) + M_0(\xi + \pi)\, f(\xi + \pi).$$

由于 $f_0(\xi) = 0$ 和 $f_0(\xi + \pi) \neq 0$，这意味着 $M_0(\xi + \pi) = 0$. 因此 $m_0(\xi + \pi) = 0$. 于是，f_0 的存在意味着存在关于 τ 的循环集 $\xi_1, \cdots, \xi_n$，当 $j = 1, \cdots, n-1$ 时 $\xi_{j+1} = \tau\xi_j$，而 $\xi_1 = \tau\xi_n$，使得对于所有 j 有 $m_0(\xi_j + \pi) = 0$. 由于 $f_0(0) \neq 0$，所以有 $\xi_j \neq 0$.

6. 现在证明，m_0 存在 $\xi_j + \pi$ 等零点与存在 K 是不能同时成立的. 由于 $\tau\xi_j = \xi_{j+1}$，$\tau\xi_n = \xi_1$，特别地，$\xi_j = \tau^n\xi_j$，所以有 $\xi_j = 2\pi x_j$，其中 $x_j \in [0,1)$ 具有如下二进制表示：

$$x_1 = .d_1 d_2 \cdots d_n d_1 \cdots d_n d_1 \cdots d_n \cdots \qquad (d_j = 0 \text{ 或 } 1)$$
$$x_2 = \quad .d_2 \cdots d_n d_1 \cdots d_n d_1 \cdots d_n \cdots$$
$$\vdots$$
$$x_n = \qquad .d_n d_1 \cdots d_n d_1 \cdots d_n \cdots .$$

由于 $\xi_1 \neq 0$，所以并非所有 d_j 都是零. 对于 $d = 0$ 或 1 定义 $\bar{d} = 1 - d$. 则 $\xi_j + \pi = 2\pi y_j$ modulo 2π，y_j 给出如下：

$$y_1 = .\bar{d}_1 d_2 d_3 \cdots d_n d_1 \cdots d_n d_1 \cdots d_n \cdots$$
$$y_2 = \quad .\bar{d}_2 d_3 \cdots d_n d_1 \cdots d_n d_1 \cdots d_n \cdots$$
$$\vdots$$
$$y_n = \qquad .\bar{d}_n d_1 \cdots d_n d_1 \cdots d_n \cdots .$$

对于 $j = 1, \cdots, n$ 我们有 $m_0(2\pi y_j) = 0$. 假设存在一个紧集 K，具有所需要的全部性质. 则存在一个整数 ℓ，它的二进制展开式最多拥有预先指定的 L 个数位（L 仅依赖于 K 的大小），使得 $2\pi y = 2\pi(2y_1 + \ell)$ 具有如下性质：对于所有 $k \geqslant 0$ 有 $m_0(2\pi 2^{-k} y) \neq 0$. 我们有

$$y = e_L \cdots e_2 e_1 .d_2 d_3 \cdots d_n d_1 \cdots d_n d_1 \cdots d_n \cdots,$$

其中, 当 $j = 1, \cdots, L$ 时 $e_j = 1$ 或 0. 这可以改写为

$$y = e_{L+n} \cdots e_{L+1} e_L \cdots e_2 e_1 . d_2 d_3 \cdots d_n d_1 \cdots d_n d_1 \cdots d_n \cdots ,$$

其中, 当 $j = 1, \cdots, L$ 时 $e_j = 1$ 或 0, 当 $j > L$ 时 $e_j = 0$. 通过左移小数点可得 $2^{-k}y$. 由于 m_0 以 2π 为周期, 因此, 只有 $2^{-k}y$ 展开式的尾部, 也就是小数点右侧的部分, 决定了 $m_0(2\pi 2^{-k}y)$ 的消失与否. 如果 $e_1 = \overline{d}_1$, 则 $y/2$ 的小数部分与 y_1 相同, 由此可得出 $m_0(2\pi y/2) = 0$. 由于 $m_0(2\pi y/2) \neq 0$, 所以有 $e_1 = d_1$. 同理可得: $e_2 = d_n$, $e_3 = d_{n-1}$, 等等. 因此, 对于某个 $k \in \{1, 2, \cdots, n\}$, $e_{L+1}, \cdots, e_{L+n}$ 分别等于 $d_k, d_{k-1}, \cdots, d_1, d_n, \cdots, d_{k+1}$. 由于 d_j 不全等于 0, 而 $e_{L+1} = \cdots = e_{L+n} = 0$, 矛盾. 证毕. ■

我们以定理 6.3.5 结束了关于 m_0 充要条件的讨论. 下面的定理总结了 6.2 节和 6.3 节中的主要结果.

定理 6.3.6　设 m_0 是一个三角多项式, 满足 $|m_0(\xi)|^2 + |m_0(\xi + \pi)|^2 = 1$ 且 $m_0(0) = 1$. 定义 ϕ 和 ψ 为

$$\hat{\phi}(\xi) = (2\pi)^{-1/2} \prod_{j=1}^{\infty} m_0(2^{-j}\xi) ,$$

$$\hat{\psi}(\xi) = -\mathrm{e}^{-i\xi/2} \, \overline{m_0(\xi/2 + \pi)} \, \hat{\phi}(\xi/2) .$$

则 ϕ 和 ψ 是紧支撑的 L^2 函数, 满足

$$\phi(x) = \sqrt{2} \sum_n h_n \, \phi(2x - n) ,$$

$$\psi(x) = \sqrt{2} \sum_n (-1)^n \, h_{-n+1} \, \phi(2x - n) ,$$

其中, h_n 由 m_0 通过 $m_0(\xi) = \frac{1}{\sqrt{2}} \sum_n h_n \, \mathrm{e}^{-in\xi}$ 决定. 此外, 当 $j, k \in \mathbb{Z}$ 时 $\psi_{j,k}(x) = 2^{-j/2} \psi(2^{-j}x - k)$ 构成了 $L^2(\mathbb{R})$ 的一个紧框架, 框架常量为 1. 当且仅当 m_0 满足以下等价条件之一时, 这个紧框架是一个正交基:

- 存在一个紧集 K, 关于模 2π 与 $[-\pi, \pi]$ 同余, 包含 0 的一个邻域, 使得

$$\inf_{k>0} \inf_{\xi \in K} |m_0(2^{-k}\xi)| > 0 .$$

- 在 $[0, 2\pi)$ 中存在一个非平凡循环 $\{\xi_1, \cdots \xi_n\}$, 在变换 $\tau: \xi \mapsto 2\xi \ modulo \ 2\pi$ 下保持不变, 使得对于所有 $j = 1, \cdots n$ 有 $m_0(\xi_j + \pi) = 0$.

- 由

$$A_{\ell k} = \sum_{n=N_1}^{N_2} h_n \overline{h_{k-2\ell+n}}, \quad -(N_2-N_1)+1 \leqslant \ell, k \leqslant (N_2-N_1)+1$$

（假设当 $n < N_1$ 或 $n > N_2$ 时 $h_n = 0$）定义的 $[2(N_2-N_1)-1] \times [2(N_2-N_1)-1]$ 维矩阵 A 的特征值 1 是非退化的.

从子带小波的角度来看，这个定理告诉我们，只要高通滤波器在直流时有一个零点 $[m_0(\pi) = 0$，因此，通过适当的相位选择 $m_0(0) = 1]$，我们"几乎总是"拥有对应的正交小波基. 这种对应关系仅在"偶然"情况下失效，如最后两个等价的充要条件所述. 在实践中，人们希望使用滤波器对，其中的低通滤波器在频带 $|\xi| \leqslant \pi/2$ 处没有零点，这就足以确保 $\psi_{j,k}$ 是正交基了. 不过，现在该来看一些例子了！

6.4 生成正交基的紧支撑小波举例

本节给出的所有例子都是通过选择不同的 N 和 R 对式 (6.1.11) 进行谱分解得到的. 除哈尔基之外，$\phi(x)$ 和 $\psi(x)$ 不存在闭合形式的公式. 下一节将介绍如何得到 ϕ 和 ψ 的图形曲线.

Daubechies (1988b) 构建的第一族示例对应于式 (6.1.11) 中的 $R \equiv 0$. 在需要从 $L(\xi) = P_N(\sin^2 \xi/2)$ 中提取 $\mathcal{L}(\xi)$ 的谱分解中，系统地保留单位圆内的零点. 对于每个 N，相应的 $_N m_0$ 有 $2N$ 个不为零的系数. 可以选择 $_N m_0$ 的相位使得

$$_N m_0(\xi) = \frac{1}{\sqrt{2}} \sum_{n=0}^{2N-1} {_N h_n}\, \mathrm{e}^{-in\xi}.$$

表 6.1 列出了 $N = 2$ 至 $N = 10$ 的 $_N h_n$. 为提高实现速度，明确列出分解式 (6.1.10) 是有好处的：滤波器 $\mathcal{L}$ 要远短于 m_0（N 个抽头，而不是 $2N$ 个），滤波器 $\frac{1+\mathrm{e}^{-i\xi}}{2}$ 的实现非常容易. 表 6.2 列出了 $N = 2$ 至 $N = 10$ 的 $\mathcal{L}(\xi)$ 系数. 图 6.3 显示了当 $N = 2, 3, 5, 7, 9$ 时 $_N\phi$ 和 $_N\psi$ 的图形曲线. $_N\phi$ 和 $_N\psi$ 的支集宽度均为 $2N-1$，它们的正则性显然随 N 增强. 事实上可以证明（见第 7 章）：当 N 很大时 $_N\phi$，$_N\psi \in C^{\mu N}$，其中 $\mu \simeq 0.2$.

在谱分解过程中系统地保留单位圆内的零点，相应于在固定 $|m_0|^2$ 的情况下，在所有可能情况中选择出"最小相位滤波器" m_0. 这对应于 ϕ 和 ψ 中极为明显的不对称性，如图 6.3 所示. 尽管其他选择可以得出不对称性较弱的 ϕ 和 ψ（第 8 章将会看到具体细节），但在紧支撑正交小波基的框架内无法实现 ϕ 和 ψ 的完全对称（哈尔基除外）. 表 6.3 列出了 $N = 4$ 至 $N = 10$ 的"最接近对称的"ϕ 和 ψ 的 h_n，对应于表 6.1 中的相同 $|m_0|^2$，但"平方根"m_0 不同. 第 8 章会回来讨论如何确定这个"最接近对称的平方根". 图 6.4 显示了对应的 ϕ 和 ψ 函数.

表 6.1 紧支撑小波的滤波器系数 $_Nh_n$(低通滤波器),拥有与其支集宽度对应的极值相位和最大数目的零矩. $_Nh_n$ 已经进行规范化,使得 $\sum_n {}_Nh_n = \sqrt{2}$

N	n	$_Nh_n$	N	n	$_Nh_n$	N	n	$_Nh_n$
2	0	0.4829629131445341	6	6	0.0975016055873225	9	0	0.0380779473638778
	1	0.8365163037378077		7	0.0275228655303053		1	0.2438346746125858
	2	0.2241438680420134		8	−0.0315820393174862		2	0.6048231236900955
	3	−0.1294095225512603		9	0.0005538422011614		3	0.6572880780512736
				10	0.0047772575109455		4	0.1331973858249883
3	0	0.3326705529500825		11	−0.0010773010853085		5	−0.2932737832791663
	1	0.8068915093110924					6	−0.0968407832229492
	2	0.4598775021184914	7	0	0.0778520540850037		7	0.1485407493381256
	3	−0.1350110200102546		1	0.3965393194818912		8	0.0307256814793385
	4	−0.0854412738820267		2	0.7291320908461957		9	−0.0676328290613279
	5	0.0352262918857095		3	0.4697822874051889		10	0.0002509471148340
4	0	0.2303778133088964		4	−0.1439060039285212		11	0.0223616621236798
	1	0.7148465705529154		5	−0.2240361849938412		12	−0.0047232047577518
	2	0.6308807679298587		6	0.0713092192668272		13	−0.0042815036824635
	3	−0.0279837694168599		7	0.0806126091510774		14	0.0018476468830563
	4	−0.1870348117190931		8	−0.0380299369350104		15	0.0002303857635232
	5	0.0308413818355607		9	−0.0165745416306655		16	−0.0002519631889427
	6	0.0328830116668852		10	0.0125509985560986		17	0.0000393473203163
	7	−0.0105974017850690		11	0.0004295779729214			
5	0	0.1601023979741929		12	−0.0018016407040473	10	0	0.0266700579005473
	1	0.6038292697971895		13	0.0003537137999745		1	0.1881768000776347
	2	0.7243085284377726					2	0.5272011889315757
	3	0.1384281459013203	8	0	0.0544158422431072		3	0.6884590394534363
	4	−0.2422948870663823		1	0.3128715909143166		4	0.2811723436605715
	5	−0.0322448695846381		2	0.6756307362973195		5	−0.2498464243271598
	6	0.0775714938400459		3	0.5853546836542159		6	−0.1959462743772862
	7	−0.0062414902127983		4	−0.0158291052563823		7	0.1273693403357541
	8	−0.0125807519990820		5	−0.2840155429615824		8	0.0930573646035547
	9	0.0033357252854738		6	0.0004724845739124		9	−0.0713941471663501
6	0	0.1115407433501095		7	0.1287474266204893		10	−0.0294575368218399
	1	0.4946238903984533		8	−0.0173693010018090		11	0.0332126740593612
	2	0.7511339080210959		9	−0.0440882539307971		12	0.0036065535669870
	3	0.3152503517091982		10	0.0139810279174001		13	−0.0107331754833007
	4	−0.2262646939654400		11	0.0087460940474065		14	0.0013953517470688
	5	−0.1297668675672625		12	−0.0048703529934520		15	0.0019924052951925
				13	−0.0003917403733770		16	−0.0006858566949564
				14	0.0006754494064506		17	−0.0001164668551285
				15	−0.0001174767841248		18	0.0000935886703202
							19	−0.0000132642028945

表 6.2 $N = 2$ 至 $N = 10$ 的 $\sqrt{2}\,\mathcal{L}(\xi) = \sum_n \ell_n e^{-in\xi}$ 的系数 ℓ_n. 规范化: $\sum_n \ell_n = \sqrt{2}$

$N = 2$	1.93185165258 -0.517638090205	$N = 8$	13.9304556142 -31.3485176398 33.6968524121
$N = 3$	2.6613644236 -1.52896119631 0.281810335086		-22.07104076339 0.38930245651 -2.56627196249 0.413507501939
$N = 4$	3.68604501294 -3.30663492292 1.20436190091 -0.169558428561		-0.0300740567359
		$N = 9$	19.4959090503 -50.6198280511 63.3951659783
$N = 5$	5.12327673517 -6.29384704236 3.41434077007 -0.936300109646 0.106743209135		-49.3675482281 25.8600363319 -9.24491588775 2.18556614566 -0.310317604756 0.0201458280019
$N = 6$	7.13860757441 -11.1757164609 8.04775526289 -3.24691364198 0.719428097459 -0.0689472694597	$N = 10$	27.3101392901 -80.408349622 114.98124563 -103.671381722 64.3509475067 -28.2911921431
$N = 7$	9.96506292288 -18.9984075665 17.0514392132 -9.03858510919 2.93696631047 -0.547537574895 0.0452753663967		8.74937688138 -1.82464995075 0.231660236047 -0.013582543764

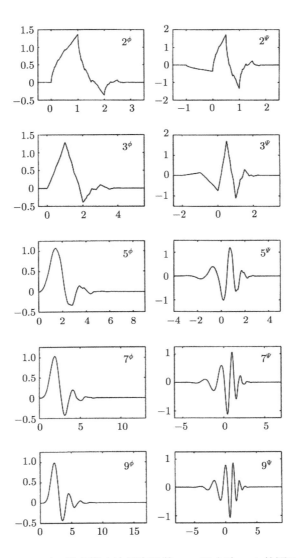

图 6.3 $N = 2, 3, 5, 7, 9$ 时，紧支撑小波尺度函数 $_N\phi$ 和小波 $_N\psi$ 的图形曲线，具有与其支
集宽度相对应的最大零矩个数，选择极值相位

表 6.3　$N=4$ 至 $N=10$ 时, 具有最大零矩个数的 "最接近对称" 紧支撑小波的低通滤波器系数. 表中列出了 $c_{N,n} = \sqrt{2}\, h_{N,n}$. 我们有 $\sum_n c_{N,n} = 2$

	n	$c_{N,n}$		n	$c_{N,n}$		n	$c_{N,n}$
$N=4$	0	−0.107148901418	$N=7$	2	−0.017870431651	$N=9$	5	−0.025786445930
	1	−0.041910965125		3	0.043155452582		6	−0.270893783503
	2	0.703739068656		4	0.096014767936		7	0.049882830959
	3	1.136658243408		5	−0.070078291222		8	0.873048407349
	4	0.421234534204		6	0.024665659489		9	1.015259790832
	5	−0.140317624179		7	0.758162601964		10	0.337658923602
	6	−0.017824701442		8	1.085782709814		11	−0.077172161097
	7	0.045570345896		9	0.408183939725		12	0.000825140929
				10	−0.198056706807		13	0.042744433602
$N=5$	0	0.038654795955		11	−0.152463871896		14	−0.016303351226
	1	0.041746864422		12	0.005671342686		15	−0.018769396836
	2	−0.055344186117		13	0.014521394762		16	0.000876502539
	3	0.281990896854					17	0.001981193736
	4	1.023052966894	$N=8$	0	0.002672793393			
	5	0.896581648380		1	−0.000428394300	$N=10$	0	0.001089170447
	6	0.023478923136		2	−0.021145686528		1	0.000135245020
	7	−0.247951362613		3	0.005386388754		2	−0.012220642630
	8	−0.029842499869		4	0.069490465911		3	−0.002072363923
	9	0.027632152958		5	−0.038493521263		4	0.064950924579
				6	−0.073462508761		5	0.016418869426
$N=6$	0	0.021784700327		7	0.515398670374		6	−0.225558972234
	1	0.004936612372		8	1.099106630537		7	−0.100240215031
	2	−0.166863215412		9	0.680745347190		8	0.667071338154
	3	−0.068323121587		10	−0.086653615406		9	1.088251530500
	4	0.694457972958		11	−0.202648655286		10	0.542813011213
	5	1.113892783926		12	0.010758611751		11	−0.050256540092
	6	0.477904371333		13	0.044823623042		12	−0.045240772218
	7	−0.102724969862		14	−0.000766690896		13	0.070703567550
	8	−0.029783751299		15	−0.004783458512		14	0.008152816799
	9	0.063250562660					15	−0.028786231926
	10	0.002499922093	$N=9$	0	0.001512487309		16	−0.001137535314
	11	−0.011031867509		1	−0.000669141509		17	0.006495728375
				2	−0.014515578553		18	0.000080661204
$N=7$	0	0.003792658534		3	0.012528896242		19	−0.000649589896
	1	−0.001481225915		4	0.087791251554			

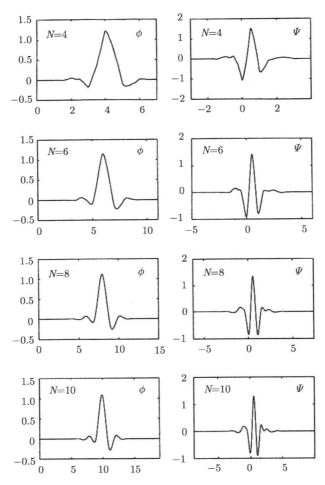

图 6.4　$N = 4, 6, 8, 10$ 时, 具有最大零矩个数的 "最接近对称" 紧支撑小波的尺度函数 ϕ 和
小波 ψ 的图形曲线

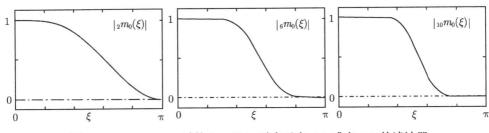

图 6.5　$N = 2, 6, 10$ 时的 $|m_0(\xi)|$, 对应于表 6.1 或表 6.3 的滤波器

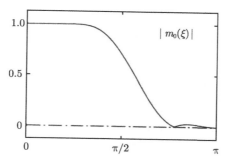

图 6.6 对应于 $N = 2$ 且 $m_0(7\pi/9) = 0$ 的八抽头滤波器的 $|m_0(\xi)|$ 图形曲线

图 6.5 针对上述示例绘制了当 $N = 2, 6, 10$ 时作为 ξ 函数的 $|m_0|$ 曲线. 这些曲线表明, 这些正交基的子带滤波器在 0 和 π 处确实非常平坦, 但在接近 $\pi/2$ 的过渡区域非常"圆润". 通过合理选择式 (6.1.11) 中的 R 可以使滤波器在过渡区域变得更为"陡峭". 图 6.6 显示了当 $N = 2$ 且 R 为 3 次时的 $|m_0|$ 曲线, N 和 R 的选择使得 $|m_0(\xi)|^2$ 在 $\xi = 7\pi/9 (= 140°)$ 处有一个零点. 它与"实际"子带编码滤波器就要接近得多了. 相应的"最接近对称"函数 ϕ 在图 6.7 中给出, 其平滑程度要弱于 $_4\phi$ (具有相同的支集宽度, 但对应于 $N = 4$ 且 $R \equiv 0$), 但要比 $_2\phi$ 平滑 (m_0 在 $\xi = \pi$ 处具有相同重数的零点, 即 2 重). 第 7 章将更为详细地讨论这些正则性与平坦性问题. 表 6.4 列出了与图 6.7 相对应的 h_n.

表 6.4 与图 6.7 中尺度函数相对应的低通滤波器系数

n	h_n
0	-0.0802861503271
1	-0.0243085969067
2	0.362806341592
3	0.550576616156
4	0.229036357075
5	-0.0644368523121
6	-0.0115565483406
7	0.0381688330633

所有这些例子都对应于实值 h_n, ϕ 和 ψ, 即 $|\hat{\phi}|$ 和 $|\hat{\psi}|$ 关于 $\xi = 0$ 对称. 还可能构造 (复数) 例子, 使 $|\hat{\phi}|$ 和 $|\hat{\psi}|$ 集中在 $\xi > 0$ 的部分多于集中在 $\xi < 0$ 的部分. 以前例中满足 $m_0(\pm\frac{2\pi}{9}) = 1$ 的 m_0 为例, 定义 $m_0^{\#}(\xi) = m_0(\xi - \frac{2\pi}{9})$. 这个 $m_0^{\#}$ 显然满足 (6.1.1), 这是因为 m_0 满足 (6.1.1) 且 $m_0^{\#}(0) = 1$. 于是可以构造 $\hat{\phi}^{\#}(\xi) = \prod_{j=1}^{\infty} m_0^{\#}(2^{-j}\xi)$, $\hat{\psi}^{\#}(\xi) = e^{-i\xi/2} \overline{m_0^{\#}(\xi/2 + \pi)} \hat{\phi}^{\#}(\xi/2)$. 它们是紧支 L^2 函数, 根据命题 6.2.3, 当 $j, k \in \mathbb{Z}$ 时 $\psi_{j,k}^{\#}$ 构成 $L^2(\mathbb{R})$ 的一个紧框架. 此外, 由于 m_0 在 $[-\pi, \pi]$ 上仅有的零点在 $\xi = \pm\frac{7\pi}{9}, \pm\pi$ 处, 由此可推得, 仅对于 $\xi = \pm\pi, -\frac{5\pi}{9}, -\frac{7\pi}{9}$

有 $m_0^\#(\xi) = 0$. 因此当 $|\xi| \leqslant \frac{\pi}{3}$ 时有 $|m_0^\#(\xi)| \geqslant C > 0$，根据推论 6.3.2，$\psi_{j,k}^\#$ 构成了一个正交小波基. 图 6.8 绘制了 $|m_0^\#(\xi)|$, $|\hat{\phi}^\#(\xi)|$ 和 $|\hat{\psi}^\#(\xi)|$. 显然 $\int_0^\infty \mathrm{d}\xi \, |\hat{\psi}^\#(\xi)|^2$ 要远大于 $\int_{-\infty}^0 \mathrm{d}\xi \, |\hat{\psi}^\#(\xi)|^2$. 注意，$\hat{\psi}^\#$ 的负频率部分要比正频率部分更接近于原点，而这正是必要条件 $\int_0^\infty \mathrm{d}\xi \, |\xi|^{-1} |\hat{\psi}^\#(\xi)|^2 = \int_{-\infty}^0 \mathrm{d}\xi \, |\xi|^{-1} |\hat{\psi}^\#(\xi)|^2$ 所要求的（见 3.4 节）. 这种"非对称" $\hat{\psi}$ 的存在最早由 Cohen (1990) 指出. 事实上，对于任何 $\epsilon > 0$，都可以找到一个满足 $\int_{-\infty}^0 \mathrm{d}\xi \, |\hat{\psi}(\xi)|^2 < \epsilon$ 的正交小波基.

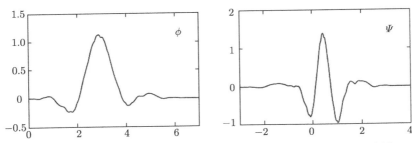

图 6.7　与图 6.6 所绘 $|m_0|$ 相对应的"最接近对称"尺度函数 ϕ 和小波 ψ

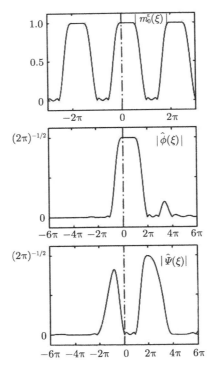

图 6.8　一个正交小波基的 $|m_0|$, $|\hat{\phi}|$ 和 $|\hat{\psi}|$ 的曲线，其中 $\hat{\psi}$ 集中在正频率处的部分多于负频率

6.5　级联算法: 与细分或细化格式的联系

根据 6.4 节中的图形就可能猜测, 这里构建的紧支撑 $\phi(x)$ 和 $\psi(x)$ 不存在闭合解析公式 (哈尔基除外). 不过, 如果 ϕ 连续, 我们可以针对任意给定 x 计算出具有任意高精度的 $\phi(x)$. 我们还有一种用于计算 ϕ 曲线的快速算法.[8] 下面来看看是如何做到的.

首先, 由于 ϕ 具有紧支集, 并且 $\phi \in L^1(\mathbb{R})$, $\int dx\, \phi(x) = 1$, 所以有

命题 6.5.1　若 f 是 $\mathbb{R}$ 上的一个连续函数, 则对于所有 $x \in \mathbb{R}$,

$$\lim_{j \to \infty} 2^j \int dy\, f(x+y)\, \overline{\phi(2^j y)} = f(x) . \tag{6.5.1}$$

如果 f 是一致连续的, 那么这一逐点收敛也一致成立. 若 f 是指数为 α 的赫尔德连续,

$$|f(x) - f(y)| \leqslant C|x-y|^\alpha ,$$

则该收敛在 j 上呈指数形式:

$$|f(x) - 2^j \int dy\, f(x+y)\, \overline{\phi(2^j y)}| \leqslant C 2^{-j\alpha} . \tag{6.5.2}$$

证明:　所有断言都可以由如下事实得出: 在 j 趋近于 ∞ 时 $2^j \phi(2^j \cdot)$ 是一个 "近似 δ 函数". 更准确地说:

$$\left| f(x) - 2^j \int dy\, f(x+y)\, \overline{\phi(2^j y)} \right|$$

$$= \left| 2^j \int dy\, [f(x) - f(x+y)]\, \overline{\phi(2^j y)} \right|$$

$$= \left| \int dz\, [f(x) - f(x+2^{-j}z)]\, \overline{\phi(z)} \right|$$

$$\leqslant \|\phi\|_{L^1} \cdot \sup_{|u| \leqslant 2^{-j}R} |f(x) - f(x+u)|$$

$$\text{(假设 } \phi \subset [-R, R]) .$$

如果 f 连续, 通过将 j 选为足够大, 可以使上式为任意小. 若 f 一致连续, 则可以使 j 的选择独立于 x, 从而该收敛一致成立. 若 f 为赫尔德连续, 则立即可得出 (6.5.2) 也成立. ∎

现在假设 ϕ 本身连续, 甚至是指数为 α 的赫尔德连续. (在下一章, 将会看到许多为 ϕ 计算赫尔德指数的方法.) 取 x 为任意二进有理数, $x = 2^{-J}K$. 则命题 6.5.1 告诉我们

$$\phi(x) = \lim_{j\to\infty} 2^j \int \mathrm{d}y\; \phi(2^{-J}K + y)\; \overline{\phi(2^j y)}$$

$$= \lim_{j\to\infty} 2^{j/2} \int \mathrm{d}z\; \phi(z)\; \overline{\phi_{-j,2^{j-J}K}}(z)$$

$$= \lim_{j\to\infty} 2^{j/2} \langle \phi,\; \phi_{-j,2^{j-J}K} \rangle .$$

此外, 对于大于某一 j_0 的 j,

$$|\phi(2^{-J}K) \;-\; 2^{j/2} \langle \phi, \phi_{-j,2^{j-J}K} \rangle | \leqslant C\, 2^{-j\alpha} , \tag{6.5.3}$$

其中 C 和 j_0 独立于 J 或 K. 若 $2^{j-J}K$ 为整数(它在 $j \geqslant J$ 时自动成立),则内积 $\langle \phi, \phi_{-j,2^{j-J}K} \rangle$ 易于计算. 当假设 $\phi_{0,n}$ 正交时(可以利用定理 6.3.5 中关于 m_0 所列的充要条件进行验证), ϕ 是可由下式表征的唯一函数 f,

$$\langle f, \phi_{0,n} \rangle = \delta_{0,n} , \tag{6.5.4}$$

$$\langle f, \psi_{-j,k} \rangle = 0 \quad (j > 0,\; k \in \mathbb{Z}). \tag{6.5.5}$$

可以将它作为与 m_0 相关联的子带滤波器重构算法的输入(见 5.6 节). 更具体地说, 首先给出一个低通序列 $c_n^0 = \delta_{0,n}$ 和一个高通序列 $d_n^0 = 0$, 然后"启动机器", 得到

$$c_n^{-1} = \sum_k h_{n-2k}\, c_k^0 . \tag{6.5.6}$$

然后使用 $d_n^{-1} = 0$, 在另一次"启动"之后得到

$$c_m^{-2} = \sum_n h_{m-2n}\, c_n^{-1} , \tag{6.5.7}$$

等等. 在每一阶段, c_n^{-j} 都等于 $\langle \phi, \phi_{-j,n} \rangle$. 结合 (6.5.3), 这意味着我们得到了一种具有指数收敛速度的算法, 用于计算 ϕ 在二进有理点处的值. 我们可以对这些值进行插值, 得到一个用于近似表示 ϕ 的函数序列 η_j.[9] 例如, 对于 $n \in \mathbb{Z}$, 可以定义 $\eta_j^0(x)$ 是在区间 $[2^{-j}(n-1/2),\, 2^{-j}(n+1/2))$ 上分段取常值的函数, 使得 $\eta_j^0(2^{-j}k) = 2^{j/2} \langle \phi, \phi_{-j,k} \rangle$. 另一种选择是 $\eta_j^1(x)$, 对于 $n \in \mathbb{Z}$ 在 $[2^{-j}n, 2^{-j}(n+1)]$ 上分段线性, 使得 $\eta_j^1(2^{-j}k) = 2^{j/2} \langle \phi, \phi_{-j,k} \rangle$.

对这两种选择, 均有以下命题.

命题 6.5.2 若 ϕ 为赫尔德连续, 指数为 α, 则存在 $C > 0$ 和 $j_0 \in \mathbb{N}$, 使得对于 $j \geqslant j_0$ 有

$$\|\phi - \eta_j^0\|_{L^\infty} \leqslant C\, 2^{-\alpha j} , \qquad \|\phi - \eta_j^1\|_{L^\infty} \leqslant C\, 2^{-\alpha j} . \tag{6.5.8}$$

证明: 取任意 $x \in \mathbb{R}$. 对于任意 j, 选择 n 使得 $2^{-j}n \leqslant x < 2^{-j}(n+1)$. 根据 η_j^ϵ 的定义, 无论是 $\epsilon = 0$ 还是 $\epsilon = 1$, $\eta_j^\epsilon(x)$ 都必然是 $2^{j/2}\langle \phi, \phi_{-j,n} \rangle$ 和 $2^{j/2}\langle \phi, \phi_{-j,n+1} \rangle$ 的一个凸线性组合. 另一方面, 若 j 大于某个 j_0,

$$|\phi(x) - 2^{j/2}\langle \phi, \phi_{-j,n} \rangle|$$
$$\leqslant |\phi(x) - \phi(2^{-j}n)| + |\phi(2^{-j}n) - 2^{j/2}\langle \phi, \phi_{-j,n} \rangle|$$
$$\leqslant C\,|x - 2^{-j}n|^\alpha + C\,2^{-j\alpha} \leqslant C\,2^{-j\alpha}\,,$$

将 n 代以 $n+1$ 时同样成立. 由此可以推出, 对于任意凸组合有类似估计成立, 即 $|\phi(x) - \eta_j^\epsilon(x)| \leqslant C\,2^{-j\alpha}$. 这里, 可以独立于 x 选择适当的 C 值使得 (6.5.8) 成立. ■

这就是我们以任意高精度计算 $\phi(x)$ 近似值的快速算法:

1. 首先是在 $n \in \mathbb{Z}$ 时表示 $\eta_0^\epsilon(n)$ 的序列 $\cdots 0 \cdots 010 \cdots 0 \cdots$.

2. 如 (6.5.7) 中一样, 在 $n \in \mathbb{Z}$ 时通过 "启动机器" 计算 $\eta_j^\epsilon(2^{-j}n)$. 在这一级联过程的每一步, 将计算两倍这么多的数值: 在 "偶数点" $2^{-j}(2k)$ 的值是由前一步的结果细化得到的,

$$\eta_j^\epsilon(2^{-j}2k) = \sqrt{2}\sum_\ell h_{2(k-\ell)}\,\eta_{j-1}^\epsilon(2^{-j+1}\ell)\,, \tag{6.5.9}$$

"奇数点" $2^{-j}(2k+1)$ 处的值是首次计算,

$$\eta_j^\epsilon(2^{-j}(2k+1)) = \sqrt{2}\sum_\ell h_{2(k-\ell)+1}\,\eta_{j-1}^\epsilon(2^{-j+1}\ell)\,. \tag{6.5.10}$$

(6.5.9) 和 (6.5.10) 都可以看作是卷积.

3. 对 $\eta_j^\epsilon(2^{-j}n)$ 插值 (若 $\epsilon = 0$ 则为分段常值, 若 $\epsilon = 1$ 则为分段线性), 获得非二进有理数 x 处的 $\eta_j^\epsilon(x)$.

这整个算法在 Daubechies 和 Lagarias (1991) 的文献中称为级联算法, 其中选择了 $\epsilon = 1$. 在 Daubechies (1988b) 中选择了 $\epsilon = 0$.[10] 在 6.4 节及之后各章中关于 ϕ 和 ψ 的所有曲线事实上都是 $j = 7$ 或 8 时 η_j^1 的曲线. 就这些图形的分辨率而言, ϕ 和这些 η_j^1 之间的差别是察觉不到的. 级联算法有一个特别吸引人的特性, 那就是它允许 "放大" ϕ 的具体特征. 假设我们已经计算了所有 $\eta_5^\epsilon(2^{-5}n)$, 但希望详细查看 ϕ 在以 1 为中心的区间 $[\frac{15}{16}, \frac{17}{16}]$ 上的特征, 其分辨率需要高得多. 我们可以这样做: 先针对非常大的 J 来计算所有 $\eta_j^\epsilon(2^{-J}n)$, 然后仅在所关注的小区间上绘制 $\eta_j^\epsilon(x)$, 与 $2^{J-4}\cdot 15 \leqslant n \leqslant 2^{J-4}\cdot 17$ 相对应. 但这样做并不是必需的: 根据 (6.5.9) 和 (6.5.10) 的 "局部" 本质, 只需要非常少的计算就足够了. 设当 $n < 0$ 或 $n > 3$ 时有 $h_n = 0$. $\eta_J^\epsilon(2^{-J}n)$ 的计算只涉及 $(n-3)/2 \leqslant k \leqslant n/2$ 的 $\eta_{J-1}^\epsilon(2^{-J+1}k)$. 它们的计

算又仅涉及 $(k-3)/2 \leqslant \ell \leqslant k/2$ 或 $n/4 - 3/2 - 3/4 \leqslant \ell \leqslant n/4$ 时的 $\eta_{J-2}^{\epsilon}(2^{-J+2}\ell)$. 回到 $j = J-4$, 我们看到, 要计算 $[\frac{15}{16}, \frac{17}{16}]$ 上的 η_9^{ϵ}, 只需要当 $28 \leqslant m \leqslant 34$ 时的 $\eta_5^{\epsilon}(2^{-5}m)$. 于是, 我们可以从 $\cdots 0 \cdots 010 \cdots 0 \cdots$ 开始级联过程, 执行五步, 选择 $28 \leqslant m \leqslant 34$ 时的七个值 $\eta_5^{\epsilon}(2^{-5}m)$, 仅以这些值作为新级联过程的输入, 再执行四步, 最后得出 η_9^{ϵ} 在 $[\frac{15}{16}, \frac{17}{16}]$ 上的曲线. 要在更小的区间上获得更大的放大效果, 只需要重复此过程. 第 7 章中放大后的曲线都是这样计算得出的.[11]

　　引出级联算法的论证过程中已经隐含地使用了 $\psi_{j,k}$ 的正交性, 也就是与之等价的 $\phi_{0,n}$ 的正交性 (见 6.2 和 6.3 节): 我们已经将 ϕ 表述为唯一满足 (6.5.4) 和 (6.5.5) 的函数 f. 也可换一个角度来看待这一级联算法, 根本不强调正交性, 而是将它看作一种稳定细分或细化格式的特例.

　　细化格式在计算机图形学中用于设计平滑的曲线或曲面, 这些曲线或曲面要穿过一组离散点 (或其附近), 这些点通常是非常稀疏的. Cavaretta、Dahmen 和 Micchelli (1991) 对此做了非常出色的综述. 我们这里的讨论非常简短, 仅限于一维细分方案.[12] 假设我们希望一条曲线 $y = f(x)$ 通过预设值 $f(n) = f_n$. 一种可能性就是直接构造通过点 (n, f_n) 的分段线性曲线. 这个曲线有一个特性: 对于所有 n,

$$f\left(\frac{2n+1}{2}\right) = \frac{1}{2}f(n) + \frac{1}{2}f(n+1) , \qquad (6.5.11)$$

这样可以快速计算出半整数点处的 f. 在四分之一整数点处的 f 值可以用类似的方法计算得出,

$$f\left(\frac{n}{2} + \frac{1}{4}\right) = \frac{1}{2}f\left(\frac{n}{2}\right) + \frac{1}{2}f\left(\frac{n}{2} + \frac{1}{2}\right) , \qquad (6.5.12)$$

对于 $\mathbb{Z}/4 + \mathbb{Z}/8$ 等可照此进行. 这就提供了一种用于计算 f 在所有二进有理数位置处的取值的快速递归算法. 如果选择一种比分段线性样条更平滑的样条插值 (二次、三次, 甚至更高次样条), 则类似于 (6.5.9) 和 (6.5.10) 由 $f(2^{-j}k)$ 计算 $f(2^{-j}n + 2^{-j-1})$ 的公式将包含无穷多项. 有可能选择比线性样条近似更为平滑的样条, 采用如下类型的插值公式

$$f(2^{-j}n + 2^{-j-1}) = \sum_k a_k\, f(2^{-j}(n-k)) , \qquad (6.5.13)$$

式中只有有限多个 a_k 不为零, 所得到的曲线不再是样条. 一个例子是

$$f(2^{-j}n + 2^{-j-1}) = -\frac{1}{16}\left[f(2^{-j}(n-1)) + f(2^{-j}(n+2)\right]$$

$$+ \frac{9}{16}\left[f(2^{-j}n) + f(2^{-j}(n+1))\right] . \qquad (6.5.14)$$

这个例子在 Dubuc (1986) 以及 Dyn、Gregory 和 Levin (1987) 中进行了详细研究, 并在 (例如) Deslauriers、Dubuc (1989) 和 Dyn、Levin (1989) 中进行了推广. 它引

出了一个近似为 C^2 函数的 f.（关于确定 f 正则性的方法，见第 7 章.）式 (6.5.14) 描述了一种插值细化格式，其中，在每个计算阶段，之前计算的数值保持不变，只计算位于中间点的值. 还可以考虑这样一些格式：在每个计算阶段，对前一阶段计算的值进一步"细化"，这种方法对应于一种更一般的细化格式，其类型为

$$f_{j+1}(2^{-j-1}n) = \sum_k w_{n-2k} \, f_j(2^{-j}k) \, . \tag{6.5.15}$$

公式 (6.5.15) 事实上对应于两个卷积格式（用细化文献中的术语来说，就是有两个掩模），

$$f_{j+1}(2^{-j}n) = \sum_k w_{2(n-k)} \, f_j(2^{-j}k) \tag{6.5.16}$$

（已计算值的细化）和

$$f_{j+1}(2^{-j}n + 2^{-j-1}) = \sum_k w_{2(n-k)+1} \, f_j(2^{-j}k) \tag{6.5.17}$$

（计算位于新的中间点的值）. 在一种好的细化格式中，当 j 趋于 ∞ 时 f_j 收敛于一个连续函数 f_∞.（f_∞ 有可能是更平滑的函数，见第 7 章.）注意，式 (6.5.15) 仅在离散集合 $2^{-j}\mathbb{Z}$ 上定义了 f_j. 关于 f_j "收敛于"连续函数 f_∞，其准确表述为

$$\lim_{m \to \infty} \left\{ \sup_{j \geqslant 0, k \in \mathbb{Z}} \left| f_\infty^\lambda(2^{-m}2^{-j}k) - f_{m+j}^\lambda(2^{-m-j}k) \right| \right\} = 0 \, , \tag{6.5.18}$$

其中上标 λ 表示初始数据，$f_0^\lambda(n) = \lambda_n$. 若 (6.5.18) 对于所有 $\lambda \in \ell^\infty(\mathbb{Z})$ 成立，就说此细化格式是收敛的，见 Cavaretta、Dahmen 和 Micchelli (1991).[还可以重新表述式 (6.5.18)：先引入连续函数 f_j，对 $f_j(2^{-j}k)$ 插值. 见下文.] 一般细化格式是一种插值格式，当 $w_{2k} = \delta_{k,0}$ 时，得出 $f_{j+\ell}(2^{-j}n) = f_j(2^{-j}n)$.

在一般细化格式或更具限制性的插值格式中，都容易看出该过程的线性意味着极限函数 f_∞（我们假设它是连续的 [13]）由

$$f_\infty(x) = \sum_n f_0(n) \, F(x - n) \tag{6.5.19}$$

给出，其中 $F = F_\infty$ 是"基本解"，利用同一细化格式由初始数据 $F_0(n) = \delta_{n,0}$ 获得. 这个基本解服从一个特定的泛函方程. 为推导这一方程，首先引入对离散 $f_j(2^{-j}k)$ 插值的函数 $f_j(x)$：

$$f_j(x) = \sum_k f_j(2^{-j}k) \, \omega(2^j x - k) \, , \tag{6.5.20}$$

其中 ω 是满足 $\omega(n) = \delta_{n,0}$ 的"合理"[14] 函数. 有两种很明显的选择：当 $-\frac{1}{2} \leqslant x < \frac{1}{2}$ 时 $\omega(x) = 1$，否则 $\omega(x) = 0$；或者，当 $|x| \leqslant 1$ 时 $\omega(x) = 1 - |x|$，否则 $\omega(x) = 0$.（它们对应于上面讲解级联算法时的两种选择.）收敛需求 (6.5.18) 可以改写为当 $j \to \infty$

时 $\|f_j^\lambda - f_\infty^\lambda\|_{L^\infty} \to 0$. 为获得基本解 F_∞，先从 $F_0(x) = \omega(x)$ 出发. 接下来两个近似函数 F_1 和 F_2 满足

$$F_1(x) = \sum_n F_1(n/2)\, \omega(2x - n) \qquad \text{[根据 (6.5.20)]}$$

$$= \sum_n w_n\, \omega(2x - n) \qquad \text{[利用 (6.5.15) 及 } F_0(n) = \delta_{n,0}]$$

$$= \sum_n w_n\, F_0(2x - n)\,, \qquad\qquad\qquad (6.5.21)$$

$$F_2(x) = \sum_n F_2(n/4)\, \omega(4x - n)$$

$$= \sum_{n,k} w_{n-2k}\, F_1(k/2)\, \omega(4x - n) \qquad \text{[利用 (6.5.15)]}$$

$$= \sum_k w_k \sum_\ell w_\ell\, \omega(4x - 2k - \ell) \qquad \text{[因为 } F_1(k/2) = W_k]$$

$$= \sum_k w_k\, F_1(2x - k)\,.$$

这让人想到应当有一个类似的公式对于所有 F_j 成立，即

$$F_j(x) = \sum_k w_k\, F_{j-1}(2x - k)\,. \qquad\qquad (6.5.22)$$

归纳法表明事实确实如此：

$$F_{j+1}(x) = \sum_n F_{j+1}(2^{-j-1}n)\, \omega(2^{j+1}x - n)$$

$$= \sum_{n,k} w_{n-2k}\, F_j(2^{-j}k)\, \omega(2^{j+1}x - n)$$

$$= \sum_{n,k,\ell} w_{n-2k}\, w_\ell\, F_{j-1}(2^{-j+1}k - \ell)\, \omega(2^{j+1}x - n)$$

（根据归纳假设）

$$= \sum_\ell w_\ell \sum_{m,n} F_{j-1}(2^{-j+1}m)\, w_{n-2m-2^j\ell}\, \omega(2^{j+1}x - n)$$

$$= \sum_\ell w_\ell \sum_{m,r} F_{j-1}(2^{-j+1}m)\, w_{r-2m}\, \omega(2^{j+1}x - 2^j\ell - r)$$

$$= \sum_\ell w_\ell \sum_m F_j(2^{-j}r)\, \omega(2^j(2x - \ell) - r) \qquad \text{[根据 (6.5.15)]}$$

$$= \sum_\ell w_\ell\, F_j(2x - \ell) \qquad \text{[根据 (6.5.20)]}.$$

由于 $F = F_\infty = \lim_{j\to\infty} F_j$，所以式 (6.5.22) 意味着基本解 F 满足

$$F(x) = \sum_k w_k\, F(2x - k)\,. \tag{6.5.23}$$

现在已经清楚我们的紧支撑尺度函数 ϕ 和级联算法是如何适用于细化格式了：一方面，ϕ 满足一个 (6.5.23) 类型的方程（基本上就是多分辨率要求 $V_0 \subset V_{-1}$ 的结果），另一方面，级联算法完全对应于 (6.5.15) 和 (6.5.20). 作为基础的多分辨率框架的正交性让命题 6.5.2 的证明变得更容易一些，但在没有 $F(x-n)$ 正交性的情况下也可以为细化格式证明类似结果. 细化格式的一些基本结果为：

- 如果细化格式 (6.5.15) 收敛，则 $\sum_n w_{2n} = \sum_n w_{2n+1} = 1$，相关联的泛函方程 (6.5.23) 存在唯一的紧支撑连续解（归一化后相同）.

- 如果 (6.5.23) 存在一个连续的紧支撑解 F，并且 $F(x-n)$ 独立（即，映射 $\ell^\infty(\mathbb{Z}) \ni \lambda \mapsto \sum_n \lambda_n F(x-n)$ 是一对一的 [15]），则细分算法收敛.

关于此结果及许多其他结果的证明，我们参考了 Cavaretta、Dahmen 和 Micchelli (1991) 及其中引用的论文. 注意，条件 $\sum_n w_{2n} = \sum_n w_{2n+1} = 1$ 与要求 $m_0(0) = 1$ 且 $m_0(\pi) = 0$ 完全对应.

在某种意义上，紧支撑尺度函数与小波的构造可以看作是细化格式的特例. 但我感觉它们强调的重点有所不同. 一个一般细化格式与 $F(2^{-j}x-n)$ 所生成的多分辨率空间 V_j 的一个尺度相关联，但通常根本不会去关注 V_j 在 V_{j-1} 中的补子空间. 在 j 个步骤中对一系列数据点进行细化的过程，就相当于在 V_{-j} 中找到一个函数，它在 V_0 上的投影（这个投影由细化格式的伴随矩阵给出，通常不是正交投影）对应于该数据序列. V_{-j} 中有许多这样的函数与同一数据序列相对应，但细化格式选择了"最小的"一个. 它没有兴趣去研究 V_{-j} 中的其他非最小解，以及它们与唯一的细化解有什么区别. 这是很自然的：细化格式就是要从简单结构构造更"复杂"的结构（由 V_0 到 V_{-j}）. 而小波分析则与之相反，它们希望将 V_{-j} 中的任意元素分解为 V_0 及其补空间中的构建模块. 这里绝对有必要强调一下所有补空间 $W_\ell = V_{\ell-1} \ominus V_\ell$ 的重要性，还需要有快速算法来计算这些空间中的系数. 这正是小波发挥作用的地方，一般细化格式中通常没有类似内容.

紧支撑的正交小波基和细化格式之间还存在另外一种有趣的联系：与正交小波基相关联的掩模总是某个插值格式掩模的"平方根". 更明确地，定义 $M_0(\xi) = |m_0(\xi)|^2 = \frac{1}{2}\sum_n w_n\, e^{-in\xi}$，也就是 $w_n = \sum_k \overline{h_k}\, h_{k+n}$. 因为 $w_{2n} = \sum_k \overline{h_k}\, h_{k+2n} = \delta_{n,0}$（见 (5.1.39)），所以 w_n 就是插值细化格式的掩模系数. 特别地，Shensa (1991) 注意到，在式 (6.1.11) 中选择 $R \equiv 0$ 得到的插值细化格式就是所谓的"拉格朗日插值格式"，Deslauriers 和 Dubuc (1989) 对其进行了详细研究，[16] 式 (6.5.14) 是它的一个例子.

注意，除哈尔情形之外，一个有限正交小波滤波器 m_0 本身不可能也是一个插

值滤波器：正交性意味着 $|m_0(\xi)|^2 + |m_0(\xi + \pi)|^2 = 1$，而插值要求等价于 $h_{2n} = \frac{1}{\sqrt{2}}\delta_{n,0}$ 或 $m_0(\xi) + m_0(\xi + \pi) = 1$. 如果两个条件均满足，则

$$1 = |m_0(\xi)|^2 + |1 - m_0(\xi)|^2$$

或

$$\sum_n h_n \overline{h_{k+n}} = \frac{1}{\sqrt{2}}\left[\overline{h_k} + h_{-k}\right]. \tag{6.5.24}$$

假定对于 $n < N_1$ 或 $n > N_2$ 有 $h_n \equiv 0$，且 $h_{N_1} \neq 0 \neq h_{N_2}$. 于是式 (6.5.24) 意味着 $N_1 = 0$ 或 $N_2 = 0$. 假设 $N_1 = 0$（$N_2 = 0$ 类似），N_2 必为奇数，$N_2 = 2L + 1$. 在式 (6.5.24) 中取 $k = 2L$. 则

$$h_0 \,\overline{h_{2L}} + h_1 \,\overline{h_{2L+1}} = \frac{1}{\sqrt{2}}\,\overline{h_{2L}}.$$

由于 $h_0 = 2^{-1/2}$ 且 $h_{2L+1} \neq 0$，所以这意味着 $h_1 = 0$. 同理，$k = 2L - 2$ 可推出

$$h_0 \,\overline{h_{2L-2}} + h_1 \,\overline{h_{2L-1}} + h_2 \,\overline{h_{2L}} + h_3 \,\overline{h_{2L+1}} = \frac{1}{\sqrt{2}}\,\overline{h_{2L-2}},$$

结合 $h_1 = 0$ 和 $h_{2n} = 2^{-1/2}\delta_{n,0}$ 可得出 $h_3 = 0$. 最终得到，只有 h_0 和 h_{2L+1} 不为零，它们都等于 $1/\sqrt{2}$，因此这个掩模就是一个"拉伸了的"哈尔掩模. $\phi_{0,n}$ 的正交性迫使 $L = 0$，或者说 $m_0(\xi) = \frac{1}{2}(1 + e^{-i\xi})$，这就是哈尔基. 如果放弃要求 m_0 为三角多项式的限制，也就是说，如果 ϕ 和 ψ 可以在整个实数轴上得到支撑，那么 $m_0(\xi) + m_0(\xi + \pi) = 1$ 和 $|m_0(\xi)|^2 + |m_0(\xi + \pi)|^2 = 1$ 可通过一个非平凡 m_0 同时得到满足. 在 Evangelista (1992) 或 Lemarié–Malgouyres (1992) 的文献中可以找到相关例子.

附注

1. 紧支撑的 $\phi \in L^2(\mathbb{R})$ 自然属于 $L^1(\mathbb{R})$. 于是由 5.3 节末尾的注释可以推出 $m_0(0) = 1$ 且 $m_0(\pi) = 0$，即 m_0 在 π 处有一个重数至少为 1 的零点.

2. 在 Daubechies (1988b) 中，式 (6.1.7) 的解 P 是通过两个组合引理求出的. Y. Meyer 向我指出了一种更为自然的方法，它利用了 Bezout 定理.

3. Hermann (1971) 已经得到 P_N 的这个公式，其中设计了具有最大平坦性的 FIR 滤波器（但没有完美的重构格式）.

4. 如果有无穷多个 h_n 不为零，但只要它们衰减得足够快使得对于某一 $\epsilon > 0$ 有 $\sum |h_n|(1 + |n|)^\epsilon < \infty$，则此收敛依然成立. 在这种情况下 $|\sin n\zeta| \leqslant |n\zeta|^{\min(1,\epsilon)}$ 可导出一个类似的界.

5. 这里使用了经典公式

$$\frac{\sin x}{x} = \prod_{j=1}^{\infty} \cos(2^{-j}x).$$

一个简单的证明方法是利用 $\sin 2\alpha = 2\cos\alpha \sin\alpha$ 写出

$$\prod_{j=1}^{J} \cos(2^{-j}x) = \prod_{j=1}^{J} \frac{\sin(2^{-j+1}x)}{2\sin(2^{-j}x)} = \frac{\sin x}{2^J \sin(2^{-J}x)} ,$$

它在 $J \to \infty$ 时趋近于 $\frac{\sin x}{x}$. 在 Kac (1959) 的文献中这一公式被归功于 Vieta, 而且，一篇关于统计独立的出色论文就是以它为起点的.

6. 下面的结论在一般情况是成立的：若 m_0 满足 (6.1.1)，并且如式 (6.2.2) 定义的 ϕ 生成一个非正交的平移族 $\phi_{0,n}$，则对于某个 ξ 必然有 $\sum_\ell |\hat{\phi}(\xi + 2\pi\ell)|^2 = 0$.（见 Cohen (1990b).）

7. 条件 $\int dx\, \psi(x)\, \overline{\psi(x-k)} = \delta_{k,0}$ 看起来要比 $\|\psi\| = 1$ 更强一些，但由于 $\psi_{j,k}$ 构成了一个框架常量为 1 的紧框架，所以根据命题 3.2.1，这两者是等价的.

8. 由于 $\psi(x)$ 是 $\phi(2x)$ 平移版本的有限次线性组合，所以用于绘制 ϕ 曲线的快速算法也可以快速绘制 ψ 的曲线. 本节始终仅关注 ϕ.

9. 如果 ϕ 不连续，则 η_j 在 L^2 中仍然收敛于 ϕ（见 6.3 节）. 此外，它们在 ϕ 连续的每个点都逐点收敛于 ϕ.

10. Daubechies (1988b) 在证明（文献中的）命题 3.3 时选择 $\epsilon = 1$，这是因为 $\hat{\eta}_j^1$ 是绝对可积的，而 $\hat{\eta}_j^0$ 不是. 在 Daubechies (1988b) 中，实际上首先证明了 η_j^ϵ 收敛于 ϕ（使用了某些额外的技术条件），然后由这一收敛推导出 $\phi_{0,n}$ 的正交性.

11. 注意，还存在其他许多用于绘制小波曲线的过程. 我们也可以不从细化级联入手，而是从一个适当的 $\phi(n)$ 开始，然后直接由 $\phi(x) = \sqrt{2}\sum_n h_n\phi(2x-n)$ 计算 $\phi(2^{-j}k)$.（事实上，当 ϕ 不连续时级联算法可能发散，而以适当的 $\phi(n)$ 直接应用 2 尺度方程仍然是收敛的. 感谢 Wim Sweldens 向我指出这一点.）这种更直接的计算可以用一种树状过程来完成. 有另外一种不同的观察方法，它避免了树的构造过程，可以更快速地给出绘制结果，那就是使用动态系统框架，由 Berger 和 Wang 开发 [见 Berger (1992) 中的综述]. 但这样会丢失"放大"特性.

12. 细化或细分格式的许多专家都发现多分辨率情形要有意义得多！

13. 这不是最一般性的表述！我们只是假设 w_k 使得存在一个连续极限. 这已经暗示了 $\sum w_{2n} = \sum w_{2n+1} = 1$.

14. 例如，任意一个变差有界的紧支撑 ω 在这里都是"合理的".

15. 下面这个经过拉伸的哈尔函数表明 $F(x-n)$ 是如何不满足独立性的. 取 $w_0 = w_2 = 1$，所有其他 $w_n = 0$. 式 (6.5.23) 的解（在经过归一化后）就是：当 $0 \leqslant x < 2$ 时 $F(x) = 1$，否则 $F(x) = 0$. 在这种情况下，由 $\lambda_n = (-1)^n$ 定义的 ℓ^∞ 序列 λ 将导致 $\sum_n \lambda_n F(x-n) = 0$ 几乎处处成立.

16. 这不是巧合. 如果固定对称滤波器 $M_0 = |m_0|^2$ 的长度，则选择 $R \equiv 0$ 意味

着 M_0 可以被 $(1 + \cos \xi)$ 整除，最大可能重数与其长度及约束条件 $M_0(\xi) + M_0(\xi + \pi) = 1$ 相容. 另一方面，$2N - 1$ 阶拉格朗日细化格式是具有最短长度的插值格式，它们由整数样本准确地再生出阶数不超过 $2N - 1$ 的所有多项式. 就滤波器 $W(\xi) = \frac{1}{2} \sum_n w_n \, \mathrm{e}^{in\xi}$ 来说，这意味着

$$W(\xi) + W(\xi + \pi) = 1 \qquad \text{（插值滤波器：} w_{2n} = \delta_{n,0} \text{）}$$

和

$$W(\xi) = 1 + O \left(\xi^{2N}\right) = 1 + O((1 - \cos \xi)^N)$$

[见 Cavaretta、Dahmen 和 Micchelli (1991)，或见第 8 章].

结合这两条要求，这就意味着 $W(\xi + \pi)$ 在 $\xi = 0$ 处有一个 $2N$ 阶的零点，也就是 $W(\xi + \pi)$ 可被 $(1 - \cos \xi)^N$ 整除，因此 $W(\xi)$ 可被 $(1 + \cos \xi)^N$ 整除. 由此推得 $W = M_0$.

第7章

再谈紧支撑小波的正则性

Meyer 或 Battle–Lemarié 小波的正则性易于判定：Meyer 小波拥有紧的傅里叶变换，因此它是 C^∞，而 Battle–Lemarié 小波是样条函数，更准确地说，是 k 次分段多项式，在节点处有 $(k-1)$ 阶连续导数. 紧支撑正交小波的正则性很难确定. 通常，它们有一个非整数赫尔德指数. 另外，它们在某些点的正则性要高于在其他一些点，如图 6.3 中所示. 本章将介绍在过去几年里开发出来的一组工具，用于研究这些小波的正则性. 所有这些方法都依赖于如下事实：

$$\phi(x) \;=\; \sum c_n \, \phi(2x - n) \,, \tag{7.0.1}$$

其中仅有有限多个 c_n 不为零. 小波 ψ 是 $\phi(2x)$ 平移版本的一个有限线性组合，继承了相同的正则性质. 由此可知，本章介绍的方法并非仅限于小波，它们同样适用于细分格式中的基本函数（见 6.5 节）. 事实上，这里讨论的一些工具最早就是为细分格式（而非小波）开发的.

所有这些不同方法分为两类：一类是证明傅里叶变换 $\hat\phi$ 的衰减性，另一类则直接处理 ϕ 本身. 我们将分别讨论每一种方法，将其应用于在 6.4 构造的一族示例 $_N\phi$. 事实表明，基于傅里叶的方法更适于渐近估计（比如，在这些例子中，正则性随着 N 的增大而增大）. 第二种方法可以给出更准确的局部估计，但其使用通常要更困难一些.

本章各讨论结果的参考文献包括：7.1.1 节的 Daubechies (1988b) 和 Cohen (1990b)；7.1.2 节的 Cohen (1990b) 以及 Cohen 和 Conze (1992)；7.1.3 节的 Cohen 和 Daubechies (1991)；7.2 节的 Daubechies 和 Lagarias (1991, 1992)、Micchelli 和 Prautzsch (1989)、Dyn 和 Levin (1990)、Rioul (1992)；7.3 节的 Daubechies (1990b).

7.1 基于傅里叶的方法

式 (7.0.1) 的傅里叶变换是

$$\hat{\phi}(\xi) = m_0(\xi/2)\, \hat{\phi}(\xi/2)\,, \tag{7.1.1}$$

其中 $m_0(\xi) = \frac{1}{2}\sum_n c_n \mathrm{e}^{-in\xi}$ 是一个三角多项式. 我们已经多次看到, (7.1.1) 可导出

$$\hat{\phi}(\xi) = (2\pi)^{-1/2} \prod_{j=1}^{\infty} m_0(2^{-j}\xi)\,, \tag{7.1.2}$$

依照惯例, 在上式中假定 $m_0(0) = 1$ 和 $\int \mathrm{d}x\, \phi(x) = 1$. 此外, m_0 可分解为

$$m_0(\xi) = \left(\frac{1+\mathrm{e}^{-i\xi}}{2}\right)^N \mathcal{L}(\xi)\,, \tag{7.1.3}$$

其中 $\mathcal{L}$ 也是一个三角多项式. 这就得出

$$\hat{\phi}(\xi) = (2\pi)^{-1/2} \left(\frac{1-\mathrm{e}^{-i\xi}}{i\xi}\right)^N \prod_{j=1}^{\infty} \mathcal{L}(2^{-j}\xi)\,. \tag{7.1.4}$$

第一类方法的基础是直接估计 $\mathcal{L}(2^{-j}\xi)$ 的无穷乘积在 $|\xi|\to\infty$ 时的增长.

7.1.1 暴力方法

对于 $\alpha = n + \beta$, $n \in \mathbb{N}$, $0 \leqslant \beta < 1$, 定义 C^α 为函数 f 的集合, 其中 f 为 n 次连续可导, 且其 n 阶导数 $f^{(n)}$ 为赫尔德连续, 指数为 β, 即对于所有 x 和 t 均有

$$|f^{(n)}(x) - f^{(n)}(x+t)| \leqslant C|t|^\beta\,.$$

众所周知的是, 若

$$\int \mathrm{d}\xi\, |\hat{f}(\xi)|\, (1+|\xi|)^\alpha < \infty\,,$$

则 $f \in C^\alpha$, 其验证也很容易. 特别地, 若 $|\hat{f}(\xi)| \leqslant C(1+|\xi|)^{-1-\alpha-\epsilon}$, 则可推出 $f \in C^\alpha$. 可知, 如果能够约束式 (7.1.4) 中的 $\prod_{j=1}^{\infty} \mathcal{L}(2^{-j}\xi)$ 在 $|\xi|\to\infty$ 时的增长, 那么因式 $\left((1-\mathrm{e}^{-i\xi})/i\xi\right)^N$ 就能确保 ϕ 的平滑.

引理 7.1.1 若 $q = \sup_\xi |\mathcal{L}(\xi)| < 2^{N-\alpha-1}$, 则 $\phi \in C^\alpha$.

证明:

1. 由于 $m_0(0) = 1$, $\mathcal{L}(0) = 1$, 因此 $|\mathcal{L}(\xi)| \leqslant 1 + C|\xi|$. 于是有

$$\sup_{|\xi|\leqslant 1} \prod_{j=1}^{\infty} |\mathcal{L}(2^{-j}\xi)| \leqslant \sup_{|\xi|\leqslant 1} \prod_{j=1}^{\infty} \exp\left[C2^{-j}|\xi|\right] \leqslant \mathrm{e}^C\,.$$

2. 现在任取满足 $|\xi| \geqslant 1$ 的 ξ. 存在 $J \geqslant 1$ 使得 $2^{J-1} \leqslant |\xi| < 2^J$. 因此

$$\prod_{j=1}^{\infty} |\mathcal{L}(2^{-j}\xi)| = \prod_{j=1}^{J} |\mathcal{L}(2^{-j}\xi)| \prod_{j=1}^{\infty} |\mathcal{L}(2^{-j}2^{-J}\xi)|$$

$$\leqslant q^J \cdot e^C \leqslant C'\, 2^{J(N-\alpha-1-\epsilon)}$$

$$\leqslant C''\, (1+|\xi|)^{N-\alpha-1-\epsilon} \, .$$

于是, $|\hat{\phi}(\xi)| \leqslant C'''\, (1+|\xi|)^{-\alpha-1-\epsilon}$, $\phi \in C^\alpha$. ∎

将几个 $\mathcal{L}$ 结合在一起可以得出更好的估计, 如下所示.

引理 7.1.2 定义

$$q_j = \sup_{\xi} \left| \prod_{k=0}^{j-1} \mathcal{L}(2^{-k}\xi) \right| \, , \tag{7.1.5}$$

$$\mathcal{K}_j = \frac{\log q_j}{j \log 2} \, , \tag{7.1.6}$$

$$\mathcal{K} = \inf_{j \in \mathbb{N}} \mathcal{K}_j \, .$$

则 $\mathcal{K} = \lim_{j \to \infty} \mathcal{K}_j$. 若 $\mathcal{K} < N - 1 - \alpha$, 则 $\phi \in C^\alpha$.

证明:

1. 取 $j_2 > j_1$. 则 $j_2 = nj_1 + r$ ($0 \leqslant r < j_1$), 且

$$q_{j_2} \leqslant (q_{j_1})^n \, q_1^r \, .$$

因此

$$\mathcal{K}_{j_2} \leqslant \frac{n \log q_{j_1} + r \log q_1}{j_2 \log 2} \leqslant \mathcal{K}_{j_1} + C\, j_1/j_2 \, .$$

2. 对于任意 $\epsilon > 0$, 存在 j_0 使得 $\mathcal{K} = \inf_j \mathcal{K}_j > \mathcal{K}_{j_0} - \epsilon$. 对于 $j \geqslant j_0$, 则有 $\mathcal{K}_j \leqslant \mathcal{K} + \epsilon + C\, j_0/j \longrightarrow \mathcal{K} + \epsilon$. 由于 ϵ 为任意值, 所以可推得 $\mathcal{K} = \lim_{j \to \infty} \mathcal{K}_j$.

3. 若 $\mathcal{K} < N - 1 - \alpha$, 则对于某一 $\ell \in \mathbb{N}$ 有 $\mathcal{K}_\ell < N - 1 - \alpha$. 于是, 可以重复在证明引理 7.1.1 时的论证过程, 将其应用于

$$\prod_{j=1}^{\infty} \mathcal{L}(2^{-j}\xi) = \prod_{j=0}^{\infty} \mathcal{L}_\ell(2^{-\ell j - 1}\xi) \, ,$$

其中 $\mathcal{L}_\ell(\xi) = \prod_{j=0}^{\ell-1} \mathcal{L}(2^{-j}\xi)$, 且 2^ℓ 扮演着引理 7.1.1 中 2 的角色. 这将得出 $|\hat{\phi}(\xi)| \leqslant C(1+|\xi|)^{-N+\mathcal{K}_\ell} \leqslant C(1+|\xi|)^{-\alpha-1-\epsilon}$, 因此 $\phi \in C^\alpha$. ∎

以下引理表明, 在大多数情况下无法用暴力方法获得太好的结果.

引理 7.1.3 *存在一个序列 $(\xi_\ell)_{\ell \in \mathbb{N}}$ 使得*

$$(1 + |\xi_\ell|)^{-\mathcal{K}} \left| \prod_{j=1}^{\infty} \mathcal{L}(2^{-j}\xi_\ell) \right| \geqslant C > 0 \, .$$

证明:

1. 根据定理 6.3.1，$\phi(\cdot - n)$ 的正交性意味着存在一个紧集 K，它关于模 2π 与 $[-\pi, \pi]$ 同余，使得对于 $\xi \in K$ 有 $|\hat{\phi}(\xi)| \geqslant C > 0$. 由于 K 与 $[-\pi, \pi]$ 同余，$\mathcal{L}_\ell$ 为周期函数，周期为 $2^{\ell+1}\pi$，所以有

$$q_\ell = \sup_{|\xi| \leqslant 2^\ell \pi} |\mathcal{L}_\ell(\xi)| = \sup_{\xi \in 2^\ell K} |\mathcal{L}_\ell(\xi)| \, ,$$

即，存在 $\zeta_\ell \in 2^\ell K$ 使得 $|\mathcal{L}_\ell(\zeta_\ell)| = q_\ell$. 由于 K 为紧集，所以 $2^{-\ell}\zeta_\ell \in K$ 一致有界. 于是有

$$|\zeta_\ell| \leqslant 2^\ell \, C' \, , \tag{7.1.7}$$

其中 $0 < C'$.

2. 此外，由于 $\left| \frac{1 + e^{i\xi}}{2} \right| = |\cos \xi/2| \leqslant 1$，所以对于所有 $\xi \in 2^\ell K$ 有

$$\left| \prod_{j=\ell+1}^{\infty} \mathcal{L}(2^{-j}\xi) \right| \geqslant \left| \prod_{j=\ell+1}^{\infty} m_0(2^{-j}\xi) \right| = |\hat{\phi}(2^{-\ell}\xi)| \geqslant C > 0 \, .$$

综上所述可知，对于 $\xi_\ell = 2\zeta_\ell$ 有

$$\left| \prod_{j=1}^{\infty} \mathcal{L}(2^{-j}\xi_\ell) \right| = |\mathcal{L}_\ell(\zeta_\ell)| \left| \prod_{j=\ell+1}^{\infty} \mathcal{L}(2^{-j}\zeta_\ell) \right|$$

$$\geqslant C \, q_\ell = C \, 2^{\ell \mathcal{K}_\ell} \, .$$

根据 (7.1.7)，

$$(1 + |\xi_\ell|)^{-\mathcal{K}} \left| \prod_{j=1}^{\infty} \mathcal{L}(2^{-j}\xi_\ell) \right| \geqslant C \, 2^{\ell \mathcal{K}_\ell} \, C'' \, 2^{-\ell \mathcal{K}} \, .$$

由于 $\mathcal{K} = \inf_\ell \mathcal{K}_\ell$，所以它有一个严格正常数的下界. ∎

现在来看 6.4 节构建的一个特定的 $_N\phi$ 族，看看如何进行这些估计. 我们有

$$_N m_0(\xi) = \left(\frac{1 + e^{-i\xi}}{2} \right)^N \mathcal{L}_N(\xi) \, ,$$

其中

$$|\mathcal{L}_N(\xi)|^2 = P_N(\sin^2 \xi/2) = \sum_{n=0}^{N-1} \binom{N-1+n}{n} (\sin^2 \xi/2)^n \, .$$

首先确定 P_N 的一些基本性质.

引理 7.1.4 多项式 $P_N(x) = \sum_{n=0}^{N-1} \binom{N-1+n}{n} x^n$ 满足以下性质：

$$0 \leqslant x \leqslant y \Rightarrow x^{-N+1} P_N(x) \geqslant y^{-N+1} P_N(y) , \qquad (7.1.8)$$

$$0 \leqslant x \leqslant 1 \Rightarrow P_N(x) \leqslant 2^{N-1} \max(1, 2x)^{N-1} . \qquad (7.1.9)$$

证明：

1. 若 $0 \leqslant x \leqslant y$，则

$$x^{-(N-1)} P_N(x) = \sum_{n=0}^{N-1} \binom{N-1+n}{n} x^{-(N-1-n)}$$

$$\geqslant \sum_{n=0}^{N-1} \binom{N-1+n}{n} y^{-(N-1-n)} = y^{-(N-1)} P_N(y) .$$

2. 回想一下（见 6.1 节），P_N 是方程

$$x^N P_N(1-x) + (1-x)^N P_N(x) = 1$$

的解. 代入 $x = \frac{1}{2}$ 得到 $P_N(1/2) = 2^{N-1}$. 因为 P_N 递增，所以当 $x \leqslant \frac{1}{2}$ 时有 $P_N(x) \leqslant P_N(\frac{1}{2}) = 2^{N-1}$. 当 $x \geqslant \frac{1}{2}$ 时，应用 (7.1.8) 得出 $P_N(x) \leqslant x^{N-1} 2^{N-1} P_N(\frac{1}{2}) = 2^{N-1}(2x)^{N-1}$. 这就证明了 (7.1.9). ∎

现在可以轻松运用引理 7.1.1 和 7.1.2. 我们有

$$\sup_\xi |\mathcal{L}_N(\xi)| = \left[\sum_{n=0}^{N-1} \binom{N-1+n}{n} \right]^{1/2}$$

$$< \left[2^{N-1} \sum_{n=0}^{N-1} \binom{N-1+n}{n} 2^{-n} \right]^{1/2}$$

$$= \left[2^{N-1} P_N(1/2) \right]^{1/2} = 2^{N-1} .$$

由引理 7.1.1 可得出 $_N\phi$ 连续的结论. 图 6.3 表明 $_N\phi$ 的正则性在 N 增加时增大，由该图可知，这显然不是最优的！使用 $j > 1$ 时的 $\mathcal{K}_j$ 可立即得出更为清楚的结果. 例如，我们有

$$q_2 = \sup_\xi |\mathcal{L}_N(\xi) \mathcal{L}_N(2\xi)|$$

$$= \sup_{0 \leqslant y \leqslant 1} [P_N(y) P_N(4y(1-y))]^{1/2}$$

$$[\text{因为 } \sin^2 \xi = 4\sin^2 \xi/2 \ (1 - \sin^2 \xi/2)].$$

如果 $y \leqslant 1/2$ 或 $y \geqslant \frac{1}{2} + \frac{\sqrt{2}}{4}$（意味着 $4y(1-y) \leqslant \frac{1}{2}$），则根据 (7.1.9) 有 $[P_N(y)P_N(4y(1-y))] \leqslant 2^{3(N-1)}$. 在剩下的窗口 $\frac{1}{2} + \frac{\sqrt{2}}{4} \geqslant y \geqslant \frac{1}{2}$ 中，我们有

$$P_N(y)\, P_N(4y(1-y)) \leqslant 2^{2(N-1)} \left[16y^2(1-y)\right]^{N-1}$$

$$\leqslant 2^{6(N-1)} \left(\frac{4}{27}\right)^{N-1}$$

$$\left[\text{因为对于 } 0 \leqslant y \leqslant 1 \text{ 有 } y^2(1-y) \leqslant \frac{4}{27}\right].$$

因此 $q_2 \leqslant 2^{4(N-1)}\, 3^{-3(N-1)/2}$, $\mathcal{K}_2 \leqslant (N-1)[2 - \frac{3}{4}\frac{\log 3}{\log 2}]$. 由此可推出，当 N 很大时渐近地有 $_N\phi \in C^{\mu N}$，其中 $\mu = \frac{3}{4}\frac{\log 3}{\log 2} - 1 \simeq 0.1887$. 通过估计 q_4 而不是估计 q_2，可以得到一个稍好一点的值. 于是可求得 $\mu \simeq 0.1936$.

注意，$y = \frac{3}{4}$ 是映射 $y \mapsto 4y(1-y)$ 的一个不动点，所以对于任意 k 有 $q_k \geqslant [P_N(3/4)]^k$，得出 $\mathcal{K}$ 的一个下限和 ϕ 正则性的一个上限. 就 ξ 来说，$y = \sin^2 \frac{\xi}{2} = \frac{3}{4}$ 对应于 $\xi = \frac{2\pi}{3}$. 之前已经看到，$\pm \frac{2\pi}{3}$ 扮演着一种特殊角色，因为 $\{\frac{2\pi}{3}, \frac{-2\pi}{3}\}$ 在乘以 2 时，关于模 2π 为一个不变循环. 在下一小节，将会看到如何使用这些不变循环来推导 $\hat{\phi}$ 的衰减估计.

7.1.2　由不变循环推导衰减估计

$\mathcal{L}$ 在不变循环上的值可给出 $\hat{\phi}$ 衰减性的一个下界.

引理 7.1.5　若 $\{\xi_0, \xi_1, \cdots, \xi_{M-1}\} \subset [-\pi, \pi]$ 是关于映射 $\tau\xi = 2\xi$ (modulo 2π) 的任意非平凡不变循环（即 $\xi_0 \neq 0$），其中，当 $m = 1, \cdots, M-1$ 时 $\xi_m = \tau\xi_{m-1}$，而 $\tau\xi_{M-1} = \xi_0$，则对于所有 $k \in \mathbb{N}$ 有

$$|\hat{\phi}(2^{kM+1}\, \xi_0)| \geqslant C\, (1 + |2^{kM+1}\, \xi_0|)^{-N+\tilde{\mathcal{K}}},$$

其中，$\tilde{\mathcal{K}} = \sum_{m=0}^{M-1} \log|\mathcal{L}(\xi_m)|/(M\log 2)$, $C > 0$ 独立于 k.

证明:

1. 首先注意到，存在 $C_1 > 0$ 使得对于所有 $k \in \mathbb{N}$ 有

$$|\sin(2^{kM}\, \xi_0)| \geqslant C_1 . \tag{7.1.10}$$

事实上，$2^{kM}\, \xi_0 = \xi_0 \pmod{2\pi}$，因此，当 $\xi_0 \neq 0$ 或 $\pm\pi$ 时有 (7.1.10) 成立. 我们已经知道 $\xi_0 \neq 0$. 如果 $\xi_0 = \pm\pi$，则 $\xi_1 = 0 \pmod{2\pi}$，因此 $\xi_0 = 2^{M-1}\xi_1 = 0 \pmod{2\pi}$，而这是不可能的.

2. 现在

$$|\hat{\phi}(2^{kM+1}\, \xi_0)| = \left|\frac{\sin 2^{kM}\, \xi_0}{2^{kM}\, \xi_0}\right|^N \left|\prod_{j=0}^{\infty} \mathcal{L}(2^{kM-j}\, \xi_0)\right|.$$

由于 $\mathcal{L}$ 是一个三角多项式，且 $\mathcal{L}(0) = 1$，则存在 C_2，使得对于足够小的 $|\xi|$ 有 $|\mathcal{L}(\xi)| \geqslant 1 - C_2\,|\xi| \geqslant \mathrm{e}^{-2\,C_2\,|\xi|}$. 因此，对于足够大的 r 有

$$\prod_{j=rM}^{\infty} |\mathcal{L}(2^{-j}\,\xi_0)| \geqslant \prod_{j=rM}^{\infty} \exp\left[-2\,C_2\,2^{-j}\,|\xi_0|\,\right]$$

$$\geqslant \exp\left[-2^{-rM+2}\,C_2\,|\xi_0|\,\right] \geqslant \mathrm{e}^{-4C_2\,|\xi_0|} = C_3\,.$$

所以

$$|\hat{\phi}(2^{kM+1}\,\xi_0)| \geqslant C_1^N\,(2^{kM}\,|\xi_0|\,)^{-N}\,C_3\,\left| \prod_{\ell=0}^{(r+k)M-1} \mathcal{L}(2^{kM-\ell}\,\xi_0) \right|$$

$$\geqslant C_4\,|\mathcal{L}(\xi_0)\,\mathcal{L}(\xi_1)\cdots\mathcal{L}(\xi_{M-1})|^{r+k+1}\,(1 + |2^{kM}\,\xi_0|)^{-N}$$

$$\geqslant C_5\,2^{\tilde{\mathcal{K}}Mk}\,(1 + |2^{kM}\,\xi_0|)^{-N}$$

$$\geqslant C\,(1 + |2^{kM+1}\,\xi_0|)^{-N+\tilde{\mathcal{K}}}\,.\quad\blacksquare$$

可以将这一结果应用于上一小节末尾的示例中：引理 7.1.5 意味着 $|\hat{\phi}(2^n\frac{2\pi}{3})| \geqslant C(1 + |2^n\frac{2\pi}{3}|)^{-N+\tilde{\mathcal{K}}}$，其中 $\tilde{\mathcal{K}} = \log|\mathcal{L}(\frac{2\pi}{3})\,\mathcal{L}(-\frac{2\pi}{3})|/2\log 2$. 如果 $\mathcal{L}$ 只有实系数（在大多数有实际意义的应用中都是如此），则 $|\mathcal{L}(-\frac{2\pi}{3})| = |\mathcal{L}(\frac{2\pi}{3})|$，且 $\tilde{\mathcal{K}} = \log|\mathcal{L}(\frac{2\pi}{3})|/\log 2$. 下一个短的不变循环是 $\{\frac{2\pi}{5}, \frac{4\pi}{5}, -\frac{2\pi}{5}, -\frac{4\pi}{5}\}$，$\{\frac{2\pi}{7}, \frac{4\pi}{7}, -\frac{6\pi}{7}\}$，等等，其中每一个都给出了 $\hat{\phi}$ 衰减指数的上界.

在某些情况下可以证明 α 的这些上界之一同时也是下界. 我们首先证明以下引理.

引理 7.1.6 设 $[-\pi, \pi] = D_1 \cup D_2 \cdots \cup D_M$，并且存在 $q > 0$ 使得

$$|\mathcal{L}(\xi)| \leqslant q\,, \qquad\qquad\qquad \xi \in D_1\,,$$

$$|\mathcal{L}(\xi)\,\mathcal{L}(2\xi)| \leqslant q^2\,, \qquad\qquad \xi \in D_2\,,$$

$$\vdots \qquad\qquad\qquad\qquad\qquad \vdots$$

$$|\mathcal{L}(\xi)\,\mathcal{L}(2\xi)\cdots\mathcal{L}(2^{M-1}\xi)| \leqslant q^M\,, \qquad \xi \in D_M\,.$$

则 $|\hat{\phi}(\xi)| \leqslant C(1 + |\xi|)^{-N+\mathcal{K}}$，其中 $\mathcal{K} = \log q/\log 2$.

证明:

1. 我们对某个大而任意的 j 来估计 $\left|\prod_{k=0}^{j-1} \mathcal{L}(2^{-k}\xi)\right|$. 由于对于某个 $m \in \{1, 2, \cdots, M\}$ 有 $\zeta = 2^{-j+1}\xi \in D_m$，所以有

$$\left|\prod_{k=0}^{j-1} \mathcal{L}(2^{-k}\xi)\right| = \left|\prod_{\ell=0}^{j-1} \mathcal{L}(2^{\ell}\xi)\right| \leqslant q^m \left|\prod_{\ell=m}^{j-1} \mathcal{L}(2^{\ell}\zeta)\right| .$$

现在可以将同样的技巧应用于 $2^m\zeta$，并一直持续到不能持续为止. 这时我们有

$$\left|\prod_{k=0}^{j-1} \mathcal{L}(2^{-k}\xi)\right| \leqslant q^{j-r} \left|\prod_{k=0}^{r} \mathcal{L}(2^{-k}\xi)\right| ,$$

最多剩下 $M-1$ 个不同的 $\mathcal{L}$ 因子（即 $r \leqslant M-1$）. 因此

$$\left|\prod_{k=0}^{j-1} \mathcal{L}(2^{-k}\xi)\right| \leqslant q^{j-M+1}\, q_1^{M-1} ,$$

其中的 q_1 于 (7.1.5) 中定义. 因此，根据定义式 (7.1.6) 有

$$\mathcal{K}_j \leqslant \frac{1}{j \log 2} \left[C + j \log q \right] ,$$

且 $\mathcal{K} = \lim_{j\to\infty} \mathcal{K}_j \leqslant \log q / \log 2$. 现在可以由引理 7.1.2 推导 $\hat{\phi}$ 的界.   ∎

特别地，有以下引理.

引理 7.1.7   设

$$\text{当 } |\xi| \leqslant \frac{2\pi}{3} \text{ 时} \qquad |\mathcal{L}(\xi)| \leqslant |\mathcal{L}(\tfrac{2\pi}{3})|,$$

$$\text{当 } \frac{2\pi}{3} \leqslant |\xi| \leqslant \pi \text{ 时} \quad |\mathcal{L}(\xi)\, \mathcal{L}(2\xi)| \leqslant |\mathcal{L}(\tfrac{2\pi}{3})|^2. \tag{7.1.11}$$

则 $|\hat{\phi}(\xi)| \leqslant C(1+|\xi|)^{-N+\mathcal{K}}$，其中 $\mathcal{K} = \log|\mathcal{L}(\tfrac{2\pi}{3})|/ \log 2$，且这一衰减是最优的.

证明： 这个证明是引理 7.1.5 和 7.1.6 的直接推论.   ∎

当然，引理 7.1.7 仅适用于非常特殊的 $\mathcal{L}$. 在大多数情况下 (7.1.11) 是不满足的：甚至存在使得 $\mathcal{L}(\tfrac{2\pi}{3}) = 0$ 的 $\mathcal{L}$. 利用其他不变循环作为 $[-\pi,\pi]$ 划分的分界点，并应用引理 7.1.6，可以推导出类似的最优界. 现在我们回到 "标准" 示例 $_N\phi$. 在这种情况下，Cohen 和 Conze (1992) 证明了 $\mathcal{L}_N(\xi)$ 确实满足 (7.1.11)，如下所示.

引理 7.1.8   对于所有 $N \in \mathbb{N}$ 且 $N \geqslant 1$, $P_N(y) = \sum_{n=0}^{N-1} \binom{N-1+n}{n} y^n$ 满足

$$P_N(y) \leqslant P_N\left(\frac{3}{4}\right) \quad \text{若} \ 0 \leqslant y \leqslant \frac{3}{4} , \tag{7.1.12}$$

$$P_N(y)\, P_N(4y(1-y)) \leqslant \left[P_N\left(\frac{3}{4}\right)\right]^2 \quad \text{若} \ \frac{3}{4} \leqslant y \leqslant 1 . \tag{7.1.13}$$

我们首先证明 P_N 的另一条性质.

引理 7.1.9

$$P'_N(x) = \frac{N}{1-x} \left[P_N(x) - P_N(1)x^{N-1} \right] . \tag{7.1.14}$$

证明:

1.

$$P'_N(x) = \sum_{n=1}^{N-1} \binom{N-1+n}{n} n \, x^{n-1} = N \sum_{n=0}^{N-2} \binom{N+n}{n} x^n$$

$$= N \left[P_{N+1}(x) - \binom{2N}{N} x^N - \binom{2N-1}{N-1} x^{N-1} \right] . \tag{7.1.15}$$

2.

$$(1-x)P_{N+1}(x) = 1 + \sum_{n=1}^{N} \left[\binom{N+n}{n} - \binom{N+n-1}{n-1} \right] x^n - \binom{2N}{N} x^{N+1}$$

$$= 1 + \sum_{n=1}^{N} \binom{N-1+n}{n} x^n - \binom{2N}{N} x^{N+1}$$

$$= P_N(x) + \binom{2N-1}{N} x^N(1-2x) . \tag{7.1.16}$$

3. 综合 (7.1.15) 和 (7.1.16) 可以得出

$$(1-x)P'_N(x) = N \left[P_N(x) - \binom{2N-1}{N} x^{N-1} \right] .$$

因为 $P_N(1) = \sum_{n=0}^{N-1} \binom{N-1+n}{n} = \binom{2N-1}{N}$, 所以式 (7.1.14) 成立. ∎

现在来解决引理 7.1.8 的证明.

引理 7.1.8 的证明:

1. 由于 $P_N(y)$ 在 [0,1] 上递增, 所以只需要证明 (7.1.13).
2. 定义 $f(y) = P_N(y) P_N(4y(1-y))$. 应用引理 7.1.9 可得出

$$f'(y) = \frac{N}{(1-y)(2y-1)} g(y) ,$$

其中

$$g(y) = P_N(y) P_N(4y(1-y))(6y-5)$$

$$- y^{N-1}(2y-1)P_N(1)P_N(4y(1-y))$$

$$+ 4(1-y)[4y(1-y)]^{N-1}P_N(1)P_N(y) . \tag{7.1.17}$$

3. 由于当 $y \geqslant 3/4$ 时 $4y(1-y) \leqslant y$, 所以可以应用 (7.1.8) 推导出

$$P_N(y)\, y^{-N+1} \leqslant [4y(1-y)]^{-N+1} P_N(4y(1-y))\, ,$$

从而

$$[4(1-y)]^{N-1} P_N(y) \leqslant P_N(4y(1-y))\, .$$

将其代入 (7.1.17) 可以得出

$$g(y) \leqslant (6y-5)\, P_N(4y(1-y))\, [P_N(y) - y^{N-1}\, P_N(1)]\, .$$

当 $y \leqslant 1$ 时方括号中的量等于 $\frac{1}{N}(1-y)P_N'(y) \geqslant 0$, 因此, 当 $\frac{3}{4} \leqslant y \leqslant \frac{5}{6}$ 时 $g(y) \leqslant 0$. 可得出 $P_N(y)\, P_N(4y(1-y))$ 在 $[\frac{3}{4}, \frac{5}{6}]$ 上递减, 这证明了 (7.1.13) 在 $y \leqslant \frac{5}{6}$ 时成立.

4. 关于 $\frac{5}{6} \leqslant y \leqslant 1$, 我们采用一种不同策略. 根据引理 7.1.4 可以得出 $P_N(y) \leqslant \left(\frac{4y}{3}\right)^{N-1} P_N(\frac{3}{4})$, 因此只需证明

$$\left(\frac{4y}{3}\right)^{N-1} P_N(4y(1-y)) \leqslant P_N\left(\frac{3}{4}\right)\, . \tag{7.1.18}$$

但 $P_N(4y(1-y)) \leqslant [1-4y(1-y)]^{-N} = (2y-1)^{-2N}$[因为 $(1-x)^N\, P_N(x) = 1-x^N\, P_N(1-x) \leqslant 1$], 且

$$P_N\left(\frac{3}{4}\right) \geqslant \left(\frac{3}{4}\right)^{N-1} P_N(1) \geqslant \frac{1}{\sqrt{N}}\, 3^{N-1}\, , \tag{7.1.19}$$

其中再次使用了引理 7.1.4, 以及

$$P_N(1) = \binom{2N-1}{N} = \frac{1}{2}\binom{2N}{N} \geqslant \frac{1}{\sqrt{N}}\, 4^{N-1}\, .$$

因此, 要证明 (7.1.18), 只需证明

$$\left[\frac{y}{(2y-1)^2}\right]^{N-1} (2y-1)^{-2} \leqslant \frac{1}{\sqrt{N}} \left(\frac{9}{4}\right)^{N-1}\, . \tag{7.1.20}$$

由于 $(2y-1)^{-2}$ 和 $y(2y-1)^{-2}$ 都在 $[\frac{5}{6}, 1]$ 上递减, 所以只需验证 (7.1.20) 对于 $y = \frac{5}{6}$ 成立, 即

$$\left(\frac{5}{6}\right)^{N-1} \leqslant \frac{4}{9\sqrt{N}}\, .$$

该式在 $N \geqslant 13$ 时成立.

5. 剩下的就是要证明 (7.1.13) 对于 $\frac{5}{6} \leqslant y \leqslant 1$ 和 $1 \leqslant N \leqslant 12$ 成立. 分两步来完成: $y \leqslant y_0 = \frac{2+\sqrt{2}}{4}$ 和 $y \geqslant y_0$. 当 $y \leqslant \frac{2+\sqrt{2}}{4}$ 时 $4y(1-y) \geqslant \frac{1}{2}$, 于是, 再次利用引理 7.1.4 可得

$$P_N(4y(1-y)) \leqslant [8y(1-y)]^{N-1} P_N(\tfrac{1}{2}) = [16y(1-y)]^{N-1}\, .$$

同理, $P_N(y) \leqslant \left(\frac{6y}{5}\right)^{N-1} P_N\left(\frac{5}{6}\right)$, 所以

$$P_N(y) \, P_N(4y(1-y)) \leqslant \left(\frac{6}{5}\right)^{N-1} P_N\left(\frac{5}{6}\right) [16y^2(1-y)]^{N-1}$$

$$\leqslant \left(\frac{20}{9}\right)^{N-1} P_N\left(\frac{5}{6}\right) , \qquad (7.1.21)$$

因为 $y^2(1-y)$ 在 $[\frac{5}{6}, \frac{2+\sqrt{2}}{4}]$ 上递减. 通过数值计算可以验证, 当 $1 \leqslant N \leqslant 12$ 时式 (7.1.21) 确实小于 $[P_N(\frac{3}{4})]^2$.

6. 当 $\frac{2+\sqrt{2}}{4} = y_0 \leqslant y \leqslant 1$ 时, 用两个界 $P_N(4y(1-y)) \leqslant (2y-1)^{-2N}$ 和 $P_N(y) \leqslant (\frac{y}{y_0})^{N-1} P_N(y_0)$ 来推导

$$P_N(4y(1-y))P_N(y) \leqslant y_0^{-N+1} P_N(y_0)(2y-1)^{-2} \left[\frac{y}{(2y-1)^2}\right]^{N-1}$$

$$\leqslant 2^N \, P_N(y_0) , \qquad (7.1.22)$$

其中最后一个不等式用到了: $(2y-1)^{-2}$ 和 $y(2y-1)^{-2}$ 在 $[y_0, 1]$ 上都是递减的. 通过数值计算可以验证: 当 $5 \leqslant N \leqslant 12$ 时式 (7.1.22) 小于 $[P_N(\frac{3}{4})]^2$.

7. 接下来要证明 (7.1.13) 对于 $1 \leqslant N \leqslant 4$ 和 $\frac{2+\sqrt{2}}{4} \leqslant y \leqslant 1$ 成立. 对于这些小的 N 值, 多项式 $P_N(y) \, P_N(4y(1-y)) - P_N(\frac{3}{4})^2$ 的次数最多为 9, (用数值方法) 可以轻松算出它的根. 可以验证在 $(\frac{3}{4}, 1]$ 上不存在解, 由于式 (7.1.13) 在 $y = 1$ 上是成立的, 于是证毕. ■

由引理 7.1.8 和 7.1.7 可以知道 $_N\hat{\phi}(\xi)$ 的准确渐近衰减特性:

$$|\,_N\hat{\phi}(\xi)| \leqslant C(1+|\xi|)^{-N+\log|P_N(3/4)|/2\log 2} . \qquad (7.1.23)$$

对于前几个 N 值, 这相当于 $_N\phi \in C^{\alpha-\epsilon}$ 具有如下 α 估计值:

N	α	N	α
2	0.339	7	1.682
3	0.636	8	1.927
4	0.913	9	2.168
5	1.177	10	2.406
6	1.432		

我们还可以利用引理 7.1.7 来估计 $_N\phi$ 在 $N \to \infty$ 时的平滑度. 由于

$$\frac{1}{\sqrt{N}} \, 3^{N-1} \leqslant P_N(\frac{3}{4}) \leqslant 3^{N-1}$$

[用引理 7.1.4 求上界, 用式 (7.1.19) 求下界],

$$\frac{\log|P_N(3/4)|}{2\log 2} \;=\; \frac{\log 3}{2\log 2}\, N[1 - O(N^{-1}\log N)]\,,$$

意味着当 N 很大时渐近地有 $_N\phi \in C^{\mu N}$, 其中 $\mu = 1 - \frac{\log 3}{2\log 2} \simeq 0.2075$.[1] 事实上, 并不需要利用引理 7.1.8 的全部威力就能证明这一渐近结果: 只需证明

$$P_N(y) \leqslant C\, 3^{N-1} \quad 若 \;\; y \leqslant \frac{3}{4} \tag{7.1.24}$$

$$P_N(y)\, P_N(4y(1-y)) \leqslant C^2\, 3^{2(N-1)} \quad 若 \;\; \frac{3}{4} \leqslant y \leqslant 1\,, \tag{7.1.25}$$

其中 C 独立于 N. 于是马上可以由引理 7.1.6 得到渐近结果. 由 $y \leqslant \frac{3}{4}$ 时 $P_N(y) \leqslant P_N(\frac{3}{4}) \leqslant 3^{N-1}$ 可立即得出估计 (7.1.24). 估计 (7.1.25) 可以轻松地由引理 7.1.4 获得, 如下所示. 若 $\frac{3}{4} \leqslant y \leqslant \frac{2+\sqrt{2}}{4}$, 则 $P_N(y)\, P_N(4y(1-y)) \leqslant (4y)^{N-1}\, (16y(1-y))^{N-1} = [64y^2(1-y)]^{N-1} \leqslant 3^{2(N-1)}$, 这是因为 $y^2(1-y)$ 在 $[\frac{3}{4}, 1]$ 上递减; 若 $\frac{2+\sqrt{2}}{4} \leqslant y \leqslant 1$, 则 $P_N(y)\, P_N(4y(1-y)) \leqslant (4y)^{N-1} P_N(\frac{1}{2}) = (8y)^{N-1} < 3^{2(N-1)}$. 这一简单得多的求解 $\hat\phi$ 准确渐近衰减特性的论证过程是由 Volkmer (1991) 给出的, 他对这些结论的推导与 Cohen 和 Conze 的工作完全独立的.

7.1.3　李特尔伍德–佩利类型的估计

本小节的估计是对 $(1+|\xi|)^\alpha\hat\phi$ 的 L^1 或 L^2 估计, 而不是对 $\hat\phi$ 本身的逐点衰减估计. 基本思想就是通常的李特尔伍德–佩利方法: 将函数的傅里叶变换分为二进点片段 (即大约为 $2^j C \leqslant |\xi| \leqslant 2^{j+1}C$), 然后估计每一段的积分. 如果当 $j \in \mathbb{N}$ 时有 $\int_{2^j \leqslant |\xi| \leqslant 2^{j+1}} d\xi |\hat\phi(\xi)| \leqslant C\lambda^j$, 则当 $\alpha < -\log\lambda/\log 2$ 时有 $\int d\xi (1+|\xi|)^\alpha |\hat\phi(\xi)| \leqslant C[1 + \sum_{j=1}^\infty 2^{j\alpha}\lambda^j] < \infty$, 这意味着 $\phi \in C^\alpha$. 为获得其估计, 我们利用 $\hat\phi$ 的特殊结构作为 $m_0(2^{-j}\xi)$ 的无穷乘积. 在 6.3 节定义的算子 P_0 是这一推导过程中的基本工具.

首先, 我们仅限于讨论正三角多项式 $M_0(\xi)$. (之后, 会取 $M_0(\xi) = |m_0(\xi)|^2$, 将结果扩展到非正数 m_0.) 和 6.3 节一样, 定义算子 P_0 为

$$(P_0 f)(\xi) \;=\; M_0\left(\frac{\xi}{2}\right) f\left(\frac{\xi}{2}\right) + M_0\left(\frac{\xi}{2}+\pi\right) f\left(\frac{\xi}{2}+\pi\right),$$

用于对以 2π 为周期的函数进行处理. Conze 和 Raugi 对这个算子进行了研究, 本小节的几个结果就是源自他们的工作 [Conze 和 Raugi (1990)、Conze (1991)]. Eirola (1991) 和 Villemoes (1992) 也独立提出了类似的思想. 第一个非常有用的引理如下.

引理 7.1.10　对于所有 $m > 0$ 及所有以 2π 为周期的函数 f, 有

$$\int_{-\pi}^{\pi} d\xi (P_0^m f)(\xi) \;=\; \int_{-2^m\pi}^{2^m\pi} d\xi\; f(2^{-m}\xi) \prod_{j=1}^{m} M_0(2^{-j}\xi)\,. \tag{7.1.26}$$

证明:

1. 采用归纳法. 对于 $m = 1$,

$$\int_{-\pi}^{\pi} d\xi (P_0 f)(\xi) = \int_{-\pi}^{\pi} d\xi \left[M_0 \left(\frac{\xi}{2} \right) f \left(\frac{\xi}{2} \right) + M_0 \left(\frac{\xi}{2} + \pi \right) f \left(\frac{\xi}{2} + \pi \right) \right]$$

$$= 2 \int_{-\pi/2}^{\pi/2} d\zeta \left[M_0(\zeta) f(\zeta) + M_0(\zeta + \pi) f(\zeta + \pi) \right]$$

$$= 2 \int_{-\pi/2}^{3\pi/2} d\zeta \, M_0(\zeta) f(\zeta) = \int_{-2\pi}^{2\pi} d\xi \, f \left(\frac{\xi}{2} \right) M_0 \left(\frac{\xi}{2} \right) .$$

2. 设 (7.1.26) 在 $m = n$ 时成立. 于是, 它对于 $m = n + 1$ 也成立:

$$\int_{-\pi}^{\pi} d\xi \, (P_0^{n+1} f)(\xi) = \int_{-\pi}^{\pi} d\xi \, (P_0^n P_0 f)(\xi)$$

$$= \int_{-2^n \pi}^{2^n \pi} d\xi \, [M_0(2^{-n-1}\xi) f(2^{-n-1}\xi)$$

$$+ M_0(2^{-n-1}\xi + \pi) f(2^{-n-1}\xi + \pi)] \prod_{j=1}^{n} M_0(2^{-j}\xi)$$

$$= 2^{n+1} \int_{-\pi/2}^{\pi/2} d\zeta \left[\prod_{j=1}^{n} M_0(2^j \zeta) \right] [M_0(\zeta) f(\zeta) + M_0(\zeta + \pi) f(\zeta + \pi)]$$

$$= 2^{n+1} \int_{-\pi/2}^{3\pi/2} d\zeta \left[\prod_{j=0}^{n} M_0(2^j \zeta) \right] f(\zeta)$$

$$= 2^{n+1} \int_{-\pi}^{\pi} d\zeta \left[\prod_{j=0}^{n} M_0(2^j \zeta) \right] f(\zeta)$$

$$= \int_{-2^{n+1}\pi}^{2^{n+1}\pi} d\xi \left[\prod_{j=1}^{n} M_0(2^{-j}\xi) \right] f(2^{-n-1}\xi) . \quad \blacksquare$$

由于 M_0 是正三角多项式, 所以可将其写为

$$M_0(\xi) = \sum_{j=-J}^{J} a_j \, e^{-ij\xi} \quad (\text{其中 } a_j = a_{-j} \in \mathbb{R})$$

$$= \sum_{j=0}^{J} b_j \cos(j\xi) .$$

于是发现, 由

$$V_J = \left\{ f(\xi); \quad f = \sum_{j=-J}^{J} f_j \, \mathrm{e}^{-ij\xi} \right\}$$

定义的 $(2J+1)$ 维三角多项式向量空间对于算子 P_0 是不变的. P_0 在 V_J 中的操作可以用一个 $(2J+1) \times (2J+1)$ 矩阵来描述, 这个矩阵也记作 P_0,

$$(P_0)_{k\ell} = 2a_{2k-\ell}, \quad -J \leqslant k, \, \ell \leqslant J, \tag{7.1.27}$$

其中约定, 当 $|r| > J$ 时 $a_r = 0$. 对于如下类型的 M_0

$$M_0(\xi) = \left(\cos \frac{\xi}{2} \right)^{2K} L(\xi) \tag{7.1.28}$$

(其中 L 是使得 $L(\pi) \neq 0$ 的三角多项式), 矩阵 P_0 有非常特殊的谱性质.

引理 7.1.11   数值 $1, \frac{1}{2}, \cdots, 2^{-2K+1}$ 是 P_0 的特征值. 行向量 $e_k = (j^k)_{j=-J,\cdots,J}$ $(k = 0, \cdots, 2K-1)$ 生成一个对于 P_0 左不变的子空间. 更准确地说,

$$e_k P_0 = 2^{-k} e_k + \ e_n \text{ 的线性组合}, \quad n < k.$$

证明:

1. 分解式 (7.1.28) 等价于

$$\sum_{j=-J}^{J} a_j \, j^k (-1)^j = 0, \quad (k = 0, \cdots, 2K-1). \tag{7.1.29}$$

此外, 由于 $M_0(0) = 1$, 所以 $\sum a_{2j} = \sum a_{2j+1} = \frac{1}{2}$. 这意味着矩阵 (7.1.27) 中每一列的和都等于 1. 因此 e_0 是 P_0 与特征 1 对应的左向量.

2. 对于 $0 < k \leqslant 2K-1$, 定义 $g_k = e_k P_0$, 即

$$(g_k)_m = 2 \sum_j j^k \, a_{2j-m}.$$

当 m 为偶数时, $m = 2\ell$,

$$(g_k)_{2\ell} = 2 \sum_j (j+\ell)^k a_{2j} = 2^{-k+1} \sum_m (2\ell)^m \sum_j \binom{k}{m} (2j)^{k-m} a_{2j}.$$

当 m 为奇数时, $m = 2\ell+1$,

$$(g_k)_{2\ell+1} = 2 \sum_j (j+\ell+1)^k a_{2j+1}$$

$$= 2^{-k+1} \sum_m (2\ell+1)^m \sum_j \binom{k}{m} (2j+1)^{k-m} a_{2j+1}.$$

因此

$$e_k P_0 \; = \; g_k \; = \; 2^{-k+1} \sum_{m=0}^{k} \binom{k}{m} A_{k-m} \, e_m \; ,$$

其中

$$A_m \; = \; \sum_j a_{2j} (2j)^m \; = \; \sum_j a_{2j+1} (2j+1)^m$$

据 (7.1.29). ∎

引理 7.1.11 的一个推论是：空间 E_k

$$E_k \; = \; \left\{ f \in V_J; \; \sum_{j=-J}^{J} j^n f_j = 0, (n \; = \; 0, \cdots, k-1) \right\}$$

$(1 \leqslant k \leqslant 2K)$ 对于 P_0 均为右不变的. 于是可得了本小节的主要结果如下.

定理 7.1.12 设 λ 是 $P_0|_{E_{2K}}$ 的特征值中绝对值最大的一个. 定义 F 和 α 为

$$\hat{F}(\xi) \; = \; (2\pi)^{-1/2} \prod_{j=1}^{\infty} M_0(2^{-j}\xi) \; ,$$

$$\alpha \; = \; -\log|\lambda| / \log 2 \; .$$

如果 $|\lambda| < 1$，则对于所有 $\epsilon > 0$ 有 $F \in C^{\alpha-\epsilon}$.

证明:

1. 定义 $f(\xi) \; = \; (1 - \cos\xi)^K$. 因为在 $k \leqslant 2K-1$ 时有 $\left.\frac{d^k}{d\xi^k}f\right|_{\xi=0} \; = \; 0$，所以 $f \in E_{2K}$.

2. 谱半径 $\rho(P_0|_{E_{2K}})$ 等于 $|\lambda|$. 因为对于任意 $\delta > 0$，存在 $C > 0$，使得对于所有 $n \in \mathbb{N}$ 有 $\|A^n\| \leqslant C(\rho(A) + \delta)^n$，所以可推出

$$\int_{-\pi}^{\pi} \mathrm{d}\xi \; (P_0^m f)(\xi) \leqslant C(|\lambda| + \delta)^m \; . \tag{7.1.30}$$

3. 另一方面，当 $\frac{\pi}{2} \leqslant |\xi| \leqslant \pi$ 时有 $f(\xi) \geqslant 1$. 结合 $\prod_{j=1}^{\infty} M_0(2^{-j}\xi)$ 在 $|\xi| \leqslant \pi$ 时的有界性（和通常一样，由 $|M_0(\xi)| \leqslant 1 + C|\xi|$ 推导得出），这意味着

$$\int\limits_{2^{n-1}\pi \leqslant |\xi| \leqslant 2^n\pi} \mathrm{d}\xi \; \hat{F}(\xi) \leqslant C \int\limits_{2^{n-1}\pi \leqslant |\xi| \leqslant 2^n\pi} \mathrm{d}\xi \; \prod_{j=1}^{n} M_0(2^{-j}\xi)$$

$$\leqslant C \int\limits_{2^{n-1}\pi \leqslant |\xi| \leqslant 2^n\pi} \mathrm{d}\xi \; f(2^{-n}\xi) \prod_{j=1}^{n} M_0(2^{-j}\xi) = C \int_{-\pi}^{\pi} \mathrm{d}\xi \; (P_0^n f)(\xi)$$

（利用引理 7.1.10）

$$\leqslant C'(|\lambda| + \delta)^n \; .$$

根据本小节开头的论证，这意味着 $F \in C^{\alpha-\epsilon}$.　∎

事实上可以证明一个稍强一些的结果. 有一些函数的 $(n-1)$ 阶导数属于 Zygmund 类

$$\mathcal{F} = \{ f; \ \text{对于所有 } x \text{ 和 } y \text{ 有 } |f(x+y) + f(x-y) - 2f(x)| \leqslant C|y| \}.$$

如果扩展 C^n（n 为整数）的定义，将所有此类函数包含在内，那么，当 $P_0|_{E_{2K}}$ 为对角时，$F \in C^\alpha$ 也成立（也就是说，在这种情况下可以去除 ϵ）. 此外，如果 $\hat{F}$ 在 $[-\pi, \pi]$ 上没有零点，那这个平滑度估计和定理 7.1.12 中对于所有 $\epsilon > 0$ 给出的估计 $F \in C^{\alpha-\epsilon}$ 都是最优的. 其证明请参阅 Cohen 和 Daubechies (1991) 中的定理 2.7.

注释. 同样的结果也可通过一种等价方法来证明，这种方法使用了一个算子 P_0^L，其定义方式与 P_0 相同，但将 $M_0(\xi)$ 用 (7.1.28) 中的因式 $L(\xi)$ 代替. 在这种情况下，定义 $\lambda^L = \rho(P_0^L)$，并对 $\hat{F}(\xi) = [2(\sin \xi/2)/\xi]^{2K} (2\pi)^{-1/2} \prod_{j=1}^{\infty} L(2^{-j}\xi)$ 因式分解，得到

$$\int_{2^{n-1}\pi \leqslant |\xi| \leqslant 2^n \pi} \mathrm{d}\xi \, \hat{F}(\xi) \leqslant C \int_{2^{n-1}\pi \leqslant |\xi| \leqslant 2^n \pi} \mathrm{d}\xi \, |\xi|^{-2K} \prod_{j=1}^{n} L(2^{-j}\xi)$$

$$\leqslant C \, 2^{-2nK} \int_{-\pi}^{\pi} \mathrm{d}\xi \, \left[(P_0^L)^n 1 \right](\xi)$$

$$\leqslant C \, 2^{-2nK} (\lambda^L + \epsilon)^n,$$

所以 $F \in C^{\alpha-\epsilon}$，其中 $\alpha = 2K - \frac{\log \lambda}{\log 2}$. 这个方法有一个优点，那就是直接从一个较小的矩阵 P_0^L 入手，使谱半径的计算变得更简单. 这两种方法是完全等价的，如下面的论证过程所述. 若 μ 是 P_0 的一个特征值，特征函数 $f_\mu \in E_{2K}$，则 f_μ 可以写为

$$f_\mu(\xi) = \left(\sin^2 \frac{\xi}{2} \right)^K g_\mu(\xi).$$

将

$$\mu f_\mu(\xi) = M_0\left(\frac{\xi}{2}\right) f_\mu\left(\frac{\xi}{2}\right) + M_0\left(\frac{\xi}{2} + \pi\right) f_\mu\left(\frac{\xi}{2} + \pi\right)$$

中的 $M_0(\xi)$ 用其因式分解形式代替，除以 $[\sin^2 \frac{\xi}{2} \cos^2 \frac{\xi}{2}]^N$ 后得到

$$\mu 2^{2K} g_\mu(\xi) = L\left(\frac{\xi}{2}\right) g_\mu\left(\frac{\xi}{2}\right) + L\left(\frac{\xi}{2} + \pi\right) g_\mu\left(\frac{\xi}{2} + \pi\right),$$

这样，P_0^L 的特征值完全由 $\mu^L = 2^{2K}\mu$ 给定.　□

一般情况下 m_0 不是正的.（事实上，在正交小波基的框架中 m_0 从来不会是正的，哈尔基除外. 见 Janssen (1992).）但是，可以定义 $M_0 = |m_0|^2$. 采用同样的方法得出

$$\int\limits_{2^{n-1}\pi \leqslant |\xi| \leqslant 2^n\pi} d\xi \; |\hat{\phi}(\xi)|^2 \leqslant C \; 2^{-2nN}(\lambda^L + \epsilon)^n \;,$$

其中 λ^L 是 P_0^L 的谱半径，$L(\xi) = |\mathcal{L}(\xi)|^2$. 如果 $\alpha + \frac{1}{2} < N + \frac{\log \lambda^L}{2\log 2}$，则我们有

$$\int d\xi \; (1 + |\xi|)^\alpha \; |\hat{\phi}(\xi)|$$

$$\leqslant C \left[1 + \sum_{n=0}^{\infty} 2^{n\alpha} \; 2^{n/2} \left(\int\limits_{2^{n-1}\pi \leqslant |\xi| \leqslant 2^n\pi} d\xi \; |\hat{\phi}(\xi)|^2 \right)^{1/2} \right] < \infty.$$

因此 $\phi \in C^{\alpha-\epsilon}$，其中 $\alpha \leqslant N + \frac{\log \lambda^L}{2\log 2} - \frac{1}{2}$. [2]

对于 6.4 节的特殊 $_N\phi$，当 N 取前几个值时，所得到的 α 为：

N	α	N	α
2	0.5	7	2.158
3	0.915	8	2.415
4	1.275	9	2.661
5	1.596	10	2.902
6	1.888		

这要比由 $\hat{\phi}$ 逐点衰减获得的值好得多（见 7.1.2 节）. 矩阵 P_0^L 的大小随 N（线性）增大，我不知道有任何方法可以确定它的谱半径在 $N \to \infty$ 时的渐近值. 要获得渐近估计，$\hat{\phi}$ 的逐点衰减是最好方法.

7.2 直接方法

7.1.3 节末尾获得了 $_N\phi$ 在 N 较小时的平滑度结果，这些结果仍然不是最优的. 另外，基于傅里叶的方法只能给出全局赫尔德指数的信息，而由图 6.3 可以明显看到，$_2\phi$ 在某些点上的平滑度要高于其他点. 事实上我们将会看到，存在一整套（分形）集合的层级结构，其中的 $_2\phi$ 具有不同的赫尔德指数，取值范围为 0.55 至 1. 诸如这样的结果可以由直接方法获得，不需要涉及 $\hat{\phi}$. 为简单起见，我会解释一般情况下的方法步骤，但仅对示例 $_2\phi$ 给出详细方法，并不加证明地给出有关全局及局部正则性的一般定理. 其证明可在 Daubechies 和 Lagarias (1991, 1992) 中

找到. 关于全局正则性的类似结果也在 Micchelli 和 Prautzsch (1989) 中进行了证明（此证明独立于 Daubechies 和 Lagarias 的工作，实际上要早于他们的工作），当时采用的是细分格式的框架.

这种方法完全独立于小波理论. 起点是方程

$$F(x) = \sum_{k=0}^{K} c_k \, F(2x - k) \,, \tag{7.2.1}$$

其中 $\sum_{k=0}^{K} c_k = 2$，我们关注紧支撑的 L^1 解 F，它如果存在的话，可被唯一确定[3]（指归一化后唯一）：由于 $F \in L^1$，所以 $\hat{F}$ 连续，并且 (7.2.1) 可推出

$$\hat{F}(\xi) = (2\pi)^{-1/2} \left[\int_{-\pi}^{\pi} \mathrm{d}x \, F(x) \right] \prod_{j=1}^{\infty} m(2^{-j}\xi) \,,$$

其中 $m(\xi) = \frac{1}{2} \sum_{k=0}^{K} c_k \, e^{-ik\xi}$，而引理 6.2.2 告诉我们 support $F = [0, K]$. 方程 (7.2.1) 可看作一个不动点方程. 对于支撑于 $[0, K]$ 之上的函数 g，将 Tg 定义为

$$(Tg)(x) = \sum_{k=0}^{K} c_k \, g(2x - k) \,.$$

于是，当 $TF = F$ 时，F 即为 (7.2.1) 的解. 我们尝试通过常用方法来找出这个不动点：找出一个适当的 F_0，[4] 定义 $F_j = T^j F_0$，然后证明 F_j 存在极限. 要确定 F_0，首先注意到当 F 连续时 (7.2.1) 对 $F(n)$（$n \in \mathbb{Z}$）的值施加了限制. 由于 support $F = [0, K]$，所以只需要对 $1 \leqslant k \leqslant K - 1$ 确定 $F(k)$，其他 $F(n)$ 为零. 对 $1 \leqslant k \leqslant K - 1$ 将 $x = k$ 代入 (7.2.1) 得到 $K - 1$ 个线性方程，其中有 $K - 1$ 个未知数 $F(k)$. 这个方程组也可以理解为一个要求：向量 $(F(1), \cdots, F(K - 1))$ 是由 c_k 生成的 $(K - 1) \times (K - 1)$ 维矩阵的特征向量，相应的特征值为 1. 事实上，在一定的技术条件下（见下文），这个矩阵的确有一个非退化特征值 1，使得 $(F(1), \cdots, F(K - 1))$ 可以固定（顶多相差一个乘法常数）. 让我们假设已经做到这一点. 可以证明 $\sum_{k=1}^{K-1} F(k) \neq 0$，所以能够进行归一化使得 $\sum_{k=1}^{K-1} F(k) = 1$.（所有这些过程都用下面的一个例子来说明.）现在定义 $F_0(x)$ 是分段线性函数，它在 x 为整数时取值 $F(k)$，即

$$F_0(x) = F(k)(k+1-x) + F(k+1)(x - k), \quad k \leqslant x \leqslant k + 1 \,. \tag{7.2.2}$$

连续应用 T 将得出 $F_j = T^j F_0$，即

$$F_{j+1}(x) = (TF_j)(x) = \sum_{k=0}^{K} c_k \, F_j(2x - k) \,. \tag{7.2.3}$$

容易得出 F_j 是分段线性的，节点位于 $2^{-j}n \in [0, K]$, $n \in \mathbb{N}$. 若要讨论 F_j 在 $j \to \infty$ 时是否有极限，并研究这一极限的正则性，将 (7.2.3) 重新表述为另一种形式会比较方便.

关键思想是同时研究 $F_j(x)$, $F_j(x+1)$, $\cdots$, $F_j(x+K-1)$, 其中 $x \in [0,1]$. 将 $v_j(x) \in \mathbb{R}^K$ 定义为 [5]

$$[v_j(x)]_k = F_j(x+k-1), \quad k = 1, \cdots, K, \quad x \in [0,1]. \tag{7.2.4}$$

对于 $0 \leqslant x \leqslant \frac{1}{2}$, (7.2.3) 结合 support $F_j \subset [0,K]$ 可推出: $F_{j+1}(x)$, $F_{j+1}(x+1)$, $\cdots$, $F_{j+1}(x+K-1)$ 都是 $F_j(2x)$, $F_j(2x+1)$, $\cdots$, $F_j(2x+K-1)$ 的线性组合. 更准确地, 用 $v_j(x)$ 表示为

$$v_{j+1}(x) = T_0\, v_j(2x) \quad 0 \leqslant x \leqslant \frac{1}{2}, \tag{7.2.5}$$

其中 T_0 是 $K \times K$ 矩阵

$$(T_0)_{mn} = c_{2m-n-1}, \quad 1 \leqslant m, n \leqslant K, \tag{7.2.6}$$

我们约定当 $k < 0$ 或 $k > K$ 时 $c_k = 0$. 同理,

$$v_{j+1}(x) = T_1\, v_j(2x-1), \quad \frac{1}{2} \leqslant x \leqslant 1, \tag{7.2.7}$$

式中

$$(T_1)_{mn} = c_{2m-n}, \quad 1 \leqslant m, n \leqslant K. \tag{7.2.8}$$

方程 (7.2.5) 和 (7.2.7) 在 $x = \frac{1}{2}$ 时均成立: 由于 T_0, T_1 和 v_j 的特殊结构 [具体来说, 就是当 $n = 2, \cdots, K$ 时有 $(T_0)_{mn} = (T_1)_{m\,n+1}$ 和 $[v_j(0)]_n = [v_j(1)]_n$], 所以这两个方程在 $x = \frac{1}{2}$ 时是相同的. 我们可以将 (7.2.5) 和 (7.2.7) 合并为单个向量方程, 如下所示. 每个 $x \in [0,1]$ 都可以用一个二进制序列表示:

$$x = \sum_{n=1}^{\infty} d_n(x)\, 2^{-n},$$

其中, 对于所有 n 有 $d_n(x) = 1$ 或 0. 严格来说, 对于每个二进有理数 x (也就是每个 $k\,2^{-j}$ 类型的 x), 存在两种可能性: 可以将最后一个后面全为 0 的数位 1 用一个后面全为 1 的数位 0 来代替. 这样不会导致问题, 但为清晰起见, 我们用一个上标来区分这两种序列: $d_n^+(x)$ 表示以 0 结尾的序列 ("自上" 展开式, 也就是说, 当 $J \to \infty$ 时这个展开式的前 $J-1$ 个数位与 $x + 2^{-J}$ 相同), $d_n^-(x)$ 表示以 1 结尾的序列 ("自下" 展开式). 例如,

$$d_1^+\left(\frac{1}{2}\right) = 1, \quad d_n^+\left(\frac{1}{2}\right) = 0, \quad n \geqslant 2,$$

$$d_1^-\left(\frac{1}{2}\right) = 0, \quad d_n^-\left(\frac{1}{2}\right) = 1, \quad n \geqslant 2.$$

(7.2.5) 和 (7.2.7) 的两个定义域 $0 \leqslant x < \frac{1}{2}$ 和 $\frac{1}{2} < x \leqslant 1$ 完全由 $d_1(x)$ 表征: 当 $x < \frac{1}{2}$ 时 $d_1(x) = 0$, 当 $x > \frac{1}{2}$ 时 $d_1(x) = 1$.

对于每个二进制序列 $d = (d_n)_{n \in \mathbb{N} \setminus \{0\}}$，将它的右移位 τd 定义为

$$(\tau d)_n = d_{n+1} , \qquad n = 1, 2, \cdots .$$

显然，当 $0 \leqslant x < \frac{1}{2}$ 时 $\tau d(x) = d(2x)$，当 $\frac{1}{2} < x \leqslant 1$ 时 $\tau d(x) = d(2x - 1)$.[对于 $x = \frac{1}{2}$ 有两种可能：$\tau d^+(\frac{1}{2}) = d(0)$, $\tau d^-(\frac{1}{2}) = d(1)$.] 尽管 τ 实际定义在二进制序列上，但我们对这一符号稍微"滥用"一下，记为 $\tau x = y$，而不是 $\tau d(x) = d(y)$. 有了这个新符号，可以将 (7.2.5) 和 (7.2.7) 重写为单个方程

$$v_{j+1}(x) = T_{d_1(x)} \, v_j(\tau x) . \tag{7.2.9}$$

如果 v_j 有极限 v，则这个取值为向量的函数 v 将是线性算子 $\mathbf{T}$ 的一个不动点，其中算子 $\mathbf{T}$ 的定义为

$$(\mathbf{T}w)(x) = T_{d_1(x)} \, w(\tau x) .$$

$\mathbf{T}$ 作用于所有取向量值的函数 $w \colon [0,1] \longrightarrow \mathbb{R}^K$，该函数还需满足条件

$$[w(0)]_1 = 0, \quad [w(1)]_K = 0, \quad [w(0)]_k = [w(1)]_{k-1}, \quad k = 2, \cdots, K . \tag{7.2.10}$$

（这些条件保证了 $\mathbf{T}w$ 在二进有理数上有唯一定义：两个展开式将给出相同结果.）

将这些方程重新表述为不同形式对我们有什么好处呢？嗯，由 (7.2.9) 推出

$$v_j(x) = T_{d_1(x)} T_{d_2(x)} \cdots T_{d_j(x)} v_0(\tau^j x) ,$$

这意味着

$$v_j(x) - v_{j+\ell}(x) = T_{d_1(x)} \cdots T_{d_j(x)} \, [v_0(\tau^j x) - v_\ell(\tau^j x)] . \tag{7.2.11}$$

换言之，有关 T_d 矩阵乘积的谱性质的信息可以帮助我们控制差值 $v_j - v_{j+\ell}$，这样就能证明 $v_j \longrightarrow v$，并推导 v 的平滑度. 现在来看一个例子.

对于函数 $_2\phi$, (7.2.1) 变为

$$_2\phi(x) = \sum_{k=0}^{3} c_k \, _2\phi(2x - k) , \tag{7.2.12}$$

其中

$$c_0 = \frac{1 + \sqrt{3}}{4}, \quad c_1 = \frac{3 + \sqrt{3}}{4}, \quad c_2 = \frac{3 - \sqrt{3}}{4}, \quad c_3 = \frac{1 - \sqrt{3}}{4} .$$

注意到

$$c_0 + c_2 = c_1 + c_3 = 1 \tag{7.2.13}$$

和

$$2c_2 = c_1 + 3c_3 , \tag{7.2.14}$$

它们可以由 $m_0(\xi) = \frac{1}{2} \sum_{k=0}^{3} c_k \, e^{-ik\xi}$ 能被 $(1 + e^{-i\xi})^2$ 整除推导得出. $_2\phi(1)$ 和 $_2\phi(2)$ 的值由方程组

$$\begin{pmatrix} {}_2\phi(1) \\ {}_2\phi(2) \end{pmatrix} = M \begin{pmatrix} {}_2\phi(1) \\ {}_2\phi(2) \end{pmatrix}, \quad \text{其中} \quad M = \begin{pmatrix} c_1 & c_0 \\ c_3 & c_2 \end{pmatrix}.$$

确定. 根据 (7.2.13), 对 M 各列分别求和, 结果均为 1, 这样就保证了 $(1, 1)$ 是 M 的左特征向量, 与特征值 1 对应. 这个特征值是非退化的. 同一特征值的右特征向量与 $(1, 1)$ 不正交, 这就意味着可对它归一化, 使其元素之和为 1. 这样选择的 $({}_2\phi(1), \ {}_2\phi(2))$ 是

$$_2\phi(1) = \frac{1+\sqrt{3}}{2}, \quad {}_2\phi(2) = \frac{1-\sqrt{3}}{2}.$$

矩阵 T_0 和 T_1 是 3×3 矩阵, 定义为

$$T_0 = \begin{pmatrix} c_0 & 0 & 0 \\ c_2 & c_1 & c_0 \\ 0 & c_3 & c_2 \end{pmatrix}, \quad T_1 = \begin{pmatrix} c_1 & c_0 & 0 \\ c_3 & c_2 & c_1 \\ 0 & 0 & c_3 \end{pmatrix}.$$

根据 (7.2.13), T_0 和 T_1 有一个共同的左特征向量 $e_1 = (1, 1, 1)$ 与特征值 1 相对应. 此外, 对于所有 $x \in [0,1]$ 有

$$\begin{aligned} e_1 \cdot v_0(x) &= e_1 \cdot [(1-x)\, v_0(0) + x\, v_0(1)] \\ &= (1-x)\, [{}_2\phi(1) + {}_2\phi(2)] + x\, [{}_2\phi(1) + {}_2\phi(2)] \quad \text{[利用 (7.2.2)]} \\ &= 1. \end{aligned}$$

由此推出, 对于所有 $x \in [0,1]$ 和所有 $j \in \mathbb{N}$ 有

$$\begin{aligned} e_1 \cdot v_j(x) &= e_1 \cdot T_{d_1(x)} \cdots T_{d_j(x)}\, v_0(\tau^j x) \\ &= e_1 \cdot v_0(\tau^j x) \quad (\text{因为对于 } d = 0, 1 \text{ 有 } e_1 T_d = e_1) \\ &= 1. \end{aligned}$$

因此 $v_0(y) - v_\ell(y) \in E_1 = \{w; \ e_1 \cdot w = w_1 + w_2 + w_3 = 0\}$, 该空间正交于 e_1. 考虑到 (7.2.11), 为控制 v_j 的收敛, 只需研究 T_d 矩阵局限于 E_1 上的乘积. 但还有更多结论成立! 定义 $e_2 = (1, 2, 3)$. 则 (7.2.14) 可推出

$$\begin{aligned} e_2 T_0 &= \frac{1}{2} e_2 + \alpha_0 e_1, \\ e_2 T_1 &= \frac{1}{2} e_2 + \alpha_1 e_1, \end{aligned} \tag{7.2.15}$$

其中 $\alpha_0 = c_0 + 2c_2 - \frac{1}{2} = \frac{5-\sqrt{3}}{4}$, $\alpha_1 = c_1 + 2c_3 - \frac{1}{2} = \frac{3-\sqrt{3}}{4}$. 如果定义 $e_2^0 = e_2 - 2\alpha_0 e_1$, 则 (7.2.15) 变为

$$e_2^0\, T_0 = \frac{1}{2}\, e_2^0 \quad \text{和} \quad e_2^0\, T_1 = \frac{1}{2}\, e_2^0 - \frac{1}{2}\, e_1, \quad \text{也就是 } e_2^0\, T_d = \frac{1}{2}\, e_2^0 - \frac{1}{2}\, d e_1.$$

另一方面，我们有

$$e_2^0 \cdot v_0(x) \;=\; (1-x)\, e_2^0 \cdot v_0(0) \;+\; x\, e_2^0 \cdot v_0(1) \;=\; -x\,,$$

因此

$$\begin{aligned}
e_2^0 \cdot v_j(x) &= e_2^0 \cdot T_{d_1(x)}\, v_{j-1}(\tau x) \\
&= -\frac{1}{2}\, d_1(x) \;+\; \frac{1}{2}\, e_2^0 \cdot v_{j-1}(\tau x) \\
&= -\sum_{m=1}^{j} 2^{-m}\, d_m(x) \;+\; 2^{-j}\, e_2^0 \cdot v_0(\tau^j x) \\
&= -\sum_{m=1}^{j} 2^{-m}\, d_m(x) \;-\; 2^{-j}\, \tau^j x \;=\; -x\,.
\end{aligned}$$

可得出 $e_2^0 \cdot [v_0(x) - v_\ell(x)] = 0$. 这就是说，为控制 $v_j - v_{j+\ell}$，只需要研究 T_d 矩阵局限于 E_2 上的乘积，E_2 是由 e_1 和 e_2^0 张成的空间. 但是，因为这是一个简单的例子，E_2 是一维的，而且 $T_d|_{E_2}$ 就是乘以某个常数，这个常数是 T_d 的第三个特征值，对于 T_0 是 $\frac{1+\sqrt{3}}{4}$，对于 T_1 是 $\frac{1-\sqrt{3}}{4}$. 所以

$$\|v_j(x) - v_{j+\ell}(x)\| \leqslant \left[\frac{1+\sqrt{3}}{4}\right]^j \left|\frac{1-\sqrt{3}}{1+\sqrt{3}}\right|^{\sum_{n=1}^{j} d_j(x)} C\,, \tag{7.2.16}$$

其中用到了 v_ℓ 一致有界.[6] 由于 $\left|\frac{1-\sqrt{3}}{1+\sqrt{3}}\right| < 1$，所以 (7.2.16) 意味着

$$\|v_j(x) - v_{j+\ell}(x)\| \leqslant C\, 2^{-\alpha j}\,,$$

其中 $\alpha = |\log((1+\sqrt{3})/4)|/\log 2 = 0.550$. 由此得出 v_j 有一个极限函数 v，由于所有 v_j 都是连续的，并且这个收敛是一致收敛，所以这个极限函数 v 也是连续的. 此外，v 自动满足 (7.2.10)[因为所有 v_j 都满足 (7.2.10)]，所以它在 $[0,3]$ 上可以"展开"为一个连续函数 F. 这个函数是 (7.2.1) 的解，因此 $_2\phi = F$，它可以用一个节点位于 $k2^{-j}$ 处的分段线性样条函数 F_j 来一致逼近，

$$\|\, _2\phi - F_j\|_{L^\infty} \leqslant C\, 2^{-\alpha j}\,. \tag{7.2.17}$$

由标准样条理论（例如，见 Schumaker (1981)）[7] 可知，$_2\phi$ 为赫尔德连续，指数 $\alpha = 0.550$. 注意，这要好于 7.1 节中的最佳结果（7.1.3 小节的最后求出 $\alpha = 0.5-\epsilon$）. 这个赫尔德指数是最优的：由 (7.2.12) 得

$$_2\phi(2^{-j}) \;=\; \left(\frac{1+\sqrt{3}}{4}\right)\, _2\phi(2^{-j+1}) = \cdots = \left(\frac{1+\sqrt{3}}{4}\right)^j\, _2\phi(1) \;=\; C\, 2^{-\alpha j}\,,$$

因此
$$|_2\phi(2^{-j}) - {}_2\phi(0)| = C(2^{-j})^\alpha .$$

这种矩阵方法能做的事情并不限于确定最优赫尔德指数. 因为 $v(x) = T_{d_1(x)}v(\tau x)$, 当 t 足够小使得 x 和 $x+t$ 的二进制展开式的前 j 位相同时, 可以得出

$$v(x) - v(x+t) = T_{d_1(x)}\cdots T_{d_j(x)}\left[v(\tau^j x) - v(\tau^j(x+t))\right] .$$

完全可以采用上面研究 $v_j(x) - v_{j+\ell}(x)$ 的方法来研究它. 我们有

$$e_1 \cdot [v(x) - v(x+t)] = 0 ,$$
$$e_2^0 \cdot [v(x) - v(x+t)] = t .$$

剩余部分仅与 $T_d|_{E_2}$ 有关, 求得

$$\|v(x) - v(x+t)\| \leqslant C|t| + C\, 2^{-\alpha j}\left|\frac{1-\sqrt{3}}{1+\sqrt{3}}\right|^{\sum_{n=1}^j d_n(x)} , \tag{7.2.18}$$

其中 t 本身为 2^{-j} 阶. 采用符号 $r_j(x) = \frac{1}{j}\sum_{n=1}^j d_n(x)$, 式 (7.2.18) 可改写为

$$\|v(x) - v(x+t)\| \leqslant C|t| + C\, 2^{-(\alpha + \beta r_j(x))j} , \tag{7.2.19}$$

其中 $\beta = |\log|(1-\sqrt{3})/(1+\sqrt{3})||/\log 2$. 假设 $r_j(x)$ 在 $j\to\infty$ 时趋向于极限 $r(x)$. 如果 $r(x) < \frac{1-\alpha}{\beta} = 0.2368$, 则 (7.2.19) 中的第二项相较于第一项占有优势, 所以 v 是指数为 $\alpha + \beta r(x)$ 的赫尔德连续, 从而得出 $_2\phi$ 也是如此. 如果 $r(x) > \frac{1-\alpha}{\beta}$, 则 2^{-j} 阶的第一项占主导地位, $_2\phi$ 为利普希茨连续. 事实上, 甚至可以证明, $_2\phi$ 在这些点处是可微的, 构成一个全测度集合. 这就确定了分形集合 [在这些集合上 $r(x)$ 取某一预定值] 的一整套层级结构, 其中的 $_2\phi$ 具有不同的赫尔德指数. 那么在二进有理点处会发生什么呢? 嗯, 在这里可以定义 $r_\pm(x)$, 具体取决于是"自上"展开式 [与 $d^+(x)$ 相关联] 还是"自下"展开式 [与 $(d^-(x)$ 相关联], $r_+(x) = 0$, $r_-(x) = 1$. 所以, $_2\phi$ 在二进有理数 x 处左可微, 但在从右侧趋近 x 时, 它具有赫尔德指数 0.550. 这一结论如图 7.1 所示, 其中显示了 $_2\phi$ 的放大效果, 在每个精细的尺度都呈现出不对称的峰值.

在这个例子中, 我们有两个"求和规则" (7.2.13) 和 (7.2.14), 反映了 $m_0(\xi) = \frac{1}{2}\sum_k c_k\, e^{-ik\xi}$ 可被 $((1+e^{-i\xi})/2)^2$ 整除. 一般情况下, m_0 可被 $((1+e^{-i\xi})/2)^N$ 整除, 共有 N 条求和规则. 但子空间 E_N 多为一维以上, 使估计变得复杂. 关于全局正则性的一般定理如下.

定理 7.2.1 假设 $c_k\,(k=0,\cdots,K)$ 满足 $\sum_{k=0}^K c_k = 2$, 并且

$$\sum_{k=0}^K (-1)^k\, k^\ell\, c_k = 0 , \quad \ell = 0, 1, \cdots, L . \tag{7.2.20}$$

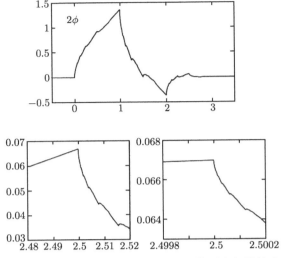

图 7.1　函数 $_2\phi(x)$ 和在接近 $x = 2.5$ 处的两个相继放大效果

对于每个 $m = 1, \cdots, L+1$, 定义 E_m 为 $\mathbb{R}^N$ 的子空间, 正交于 $U_M = Span\,\{e_1, \cdots, e_m\}$, 其中 $e_j = (1^{j-1}, 2^{j-1}, \cdots, N^{j-1})$. 假设存在 $1/2 \leqslant \lambda < 1$ 和 $0 \leqslant \ell \leqslant L\,(\ell \in \mathbb{N})$ 以及 $C > 0$, 使得对于所有二进制序列 $(d_j)_{j \in \mathbb{N}}$ 和所有 $m \in \mathbb{N}$ 有

$$\|T_{d_1} \cdots T_{d_m}|_{E_{L+1}}\| \leqslant C\,\lambda^m 2^{-m\ell}\,. \tag{7.2.21}$$

则

1. 对于与 c_n 相关联的两尺度方程 (7.2.1), 存在一个非平凡连续 L^1 解 F,
2. 这个解 F 为 ℓ 次连续可微,
3. 如果 $\lambda > 1/2$, 则 F 的 ℓ 阶导数 $F^{(\ell)}$ 为赫尔德连续, 指数至少为 $|\ln \lambda|/\ln 2$;
   如果 $\lambda = 1/2$, 则 F 的 ℓ 阶导数 $F^{(\ell)}$ 几乎为利普希茨连续: 它满足
   $$|F^{(\ell)}\,(x+t) - F^{(\ell)}\,(x)| \leqslant C|t|\,|\ln|t||\,.$$

注释. 限制条件 $\lambda \geqslant \frac{1}{2}$ 只是意味着我们选择最大整数 $\ell \leqslant L$ 使得 (7.2.21) 在 $\lambda < 1$ 时成立. 若 $\ell = L$, 则必然有 $\lambda \geqslant \frac{1}{2}$ [见 Daubechies 和 Lagarias (1992)]. 若 $\ell < L$ 且 $\lambda < \frac{1}{2}$, 用 $\ell + 1$ 代替 ℓ 且用 2λ 代替 λ, 则 (7.2.21) 将对更大的整数 ℓ 成立.　　　□

对于示例 $_2\phi$ 呈现的局部正则性变动, 可以表述一个类似的一般定理. 关于更准确的表述、更多细节与证明, 我参阅了 Daubechies 和 Lagarias (1991, 1992).

当应用于 $_N\phi$ 时, 这些方法可得出以下最优赫尔德指数:

N	α
2	0.5500
3	1.0878
4	1.6179

这里的结果显然优于 7.1.3 节得到的结果. 此外,我们惊讶地看到, $_3\phi$ 是连续可微的,尽管它的曲线似乎在 $x=1$ 处有一个"峰值". 放大后的图像表明这是欺骗性的:真正的最大值位于 $x=1$ 稍右侧,实际上是平滑的(见图 7.2). $_3\phi$ 的导数是连续的,但其赫尔德指数很小,如图 7.3 所示.

遗憾的是,这些矩阵方法太过笨拙,无法处理大型例子. Dyn 和 Levin (1990) 及 Rioul (1992) 最近开发了另一种"直接方法",当应用于 $N=2,3,4$ 的 $_N\phi$ 时它会再现上述 α 值. 由于它的计算量较小,所以也可以应对较大的 N 值,且效果优于 7.1.3 节 [见 Rioul (1991)].

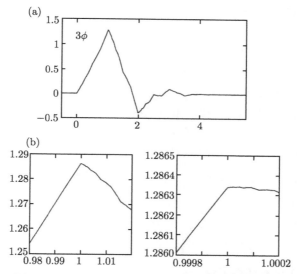

图 7.2 函数 $_3\phi(x)$ 和在 $x=1$ 附近相继放大的效果

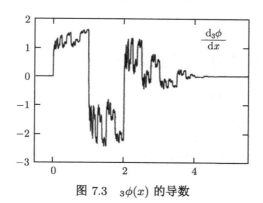

图 7.3 $_3\phi(x)$ 的导数

注释

1. 注意 7.1.3 小节中矩阵 T_0, T_1 和 P_0 的相似性（见 (7.1.27)）！甚至它们的谱分析在嵌套不变子空间中也是相同的. 这表明, 定理 7.1.12 中的结果实际上是最优的：如果 $\tilde{\lambda}$ 是 $P_0|_{E_{2K}} = T_1|_{E_{2K}}$ 的谱半径, 则

$$\|(T_1|_{E_{2K}})^m\| \geqslant C(\tilde{\lambda} - \epsilon)^m$$

   使得 (7.2.21) 中的 λ 必须至少为 $\tilde{\lambda}2^\ell$, 赫尔德指数最大为 $\ell + |\log \lambda|/\log 2 \leqslant |\log \tilde{\lambda}|/\log 2$. 这两种方法的区别是：不同于 7.1.3 节, 当 $M_0(\xi)$ 不为正数时本方法也能给出最优估计.

2. 条件 (7.2.21) 意味着, 必须针对 T_0 和 T_1 检验无穷多个条件之后才能应用定理 7.2.1. 幸好, 可以将 (7.2.21) 化简为一些等价条件, 经过有限时间的计算机搜索就能验证完成. 有关细节请参阅 Daubechies 和 Lagarias (1992).

3. 在实践中, 不需要处理 T_0 和 T_1, 并将它们限制于 E_{2K}. 可以直接定义矩阵 $\tilde{T}_0$ 和 $\tilde{T}_1$, 与 $m_0(\xi)/((1 + e^{-i\xi})/2)^K$ 的系数相对应. 可以证明 $\|T_{d_1} \cdots T_{d_m}|_{E_{2K}}\|$ 的界等价于 $\|\tilde{T}_{d_1} \cdots \tilde{T}_{d_m}\| \cdot 2^{-Lm}$ 的界 [参见 Daubechies 和 Lagarias (1992), §5]. 矩阵 $\tilde{T}_d$ 远小于 T_d（前者的维数是 $(N - K) \times (N - K)$ 而不是 $N \times N$）.   □

   由于此方法适用于任何满足 (7.2.1) 型方程的函数, 所以可以将其应用于细分格式中的基本函数. 对于与 (6.5.14) 对应的拉格朗日插值函数, 经过详细分析可知 F "几乎" 是 C^2 的：它是 C^1 的, 且 F' 满足

$$|F'(x) - F'(x + t)| \leqslant C|t|\,|\log|t||\,.$$

此前 Dubuc (1986) 已经获得了这一结果. 但我们的矩阵方法还可以做更多事情！它们可以证明 F' 几乎处处可微, 它们甚至可以计算拥有良好定义的 F''. 具体细节还请参阅 Daubechies 和 Lagarias (1992).

7.3　具有更强正则性的紧支撑小波

　　根据推论 5.5.2, 仅当基小波 ψ 拥有 N 个消失矩时, 正交小波基才能由 C^{N-1} 小波组成.（我们隐含地假设了 ψ 源于多分辨率分析, 并且 ϕ 和 ψ 具有足够的衰减速度. 对于第 6 章中构建的紧支撑小波基, 这两个条件都是自然满足的.）这就是我们构建 $_N\phi$ 的动机, 它可以得出具有 N 个消失矩的 $_N\psi$. 但 7.1.2 小节中的渐近结果表明　$_N\phi,\ _N\psi \in C^{\mu N}$, 其中 $\mu \simeq 0.2$. 这意味着 80% 的零矩被 "浪费", 也就是说, 只需要 $N/5$ 个消失矩就能实现同样的正则性.

　　对于较小的 N 值也会出现类似的情况. 例如, $_2\phi$ 是连续的, 但不是 C^1, $_3\phi$ 是 C^1, 但不是 C^2, 尽管 $_2\psi$ 和 $_3\psi$ 分别拥有两个和三个消失矩. 因此, 在这两种情况下

都可以"牺牲"一个消失矩，利用增加的自由度来获得一个 ϕ，使其赫尔德指数优于 $_2\phi$ 或 $_3\phi$ 的指数，但支集宽度相同. 这相当于将 $|m_0(\xi)|^2 = (\cos^2 \frac{\xi}{2})^N P_N(\sin^2 \frac{\xi}{2})$ 用 $|m_0(\xi)|^2 = (\cos^2 \frac{\xi}{2})^{N-1}[P_{N-1}(\sin^2 \frac{\xi}{2}) + a(\sin^2 \frac{\xi}{2})^N \cos\xi]$ 代替 [见 (6.1.11)]，并选择 a 以提高 ϕ 的正则性. 图 7.4 和图 7.5 显示了 $N = 2, 3$ 的例子，相应的 h_n 如下：

$$N = 2 \qquad h_0 = \frac{3}{5\sqrt{2}}$$
$$h_1 = \frac{6}{5\sqrt{2}}$$
$$h_2 = \frac{2}{5\sqrt{2}}$$
$$h_3 = \frac{-1}{5\sqrt{2}}$$

$$N = 3 \qquad h_0 = 0.37432841633/\sqrt{2}$$
$$h_1 = 0.109093396059/\sqrt{2}$$
$$h_2 = 0.786941229301/\sqrt{2}$$
$$h_3 = -0.146269859213/\sqrt{2}$$
$$h_4 = -0.161269645631/\sqrt{2}$$
$$h_5 = 0.0553358986263/\sqrt{2}$$

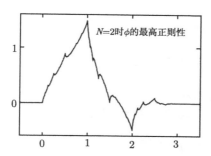

图 7.4 支集宽度为 3 的最高正则性小波构造的尺度函数 ϕ

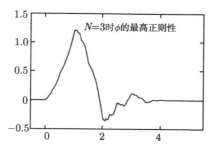

图 7.5 支集宽度为 5 的最高正则性小波构造的尺度函数 ϕ

这些例子对应于 a 的一个选择，使得 $\max[\rho(T_0|_{E_\ell}), \rho(T_1|_{E_\ell})]$ 最小化. 于是，T_0 和 T_1 的特征值是退化的.[8] 可以证明，这两个函数的赫尔德指数至少分别为 0.5864 和 1.40198，最大分别为 0.60017 和 1.4176，后两个可能是真正的赫尔德指数. 更多细节请参阅 Daubechies (1993).

7.4　正则性，还是消失矩

上节中的示例表明，对于 ϕ 和 ψ 的固定支集宽度，或者等价地说，对于相关子带编码方案中滤波器的固定长度，所选 h_n 不能既使正则性最大 又使 ψ 的消失矩数 N 取最大值. 这就出现了问题：消失矩和正则性，哪个更重要呢？答案取决于具体应用，而且并非总是那么明了. Beylkin、Coifman 和 Rokhlin (1991) 使用紧支撑正交小波来压缩大型矩阵，即将它们化简为稀疏形式. 有关这一应用的细节，读者应参阅原论文，或者 Ruskai 等 (1991) 的文献中由 Beylkin 撰写的一章，他们的方法有效的原因之一就是消失矩的数目. 假设我们希望将一个函数 $F(x)$ 分解为小波（严格来说，矩阵应当用一个两变量函数来建模，但使用单变量函数也能说明要求，而且更简单一些）. 我们计算所有小波系数 $\langle F, \psi_{j,k}\rangle$，并压缩该信息，抛弃所有小于某一阈值 ϵ 的系数. 让我们看看这在某一精细尺度下有什么意义. $j = -J$, $J \in \mathbb{N}$，并且 J "很大". 如果 F 是 C^{L-1}，并且 ψ 有 L 个消失矩，则对于 $2^{-J}k$ 附近的 x 有

$$F(x) = F(2^{-J}k) + F'(2^{-J}k)(x - 2^{-J}k)$$
$$+ \cdots + \frac{1}{(L-1)!} F^{(L-1)}(2^{-J}k)(x - 2^{-J}k)^{L-1} + (x - 2^{-J}k)^L R(x),$$

其中 R 有界. 如果将其乘以 $\psi(2^J x - k)$ 并积分，因为对于 $\ell = 0, \cdots, L - 1$ 有 $\int \mathrm{d}x\, x^\ell \psi(x) = 0$，所以前 L 项没有贡献. 因此

$$|\langle F, \psi_{-J,k}\rangle| = \left| \int \mathrm{d}x\, (x - 2^{-J}k)^L\, R(x)\, 2^{J/2}\, \psi(2^J x - k) \right|$$

$$\leqslant C\, 2^{-J(L-1/2)} \int \mathrm{d}y\, |y|^L\, |\psi(y)| \, .$$

当 J 很大时，上式的取值很小可以忽略，除非 R 非常大，接近于 $k2^{-J}$. 通过阈值进行筛选之后，只需要保存 F 或其导数的奇点附近的精细尺度小波系数. 如果 ψ 的消失矩的个数 L 很大，那这一效果是非常显著的.[9] 注意，ψ 的正则性在这一论证中没有发挥任何作用. 对 Beylkin、Coifman 和 Rokhlin 类型的应用来说，消失矩的数目似乎要比 ψ 的正则性重要得多.

对于其他应用，正则性的关系可能更大. 假设我们希望压缩一幅图像中的信息. 再次将其分解为小波（二维小波，比如与张量积的多分辨率分析相关联），然后抛

弃所有小系数.（这是一个相当原始的方法，在实践中会根据某一量化规则为不同系数分配不同的精度.）最后将得到如下类型的表示：

$$\tilde{I} = \sum_{j,k \in S} \langle I,\ \psi_{j,k} \rangle\ \psi_{j,k}\ ,$$

其中 S 只是所有可能值的一个（小）子集，在函数 I 中选定. 这里造成的误差由被删除 $\psi_{j,k}$ 的倍数组成. 如果这是一些变化非常强烈的对象，那么 I 和 $\tilde{I}$ 之间的差别要比 ψ 较为平滑时明显得多. 这当然是一种没有太大意义的论证过程，但它会让人想起，可能至少需要一定的正则性. Antonini 等 (1992) 报告的前几个试验似乎确认了这一点，然而还需要更多的试验来给出令人信服的答案.

求和规则 (7.2.20)[等价于 $m_0(\xi)$ 可以被 $(1+e^{-i\xi})^{L+1}$ 整除] 还有另外一个很有意义的推论. 在详细研究过的示例 $_2\phi$ 中，我们看到 (7.2.13) 和 (7.2.14) 意味着

$$e_1 \cdot v(x) = 1, \quad e_2^0 \cdot v(x) = -x$$

（我们针对 v_j 证明了这两者，所以它们对于 $v = \lim_{j \to \infty} v_j$ 也成立），或者，不再使用 v，而是用 ϕ 来表示，则意味着对于所有 $x \in [0,1]$ 有

$$\phi(x) + \phi(x+1) + \phi(x+2) = 1\ ,$$
$$(1-2\alpha_0)\ \phi(x) + (2-2\alpha_0)\ \phi(x+1) + (3-2\alpha_0)\ \phi(x+2) = -x\ .$$

因为 $\text{support}(\phi) = [0,3]$，所以容易验证这意味着：对于所有 $y \in \mathbb{R}$ 有

$$\sum_{n \in \mathbb{Z}} \phi(y+n) = 1\ ,$$
$$\sum_{n \in \mathbb{Z}} (n+1-2\alpha_0)\ \phi(y+n) = -y\ .$$

因此，所有次数小于或等于 1 的多项式都可以写为 $\phi(x-n)$ 的线性组合. 在一般情况下有类似结果：条件 (7.2.20) 确保所有次数小于或等于 L 的多项式都可以由 $\phi(x-n)$ 的线性组合生成.[见 Fix 和 Strang (1969) 以及 Cavaretta、Dahmen 和 Micchelli (1991).] 它同样可用于解释为什么条件 $\frac{d^\ell}{d\xi^\ell} m_0|_{\xi=\pi} = 0\,(\ell = 0, \cdots, L)$ 在子带滤波格式中是有用的. 理想情况下，我们希望在滤波之后，低频通道包含所有慢速变化的特性，而另一个通道中仅有真正的"高频"特性. 低阶多项式基本上是缓慢地改变特性，求和规则 (7.2.20) 确保它们（或它们限制在一个大区间上的范围，使它们都属于 $L^2(\mathbb{R})$，这里放弃了边界效应）在每个 V_J 中，即，它们完全由低频通道给定.

在为子带编码设计的 FIR 滤波器中，通常并不会太多关注 m_0 的消失矩个数，它由该滤波器 $\xi = \pi$ 处的"平坦度"反映.[10] 下面是另一个论证过程，它表明，在采

用级联滤波器的实现中, 至少拥有一些零矩还是很重要的. 假设我们向一个信号应用三个连续低通滤波和抽选步骤. 如果将原信号称为 f^0, 傅里叶变换为 $\hat{f}^0(\xi) = \sum_n f_n^0 \, e^{-in\xi}$, 则一次滤波加抽选的结果为序列 f_n^1, 其中 $\hat{f}^1(\xi) = \sum_n f_n^1 \, e^{-in\xi}$ 满足

$$\hat{f}^1(\xi) = \frac{1}{\sqrt{2}} \left[\hat{f}^0\left(\frac{\xi}{2}\right) m_0\left(\frac{\xi}{2}\right) + \hat{f}^0\left(\frac{\xi}{2} + \pi\right) m_0\left(\frac{\xi}{2} + \pi\right) \right] . \tag{7.4.1}$$

第二项可以看作是由于 f^1 中采样速度较低造成的混叠效果. 类似地, 三次此种操作将导致

$$\hat{f}^3(\xi) = 2^{-3/2} \left[\hat{f}^0\left(\frac{\xi}{8}\right) m_0\left(\frac{\xi}{8}\right) m_0\left(\frac{\xi}{4}\right) m_0\left(\frac{\xi}{2}\right) + 七个 “混叠” 项 \right] . \tag{7.4.2}$$

可知, 乘积 $m_0(\xi) \, m_0(2\xi) \, m_0(4\xi)$ 扮演着重要角色. 图 7.6 显示了这个乘积对于理想低通滤波器来说是什么样子, 该滤波器为: 当 $|\xi| \leqslant \pi/2$ 时 $m_0(\xi) = 1$, 当 $\pi/2 \leqslant |\xi| \leqslant \pi$ 时 $m_0(\xi) = 0$. 如果低通滤波器不够理想, 则它会向高通区域 $\pi/2 \leqslant |\xi| \leqslant \pi$ 泄漏一点. 包含这一泄漏是很重要的, 特别是当滤波器为级联时更是如此: 它对 (7.4.1) 中的 “混叠” 项有贡献, 一旦引入量化, 可能会导致听觉或视频方面的重叠, 不可能再进行完美重建. 在图 7.6 的理想情况下, $m_0(2\xi)$ 在 $\xi \in [3\pi/4, \pi]$ 的 “隆起部分” 在乘积 $m_0(\xi) \, m_0(2\xi) \, m_0(4\xi)$ 中被消除, 因为在这个区间中 $m_0(\xi) = 0$. 对于 $m_0(4\xi)$ 的其他 “隆起” 会发生同样的事情, 所以我们有: 当 $\xi \in [0, \pi/8)$ 时 $m_0(\xi) \, m_0(2\xi) \, m_0(4\xi) = 1$, 当 $\xi \in (\pi/8, \pi]$ 时

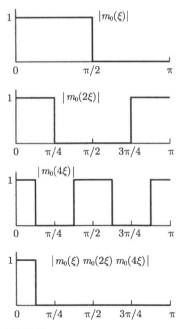

图 7.6　理想低通滤波器的 $m_0(\xi)$、$m_0(2\xi)$、$m_0(4\xi)$ 及其乘积的曲线

$m_0(\xi)\, m_0(2\xi)\, m_0(4\xi) = 0$. 在非理想情况下也可以达到类似效果，只需要求 m_0 在 $\xi = \pi$ 处有一个合理重数的零点，以在级联中"消除" $m_0(2\xi)$ 的最大值. 这一现象如图 7.7 所示，其中将一个小波滤波器与一个非小波完美重建滤波器进行了比较. 在图 7.7(a) 中可以看到两个正交完美重建滤波器的 $|m_0(\xi)|$ 曲线 （即 $|m_0(\xi)|^2 + |m_0(\xi + \pi)|^2 = 1$），每个滤波器有八个抽头. 左侧的滤波器对应于 6.4 节构建的例子，它有两个消失矩 （即，m_0 在 $\xi = \pi$ 处有一个双重零点），在 $\xi = 7\pi/9$ 处有另一零点. 右侧的滤波器不是小波滤波器，因为 $m_0(\pi) \neq 0$ 从而 $m_0(0) \neq 1$. 它更多地是根据标准做法构建的，采用一种"等波纹"设计：在这种情况下，节点位置的选择使得两个波纹的幅值与左侧小波滤波器中的一个滤波相同，同时让过渡带在这一约束范围内尽可能变窄. 所得到的滤波器要比小波滤波器稍为陡峭一些（它的第一个零点在 $\xi = 0.76\pi$ 处，而不是小波示例的 0.78π 处），似乎更接近理想滤波器.（当然，这两种滤波器都与理想状态相去甚远，但别忘了我们只使用了八个抽头！）图 7.7(b) 针对这两个例子绘制了 $|m_0(\xi)\, m_0(2\xi)\, m_0(4\xi)|$ 的曲线，图 7.7(c) 放大了这些曲线在区域 $\pi/2 \leqslant \xi \leqslant \pi$ 中的部分. 显然，在第二种情形（非小波情形）下，泄露到这一高频区域的数量要比小波情形中多，这在 L^2 意义和幅值上来说都是正确的 （右侧的最高峰值大约比左侧的高 3 dB）. 在考虑更多的滤波器时这一效果可能会变得更为显著.[11]

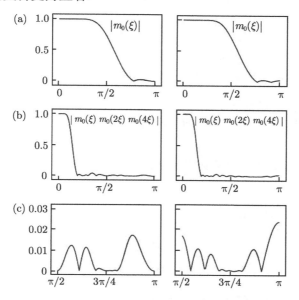

图 7.7 两个八抽头低通滤波器三次级联的比较，这些滤波器具有完美的重构性质: (a) $|m_0(\xi)|$ 的曲线，(b) $|m_0(\xi)\, m_0(2\xi)\, m_0(4\xi)|$ 的曲线，(c) b 中 $\pi/2 \leqslant \xi \leqslant \pi$ 处的放大

附注

1. 顺便提一下，这证明了 Daubechies (1988b) 第 983 页注释 3 中的表述是错误的. 我在从 Meyer 的证明中提取 μ 的数值时犯了错误.

2. 这基本上就是 Daubechies(1988b) 附录中所做的事情. 但要注意附录中的印刷错误!

3. 如果去掉 F 为紧支撑 L^1 函数的限制，则可能存在许多其他解. 另一方面，如果坚持紧支撑且 $F \in L^1$，则对于某个 $m \in \mathbb{N}$ 必有 $\sum_{k=0}^{K} c_k = 2^{m+1}$，而且 F 是一个方程的紧支撑 L^1 解的 m 阶导数，该方程就是将 c_k 用 $2^{-m}c_k$ 代替后获得的方程. 施加约束条件 $\sum c_k = 2$ 后，并不会损失一般性. 其证明请参阅 Daubechies 和 Lagarias (1991).

4. 在我们将要考虑的所有例子中，并不是真的需要选择稍后构造的特定 F_0：此算法对于任何积分为 1 的 F_0 均有效.

5. 我们隐含地假设 c_k 为实数. 对于复数 c_k，所有结论均成立，只是 $v(x) \in \mathbb{C}^K$.

6. 在这一特殊情况下，为 E_1 赋以范数 $\||(a, -a-b, b)|\|^2 = a^2 + b^2$（等价于 E_1 上的标准欧几里得范数），可以求得 $\sup_{u \in E_1} \||T_0 u|\|/\||u|\| \simeq 0.728$ 以及 $\sup_{u \in E_1} \||T_1 u|\|/\||u|\| \simeq 0.859$，根据 (7.2.11)，我们有 $\||v_{j+1}(x) - v_j(x)|\| \leqslant A^j \||v_1(x) - v_0(x)|\|$，其中 $A = 0.859$. 从而立即得出

$$\|v_j(x)\| \leqslant \|v_0(x)\| + C \sum_{k=1}^{j} \||v_k(x) - v_{k-1}(x)|\|$$

$$\leqslant \|v_0(x)\| + (1-A)^{-1} C \||v_1(x) - v_0(x)|\|,$$

它关于 x 和 j 一致有界.

7. 下面的论证也给出一个直接证明. 设 $2^{-(j+1)} \leqslant y - x \leqslant 2^{-j}$. 则存在 $\ell \in \mathbb{N}$ 使得以下两者之一成立：$(\ell-1)2^{-j} \leqslant x \leqslant y \leqslant \ell 2^{-j}$ 或 $(\ell-1)2^{-j} \leqslant x \leqslant \ell 2^{-j} \leqslant y \leqslant (\ell+1)2^{-j}$. 这里只讨论第二种情况，第一种与之类似. 根据 (7.2.17)，我们有

$$|f(x) - f(y)| \leqslant |f(x) - f_j(x)| + |f_j(x) - f_j(\ell 2^{-j})|$$

$$+ |f_j(\ell 2^{-j}) - f_j(y)| + |f_j(y) - f(y)|$$

$$\leqslant 2C \, 2^{-\alpha j} + |f_j(x) - f_j(\ell 2^{-j})| + |f_j(y) - f_j(\ell 2^{-j})|.$$

由于 ℓ 的选择，所以存在 $k \in \mathbb{N}$ 使得 $x' = x - k$ 和 $\ell' 2^{-j} = \ell 2^{-j} - k$ 都在 $[0,1]$ 中. 另外，我们可以为 x' 和 $\ell' 2^{-j}$ 选择二进制展开式，使其前 j 位相同（为 $\ell' 2^{-j}$ 选择以 1 结尾的展开式，如果 x' 为二进有理数，则为 x' 选择以 0 结尾的展开式）. 于是得出

$$|f_j(x) - f_j(\ell 2^{-j})| \leqslant \|v_j(x') - v_j(\ell' 2^{-j})\|$$

$$= \|T_{d_1(x')} \cdots T_{d_j(x')} \left[v_0(\tau^j x') - v_0(\tau^j(\ell' 2^{-j}))\right]\|$$

$$\leqslant C \, 2^{-\alpha j} \, ,$$

其中使用了 $\|T_{d_1} \cdots T_{d_m}|_{E_2}\| \leqslant C \, 2^{-\alpha j}$，以及 v_0 的有界性，还有对于所有 u 和 u' 均有 $v_0(u) - v_0(u') \in E_1$. 可类似确定 $|f_j(y) - f_j(\ell 2^{-j})|$ 的界. 综上所述，我们有

$$|f(x) - f(y)| \leqslant C' \, 2^{-\alpha j} \leqslant C'' |x - y|^\alpha \, ,$$

这就证明了指数为 α 的赫尔德连续性.

8. 这纠正了第一次印刷中的一个错误，当时在 $N = 2$ 时为赫尔德指数赋予了过大的值. 感谢 L. Villemoes 和 C. Heil 向我指出这一错误. 顺便说一下，在 $N = 2$ 的情况下，(7.2.21) 中可能出现的最佳 λ 严格大于 $\max[\rho(T_0|_{E_1}), \rho(T_1|_{E_1})]$. 在此情况下 $\rho(T_0|_{E_1}) = \rho(T_1|_{E_1}) = \frac{3}{5}$，且 $\frac{5}{3}[\rho(T_0 T_1^{12})]^{1/13} \simeq 1.09946 \ldots > 1$.

9. 当然，Beylkin、Coifman 和 Rokhlin (1991) 的文献中包含的远不止这些内容！对于一大类矩形，会发现使用小波进行一次正交基变换后，稠密的 $N \times N$ 矩阵化简为稀疏结构，仅有 $O(N)$ 个项目大于阈值 ϵ. 由于抛弃所有小于 ϵ 的元素而造成的总 L^2 误差为 $O(\epsilon)$，这个结果要比这里解释的"压缩"深入得多，它实际上就是 David 和 Journé 的 $T(1)$ 定理，其证明使用了"硬"分析.

10. 下面的论证过程对于双正交情形同样成立（见第 8 章），其中 $|m_0|$ 在 $\xi = 0$ 和在 $\xi = \pi$ 处的平坦性不必相同，有意义的是 $\xi = \pi$ 处的零点重数.

11. 在 Cohen 和 Johnston (1992) 的文献中，滤波器的构造使"标准"做法与小波考虑事项混合形成的准则达到最佳.

第8章

紧支撑小波基的对称性

到目前为止我们看到的紧支撑正交小波基都明显是非对称性的，与之前看到的无限支撑小波基（比如 Meyer 和 Battle–Lemarié 基）形成了对比. 本章将讨论为什么会发生这种非对称性，可以对它做些什么，以及是否应当对它进行任何处理.

8.1 紧支撑正交小波缺乏对称性

在第 5 章我们已经看到多分辨率分析不会唯一地确定 ϕ 和 ψ. 下面的引理再次证实了这一点.

引理 8.1.1 如果在 $n \in \mathbb{Z}$ 时的 $f_n(x) = f(x - n)$ 和 $g_n(x) = g(x - n)$ 构成了 $L^2(\mathbb{R})$ 的相同子空间 E 的正交基, 则存在一个以 2π 为周期的函数 $\alpha(\xi)$, 其中 $|\alpha(\xi)| = 1$, 使得 $\hat{g}(\xi) = \alpha(\xi)\hat{f}(\xi)$.

证明:

1. 因为 f_n 是 $E \ni g$ 的正交基, $g = \sum_n \alpha_n f_n$, 其中 $\sum_n |\alpha_n|^2 = \|g\|^2 = 1$. 所以 $\hat{g}(\xi) = \alpha(\xi)\,\hat{f}(\xi)$, 其中 $\alpha(\xi) = \sum_n \alpha_n e^{-in\xi}$.
2. 如第 5 章所示, $f(\cdot - n)$ 几乎处处等价于 $\sum_m |\hat{f}(\xi - 2\pi m)|^2 = (2\pi)^{-1}$. 同理, $\sum_m |\hat{g}(\xi - 2\pi m)|^2 = (2\pi)^{-1}$. 可得出 $|\alpha(\xi)| = 1$. ∎

然而, 我们还有以下引理.

引理 8.1.2 如果 $(\alpha_n)_{n \in \mathbb{Z}}$ 是一个有限序列 (即除有限个 α_n 之外, 其他都等于 0), 并且 $|\alpha(\xi)| = 1$, 则对于某一 $n_0 \in \mathbb{Z}$ 有 $\alpha_n = \alpha\delta_{n,n_0}$.

证明:

1. 因为 $|\alpha(\xi)|^2 = 1$, 所以 $\sum_n \alpha_n \overline{\alpha_{n+\ell}} = \delta_{\ell,0}$. (8.1.1)
2. 定义 n_1 和 n_2 使得 $\alpha_{n_1} \neq 0 \neq \alpha_{n_2}$ 且当 $n < n_1$ 或 $n > n_2$ 时 $\alpha_n = 0$.
3. 根据 (8.1.1) 有 $\sum_n \alpha_n \overline{\alpha_{n+n_2-n_1}} = \delta_{n_2-n_1,0}$. 但根据 n_1 和 n_2 的定义, 该和式中仅包含一项 $\alpha_{n_1}\overline{\alpha_{n_2}}$, 根据定义它不等于 0. 因此 $n_1 = n_2$. ∎

结合这两条引理可得出: 对于一个给定多分辨率分析, 紧支撑 ϕ 和 ψ 是唯一的, 最多相差一平移.

推论 8.1.3 若 f 和 g 是紧支撑的, 且当 $n \in \mathbb{Z}$ 时 $f_n = f(\cdot - n)$ 和 $g_n = g(\cdot - n)$ 是同一空间 E 的正交基, 则对于某个满足 $|\alpha| = 1$ 的 $\alpha \in \mathbb{C}$ 和 $n_0 \in \mathbb{Z}$ 有 $g(x) = \alpha f(x - n_0)$.

证明: 根据引理 8.1.1 有 $\hat{g}(\xi) = \alpha(\xi)\hat{f}(\xi)$, 其中 $\alpha_n = \int dx \, g(x)\overline{f(x-n)}$. 因为 f 和 g 拥有紧支集, 所以只有有限多个 $\alpha_n \neq 0$. 根据引理 8.1.2 有 $\alpha(\xi) = \alpha e^{-in_0\xi}$, 因此 $g(x) = \alpha f(x - n_0)$. ∎

特别地, 若 ϕ_1 和 ϕ_2 都是紧支撑的, 并是同一多分辨率分析的"正交化"[1] 尺度函数, 则 ϕ_2 是 ϕ_1 的一个平移版本: 常量 α 必然是 1, 因为根据约定 $\int dx \, \phi_2(x) = 1 = \int dx \, \phi_1(x)$ (见第 5 章). 这个唯一性结果可用于证明: 除哈尔基之外, 所有具有紧支集的实正交小波基都是非对称的.

定理 8.1.4 假设与一个多分辨率分析相关联的尺度函数 ϕ 和小波 ψ 都是实函数, 且为紧支撑的. 若 ψ 具有对称轴或反对称轴, 则 ψ 为哈尔函数.

证明:

1. 总是可以通过平移 ϕ, 使得当 $n < 0$ 时 $h_n = \int dx \, \phi(x) \, \phi(x-n) = 0$, 而 $h_0 \neq 0$. 由于 ϕ 是实函数, 所以 h_n 也是实函数. 设 N 是满足 h_n 不会消失的最大索引: $h_N \neq 0$, 而当 $n > N$ 时 $h_n = 0$. 则 N 是奇数, 这是因为, 如果 N 是偶数, $N = 2n_0$, 结合

$$\sum_n h_n \, h_{n+2\ell} = \delta_{\ell,0} ,$$

在 $\ell = n_0$ 时将得出矛盾.
2. 由于当 $n < 0$ 或 $n > N$ 时有 $h_n = 0$, 所以根据引理 6.2.2 有 support $\phi = [0, N]$.[2] 标准定义 (5.1.34) 将推出 support $\psi = [-n_0, n_0 + 1]$, 其中 $n_0 = \frac{N-1}{2}$. 因此对称轴必然在 $\frac{1}{2}$ 处. 于是, 要么 $\psi(1-x) = \psi(x)$, 要么 $\psi(1-x) = -\psi(x)$.
3. 因此

$$\psi_{j,k}(-x) = \pm 2^{-j/2}\,\psi(2^{-j}x + k + 1)$$

$$= \pm \psi_{j,-(k+1)}(x)\ ,$$

这意味着 W_j 空间在映射 $x \mapsto -x$ 下是不变的. 因为 $V_j = \overline{\underset{k>j}{\oplus} W_k}$，所以 V_j 也是不变的.

4. 现在定义 $\tilde{\phi}(x) = \phi(N - x)$. 则 $\tilde{\phi}(\cdot - n)$ 生成 V_0 的一个正交基（因为 V_0 在 $x \mapsto -x$ 下是不变的），$\int \mathrm{d}x\,\tilde{\phi}(x) = \int \mathrm{d}x\,\phi(x) = 1$，并且 support $\tilde{\phi} =$ support ϕ. 由推论 8.1.3 推出 $\tilde{\phi} = \phi$，即 $\phi(N - x) = \phi(x)$. 因此

$$
\begin{aligned}
h_n &= \sqrt{2}\int \mathrm{d}x\,\phi(x)\,\phi(2x - n)\\
&= \sqrt{2}\int \mathrm{d}x\,\phi(N - x)\,\phi(N - 2x + n)\\
&= \sqrt{2}\int \mathrm{d}y\,\phi(y)\,\phi(2y - N + n) = h_{N-n}\ .
\end{aligned}
\tag{8.1.2}
$$

5. 另一方面，

$$
\begin{aligned}
\delta_{\ell,0} &= \sum_n h_n\,h_{n+2\ell}\\
&= \sum_m h_{2m}\,h_{2m+2\ell} + \sum_m h_{2m+1}\,h_{2m+2\ell+1}\\
&= \sum_m h_{2m}\,h_{2m+2\ell} + \sum_m h_{2n_0-2m}h_{2n_0-2m-2\ell}\\
&\qquad\qquad \text{[对第二项应用 (8.1.2)]}\\
&= 2\sum_m h_{2m}\,h_{2m+2\ell}\ .
\end{aligned}
$$

根据引理 8.1.2，这意味着对于某个 $m_0 \in \mathbb{Z}$ 和 $|\alpha| = 2^{-1/2}$ 有 $h_{2m} = \delta_{m,m_0}\alpha$. 由于我们假定 $h_0 \neq 0$，所以这意味着 $h_{2m} = \delta_{m,0}\,\alpha$. 根据 (8.1.2)，我们还有 $h_N = h_0 = \alpha$，且在一般情况下有 $h_{2m+1} = \alpha\,\delta_{m,n_0}$. 归一化运算 $\Sigma h_n = \sqrt{2}$（见第 5 章）固定了 α 的值，$\alpha = \frac{1}{\sqrt{2}}$.

6. 因此我们有 $h_{2m} = \frac{1}{\sqrt{2}}\,\delta_{m,0}$ 且 $h_{2m+1} = \frac{1}{\sqrt{2}}\,\delta_{m,n_0}$，或者说 $m_0(\xi) = \frac{1}{2}(1 + \mathrm{e}^{-iN\xi})$. 可得 $\hat{\phi}(\xi) = (2\pi)^{-1/2}\,((1 - \mathrm{e}^{-iN\xi})/iN\xi)$，或者说：在 $0 \leqslant x \leqslant N$ 时 $\phi(x) = N^{-1}$，在其他情况下 $\phi(x) = 0$. 若 $N = 1$，则其结果恰好就是哈尔基. 若 $N > 1$，则 $\phi(\cdot - n)$ 不是正交的，这与定理的假设矛盾. ∎

注释

1. 任何熟悉子带编码的人应当都不会对不存在对称或反对称实紧支撑小波这一结论感到惊讶：Smith 和 Barnwell (1986) 已经注意到，对称性与子带滤波中的

准确重构性质不兼容. 定理 8.1.4 的唯一附带结论是, ψ 的对称性必然可导出 h_n 的对称性, 但这是一个相当直观的结果.

2. 如果去除 ϕ 为实函数这一限制, 那么即使 ϕ 是紧支撑的, 它仍然可能是对称的 (Lawton, 私人通信, 1990). □

因此, 6.4 节绘制的所有示例的非对称性都是不可避免的. 但我们为什么要关心这个呢? 对称当然很好, 但离开对称性就行不通了? 对于某些应用来说, 对称性确实是无关紧要的. 比如, Beylkin、Coifman 和 Rokhlin (1991) 中的数值分析应用对于非常不对称的小波也能很好地工作. 但对于一些应用, 非对称性可能就很麻烦了. 比如, 在图像编码中, 量化误差往往在图像边缘处最为显著. 我们的视觉系统有一个特性, 那就是对对称误差的容忍度要高于非对称误差. 换句话说, 在同样的可感知误差下, 不对称性越低, 可以获得的压缩比越大.[3] 此外, 对称滤波器更容易处理图像的边缘 (也见第 10 章), 这也是为什么子带编码工程文献中总是坚持对称性的另一个原因. 下面的小节讨论如何降低正交小波的非对称性, 或者如何放弃正交性而恢复对称性.

8.1.1　更接近线性相位

对称滤波器经常被工程师们称为线性相位滤波器. 如果一个滤波器是非对称的, 那么它的非对称程度可以用其相位偏离线性函数的程度来衡量. 更准确地说, 如果我们有一个滤波器系数为 a_n 的滤波器, 其中函数 $a(\xi) = \sum_n a_n e^{-in\xi}$ 的相位是 ξ 的线性函数, 也就是说, 如果对于某个 $\ell \in \mathbb{Z}$ 有

$$a(\xi) = e^{-i\ell\xi} \, |a(\xi)| \, ,$$

就说该滤波器是线性相位的. 这意味着 a_n 关于 ℓ 对称, $a_n = a_{2\ell-n}$. 注意, 根据这一定义, 尽管哈尔滤波器 $m_0(\xi) = (1 + e^{-i\xi})/2$ 的滤波器系数显然是对称的, 但它并不是线性相位的. 这是因为 h_n^{Haar} 关于 $\frac{1}{2} \notin \mathbb{Z}$ 对称, 在这种情况下

$$m_0(\xi) = \begin{cases} e^{-i\xi/2} \, |m_0(\xi)| \, , & 0 \leqslant \xi \leqslant \pi \, , \\ -e^{-i\xi/2} \, |m_0(\xi)| \, , & \pi \leqslant \xi \leqslant 2\pi \, . \end{cases}$$

它的相位在 π 处不连续, 此处的 $|m_0| = 0$. 如果扩展线性相位的定义, 使其也包含那些 $a(\xi)$ 相位分段线性、斜率为常数、仅在 $|a(\xi)|$ 为零处有断点的滤波器, 那么也就包含了与哈尔滤波器同样对称的滤波器. 要使一个滤波器"接近"对称, 思路就是修改它的相位, 使它"几乎"为线性. 让我们将这一方法应用于 6.4 节给出的 $_N\phi$ 和 $_N\psi$ "标准" 构造. 在这种情况下, 有

$$|_Nm_0(\xi)|^2 = (\cos \xi/2)^{2N} \, P_N(\sin^2 \xi/2) \, ,$$

并且系数 $_N h_n$ 是通过谱分解取 P_N 的"平方根"而确定的. 通常就是将 $L(e^{i\xi}) = P_N (\sin^2 \xi/2)$ 定义的多项式 $L(z)$ 写为乘积 $(z - z_\ell)(z - \overline{z}_\ell)(z - z_\ell^{-1})(z - \overline{z}_\ell^{-1})$, 或者 $(z - r_\ell)(z - r_\ell^{-1})$, 其中 z_ℓ 和 r_ℓ 分别为 L 的复根和实根, 然后从每四个一组的复根中选择一对 $\{z_\ell, \overline{z}_\ell\}$, 并且从每一对实根中选择一个 r_ℓ 值. 归一化后, 我们得到的 m_0 就是

$$_N m_0(\xi) = \left(\frac{1 + e^{-i\xi}}{2} \right)^N \prod_\ell (e^{-i\xi} - z_\ell)(e^{-i\xi} - \overline{z}_\ell) \prod_k (e^{-i\xi} - r_k).$$

因此 $_N m_0$ 的相位就可以由每个贡献项的相位计算得出. 因为

$$(e^{-i\xi} - R_\ell\, e^{-i\alpha_\ell})(e^{-i\xi} - R_\ell\, e^{i\alpha_\ell}) = e^{-i\xi}(e^{-i\xi} - 2R_\ell\, \cos\alpha_\ell + R_\ell^2\, e^{i\xi})$$

和

$$(e^{-i\xi} - r_\ell) = e^{-i\xi/2} (e^{-i\xi/2} - r_\ell\, e^{i\xi/2}),$$

相应的相位贡献量为

$$\Phi_\ell(\xi) = \arctan \left(\frac{(R_\ell^2 - 1)\, \sin\xi}{(1 + R_\ell^2)\, \cos\xi - 2R_\ell\, \cos\alpha_\ell} \right)$$

和

$$\Phi_\ell(\xi) = \arctan \left(\frac{r_\ell + 1}{r_\ell - 1}\, \tan\, \frac{\xi}{2} \right).$$

让我们选择 arctan 的估计值, 使得 Φ_ℓ 在 $[0, 2\pi]$ 处连续且 $\Phi_\ell(0) = 0$. 如哈尔基的例子所示, 这可能并不是"真正的"相位: 我们消除了可能存在的断点. 但是, 要观察相位的线性情况, 这一消除操作正是我们要做的. 此外, 我们希望仅提取 Φ_ℓ 的非线性部分. 因此我们定义

$$\Psi_\ell(\xi) = \Phi_\ell(\xi) - \frac{\xi}{2\pi}\, \Phi_\ell(2\pi).$$

在 6.4 节构建 $_N \phi$ 时, 我们对称地进行选择, 使得所有 z_ℓ 和 r_ℓ 的绝对值都小于 1. 这是一种所谓的"极值相位"选择, 它导致一个总相位 $\Psi_{\text{tot}}(\xi) = \sum_\ell \Psi_\ell(\xi)$, 具有很强的非线性 (见图 8.1). 为获得尽可能接近线性相位的 m_0, 我们必须从四元组或二元组中选择要保留的零点, 使得 $\Psi_{\text{tot}}(\xi)$ 尽可能接近 0. 在实践中有 $2^{\lfloor N/2 \rfloor}$ 种选择. 这个数值可以除以 2: 对于每一种选择, 互补选择 (也就是选择所有其他零点) 会得到复共轭 m_0 (相差一个相移), 从而得到 ϕ 的镜像. 当 $N = 2$ 或 3 时, 实际上只有一对 ϕ_N 和 ψ_N. 当 $N \geqslant 4$ 时, 可以比较 Ψ_{tot} 的 $2^{\lfloor N/2 \rfloor - 1}$ 种不同曲线, 找出最接近线性相位的选择. 如果 R_ℓ 接近于 1 且 α_ℓ 接近于 0 或 π, 那么由选择 z_ℓ 和 $\overline{z}_\ell$ 改为选择 z_ℓ^{-1} 和 $\overline{z}_\ell^{-1}$ 的效果最为明显. 图 8.1 中给出了 $\Psi_{\text{tot}}^{(\xi)}$ 在 $N = 4, 6, 8, 10$ 时的曲线, 既包括 6.4 节的原始构造, 又有 Ψ_{tot} 最为平坦的情形. 顺便说一下, 在所有情况下, 原始构造对应于最不平坦的 Ψ_{tot}, 也就是最不对称的 ϕ. 与最平坦 Ψ_{tot}

相关联的"最接近对称的"ϕ 和 ψ 在图 6.4 绘出，分别对应于 $N=4, 6, 8, 10$. 表 6.3 给出了 N 值从 4 到 10 的滤波器系数.

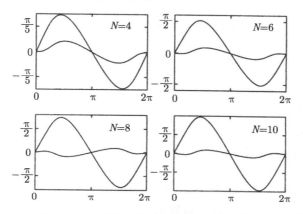

图 8.1 $N=4, 6, 8, 10$ 时，$m_0(\xi)$ 的相位的非线性部分 $\Psi_{\text{tot}}(\xi)$，分别给出了极值相位选择（最大振幅）和"最接近线性相位"选择（最平坦曲线）

注释

1. 在这一讨论中，仅限于 m_0 和 $|\mathcal{L}|^2$ 分别由 (6.1.10) 和 (6.1.12) 给出的情形. 这意味着，当 ψ 的 N 个矩为零并且 ϕ 的支集宽度为 $2N-1$ 时（这是 N 个消失矩的最小宽度），图 6.4 中的 ϕ 是最接近对称的. 如果 ϕ 可以拥有更大的支集宽度，则它可以变得更对称一些. 这些更宽的解对应于在式 (6.1.11) 中选择 $R \not\equiv 0$. 例如，下一小节的函数 ϕ 要比图 6.4 中的函数更为对称，但它们拥有更大的支集宽度.

2. 如果再超越一点第 5 章介绍的"标准"多分辨率方案，甚至可以得到更对称的结果. 设 h_n 是与"标准"多分辨率分析和相应正交基（无论是否紧支撑）相关联的系数. 将函数 $\phi^1, \phi^2, \psi^1, \psi^2$ 定义为

$$\phi^1(x) = \frac{1}{\sqrt{2}} \sum_n h_n \, \phi^2(2x-n) \, ,$$

$$\phi^2(x) = \frac{1}{\sqrt{2}} \sum_n h_{-n} \, \phi^1(2x-n) \, ,$$

$$\psi^1(x) = \frac{1}{\sqrt{2}} \sum_n (-1)^n \, h_{-n+1} \, \phi^2(2x-n) \, ,$$

$$\psi^2(x) = \frac{1}{\sqrt{2}} \sum_n (-1)^n \, h_{n-1} \, \phi^1(2x-n) \, .$$

利用第 5 章的相同计算可以证明，在 $j, k \in \mathbb{Z}$ 时函数 $\psi^1_{2j,k}(x) = 2^{-j} \psi^1(2^{-2j}x - $

k) 和 $\psi^2_{2j+1,k}(x) = 2^{-j-1/2}\psi^2(2^{-2j-1}x - k)$ 构成了 $L^2(\mathbb{R})$ 的一个正交基. 由于上述递归对应于

$$\hat{\phi}^1(\xi) = m_0(\xi/2) \; \overline{m_0(\xi/4)} \; m_0(\xi/8) \; \overline{m_0(\xi/16)} \cdots$$

$$= \prod_{j=1}^{\infty} \left[m_0(2^{-2j-1}\xi) \; \overline{m_0(2^{-2j-2}\xi)} \right],$$

所以可以预期 $\hat{\phi}^1$ 的相位要比 $\hat{\phi}(\xi) = \prod_{j=1}^{\infty} m_0(2^{-j}\xi)$ 更接近线性相位. 另外注意, $\hat{\phi}_2(\xi) = \overline{\hat{\phi}_1(\xi)}$ 且 $\hat{\psi}_2(\xi) = \overline{\hat{\psi}_1(\xi)}$, 因此 $\phi_2(x) = \phi_1(-x)$ 且 $\psi_2(x) = \psi_1(-x)$. 图 8.2 给出了当 $N = 2$ 时由 h_n 计算得出的 ϕ_1 和 ψ_1, 这些 h_n 是: $h_0 = \frac{1+\sqrt{3}}{2\sqrt{2}}$, $h_1 = \frac{3+\sqrt{3}}{2\sqrt{2}}$, $h_2 = \frac{3-\sqrt{3}}{2\sqrt{2}}$, $h_3 = \frac{1-\sqrt{3}}{2\sqrt{2}}$. (与之前的构造不同, 这一"切换"甚至对于 $N = 2$ 也有所不同.) 对于表 6.3 给出的"最接近对称" h_n, 这一切换技术可以得到稍"好"一点的 ϕ, 但对 ψ 似乎没有太大影响. □

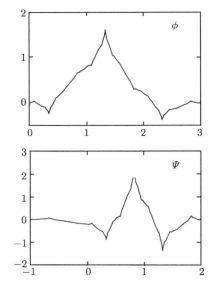

图 8.2　向 6.4 节的四抽头小波滤波器应用"切换技巧"得到的尺度函数 ϕ_1 和小波 ψ_1

8.2　夸夫曼小波

在 7.4 节看到了 ψ 拥有大量消失矩的一个优点: 因为在一个函数平滑的地方, 它的精细尺度小波系数基本为 0, 所以可以得到较高的压缩比. 由于 $\int \mathrm{d}x\, \phi(x) = 1$, 所以对于 $\langle f, \phi_{j,k} \rangle$ 从来不会发生这种情况. 如果对于 $\ell = 1, \cdots, L$ 有 $\int \mathrm{d}x\, x^\ell\, \phi(x) =$

0, 则可以应用同样的泰勒展开式论证得出结论: 当 J 很大时 $\langle f,\ \phi_{-J,k}\rangle \simeq 2^{J/2}$ $f(2^{-J}k)$, 在 f 平滑的地方误差很小, 可以忽略. 这意味着我们拥有一种特别简单的求积分规则, 可以由 f 的采样值获得其精细尺度系数 $\langle f,\ \phi_{-J,k}\rangle$. 因为这个原因, R. Coifman 在 1989 年春天指出, 在构建正交小波基时, 应当投入精力, 不仅使 ψ 具有消失矩, 也要使 ϕ 具有消失矩.[4] 本节将简要介绍如何做到这一点, 更多细节在 Daubechies (1993) 中给出. 因为最早是由 Coifman 提出这些要求的 (希望将其应用于 Beylkin、Coifman 和 Rokhlin 的算法), 所以我将得到的小波称为 "夸夫曼小波" (coiflet).

目标是找到 ψ 和 ϕ 使得

$$\int \mathrm{d}x\ x^\ell \psi(x) = 0, \quad \ell = 0, \cdots, L-1 \tag{8.2.1}$$

且

$$\int \mathrm{d}x\ \phi(x) = 1, \quad \int \mathrm{d}x\ x^\ell \phi(x) = 0, \quad \ell = 1, \cdots, L-1, \tag{8.2.2}$$

L 称为夸夫曼小波的阶. 我们已经知道如何用 m_0 来表示 (8.2.1), 它等价于

$$m_0(\xi)\ =\ \left(\frac{1+\mathrm{e}^{-i\xi}}{2}\right)^L \mathcal{L}(\xi)\,. \tag{8.2.3}$$

式 (8.2.2) 对应于什么呢? 它等价于条件 $\left.\dfrac{\mathrm{d}^\ell}{\mathrm{d}\xi^\ell}\hat\phi\right|_{\xi=0} = 0$, 其中 $\ell = 1, \cdots, L-1$. 让我们验证一下 $\hat\phi'(0) = 0$ 对 m_0 意味着什么. 因为 $\hat\phi(\xi) = m_0(\xi/2)\,\hat\phi(\xi/2)$, 所以有

$$\hat\phi'(\xi)\ =\ \frac{1}{2}\,m_0'(\xi/2)\,\hat\phi(\xi/2)\ +\ \frac{1}{2}\,m_0(\xi/2)\,\hat\phi'(\xi/2)\,,$$

因此

$$\hat\phi'(0)\ =\ \frac{1}{2}\,m_0'(0)\,(2\pi)^{-1/2}\ +\ \frac{1}{2}\,\hat\phi'(0)\,,$$

从而

$$m_0'(0)\ =\ (2\pi)^{1/2}\,\hat\phi'(0)\,.$$

因此 $\int \mathrm{d}x\ x\phi(x) = 0$ 等价于 $m_0'(0) = 0$. 同理, 可以看出式 (8.2.2) 等价于 $\left(\left.\dfrac{\mathrm{d}^\ell}{\mathrm{d}\xi^\ell}\hat\phi\right|_{\xi=0}\right) = 0$, 其中 $\ell = 1, \cdots, L-1$, 或者等价于

$$m_0(\xi)\ =\ 1\ +\ (1-\mathrm{e}^{-i\xi})^L\ \tilde{\mathcal{L}}(\xi)\,, \tag{8.2.4}$$

其中 $\tilde{\mathcal{L}}$ 是一个三角多项式. 除了 (8.2.3) 和 (8.2.4) 之外, m_0 当然还必须满足 $|m_0(\xi)|^2 + |m_0(\xi+\pi)|^2 = 1$. 限定 L 为偶数 (这是最简单的情形, 尽管奇数 L 的情形也没有难太多), $L = 2K$. 于是, (8.2.3) 和 (8.2.4) 意味着必须找到两个三角多项式 $\mathcal{P}_1$ 和 $\mathcal{P}_2$ 使得

$$\left(\cos^2 \frac{\xi}{2}\right)^K \mathcal{P}_1(\xi)\ =\ 1\ +\ \left(\sin^2 \frac{\xi}{2}\right)^K \mathcal{P}_2(\xi)\,. \tag{8.2.5}$$

$$\left(\text{因为 } \left(\frac{1 + \mathrm{e}^{-i\xi}}{2}\right)^{2K} = \mathrm{e}^{-i\xi K}\left(\cos^2\frac{\xi}{2}\right)^K, \ (1 - \mathrm{e}^{-i\xi})^{2K} = \mathrm{e}^{-iK\xi}\left(2i\sin\frac{\xi}{2}\right)^{2K}.\right)$$

但我们已经知道这种 $\mathcal{P}_1$ 和 $\mathcal{P}_2$ 的一般形式: (8.2.5) 就是在 6.1 节已经求解过的 Bezout 方程. 具体来说, $\mathcal{P}_1$ 具有如下形式

$$\mathcal{P}_1(\xi) = \sum_{k=0}^{K-1} \binom{K-1+k}{k} \left(\sin^2\frac{\xi}{2}\right)^k + \left(\sin^2\frac{\xi}{2}\right)^K f(\xi),$$

其中 f 是一个任意三角多项式. 剩下的就是将 f 泰勒展开为 $m_0(\xi) = ((1 + \mathrm{e}^{-i\xi})/2)^{2K} \mathcal{P}_1(\xi)$, 以满足 $|m_0(\xi)|^2 + |m_0(\xi + \pi)|^2 = 1$. 假设 $f(\xi) = \sum_{n=0}^{2K-1} f_n \mathrm{e}^{-in\xi}$, Daubechies (1990) 的文献表明如何将这一"泰勒展开过程"简化为求解一个方程组, 这个方程组由 K 个未知数的 K 个二次方程组成. 经过一个探索性的扰动论证过程表明, 这个方程组对于较大的 K 有一个解, 并对于 $K = 1, \cdots, 5$ 计算了显式数值解. 图 8.3 给出了所生成的 ϕ 和 ψ 的曲线, 表 8.1 列出了对应的系数. 由

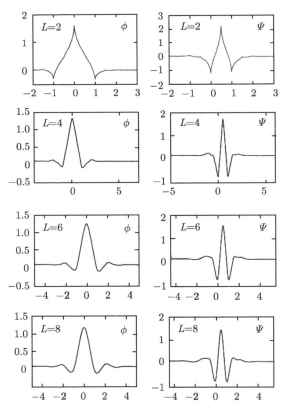

图 8.3　$L = 2, 4, 6, 8, 10$ 时的夸夫曼小波 ψ 及其相应的尺度函数 ϕ. 在所有情况下, ϕ 和 ψ 的支集宽度都是 $3L - 1$

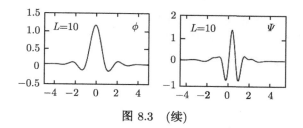

图 8.3 （续）

表 8.1 $K = 1, 2, 3, 4, 5$ 时的 $L = 2K$ 阶夸夫曼小波的系数（所列系数已经进行了归一化，使其和值为 1. 它们等于 $2^{-1/2}h_n$）

	n	$h_n/\sqrt{2}$		n	$h_n/\sqrt{2}$
$K=1$	-2	-0.051429728471	$K=4$	0	0.553126452562
	-1	0.238929728471		1	0.307157326198
	0	0.602859456942		2	-0.047112738865
	1	0.272140543058		3	-0.068038127051
	2	-0.051429972847		4	0.027813640153
	3	-0.011070271529		5	0.017735837438
$K=2$	-4	0.011587596739		6	-0.010756318517
	-3	-0.029320137980		7	-0.004001012886
	-2	-0.047639590310		8	0.002652665946
	-1	0.273021046535		9	0.000895594529
	0	0.574682393857		10	-0.000416500571
	1	0.294867193696		11	-0.000183829769
	2	-0.054085607092		12	0.000044080354
	3	-0.042026480461		13	0.000022082857
	4	0.016744410163		14	-0.000002304942
	5	0.003967883613		15	-0.000001262175
	6	-0.001289203356	$K=5$	-10	-0.0001499638
	7	-0.000509505399		-9	0.0002535612
$K=3$	-6	-0.002682418671		-8	0.0015402457
	-5	0.005503126709		-7	-0.0029411108
	-4	0.016583560479		-6	-0.0071637819
	-3	-0.046507764479		-5	0.0165520664
	-2	-0.043220763560		-4	0.0199178043
	-1	0.286503335274		-3	-0.0649972628
	0	0.561285256870		-2	-0.0368000736
	1	0.302983571773		-1	0.2980923235
	2	-0.050770140755		0	0.5475054294
	3	-0.058196250762		1	0.3097068490
	4	0.024434094321		2	-0.0438660508
	5	0.011229240962		3	-0.0746522389
	6	-0.006369601011		4	0.0291958795
	7	-0.001820458916		5	0.0231107770
	8	0.000790205101		6	-0.0139736879
	9	0.000329665174		7	-0.0064800900
	10	-0.000050192775		8	0.0047830014
	11	-0.000024465734		9	0.0017206547
$K=4$	-8	0.000630961046		10	-0.0011758222
	-7	-0.001152224852		11	-0.0004512270
	-6	-0.005194524026		12	0.0002137298
	-5	0.011362459244		13	0.0000993776
	-4	0.018867235378		14	-0.0000292321
	-3	-0.057464234429		15	-0.0000150720
	-2	-0.039652648517		16	0.0000026408
	-1	0.293667390895		17	0.0000014593
				18	-0.0000001184
				19	-0.0000000673

图中可以看出，ϕ 和 ψ 显然要比 6.4 节的 $_N\phi$ 和 $_N\psi$ 对称得多，甚至也要比 8.1 节的 ϕ 和 ψ 对称得多，但这也当然是有代价的：一个拥有 $2K$ 个消失矩的夸夫曼小波，其支集宽度通常为 $6K - 1$，而对于 $_{2K}\phi$ 则为 $4K - 1$.

注释. 假设 $f(\xi) = \sum_{n=0}^{2K-1} f_n \, e^{-in\xi}$ 并非唯一选择，但它可以简化计算. 对于小的 K 值（$K = 1, 2, 3$），Daubechies (1993) 也尝试了其他假设. 结果发现，最平滑的夸夫曼小波（至少对于这些小的 K 值而言）并不是最对称的. 例如，当 $K = 1$ 时，存在一个（非常不对称的）夸夫曼小波，其赫尔德指数为 1.191814，而图 8.3 中的二阶夸夫曼小波不是 C^1；它们的支集宽度均为 5. 当 $K = 2$ 和 3 时，可以求得类似的正则性增益. 有关图形、系数和更多细节，请参阅 Daubechies (1990b).　　　$\square$

8.3　对称双正交小波基

　　如前所述，在子带滤波的研究圈子里大家都知道，如果使用相同的 FIR 滤波器进行分解和重构，那么不可能同时获得对称性和精确重构. 但只要放弃后一要求就有可能实现对称性. 这就意味着，我们将图 5.11 中的框图用图 8.4 代替. 这自然就会产生几个问题：就多分辨率分析而言，图 8.4 意味着什么？c^j 和 d^j 现在表示什么呢？（在第 5 章，它们是正交投影的系数.）是否有相关联的小波基？它与之前构造的基有什么不同？答案是，如果滤波器满足特定的技术条件，则这一格式对应于两个对偶小波基，与两个不同的多分辨率阶梯相关联. 在本节我们将会看到如何证明这一结论，并给出几组（对称！）例子. 除一个改进论证是由 Cohen 和 Daubechies (1992) 给出外，所有这些结果都摘自 Cohen、Daubechies 和 Feauveau (1992) 的文献. Vetterli 和 Herley (1990) 也独立推导了这些例子中的许多个，他们是从"滤波器设计"的角度进行处理. Nguyen 和 Vaidyanathan (1989) 给出了这种类型的滤波器组的一个有用的分解格式.

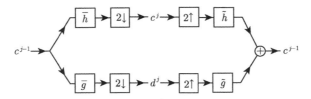

图 8.4　能够精确重构的子带滤波格式，其重构滤波器不同于分解滤波器

8.3.1　精确重构

　　由于现在有四个滤波器，而不是两个，所以必须将 (5.6.5) 和 (5.6.6) 改写为

$$c_n^1 = \sum_k h_{k-2n} \, c_k^0, \quad d_n^1 = \sum_k g_{k-2n} \, c_k^0$$

和

$$c_\ell^0 = \sum_n \left[\tilde{h}_{\ell-2n}\, c_n^1 + \tilde{g}_{\ell-2n}\, d_n^1 \right].$$

采用 5.6 节引入的 z 符号，可以将其重写为

$$c^0(z) = \frac{1}{2} \left[\tilde{h}(z)\, \overline{h}(z) + \tilde{g}(z)\, \overline{g}(z) \right]\, c^0(z)$$
$$+ \frac{1}{2} \left[\tilde{h}(z)\, \overline{h}(-z) + \tilde{g}(z)\, \overline{g}(-z) \right]\, c^0(-z).$$

从而，我们要求

$$\tilde{h}(z)\, \overline{h}(z) + \tilde{g}(z)\, \overline{g}(z) = 2, \tag{8.3.1}$$

$$\tilde{h}(z)\, \overline{h}(-z) + \tilde{g}(z)\, \overline{g}(-z) = 0, \tag{8.3.2}$$

因为所有滤波器都是 FIR，所以假设 $\tilde{h}, \tilde{g}, \overline{h}, \overline{g}$ 为多项式.（为简单起见，这里使用"多项式"一词的意义要比平常更广泛一些：允许存在负指数幂.换句话说，就这一术语而言，$\sum_{n=-N_1}^{N_2} a_n\, z^n$ 也是一种多项式.）由 (8.3.1) 可以推出 $\overline{h}$ 和 $\overline{g}$ 没有公共的零点. 相应地，(8.3.2) 意味着对于某个多项式 p 有

$$\tilde{g}(z) = \overline{h}(-z)p(z), \quad \tilde{h}(z) = -\overline{g}(-z)p(z). \tag{8.3.3}$$

代入 (8.3.1) 可得

$$\overline{p}(z)\, [h(-z)g(z) - h(z)g(-z)] = 2.$$

能整除常数的多项式只能是单项式. 因此，对于某一 $\alpha \in \mathbb{C}$ 和 $k \in \mathbb{Z}$ 有

$$p(z) = \alpha z^k,$$

(8.3.3) 变为

$$\tilde{g}(z) = \alpha z^k\, \overline{h}(-z), \quad g(z) = -\alpha^{-1}(-1)^k z^k\, \overline{\tilde{h}}(-z). \tag{8.3.4}$$

α 和 k 做任意选择均可. 我们选择 $\alpha = 1$ 和 $k = 1$，这使得方程 (8.3.4) 关于 g 和 $\tilde{g}$ 对称. 代入 (8.3.1) 得

$$h(z)\, \overline{\tilde{h}}(z) + h(-z)\, \overline{\tilde{h}}(-z) = 2. \tag{8.3.5}$$

用滤波器系数来表示，以上这些就变为

$$\sum_n h_n\, \tilde{h}_{n+2k} = \delta_{k,0}, \tag{8.3.6}$$

$$g_n = (-1)^{n+1}\, \tilde{h}_{-n+1}, \quad \tilde{g}_n = (-1)^{n+1}\, h_{-n+1}, \tag{8.3.7}$$

其中已经隐含地假设了所有这些系数都是实数. 这些方程显然是 (5.1.39) 和 (5.1.34) 的推广.

8.3.2 尺度函数与小波

因为有两对滤波器, 所以也有两对尺度函数和小波: ϕ, ψ 和 $\tilde{\phi}, \tilde{\psi}$. 它们的定义是

$$\hat{\phi}(\xi) \;=\; m_0(\xi/2)\,\hat{\phi}(\xi/2)\,, \qquad \widehat{\tilde{\phi}}(\xi) \;=\; \tilde{m}_0(\xi/2)\,\widehat{\tilde{\phi}}(\xi/2)\,, \tag{8.3.8}$$

$$\hat{\psi}(\xi) \;=\; m_1(\xi/2)\,\hat{\phi}(\xi/2)\,, \qquad \widehat{\tilde{\psi}}(\xi) \;=\; \tilde{m}_1(\xi/2)\,\widehat{\tilde{\phi}}(\xi/2)\,, \tag{8.3.9}$$

其中 $m_0(\xi) = \frac{1}{\sqrt{2}} \sum_n h_n\, \mathrm{e}^{-in\xi}$ 且 $m_1(\xi) = \frac{1}{\sqrt{2}} \sum_n g_n\, \mathrm{e}^{-in\xi}$, 而 $\tilde{m}_0$ 和 $\tilde{m}_1$ 有类似定义. 注意 (8.3.7) 意味着

$$m_1(\xi) \;=\; \mathrm{e}^{-i\xi}\,\overline{\tilde{m}_0(\xi+\pi)}\,, \quad \tilde{m}_1(\xi) \;=\; \mathrm{e}^{-i\xi}\,\overline{m_0(\xi+\pi)}\,. \tag{8.3.10}$$

我们在第 3 章看到, 为生成小波里斯基, ψ 和 $\tilde{\psi}$ 必须满足 $\hat{\psi}(0) = 0 = \widehat{\tilde{\psi}}(0)$. 于是, 一个必要条件是 $m_1(0) = 0 = \tilde{m}_1(0)$. 用多项式 $h(z)$ 和 $\tilde{h}(z)$ 表示的话, 这等价于 $h(-1) = 0 = \tilde{h}(-1)$. 代入 (8.3.5) 将得出 $h(1)\,\overline{\tilde{h}(1)} = 2$, 也就是

$$\left(\sum_n h_n\right)\left(\sum_n \tilde{h}_n\right) \;=\; 2\,.$$

这意味着我们可以对 h 和 $\tilde{h}$ 均进行归一化, 使得 $\sum_n h_n = \sqrt{2} = \sum_n \tilde{h}_n$. 因此, $m_0(0) = 1 = \tilde{m}_0(0)$, 我们可以通过定义

$$\hat{\phi}(\xi) = (2\pi)^{-1/2} \prod_{j=1}^{\infty} m_0(2^{-j}\xi)\,,$$

$$\widehat{\tilde{\phi}}(\xi) = (2\pi)^{-1/2} \prod_{j=1}^{\infty} \tilde{m}_0(2^{-j}\xi)\,.$$

来求解 (8.3.8). 利用第 6 章的相同论证过程可以证明, 这些无穷乘积在紧集上一致收敛, ϕ 和 $\tilde{\phi}$ 有紧支集, 支集宽度由滤波器宽度给定. 作为 ϕ 和 $\tilde{\phi}$ 的有限次线性组合, ψ 和 $\tilde{\psi}$ 也有紧支集. 但这绝不足以保证 $\psi_{j,k} = 2^{-j/2}\,\psi(2^{-j}x - k)$ 和 $\tilde{\psi}_{j,k}$ 是对偶里斯小波基. 事实上, 即使在正交情况下 (重构滤波器 = 分解滤波器), ψ 也可能无法生成正交基 (见 6.2 和 6.3 节). 在这种非正交情况下必须更为仔细. 现在总结一下在论证我们 (在特定的限制条件下) 拥有对偶小波基时的不同步骤.

首先, 如果 $\phi, \tilde{\phi} \in L^2(\mathbb{R})$, (这一点也必须进行证明! 见下文.) 可以将有界算子 T_j 定义为

$$\langle T_j f,\, g \rangle \;=\; \sum_k \langle f,\, \phi_{j,k} \rangle \langle \tilde{\phi}_{j,k},\, g \rangle\,,$$

其中

$$\phi_{j,k} \;=\; 2^{-j/2}\,\phi(2^{-j}x - k)\,, \quad \tilde{\phi}_{j,k} \;=\; 2^{-j/2}\,\tilde{\phi}(2^{-j}x - k)\,,$$

与通常一样.[5] 定义 (8.3.8) 和 (8.3.9) 的一个推论是

$$\phi_{1,n}(x) = \sum_k h_{k-2n}\,\phi_{0,k}\,, \qquad \tilde{\phi}_{1,n} = \sum_k \tilde{h}_{k-2n}\,\tilde{\phi}_{0,k}\,,$$

$$\psi_{1,n}(x) = \sum_k g_{k-2n}\,\phi_{0,k}\,, \qquad \tilde{\psi}_{1,n} = \sum_k \tilde{h}_{k-2n}\,\tilde{\phi}_{0,k}\,.$$

结合 8.1 节对滤波器系数设定的性质,(通过代入可以验证) 这意味着

$$\sum_k \langle f,\phi_{0,k}\rangle\langle\tilde{\phi}_{0,k},g\rangle = \sum_n \left[\langle f,\phi_{1,n}\rangle\langle\tilde{\phi}_{1,n},g\rangle + \langle f,\psi_{1,n}\rangle\langle\tilde{\psi}_{1,n},g\rangle\right]\,.$$

同样的技巧也适用于其他 j 值. 将所有恒等项"折叠合并"在一起,得到

$$\sum_{j=-J}^{J}\sum_\ell \langle f,\psi_{j,\ell}\rangle\langle\tilde{\psi}_{j,\ell},g\rangle = \langle T_{-J-1}f,g\rangle - \langle T_J f,g\rangle$$

$$= \sum_k \langle f,\phi_{-J-1,k}\rangle\langle\tilde{\phi}_{-J-1,k},g\rangle - \sum_k \langle f,\phi_{J,k}\rangle\langle\tilde{\phi}_{J,k},g\rangle\,.$$

分别采用第 5 章估计 (5.3.9) 和 (5.3.13) 时的相同论证过程,可以证明,当 $J\to\infty$ 时 $\langle T_J f,g\rangle \longrightarrow 0$ 且 $\langle T_{-J}f,g\rangle \to \langle f,g\rangle$. 因此

$$\lim_{J\to\infty}\sum_{j=-J}^{J}\sum_\ell \langle f,\psi_{j,\ell}\rangle\langle\tilde{\psi}_{j,\ell},g\rangle = \langle f,g\rangle\,, \tag{8.3.11}$$

或者,在某种弱意义上来说,我们有

$$f = \lim_{J\to\infty}\sum_{j=-J}^{J}\sum_\ell \langle f,\psi_{j,\ell}\rangle\,\tilde{\psi}_{j,\ell}\,.$$

这并不足以确认 $\psi_{j,\ell}$ 和 $\tilde{\psi}_{j,\ell}$ 构成了对偶里斯基. 首先,$\psi_{j,\ell}$ 或 $\tilde{\psi}_{j,\ell}$ 可能无法构成框架,在这种情况下,(8.3.11) 中的收敛可能主要取决于求和的顺序. 为避免这种情况,需要假定

$$\sum_{j,k}|\langle f,\psi_{j,k}\rangle|^2 \quad 和 \quad \sum_{j,k}|\langle f,\tilde{\psi}_{j,k}\rangle|^2$$

对于所有 $f\in L^2(\mathbb{R})$ 收敛,或等价地,

$$\sum_{j,k}|\langle f,\psi_{j,k}\rangle|^2 \leqslant A\,\|f\|^2,\quad \sum_{j,k}|\langle f,\tilde{\psi}_{j,k}\rangle|^2 \leqslant \tilde{A}\,\|f\|^2\,. \tag{8.3.12}$$

如果这些上限成立,则由 (8.3.11) 推出 [6]

$$\sum_{j,k}|\langle f,\psi_{j,k}\rangle|^2 \geqslant \tilde{A}^{-1}\,\|f\|^2,\quad \sum_{j,k}|\langle f,\tilde{\psi}_{j,k}\rangle|^2 \geqslant A^{-1}\,\|f\|^2\,,$$

这样就自动拥有了框架. 但即使在这时,$\psi_{j,k}$ 和 $\tilde{\psi}_{j,k}$ 可能也只是(冗余)对偶框架,而不是对偶里斯基. 这个冗余可通过要求

$$\langle \psi_{j,k}, \ \tilde{\psi}_{j',k'} \rangle \ = \ \delta_{j,j'} \, \delta_{k,k'} \tag{8.3.13}$$

来消除, 与正交情形完全相同 (见 6.2 节), 可以证明这个要求等价于

$$\langle \phi_{0,\,k}, \tilde{\phi}_{0,k'} \rangle \ = \ \delta_{k,k'} \ . \tag{8.3.14}$$

如果条件 (8.3.12) 和 (8.3.14) 得以满足 (稍后会再回来讨论), 则的确有了两个多分辨率分析阶梯:

$$\cdots \ V_2 \subset V_1 \subset V_0 \subset V_{-1} \subset V_{-2} \subset \cdots \ ,$$

$$\cdots \ \tilde{V}_2 \subset \tilde{V}_1 \subset \tilde{V}_0 \subset \tilde{V}_{-1} \subset \tilde{V}_{-2} \subset \cdots \ ,$$

其中, $V_0 \ = \ \overline{\mathrm{Span}\ \{\phi_{0,k};\ k \in \mathbb{Z}\}}$, $\tilde{V}_0 \ = \ \overline{\mathrm{Span}\ \{\tilde{\phi}_{0,k};\ k \in \mathbb{Z}\}}$. 我们知道, 空间 $W_j \ = \ \overline{\mathrm{Span}\ \{\psi_{j,k};\ k \in \mathbb{Z}\}}$ 和 $\tilde{W}_j \ = \ \overline{\mathrm{Span}\ \{\tilde{\psi}_{j,k};\ k \in \mathbb{Z}\}}$ 又分别是 V_j 在 V_{j-1} 中的补和 $\tilde{V}_j$ 在 $\tilde{V}_{j-1}$ 中的补, 但它们不是正交补: 通常, V_j 与 W_j 之间 (或 $\tilde{V}_j$ 与 $\tilde{W}_j$ 之间) 的角度 7 小于 90°. 这就是为什么在这一情形下要证明 (8.3.12), 而在正交情形下它是自动成立的. 看待这个问题的另一种方式如下. 因为非正交性, 所以有

$$\alpha \ \sum_k \left[|\langle f, \phi_{j,k} \rangle|^2 \ + \ |\langle f, \psi_{j,k} \rangle|^2 \right] \leqslant \sum_k \ |\langle f, \phi_{j-1,k} \rangle|^2$$

$$\leqslant \beta \left[\sum_k \ |\langle f, \phi_{j,k} \rangle|^2 \ + \ \sum_k |\langle f, \psi_{j,k} \rangle|^2 \right] \ ,$$

其中 $\alpha < 1$ 且 $\beta > 1$ (在正交情形中, 等式成立, $\alpha = \beta = 1$). 与正交情形不同的是, 我们不能折叠合并这些不等式来证明 $\psi_{j,k}$ 构成一个里斯基: 折叠合并将导致常量的放大. 所以必须采用一种不同策略. 注意, 式 (8.3.13) 可导出 $W_j \perp \tilde{V}_j$ 且 $\tilde{W}_j \perp V_j$. 这两个多分辨率层级结构及其补空间序列放在一起, 就像一个巨大的拉链, 正因为如此, 我们才能控制诸如 $\sum_{j,k} \ |\langle f, \psi_{j,k} \rangle|^2$ 这样的表达式.

但让我们回到条件 (8.3.12) 和 (8.3.14). 在 6.3 节已经看到, 如何在较为简单的正交情况下处理条件 (8.3.14). 这里的策略基本相同. 再次定义一个算子 P_0, 用于对以 2π 为周期的函数进行处理,

$$(P_0 f)(\xi) = \left| m_0 \left(\frac{\xi}{2} \right) \right|^2 f \left(\frac{\xi}{2} \right) \ + \ \left| m_0 \left(\frac{\xi}{2} + \pi \right) \right|^2 f \left(\frac{\xi}{2} + \pi \right) \ .$$

类似定义第二个算子 $\tilde{P}_0$. 用 f 的傅里叶系数来表示, P_0 的操作过程是

$$(P_0 f)_k = \sum_\ell \left(\sum_m h_m \ \overline{h_{m+\ell-2k}} \right) f_\ell \ .$$

我们最关注的是 P_0 的不变三角多项式. 这意味着我们仅关注 f 的 $2(N_2 - N_1) + 1$ 维子空间, 当 $\ell > N_2 - N_1$ 时有 $f_\ell = 0$ (假设当 $n < N_1$ 或 $n > N_2$ 时有 $h_n = 0$), 在此子空间上, P_0 表示为一个矩阵. 定理 6.3.1 和 6.3.4 有如下类似表述.

定理 8.3.1 以下三种表述是等价的:

1. $\phi, \tilde{\phi} \in L^2(\mathbb{R})$ 且 $\langle \phi_{0,k}, \tilde{\phi}_{0,\ell} \rangle = \delta_{k,\ell}$.

2. 存在严格为正的三角多项式 f_0 和 $\tilde{f}_0$, 在 P_0 和 $\tilde{P}_0$ 下保持不变, 还存在一个关于模 2π 与 $[-\pi, \pi]$ 同余的紧集 K, 使得

$$\inf_{k \geqslant 1, \, \xi \in K} |m_0(2^{-k}\xi)| > 0, \qquad \inf_{k \geqslant 1, \, \xi \in K} |\tilde{m}_0(2^{-k}\xi)| > 0.$$

3. 存在严格为正的三角多项式 f_0 和 $\tilde{f}_0$, 在 P_0 和 $\tilde{P}_0$ 下保持不变, 而且在归一化后, 它们是仅有的在 P_0 和 $\tilde{P}_0$ 下保持不变的多项式.

此证明非常类似于第 6 章的证明, 但要更复杂一点. 在 6.3 节, 函数 f_0 和 $\tilde{f}_0$ 都是常数. 在我们的情况下, 它们本质上是 $f_0(\xi) = \sum_\ell |\hat{\phi}(\xi + 2\pi\ell)|^2$ 和 $\tilde{f}_0(\xi) = \sum_\ell |\hat{\tilde{\phi}}(\xi + 2\pi\ell)|^2$. 有关如何将 6.3 节的证明用于本情形的具体细节, 请参阅 Cohen、Daubechies 和 Feauveau (1992).

于是, 条件 (8.3.14) 就相当于验证两个矩阵具有非退化特征值 1, 并且相应特征向量的元素定义了一个严格为正的三角多项式.[注意, 如果三角多项式取负值, 则 $\phi \notin L^2(\mathbb{R})$. 对于某些精确重建滤波器四元组会发生这种情况.] 条件 (8.3.12) 是在正交情况下没有遇到过的一种条件. 事实上, 如果定理 8.3.1 中的三个条件中有任何一个成立, 则这一条件也满足. 这个事实有些让人惊讶, 其证明可分为如下步骤 [8].

- 首先, 证明存在 P_0 的一个特征值 λ, 满足 $|\lambda| \geqslant 1$ 且 $\lambda \neq 1$, 与 ϕ 的平方可积矛盾. 于是可由定理 8.3.1 推出, 如果特征值 1 是非退化的, 而且相关特征向量对应于一个严格为正的三角多项式, 则 P_0 的所有其他特征值的绝对值都严格小于 1. 这一步的证明使用了引理 7.1.10.

- 由于 $m_0(\pi) = 0 = \tilde{m}_0(\pi)$, 所以明显有 $M_0(\pi) = |m_0(\pi)|^2 = 0 = |\tilde{m}_0(\pi)|^2 = \tilde{M}_0(\pi)$. 在第 7 章曾经看到, 这意味着在将 P_0 的表示矩阵的各行分别相加时, 总和都是 1, 因此, 所有元素均为 1 的 (具有适当维度的) 行向量是 P_0 的左特征向量, 与特征值 1 相对应. 由第一点可以推出, 在 $E_1 = \{f; \sum_n f_n = 0\}$ 时 $P_0|_{E_1}$ 的谱半径 ρ 严格小于 1. 于是, 我们可以利用 $f(\xi) = 1 - \cos\xi$ 属于 E_1 来证明 (这些估计类似于证明定理 7.1.12 中的估计) $\int_{2^{n-1}\pi \leqslant |\xi| \leqslant 2^n\pi} d\xi \, |\hat{\phi}(\xi)|^2 \leqslant C \left(\frac{1+\rho}{2}\right)^n$.

- 根据赫尔德不等式, 这意味着对于足够小的 δ 有 $\int d\xi \, |\hat{\phi}(\xi)|^{2(1-\delta)} < \infty$. 它可用于证明一个"离散化"版本, 即, 同样是对于足够小的 δ', 对于所有 $\xi \in \mathbb{R}$ 均有 $\sum_{m \in \mathbb{Z}} |\hat{\phi}(\xi + \pi m)|^{2(1-\delta')} \leqslant C < \infty$. 因为 m_1 是有界的, 所以 $\hat{\psi}$ 满足一个类似的界,

$$\sum_{m \in \mathbb{Z}} |\hat{\psi}(\xi + 2\pi m)|^{2(1-\delta')} \leqslant C < \infty. \tag{8.3.15}$$

- 另一方面，还可以证明

$$\sup_{\pi \leqslant |\xi| \leqslant 2\pi} \sum_{j \in \mathbb{Z}} |\hat{\psi}(2^j \xi)|^{2\delta'} < \infty . \tag{8.3.16}$$

由于 $\hat{\psi}$ 是整函数，并且 $\hat{\psi}(0) = 0$ 和 $|\hat{\psi}(\xi)| \leqslant C|\xi|$ 对于足够小的 $|\xi|$ 成立，所以 $\sum_{j=-\infty}^{0} |\hat{\psi}(2^j \xi)|^{2\delta'}$ 对于 $|\xi| \leqslant 2\pi$ 一致有界，我们只需要专注于式 (8.3.16) 中 $j \geqslant 0$ 的情况. 但是，

$$\sup_{2^j \pi \leqslant |\zeta| \leqslant 2^{j+1}\pi} |\hat{\psi}(\zeta)|^2 \leqslant \int_{2^j \pi \leqslant |\xi| \leqslant 2^{j+1}\pi} \mathrm{d}\xi \, \frac{\mathrm{d}}{\mathrm{d}\xi} |\hat{\psi}(\xi)|^2$$

$$\leqslant 2 \int_{2^j \pi \leqslant |\xi| \leqslant 2^{j+1}\pi} \mathrm{d}\xi \, |\hat{\psi}(\xi)| \, \left| \frac{\mathrm{d}}{\mathrm{d}\xi} \hat{\psi}(\xi) \right|$$

$$\leqslant C \left[\int_{2^{j-1}\pi \leqslant |\zeta| \leqslant 2^j \pi} \mathrm{d}\zeta \, |\hat{\phi}(\zeta)|^2 \right]^{1/2} \cdot \left[\int \mathrm{d}x \, |x\psi(x)|^2 \right]^{1/2} .$$

因为 ψ 是紧支撑的，并且属于 $L^2(\mathbb{R})$，所以第二个因子是有限的. 第一个因子以 $C\lambda^j$ 为界，其中 $|\lambda| < 1$，如上所示. 这就证明了 (8.3.16)，它也等价于

$$\sup_{|\xi| \neq 0} \sum_{j \in \mathbb{Z}} |\hat{\psi}(2^j \xi)|^{2\delta'} < \infty .$$

- 最后，综合应用泊松求和公式和柯西 – 施瓦茨不等式，可以得出

$$\sum_k |\langle f, \psi_{j,k} \rangle|^2 \leqslant 2\pi \int \mathrm{d}\xi \, |\hat{f}(\xi)|^2 \, |\hat{\psi}(2^j \xi)|^{2\delta'} \sum_m |\hat{\psi}(2^j \xi + 2\pi m)|^{2(1-\delta')} .$$

于是由 (8.3.15) 和 (8.3.16) 可以得出

$$\sum_{j,k} |\langle f, \psi_{j,k} \rangle|^2 \leqslant A \, \|f\|^2 .$$

如需有关这一论证过程的更多细节，请参阅 Cohen 和 Daubechies (1992). 为确保我们确实拥有两个对偶里斯小波基，只需要验证 1 是 P_0 和 $\tilde{P}_0$ 的非退化特征值，并且相应的三角多项式严格为正.

8.3.3　正则性与消失矩

如果 $\psi_{j,k}$ 和 $\tilde{\psi}_{j,k}$ 构成（紧支撑小波的）对偶里斯基　（说紧支撑小波是因为我们已经假定滤波器是 FIR 的），于是，可以应用定理 5.5.1 将一个函数的消失矩与另一个函数的正则性联系起来：若 $\psi \in C^m$，则在 $\ell = 0, \cdots, m$ 时自动有 $\int \mathrm{d}x \, x^\ell \, \tilde{\psi}(x) = 0$.[9] 这等价于在 $\ell = 0, \cdots, m$ 时 $\left. \frac{\mathrm{d}^\ell}{\mathrm{d}\xi^\ell} \widehat{\tilde{\psi}} \right|_{\xi=0} = 0$. 因为 (8.3.9) 和

$\hat{\phi}(0) = 1$，这意味着在 $\ell = 0, \cdots, m$ 时 $\left. \frac{\mathrm{d}^{\ell}}{\mathrm{d}\xi^{\ell}} \tilde{m}_1 \right|_{\xi=0}$. 根据 (8.3.10)，这意味着 m_0 可被 $((1 + \mathrm{e}^{-i\xi})/2)^m$ 整除. 为生成正则 ψ，需要构造滤波器对 m_0 和 $\tilde{m}_0$ 使得 $m_0(\xi)$ 在 $\xi = \pi$ 处有一个多重零点.

注意，没有什么阻止 ψ 和 $\tilde{\psi}$ 具有非常不同的正则特性，如下面一些例子所示. 若 $\tilde{\psi}$ 的正则性比 ψ 强得多，相当于 ψ 的消失矩要比 $\tilde{\psi}$ 多很多，则以下两个公式

$$f = \sum_{j,k} \langle f, \ \psi_{j,k} \rangle \ \tilde{\psi}_{j,k} \tag{8.3.17}$$

$$= \sum_{j,k} \langle f, \ \tilde{\psi}_{j,k} \rangle \ \psi_{j,k} \tag{8.3.18}$$

同等有效，它们具有非常不一样的解读 [Tchamitchian (1987)]. 在实践中，(8.3.17) 要比 (8.3.18) 有用的多：一方面，ψ 的大量消失矩在 f 合理平滑的区域导致非常高的"压缩潜力"（见 7.4 节）；另一方面，"基本构建模块" $\tilde{\psi}_{j,k}$ 更为平滑. 在 Antonini 等 (1992) 的文献中，用这种类型的双正交小波执行了一个实验：同一滤波器对使用了两次，第二次交换了分解滤波器与重构滤波器的角色. 在量化后，对应于 (8.3.17) 的情形给出的结果要远好于对应于 (8.3.18) 的情形. 在 7.4 节已经提到，不清楚是 ψ 拥有大量消失矩最为重要，还是 $\tilde{\psi}$ 的正则性最为重要，它们有可能同等重要.

8.3.4 对称

双正交基优于正交基的一个好处就是 m_0 和 $\tilde{m}_0$ 都可以是对称的. 如果与 m_0 对应的滤波器有奇数个抽头并且是对称的，即 $m_0(-\xi) = e^{2ik\xi} m_0(\xi)$，则 m_0 可以写为

$$m_0(\xi) \ = \ \mathrm{e}^{-ik\xi} \, p_0(\cos \xi) \, , \tag{8.3.19}$$

其中 p_0 是一个多项式. 随后得出，$\tilde{m}_0$ 可选为同种形式，

$$\tilde{m}_0(\xi) \ = \ \mathrm{e}^{-ik\xi} \, \tilde{p}_0(\cos \xi) \, , \tag{8.3.20}$$

其中 $\tilde{p}_0$ 是满足下式的任意多项式

$$p_0(x) \, \overline{\tilde{p}_0(x)} \ + \ p_0(-x) \, \overline{\tilde{p}_0(-x)} \ = \ 1 \, , \tag{8.3.21}$$

于是我们确实有

$$m_0(\xi) \, \overline{\tilde{m}_0(\xi)} \ + \ m_0(\xi + \pi) \, \overline{\tilde{m}_0(\xi + \pi)} \ = \ 1 \, , \tag{8.3.22}$$

它与 (8.3.5) 相同. 只有当 $p_0(x)$ 和 $p_0(-x)$ 没有共同零点时，才能找到 (8.3.21) 的解 — 多项式 $\tilde{p}_0$. 如果满足这一条件，则根据 Bezout 定理，一定存在解（见 6.1 节）. 注意，这还意味着双正交基的构造要比正交基容易得多：一旦固定 p_0 之后，只需求解线性方程，找出满足 (8.3.21) 的 $\tilde{p}_0$ 即可，而不需要 6.1 节的谱分解.

如果与 m_0 对应的滤波器有偶数个抽头并且是对称的（比如，哈尔滤波器），
则 m_0 满足 $m_0(-\xi) = \mathrm{e}^{2ik\xi+i\xi} m_0(\xi)$. 因此，

$$m_0(\xi) = \mathrm{e}^{-ik\xi-i\xi/2} \cos\frac{\xi}{2} p_0(\cos\xi) . \tag{8.3.23}$$

于是，仍然可以选择同种类型的 $\tilde{m}_0$,

$$\tilde{m}_0(\xi) = \mathrm{e}^{-ik\xi-i\xi/2} \cos\frac{\xi}{2} \tilde{p}_0(\cos\xi) ; \tag{8.3.24}$$

方程 (8.3.22) 变为

$$\cos^2\frac{\xi}{2} p_0(\cos\xi) \overline{\tilde{p}_0(\cos\xi)} + \sin^2\frac{\xi}{2} p_0(-\cos\xi) \overline{\tilde{p}_0(-\cos\xi)} = 1 ,$$

这意味着 $\tilde{p}_0$ 是 Bezout 问题

$$p_0^{\#}(x) \overline{\tilde{p}_0(x)} + p_0^{\#}(-x) \overline{\tilde{p}_0(-x)} = 1$$

的解，其中 $p_0^{\#}(x) = \frac{1+x}{2} p_0(x)$.

例子

这里给出的所有例子都是既有对称性，又有一定的正则性. 因此三角多项式
m_0 和 $\tilde{m}_0$ 是 (8.3.19) 和 (8.3.20) 类型 [或者是 (8.3.23) 和 (8.3.24) 类型]，对于某
个 $\ell > 0$, $p_0(\cos\xi)$ 和 $\tilde{p}_0(\cos\xi)$ 可被 $(1+\mathrm{e}^{-i\xi})^{\ell}$ 整除. 由于我们正在处理 $\cos\xi$ 的多
项式，所以 ℓ 自动为偶数，$(1+\mathrm{e}^{-i\xi})^2 = 4\mathrm{e}^{-i\xi} \cos^2\frac{\xi}{2} = 2\mathrm{e}^{-i\xi}(1+\cos\xi)$. 因此，
如果 m_0 和 $\tilde{m}_0$ 有偶数个抽头（已经假定 $k=0$，即 h_n 和 $\tilde{h}_n$ 关于 0 对称），那就
是在寻找类型为

$$\left(\cos\frac{\xi}{2}\right)^{2\ell} q_0(\cos\xi)$$

的 m_0 和 $\tilde{m}_0$. 如果 m_0 和 $\tilde{m}_0$ 有奇数个抽头（再次取 $k=0$，对应于 $h_{1-n}=h_n$ 且
$\tilde{h}_{1-n}=\tilde{h}_n$），那就是在寻找类型为

$$\mathrm{e}^{-i\xi/2} \left(\cos\frac{\xi}{2}\right)^{2\ell+1} q_0(\cos\xi)$$

的 m_0 和 $\tilde{m}_0$. 在这两种情况下，代入 (8.3.22) 均得出

$$\left(\cos\frac{\xi}{2}\right)^{2L} q_0(\cos\xi)\overline{\tilde{q}_0(\cos\xi)} + \left(\sin\frac{\xi}{2}\right)^{2L} q_0(-\cos\xi)\overline{\tilde{q}_0(-\cos\xi)} = 1 , \tag{8.3.25}$$

其中，在第一种情况下 $L = \ell + \tilde{\ell}$，在第二种情况下 $L = \ell + \tilde{\ell} + 1$. 如果定义
$q_0(\cos\xi) \overline{\tilde{q}_0(\cos\xi)} = P\left(\sin^2\frac{\xi}{2}\right)$，则 (8.3.25) 化简为

$$(1-x)^L P(x) + x^L P(1-x) = 1 , \tag{8.3.26}$$

这是我们在 6.1 节遇到过的一个方程. (8.3.26) 的所有解均由

$$P(x) = \sum_{m=0}^{L-1} \binom{L-1+m}{m} x^m + x^L R(1-2x)$$

给出, 其中 R 是一个奇多项式 (见命题 6.1.2). 现在给出三组例子, 这些例子的区别在于选择的 R 不同, 将 P 因式分解为 q_0 和 $\tilde{q}_0$ 的方式不同.

样条示例

这里取 $R \equiv 0$ 且 $\tilde{q}_0 \equiv 1$. 可以推出, 在 $\tilde{N} = 2\tilde{\ell}$ 时 $\tilde{m}_0(\xi) = (\cos\frac{\xi}{2})^{\tilde{N}}$, 或者, 在 $\tilde{N} = 2\tilde{\ell}+1$ 时 $\tilde{m}_0(\xi) = \mathrm{e}^{-i\xi/2} (\cos\frac{\xi}{2})^{\tilde{N}}$, 所以 $\tilde{\phi}$ 是一个 B 样条, 在这两种情况下, 分别以 0 和 $\frac{1}{2}$ 为中心的. 因此, 第一种情况下, 在 $N = 2\ell$ 时有

$$m_0(\xi) = \left(\cos\frac{\xi}{2}\right)^N \sum_{m=0}^{\ell+\tilde{\ell}-1} \binom{\ell+\tilde{\ell}-1+m}{m} \left(\sin^2\frac{\xi}{2}\right)^m,$$

第二种情况下, 在 $N = 2\ell+1$ 时有

$$m_0(\xi) = \mathrm{e}^{-i\xi/2} \left(\cos\frac{\xi}{2}\right)^N \sum_{m=0}^{\ell+\tilde{\ell}} \binom{\ell+\tilde{\ell}+m}{m} \left(\sin^2\frac{\xi}{2}\right)^m.$$

在这两种情况下都可以自由选择 ℓ, 约束条件为 P_0 的特征值 1 是非退化的, 相关联的特征向量对应于一个严格为正的三角多项式 (见 8.3.2 节). 其结果是一族双正交基, 其中的 $\tilde{\psi}$ 是一个紧支撑样条函数. 对于这一样条函数的每个预定阶数 (即 $\tilde{\ell}$ 固定), ℓ 存在无穷种选择, 对应于不同的 ψ (增大支集宽度) 和不同的 $\tilde{\psi}$ (增加消失矩的数量). 注意, $\tilde{\phi}$ 完全由 $\tilde{N}$ 单独决定, 而 m_0 则取决于 N 和 $\tilde{N}$, 所以 ϕ 也就由 N 和 $\tilde{N}$ 决定. 在图 8.5–8.7 中, 已经对于 N 和 $\tilde{N}$ 的前几个值绘制了函数 $_{\tilde{N}}\tilde{\phi}, {}_{\tilde{N},N}\tilde{\psi}, {}_{\tilde{N},N}\phi, {}_{\tilde{N},N}\psi$ 的曲线 (图 8.5 中 $\tilde{N} = 1$, 图 8.6 中 $\tilde{N} = 2$, 图 8.7 中 $\tilde{N} = 3$), 相应的滤波器在表 8.2 中给出. 在所有这些情况下, 8.3.2 节中推导的条件均满足. 图 8.5–8.7 中有一个显著特征: 从某点开始, 增大 N 值 ($\tilde{N}$ 固定) 将不会再改变 $_{\tilde{N},N}\psi$ 的形状. 可以看到, 当 N 增大时, 相应 $_{\tilde{N},N}\phi$ 和 $_{\tilde{N},N}\psi$ 中的 "褶皱" 被 "熨平".

函数 $_{1,3}\psi$ 和 $_{1,3}\tilde{\psi}$ 最初是由 Tchamitchian (1987) 构造的, 作为正则性相差很大的两个对偶小波基的一个例子. 它们构成了该族基的第一个非正交示例 ($\tilde{N} = 1 = N$ 时将给出哈尔基). 和在正交基中一样, 对于 ψ 和 $\tilde{\psi}$, 可以用这些例子获得任意高的正则性. 作为样条函数, $_{\tilde{N},N}\tilde{\psi}$ 是 $\tilde{N}-1$ 阶的分段多项式, 并在节点处是 $C^{\tilde{N}-2}$ 的. $_{\tilde{N},N}\psi$ 的正则性可以用第 7 章的任一方法进行评估. 对于大的 $\tilde{N}$, 人们发现, 当 $N > 4.165\,\tilde{N} + 5.165\,(m+1)$ 时渐近地有 $_{\tilde{N},N}\psi \in C^m$. 这些样条示例有几个显著特征. 首先, 所有滤波器系数都是二进有理数, 由于在计算机上可以非常

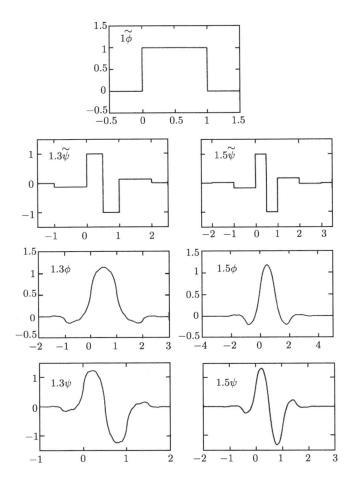

图 8.5 $\tilde{N} = 1$ 且 $N = 3, 5$ 时的样条示例. 当 $N = 1$ 时得到哈尔基（未绘出）. 这里，support $_{1,N}\phi = [-N+1, N]$ 且 support $_{1,N}\psi =$ support $_{1,N}\tilde{\psi} = \left[-\frac{N+1}{2}, \frac{N+1}{2}\right]$

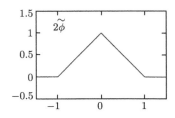

图 8.6 $\tilde{N} = 2$ 且 $N = 2, 4, 6, 8$ 时的样条示例. 这里，support $_{2,N}\phi = [-N, N]$ 且 support $_{2,N}\psi =$ support $_{2,N}\tilde{\psi} = \left[-\frac{N}{2}, \frac{N}{2} + 1\right]$. 和过去一样，$\phi$ 和 ψ 的曲线事实上是通过级联算法（见第 205–206 页），经过八九次迭代获得的近似曲线 [10]

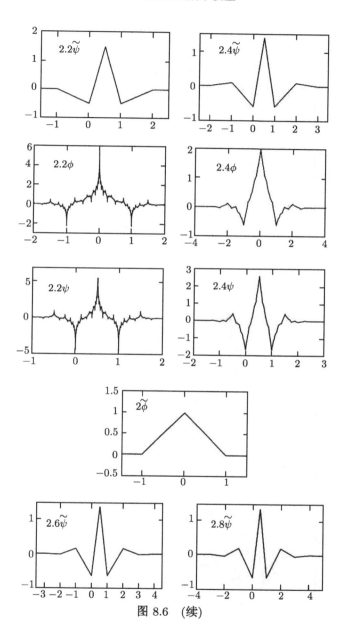

图 8.6 (续)

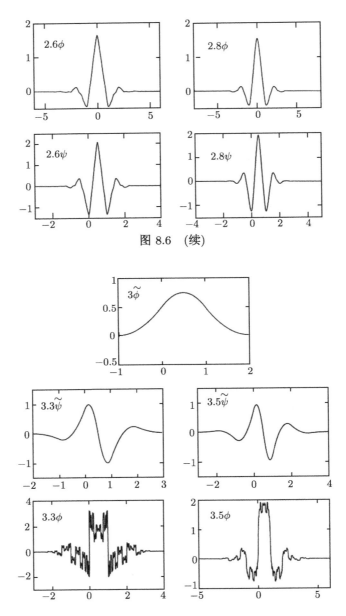

图 8.6   (续)

图 8.7 $\tilde{N} = 3$ 且 $N = 3, 5, 7, 9$ 时的样条示例. 当 $N = 1$ 时 $_{3,1}\phi$ 不是平方可积的（未
绘出）. 这里, support $_{3,N}\phi = [-N, N+1]$ 且 support $_{3,N}\psi =$ support $_{3,N}\tilde{\psi} =$
$\left[-\frac{N+1}{2}, \frac{N+3}{2}\right]$. 函数 $_{3,3}\phi$ 和 $_{3,3}\psi$ 举例说明了如下事实: 当直接算法仍然收敛时级
联算法可能会发散（见第 6 章附注 11）

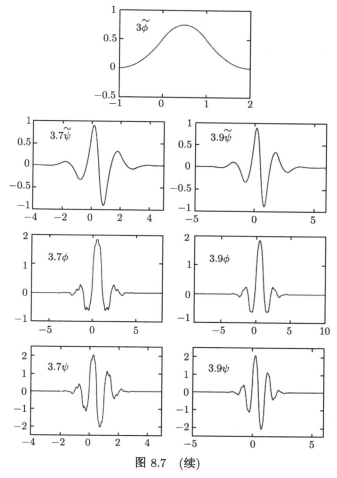

图 8.7 (续)

快速地完成除以 2 的运算, 所以这些系数非常适合快速计算. 另一个具有吸引力的
性质是, 对于所有 x 都准确地知道函数 $_{\tilde{N},N}\psi(x)$ 的显式形式, 这一点不同于我们
之前看到的正交紧支撑小波.[11] 它们的一个缺点是, m_0 和 $\tilde{m}_0$ 的长度有很大差异,
在表 8.2 中可以清楚地看出这一点. 这反映在 ϕ 和 $\tilde{\phi}$ 的支集宽度有很大不同. 因为
它们是由 m_0 和 $\tilde{m}_0$ 两者共同确定的, 所以 ψ 和 $\tilde{\psi}$ 总是具有相同的支集宽度, 也
就是 m_0 和 $\tilde{m}_0$ 滤波器长度的均值减 1. m_0 和 $\tilde{m}_0$ 滤波器长度的巨大差异会在某
些应用中造成麻烦, 比如图像分析.

表 8.2　对 $\tilde{N}$ 和 N 前几个值列出的 ${}_{\tilde{N}}\tilde{m}_0$ 和 ${}_{\tilde{N},N}m_0$, 其中 $z = \mathrm{e}^{-i\xi}$. 相应的滤波器系数 ${}_{\tilde{N}}\tilde{h}_k$ 和 ${}_{\tilde{N},N}h_k$ 是分别将 ${}_{\tilde{N}}\tilde{m}_0$ 和 ${}_{\tilde{N},N}\tilde{m}_0$ 中 z^k 的系数乘以 $\sqrt{2}$ 而得到的. 注意, ${}_{\tilde{N},N}m_0$ 的系数总是对称的. 对于非常长的 ${}_{\tilde{N},N}m_0$, 仅列出了大约一半的系数 (其他部分可由对称性推导得出)

$\tilde{N}$	${}_{\tilde{N}}\tilde{m}_0$	N	${}_{\tilde{N},N}m_0$
1	$\frac{1}{2}(1+z)$	1	$\frac{1}{2}(1+z)$
		3	$-\frac{z^{-2}}{16} + \frac{z^{-1}}{16} + \frac{1}{2} + \frac{z}{2} + \frac{z^2}{16} - \frac{z^3}{16}$
		5	$\frac{3}{256}z^{-4} - \frac{3}{256}z^{-3} - \frac{11}{128}z^{-2} + \frac{11}{128}z^{-1} + \frac{1}{2} + \frac{z}{2} + \frac{11}{128}z^2$ $-\frac{11}{128}z^3 - \frac{3}{256}z^4 + \frac{3}{256}z^5$
2	$\frac{1}{4}(z^{-1}+2+z)$	2	$-\frac{1}{8}z^{-2} + \frac{1}{4}z^{-1} + \frac{3}{4} + \frac{1}{4}z - \frac{1}{8}z^2$
		4	$\frac{3}{128}z^{-4} - \frac{3}{64}z^{-3} - \frac{1}{8}z^{-2} + \frac{19}{64}z^{-1} + \frac{45}{64} + \frac{19}{64}z$ $-\frac{1}{8}z^2 - \frac{3}{64}z^3 + \frac{3}{128}z^4$
		6	$-\frac{5}{1024}z^{-6} + \frac{5}{512}z^{-5} + \frac{17}{512}z^{-4} - \frac{39}{512}z^{-3} - \frac{123}{1024}z^{-2}$ $+\frac{81}{256}z^{-1} + \frac{175}{256} + \frac{81}{256}z - \frac{123}{1024}z^2 \cdots$
		8	$2^{-15}(35z^{-8} - 70z^{-7} - 300z^{-6} + 670z^{-5} + 1228z^{-4}$ $-3126z^{-3} - 3796z^{-2} + 10718z^{-1} + 22050$ $+10718z - 3796z^2 \cdots)$
3	$\frac{1}{8}(z^{-1}+3+3z+z^2)$	1	$-\frac{1}{4}z^{-1} + \frac{3}{4} + \frac{3}{4}z - \frac{1}{4}z^2$
		3	$\frac{3}{64}z^{-3} - \frac{9}{64}z^{-2} - \frac{7}{64}z^{-1} + \frac{45}{64} + \frac{45}{64}z - \frac{7}{64}z^2$ $-\frac{9}{64}z^3 + \frac{3}{64}z^4$
		5	$-\frac{5}{512}z^{-5} + \frac{15}{512}z^{-4} + \frac{19}{512}z^{-3} - \frac{97}{512}z^{-2} - \frac{13}{256}z^{-1}$ $+\frac{175}{256} + \frac{175}{256}z - \frac{13}{256}z^2 \cdots$
		7	$2^{-14}(35z^{-7} - 105z^{-6} - 195z^{-5} + 865z^{-4} + 336z^{-3}$ $-3489z^{-2} - 307z^{-1} + 11025 + 11025z \cdots)$
		9	$2^{-17}(-63z^{-9} + 189z^{-8} + 469z^{-7} - 1911z^{-6} - 1308z^{-5}$ $+9188z^{-4} + 1140z^{-3} - 29676z^{-2} + 190z^{-1}$ $+87318 + 87318z \cdots)$

滤波器长度相差较小的例子

即使仍然选择 $R \equiv 0$，还是有可能选择一种适当的方式将 $P(\sin^2\frac{\xi}{2})$ 分解为 $q_0(\cos\xi)$ 和 $\tilde{q}_0(\cos\xi)$，找到滤波器长度更为接近的 m_0 和 $\tilde{m}_0$. 对于固定的 $\ell + \tilde{\ell}$，存在着有限种分解方式. 一种查找方式是再次应用谱分解：确定 P 的所有零点，以便能够将这个多项式写为一次和二次实多项式的乘积，

$$P(x) = A \prod_{j=1}^{j_1} (x - x_j) \prod_{i=1}^{j_2} (x^2 - 2\mathrm{Re}z_i x + |z_i|^2).$$

重新组合这些因子，将得出 q_0 和 $\tilde{q}_0$ 的所有可能性. 表 8.3 给出了当 $\ell + \tilde{\ell} = 4$ 和 5 时，三个这种例子的 m_0 和 $\tilde{m}_0$ 系数.（注意，$\ell + \tilde{\ell} = 4$ 是在 q_0 和 $\tilde{q}_0$ 均为实数时保证存在这种非平凡分解的最小值.）当 $\ell + \tilde{\ell} = 4$ 时只有一种分解方式，当 $\ell + \tilde{\ell} = 5$ 时存在两种可能性. 在这两种情况下我们选择的 ℓ 和 $\tilde{\ell}$ 已经尽可能使得 m_0 和 $\tilde{m}_0$ 的长度差降至最小. 相应的小波和尺度函数在图 8.8 和 8.9 中给出. 在所有情况下均满足 8.3.2 节中的条件.

表 8.3 用类似长度的滤波器，在三种"样条变化"情形下的 m_0 和 $\tilde{m}_0$ 系数，分别对应于 $\ell + \tilde{\ell} = 4$ 和 5（见正文）. 对于每个滤波器，已经给定了 $(\cos\xi/2)$ 因子的数目 （用 N 和 $\tilde{N}$ 表示）. 和在表 8.2 中一样，将这些项目乘以 $\sqrt{2}$，将给出滤波器系数 h_n 和 $\tilde{h}_n$

$N, \tilde{N}$	n	m_0 中 $e^{-in\xi}$ 的系数	$\tilde{m}_0$ 中 $e^{-in\xi}$ 的系数
$N = 4$ $\tilde{N} = 4$	0	0.557543526229	0.602949018236
	1, -1	0.295635881557	0.266864118443
	2, -2	-0.028771763114	-0.078223266529
	3, -3	-0.045635881557	-0.016864118443
	4, -4	0	0.026748757411
$N = 5$ $\tilde{N} = 5$	0	0.636046869922	0.520897409718
	1, -1	0.337150822538	0.244379838485
	2, -2	-0.066117805605	-0.038511714155
	3, -3	-0.096666153049	0.005620161515
	4, -4	-0.001905629356	0.028063009296
	5, -5	0.009515330511	0
$N = 5$ $\tilde{N} = 5$	0	0.382638624101	0.938348578330
	1, -1	0.242786343133	0.333745161515
	2, -2	0.043244142922	-0.257235611210
	3, -3	0.000197904543	-0.083745161515
	4, -4	0.015436545027	0.038061322045
	5, -5	0.007015752324	0

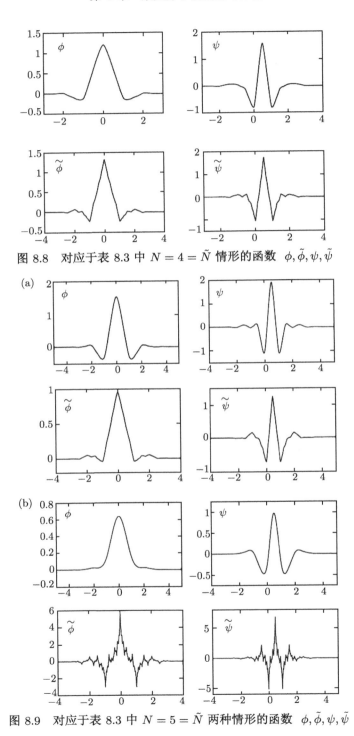

图 8.8　对应于表 8.3 中 $N = 4 = \tilde{N}$ 情形的函数　$\phi, \tilde{\phi}, \psi, \tilde{\psi}$

图 8.9　对应于表 8.3 中 $N = 5 = \tilde{N}$ 两种情形的函数　$\phi, \tilde{\phi}, \psi, \tilde{\psi}$

8.3.5 接近正交基的双正交基

这一族的第一个例子由 M. Barlaud 提出，他在视觉分析领域的研究团队尝试了将第 6A 和 6B 节的滤波器用于图像编码 [见 Antonini 等 (1992) 的文献]. 由于拉普拉斯金字塔格式 [Burt 和 Adelson (1983)] 的普及程度，Barlaud 想知道，能否以拉普拉斯金字塔滤波器作为 m_0 或 $\tilde{m}_0$ 构建出对偶小波组. 这些滤波器显式给出如下：

$$-a\,\mathrm{e}^{-2i\xi} \,+\, 0.25\mathrm{e}^{-i\xi} \,+\, (0.5+2a) \,+\, 0.25\mathrm{e}^{i\xi} \,-\, a\,\mathrm{e}^{2i\xi} \,. \tag{8.3.27}$$

当 $a = -1/16$ 时，这就简化为上面"样条示例"中介绍的样条滤波器 $_4\tilde{m}_0$. 关于在视觉方面的应用，选择 $a = 0.05$ 尤为常见：尽管相应 $\tilde{\phi}$ 的正则性要低于 $_4\tilde{\phi}$，但从视觉感知的角度来看，它得到的结果似乎更好一些. 遵从 Barlaud 的建议，在 (8.3.27) 中选择 $a = 0.05$，从而

$$m_0(\xi) = 0.6 \,+\, 0.5\cos\xi \,-\, 0.1\cos 2\xi$$

$$= \left(\cos\frac{\xi}{2}\right)^2 \left(1 \,+\, \frac{4}{5}\sin^2\frac{\xi}{2}\right) \,. \tag{8.3.28}$$

与这个 m_0 对偶的 $\tilde{m}_0$ 候选者必须满足

$$m_0(\xi)\,\overline{\tilde{m}_0(\xi)} \,+\, m_0(\xi+\pi)\,\overline{\tilde{m}_0(\xi+\pi)} \,=\, 1 \,.$$

如 8.3.4 节所示，可以选择此 $\tilde{m}_0$ 为对称的（因为 m_0 是对称的）. 我们还选择 $\tilde{m}_0$ 可被 $(\cos\xi/2)^2$ 整除（使得相应的 ψ 和 $\tilde{\psi}$ 均具有两个零矩）. 换言之，

$$\tilde{m}_0(\xi) \,=\, \left(\cos\frac{\xi}{2}\right)^2 P\left(\sin^2\frac{\xi}{2}\right) \,,$$

其中

$$(1-x)^2 \left(1 \,+\, \frac{4}{5}x\right) P(x) \,+\, x^2 \left(\frac{9}{5} \,-\, \frac{4}{5}x\right) P(1-x) \,=\, 1 \,.$$

根据定理 6.1.1，结合在用 $1-x$ 代替 x 时这个方程所具有的对称性，可知这个方程有唯一的二次解 P，这个解很容易求出：

$$P(x) \,=\, 1 \,+\, \frac{6}{5}x \,-\, \frac{24}{35}x^2 \,.$$

这就得到

$$\tilde{m}_0(\xi) = \left(\cos\frac{\xi}{2}\right)^2 \left(1 \,+\, \frac{6}{5}\sin^2\frac{\xi}{2} \,-\, \frac{24}{35}\sin^4\frac{\xi}{2}\right) \tag{8.3.29}$$

$$= -\frac{3}{280}\mathrm{e}^{-3i\xi} \,-\, \frac{3}{56}\mathrm{e}^{-2i\xi} \,+\, \frac{73}{280}\mathrm{e}^{-i\xi} \,+\, \frac{17}{28} \,+\, \frac{73}{280}\mathrm{e}^{i\xi}$$

$$-\frac{3}{56}\mathrm{e}^{2i\xi} \,-\, \frac{3}{280}\mathrm{e}^{3i\xi} \,. \tag{8.3.30}$$

可以验证 (8.3.28) 和 (8.3.29) 都满足 8.3.2 节的所有条件. 由此可知, 这些 m_0 和 $\tilde{m}_0$ 的确对应于一对正交小波基. 图 8.10 给出了相应 $\phi, \tilde{\phi}, \psi, \tilde{\psi}$ 的图形曲线. 所有这四个函数都是连续的, 但不可微. $\tilde{\phi}$ 与 ϕ (或者 ψ 与 $\tilde{\psi}$) 是如此类似, 令人惊讶. 这一点可以追溯到 m_0 与 $\tilde{m}_0$ 的相似性, 从 (8.3.27) 和 (8.3.30) 中不能直接看出这一点, 但对比表 8.4 中所列滤波器系数的显式数值, 就变得非常明了了. 事实上, 这两个滤波器非常接近于与正交夸夫曼小波 (coiflet, 见 8.2 节) 之一相对应的 (必然是非对称的) 滤波器, 为进行比较, 在表 8.4 中的第三列再次列出了这些内容. m_0 与正交小波滤波器的这种接近性解释了为什么与 m_0 对偶的 $\tilde{m}_0$ 如此接近于 m_0. Antonini 等 (1992) 的文献中给出了这些与拉普拉斯金字塔相关联的双正交基在图像分析中的首次应用.

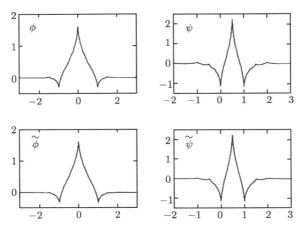

图 8.10 由 Burt–Adelson 低通滤波器构成的双正交对的 $\phi, \psi, \tilde{\phi}, \tilde{\psi}$ 图形曲线

表 8.4 三个滤波器的系数: $(m_0)_{\mathrm{Burt}}$, 本节计算的对偶滤波器 $(\tilde{m}_0)_{\mathrm{Burt}}$, 对应于夸夫曼小波 的正交基的非常近似的滤波器 $(m_0)_{\mathrm{coiflet}}$ (见表 8.1 中关于 $K = 1$ 的项目)

n	$(m_0)_{\mathrm{Burt}}$	$(\tilde{m}_0)_{\mathrm{Burt}}$	$(m_0)_{\mathrm{coiflet}}$
-3	0	-0.010714285714	0
-2	-0.05	-0.053571428571	-0.051429728471
-1	0.25	0.260714285714	0.238929728471
0	0.6	0.607142857143	0.602859456942
1	0.25	0.260714285714	0.272140543058
2	-0.05	-0.053571428571	-0.051429972847
3	0	-0.010714285714	-0.011070271529

M. Barlaud 的建议导致了一个意外发现, Burt 滤波器非常接近于正交小波滤波器. (我们不禁想知道, 是不是因为这一接近性而使得这种滤波器在应用中如此

高效？）这个例子让人想到，通过近似，使已有的正交小波滤波器变得"对称"，计算相应的对偶滤波器，有可能构建出具有对称滤波器和有理数滤波器系数的其他双正交基. 8.2 节所列的夸夫曼小波系数是通过一种构建方法得到的，这种方法自然导致接近对称滤波器. 因此，很自然地就会预期，接近于正交基的对称双正交滤波器事实上就是接近这些夸夫曼小波的基. 于是，由 8.2 节的分析想到

$$m_0(\xi) = (\cos \xi/2)^{2K} \left[\sum_{k=1}^{K-1} \binom{K-1+k}{k} (\sin \xi/2)^{2k} + O((\sin \xi/2)^{2K}) \right].$$

在下面的例子中，我们特别选择

$$m_0(\xi) = (\cos \xi/2)^{2K} \left[\sum_{k=0}^{K-1} \binom{K-1+k}{k} (\sin \xi/2)^{2k} + a(\sin \xi/2)^{2K} \right],$$

然后遵循以下过程：

1. 找出使 $\left| \int_{-\pi}^{\pi} d\xi \, [1 - |m_0(\xi)|^2 - |m_0(\xi+\pi)|^2] \right|$ 取最小值的 a（在下例中为零）. 这一最优化准则当然可以用其他准则代替 （例如，我们可以考虑使 $1 - |m_0(\xi)|^2 - |m_0(\xi+\pi)|^2$ 的所有傅里叶系数的平方和最小，而不是仅考虑当 $\ell = 0$ 时 $e^{i\ell\xi}$ 的系数）. 对于 $K = 1, 2, 3$ 的情形，a 的最小根分别为 0.861001748086, 3.328450120793, 13.113494845221.

2. 将 a 的这个（无理数的）"最优"值用一个可以表示为简单分数的接近值代替.[12] 对于我们的例子，为 $K = 1$ 选择 $a = 0.8 = 4/5$，为 $K = 2$ 选择 $a = 3.2 = 16/5$，为 $K = 3$ 选择 $a = 13$. 对于 $K = 1$，这种简化就是上一个示例.

3. 由于 m_0 现在是固定的，所以可以计算 $\tilde{m}_0$. 如果要求 $\tilde{m}_0$ 也能被 $(\cos \xi/2)^{2K}$ 整除，则

$$\tilde{m}_0(\xi) = (\cos \xi/2)^{2K} P_K((\sin \xi/2)^2), \tag{8.3.31}$$

其中 P_K 是 $3K - 1$ 次多项式. 采用 Daubechies (1990) 文献中的同样分析，可证明

$$P_K(x) = \sum_{k=0}^{K-1} \binom{K-1+k}{k} x^k + O(x^K),$$

从而确定了 P_K 的 $3K$ 个系数中的 K 个. 其他系数同样可以轻松计算得出. 对于 $K = 2$ 和 3 求得

$$P_2(x) = 1 + 2x + \frac{14}{5}x^2 + 8x^3 - \frac{8024}{455}x^4 + \frac{3776}{455}x^5, \tag{8.3.32}$$

$$P_3(x) = 1 + 3x + 6x^2 + 7x^3 + 30x^4 + 42x^5 - \frac{1721516}{6075}x^6$$
$$+ \frac{1921766}{6075}x^7 - \frac{648908}{6075}x^8. \tag{8.3.33}$$

表 8.5 列出当 $K = 2$ 和 3 时 m_0 和 $\tilde{m}_0$ 以及最接近的夸夫曼小波的滤波器系数的显式数值. 图 8.11 画出 $\phi, \tilde{\phi}, \psi, \tilde{\psi}$ 在两种情况下的图形曲线. 值得注意, 双正交滤波器 m_0 和 $\tilde{m}_0$ 的计算 (见以上过程所述) 要远比 Daubechies (1990) 中正交夸夫曼小波滤波器的计算简单得多! 这展示了双正交小波基的构造相对于正交小波基的极大灵活性.

表 8.5 $K = 2$ 和 3 时滤波器 m_0 和 $\tilde{m}_0$ 的数值, 其双正交基接近于夸夫曼小波 (见正文). 第三列列出了正交夸夫曼小波滤波器的系数, m_0 和 $\tilde{m}_0$ 与之非常接近. 为了能够更轻松地比较不同系数, 所有数值都用小数来表示. 事实上, m_0 和 $\tilde{m}_0$ 的系数大多为分数

K	n	m_0 的系数	$\tilde{m}_0$ 的系数	$(m_0)_{\text{coiflet}}$ 的系数	
				$n \leqslant 0$	$n \geqslant 0$
2	0	0.575	0.575291895604	0.574682393857	
	± 1	0.28125	0.286392513736	0.273021046535	0.294867193696
	± 2	-0.05	-0.052305110758	-0.029320137980	$-.054085607092$
	± 3	-0.03125	-0.039723557692	-0.029320137980	$-.042026480461$
	± 4	0.0125	0.015925480769	0.011587596739	0.016744410163
	± 5	0	0.003837568681	0	0.003967883613
	± 6	0	-0.001266311813	0	-0.001289203356
	± 7	0	-0.000506524725	0	-0.000509505399
3	0	0.5634765625	0.560116167736	0.561285256870	
	± 1	0.29296875	0.296144908701	0.286503335274	0.302983571773
	± 2	-0.047607421875	-0.047005100329	-0.043220763560	-0.050770140755
	± 3	-0.048828125	-0.055220135661	-0.046507764479	-0.058196250762
	± 4	0.01904296875	0.021983637555	0.016583506479	0.024434094321
	± 5	0.005859375	0.010536373594	0.005503126709	0.011229240962
	± 6	-0.003173828125	-0.005725661541	-0.002682418671	-0.006369601011
	± 7	0	-0.001774953991	0	-0.001820458916
	± 8	0	0.000736056355	0	0.000790205101
	± 9	0	0.000339274308	0	0.000329665174
	± 10	0	-0.000047015908	0	-0.000050192775
	± 11	0	-0.000025466950	0	-0.000024465734

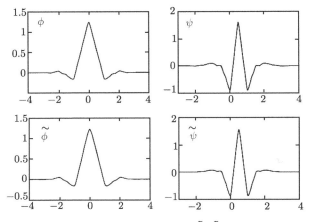

图 8.11 对应于表 8.5 的 $\phi, \psi, \tilde{\phi}, \tilde{\psi}$ 的图形曲线

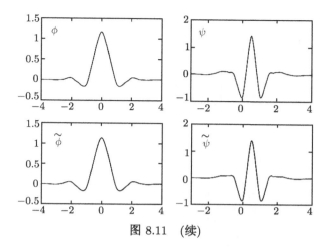

图 8.11 (续)

附注

1. 在 $\phi_1(\cdot - n)$ 正交的意义下，$\phi_2(\cdot - n)$ 也是如此.

2. 严格来说，引理 6.2.2 只是证明了 $\text{support}(\phi) \subset [0, N]$. Lemarié 和 Malgouyres (1991) 近期发表的一篇论文证明，$\text{support}(\phi)$ 必是一个区间，在本例中必为 $[0, N]$.

3. 然而，AWARE 公司利用 6.4 节的非对称滤波器在图像和视频编码方面获得了很好的结果. 还要注意，"感觉上的"小误差或大误差很难用数学量化. 经常用于度量"距离"的术语是 ℓ^2 范数，但主要是因为这是最容易处理的范数，而不是出于任何其他原因. 所有专家都同意，ℓ^2 范数不是"可感知"范数的良好选择，但据我所知，关于哪种候选方案更好一些，人们也没有达成一致.

4. 6.4 节的 $_N\phi$ 没有这一性质. $|_N\hat{\phi}(\xi)|$ 的曲线在接近 $\xi = 0$ 处非常平坦，表明当 $\ell = 1, \cdots, N$ 时 $\left.\frac{\mathrm{d}^\ell}{\mathrm{d}\xi^\ell}\, |_N\hat{\phi}|\right|_{\xi=0} = 0$，但 $_N\hat{\phi}(\xi)$ 的相位没有共享这一性质.

5. T_0 是有界算子的证明非常简单：若 $\text{support}\, \phi = [-N_1, N_2]$，则

$$|\langle f, \phi_{0,k}\rangle|^2 = \left| \int \mathrm{d}x\ f(x)\ \overline{\phi(x-k)} \right|^2$$

$$\leqslant \left(\int_{-N_1-k}^{N_2-k} \mathrm{d}x\ f(x)|^2 \right)^{1/2} \|\phi\|^2 \quad (\text{根据柯西–施瓦茨不等式}),$$

因此

$$\sum_k |\langle f, \phi_{0,k}\rangle|^2 \leqslant \|\phi\|^2 \sum_k \cdot \int_{-N_1-k}^{N_2-k} \mathrm{d}x\ |f(x)|^2$$

$$\leqslant \|\phi\|^2 (N_2 + N_1) \|f\|^2 .$$

同理，可以证明所有 T_j 均有界.

6. 我们有

$$
\|f\|^2 = \inf_{\|g\| \leqslant 1} \ |\langle f, g \rangle|^2
$$

$$
\leqslant \inf_{\|g\| \leqslant 1} \left[\lim_{J \to \infty} \sum_{j=-J}^{J} \sum_{\ell} |\langle f, \psi_{j\ell} \rangle| |\langle \tilde{\psi}_{j,\ell}, g \rangle| \right]^2
$$

$$
\leqslant \inf_{\|g\| \leqslant 1} \left(\sum_{j,\ell} |\langle f, \psi_{j,\ell} \rangle|^2 \right) \left(\sum_{j,\ell} |\langle \tilde{\psi}_{j,\ell}, g \rangle|^2 \right)
$$

$$
\leqslant \inf_{\|g\| \leqslant 1} \left(\sum_{j,\ell} |\langle f, \psi_{j,\ell} \rangle|^2 \right) \tilde{A} \, \|g\|^2
$$

$$
\leqslant \tilde{A} \sum_{j,\ell} |\langle f, \psi_{j,\ell} \rangle|^2 \ .
$$

7. 两个子空间之间的角度定义为元素之间的最小角度,

$$
\text{angle} \, (E, F) = \inf_{e \in E, \ f \in F} \ \cos^{-1} \ \frac{|\langle e, f \rangle|}{\|e\| \, \|f\|} \ .
$$

8. 为了推导 (8.3.15) 和 (8.3.16),Cohen、Daubechies 和 Feauveau (1992) 的证明对 $\hat{\phi}$ 施加了一个强得多的衰减条件,即 $|\hat{\phi}(\xi)| \leqslant C(1 + |\xi|)^{-1/2-\epsilon}$(已知该条件甚至在一些正交情况下也不满足). 这里概括的论证过程来自 Cohen 和 Daubechies (1992) 的文献.

9. 因为 ψ 是紧支撑的,所以在 $\ell = 0 \cdots m$ 时导数 $\psi^{(\ell)}$ 自动有界.

10. 当 $N = 2 = \tilde{N}$ 时发生了一种奇怪的现象. 函数 $_{2,2}\phi$ 尽管是 $L^2([-2,2])$ 的一个元素 [因此也是 $L^1([-2,2])$ 的一个元素],事实上在每个二进有理数的位置都有奇点. 因此,$_{2,2}\phi$(或 $_{2,2}\psi$)的真正曲线将包含一个黑色矩形(因为其中的线型有一定厚度),但图 8.6 中的曲线是 L^2 或 L^1 中一个很接近的近似,尽管不属于 L^∞. 感谢 Win Sweldens 为我指出这一点.

11. Auscher (1989) 以及 Chui 和 Wang (1991) 等文献包含了非正交小波基的另一种构造,其中两个小波之一(比如说 ψ)是紧支撑的样条函数,因此在所有位置都是处处精确已知的. 与此处不同,在这种构造中 W_j 空间是正交的,并且 $\tilde{W}_j = W_j$. 结果,对偶小波 $\tilde{\psi}$ 具有无穷支撑(ψ 和 $\tilde{\psi}$ 的紧支撑只能通过放弃 W_j 的正交性来获得),具有指数衰减特性. 相关的多分辨率分析与 Battle–Lemarié 小波相同,ψ 的选择使得它与适当阶数的 B 样条及其所有整数平移版本均正交,$\tilde{\psi}$ 于是由 $\widehat{\tilde{\psi}}(\xi) = \hat{\psi}(\xi)/[\sum_k |\hat{\psi}(\xi + 2\pi k)|^2]$ 给出.

12. 选择 a 为有理数,将得出具有有理数系数的 m_0 和 $\tilde{m}_0$. 注意,关于 a 的原无理值没有什么好担心的:改变第 1 点中的准则即可得到稍微不同的 a 值.

第9章

以小波表征泛函空间

本章传送的主要信息是，前面四章讨论的正交基也是其他许多非 L^2 空间很好的基（也就是无条件的基），在这方面的表现要优于傅里叶基函数. 本章的几乎所有材料都摘自 Meyer (1990)，但（我相信）这里的表述要更通俗一些，使那些不是特别精通数学的读者也能理解.（Meyer 的书中对这一主题的讨论要远多于本章介绍的内容.）9.1 节首先回顾了纯调和分析中的一个经典定理 —— Calderón–Zygmund 分解. 在许多教科书中可以找到这一内容（比如 Stein (1970)）. 这里给出了一个详尽的证明，用于说明一些使用（二进）尺度的方法，远在小波出现之前这种方法就在纯调和分析中得到了应用. 结合其他一些经典定理，证明了在 $1 < p < \infty$ 时小波是 L^p 的无条件基. 9.2 节未加证明地列出了其他泛函空间的小波表征. 另外还简要讨论了如何使用正交小波基检测奇异点. 9.3 节讨论用小波展开 L^1 函数. 由于 L^1 没有无条件基，所以小波也无法做到不可能做到的事情，但它们的表现仍然要优于傅里叶展开式. 最后，9.4 节指出小波与傅里叶展开式所强调的重点之间有一个很有趣的不同.

9.1　小波：在 $1 < p < \infty$ 时 $L^p(\mathbb{R})$ 的无条件基

首先证明 Calderón–Zygmund 分解定理.

定理 9.1.1　设 f 是 $L^1(\mathbb{R})$ 中的一个正函数. 固定 $\alpha > 0$. 则 $\mathbb{R}$ 可分解如下：

1. $\mathbb{R} = G \cup B$，其中 $G \cap B = \varnothing$.
2. 在一个"好"集合 G 上，$f(x) \leqslant \alpha$ 几乎处处成立.

3. "坏" 集合 B 可以写为

$$B = \bigcup_{k \in \mathbb{N}} Q_k, \quad \text{其中 } Q_k \text{ 是非重叠区间},$$

且对于所有 $k \in \mathbb{N}$ 有 $\alpha \leqslant |Q_k|^{-1} \int_{Q_k} \mathrm{d}x\ f(x) \leqslant 2\alpha$.

证明:

1. 选择 $L = 2^\ell$ 使得 $2^{-\ell} \int_\mathbb{R} \mathrm{d}x\ f(x) \leqslant \alpha$. 可推出,对于所有 $k \in \mathbb{Z}$ 有 $L^{-1} \int_{kL}^{(k+1)L} \mathrm{d}x\ f(x) \leqslant \alpha$. 这定义了 $\mathbb{R}$ 的一个第一划分.

2. 在这个第一划分中取一固定区间 $Q = [kL, (k+1)L)$. 将其划分为两半,$[kL, (k+\frac{1}{2})L)$ 和 $[(k+\frac{1}{2})L, (k+1)L)$. 取任一半,称其为 Q',并计算 $I_{Q'} = |Q'|^{-1} \int_{Q'} \mathrm{d}x\ f(x)$. 若 $I_{Q'} > \alpha$,则将 Q' 放入组成 B 的区间袋中. 有

$$\alpha < I_{Q'} \leqslant |Q'|^{-1} \int_Q \mathrm{d}x\ f(x) = 2|Q|^{-1} \int_Q \mathrm{d}x\ f(x) \leqslant 2\alpha .$$

若 $I_{Q'} < \alpha$,继续进行(划分为两半,以此类推),必要时可无限进行. 对 Q 的另一半进行相同操作,并对所有其他区间 $[kL, (k+1)L)$ 进行相同操作. 最后会得到一个可数的 "坏" 区间袋,其中的区间均满足定理 9.1.1 最后一行给出的公式. 将它们的并集记为 B,将其补集记为 G.

3. 根据 B 的构造过程,我们发现,对于任意 $x \notin B$,存在一个无穷序列,其中包含越来越小的区间 $Q_1, Q_2, Q_3, \cdots$,使得对于每个 n 均有 $x \in Q_n$ 且 $|Q_n|^{-1} \int_{Q_n} \mathrm{d}y\ f(y) \leqslant \alpha$. 事实上,对于每个 j 有 $|Q_j| = \frac{1}{2}|Q_{j-1}|$ 且 $Q_j \subset Q_{j-1}$. 因为 Q_n "收缩为" x,所以

$$|Q_n|^{-1} \int_{Q_n} \mathrm{d}y\ f(y) \longrightarrow f(x) \quad \text{几乎肯定成立} .$$

根据构造过程,左侧 $\leqslant \alpha$,由此得出 $f(x) \leqslant \alpha$ 在 G 上几乎处处成立. ∎

注意,选择 $L = 2^\ell$ 意味着在这一证明过程中出现的所有区间都自动是二进区间,也就是说,其形式为 $[k2^{-j}, (k+1)2^{-j})$(对于某 $k, j \in \mathbb{Z}$).

接下来,定义 Calderón–Zygmund 算子,并证明一条经典性质.

定义[1]　$\mathbb{R}$ 上的 Calderón–Zygmund 算子 T 是一个积分算子

$$(Tf)(x) = \int \mathrm{d}y\ K(x,y)\ f(y) , \tag{9.1.1}$$

积分核满足

$$|K(x,y)| \leqslant \frac{C}{|x-y|} , \tag{9.1.2}$$

$$\left| \frac{\partial}{\partial x}\ K(x,y) \right| + \left| \frac{\partial}{\partial y}\ K(x,y) \right| \leqslant \frac{C}{|x-y|^2} , \tag{9.1.3}$$

它定义了 $L^2(\mathbb{R})$ 上的一个有界算子.

定理 9.1.2　Calderón–Zygmund 算子还是从 $L^1(\mathbb{R})$ 到 $L^1_{\text{weak}}(\mathbb{R})$ 的有界算子.

这个定理中的空间 $L^1_{\text{weak}}(\mathbb{R})$ 定义如下.

定义. *若存在 $C > 0$ 使得对于所有 $\alpha > 0$ 均有*

$$\left| \{x;\ |f(x)| \geqslant \alpha\} \right| \leqslant \frac{C}{\alpha}\ , \tag{9.1.4}$$

就说 $f \in L^1_{\text{weak}}(\mathbb{R})$.

使得 (9.1.4) 对于所有 $\alpha > 0$ 均成立的所有 C 的下确界有时称为 $\|f\|_{L^1_{\text{weak}}}$.[2]

例子

1. 如果 $f \in L^1(\mathbb{R})$，则 (9.1.4) 自动满足. 事实上，若 $S_\alpha = \{x;\ |f(x)| \geqslant \alpha\}$，则

$$\alpha \cdot |S_\alpha| \leqslant \int_{S_\alpha} \mathrm{d}x\, |f(x)| \leqslant \int_{\mathbb{R}} \mathrm{d}x\, |f(x)| = \|f\|_{L^1}\ ,$$

   因此

$$\|f\|_{L^1_{\text{weak}}} \leqslant \|f\|_{L^1}\ .$$

2. $f(x) = |x|^{-1}$ 属于 L^1_{weak}，这是因为 $|\{x;\ |x|^{-1} \geqslant \alpha\}| = \frac{2}{\alpha}$. 但是，若 $\beta > 1$，则 $f(x) = |x|^{-\beta}$ 不属于 L^1_{weak}.

由这些例子可以看出 L^1_{weak} 的名字是很适当的：L^1_{weak} 拓展了 L^1，使其包含了一些函数 f，这些函数“仅仅”因为原 $|f|$ 中的对数奇点而使 $\int |f|$ 不是有限值.

现在可以来证明这个定理了.

定理 9.1.2 的证明：

1. 我们希望估计 $|\{x;\ |Tf(x)| \geqslant \alpha\}|$. 首先对函数 $|f|$ 做 $\mathbb{R}$ 的 Calderón–Zygmund 分解，阈值为 α. 现在定义

$$g(x) = \begin{cases} f(x)\ , & \text{若}\quad x \in G\ , \\[2mm] |Q_k|^{-1} \displaystyle\int_{Q_k} \mathrm{d}y\, f(y)\ , & \text{若}\quad x \in Q_k\ \text{的内部}\ , \end{cases}$$

$$b(x) = \begin{cases} 0\ , & \text{若}\quad x \in G\ , \\[2mm] f(x) - |Q_k|^{-1} \displaystyle\int_{Q_k} \mathrm{d}y\, f(y)\ , & \text{若}\quad x \in Q_k\ \text{的内部}\ . \end{cases}$$

于是 $f(x) = g(x) + b(x)$ 几乎处处成立，因此 $Tf = Tg + Tb$. 由此得出，只有当 $|Tg(x)| \geqslant \alpha/2$ 或 $|Tb(x)| \geqslant \alpha/2$（或两者同时成立）时 $|Tf(x)| \geqslant \alpha$ 才可能成立.

因此

$$\left|\{x;\ |Tf(x)| \geqslant \alpha\}\right| \leqslant \left|\left\{x;\ |Tg(x)| \geqslant \frac{\alpha}{2}\right\}\right| + \left|\left\{x;\ |Tb(x)| \geqslant \frac{\alpha}{2}\right\}\right| . \tag{9.1.5}$$

如果 (9.1.5) 右侧每一项都以 $\frac{C}{\alpha}\|f\|_{L^1}$ 为界, 则该定理得证.

2. 我们有

$$\left(\frac{\alpha}{2}\right)^2 \left|\left\{x;\ |Tg(x)| \geqslant \frac{\alpha}{2}\right\}\right| \leqslant \int\limits_{\{x;\ |Tg(x)| \geqslant \frac{\alpha}{2}\}} \mathrm{d}x \qquad |Tg(x)|^2$$

$$\leqslant \int_{\mathbb{R}} \mathrm{d}x\ |Tg(x)|^2\ =\ \|Tg\|_{L^2}^2 \leqslant C\|g\|_{L^2}^2\ , \tag{9.1.6}$$

这是因为 T 是 L^2 上的一个有界算子. 此外,

$$\|g\|_{L^2}^2 = \int_G \mathrm{d}x\ |g(x)|^2\ +\ \int_B \mathrm{d}x\ |g(x)|^2$$

$$\leqslant \alpha \int_G \mathrm{d}x\ |f(x)|\ +\ \sum_k |Q_k|\ \left|\frac{1}{|Q_k|} \int_{Q_k} \mathrm{d}y\ f(y)\right|^2$$

（利用 g 的定义, 及在 G 上有 $|f(x)| \leqslant \alpha$）

$$\leqslant \alpha \int_G \mathrm{d}x\ |f(x)|\ +\ \sum_k 2\alpha \int_{Q_k} \mathrm{d}y\ |f(y)|$$

（利用 $|Q_k|^{-1} \int_{Q_k} \mathrm{d}y\ |f(y)| \leqslant 2\alpha$）

$$\leqslant 2\alpha \int_{\mathbb{R}} \mathrm{d}x\ |f(x)|\ =\ 2\alpha\ \|f\|_{L^1} .$$

将此式结合 (9.1.6), 得到

$$\left|\left\{x;\ |Tg(x)| \geqslant \frac{\alpha}{2}\right\}\right| \leqslant \frac{8}{\alpha}\ C\ \|f\|_{L^1} . \tag{9.1.7}$$

3. 现在关注 b. 对于每个 k, 通过 "拉伸" Q_k 定义新区间 Q_k^*: Q_k^* 与 Q_k 具有同一中心 y_k, 但长度是其两倍. 然后定义 $B^* = \cup_k Q_k^*$ 和 $G^* = \mathbb{R}\backslash B^*$. 现在

$$|B^*| \leqslant \sum_k |Q_k^*|\ =\ 2 \sum_k |Q_k|$$

$$\leqslant \frac{2}{\alpha}\ \sum_k \int_{Q_k} \mathrm{d}x\ |f(x)|$$

（因为 $|Q_k|^{-1} \int_{Q_k} \mathrm{d}x\ |f(x)| \geqslant \alpha$）

$$\leqslant \frac{2}{\alpha}\ \|f\|_{L^1} ,$$

所以

$$\left|\left\{x \in B^*;\ |Tb(x)| \geqslant \frac{\alpha}{2}\right\}\right| \leqslant |B^*| \leqslant \frac{2}{\alpha}\ \|f\|_{L^1} . \tag{9.1.8}$$

4. 还要估计 $|\{x \in G^*; \; |Tb(x)| \geqslant \frac{\alpha}{2}\}|$. 我们有

$$\frac{\alpha}{2} \left| \left\{ x \in G^*; \; |Tb(x)| \geqslant \frac{\alpha}{2} \right\} \right| \leqslant \int\limits_{\{x \in G^*; \; |Tb(x)| \geqslant \frac{\alpha}{2}\}} \mathrm{d}x \qquad |Tb(x)|$$

$$\leqslant \int_{G^*} \mathrm{d}x \; |Tb(x)| \; . \tag{9.1.9}$$

5. 为估计这最后一个积分, 首先划分对 b 的不同贡献. 将 $b_k(x)$ 定义为

$$b_k(x) = \begin{cases} 0 \, , & \text{若 } x \notin Q_k \, , \\ f(x) - \dfrac{1}{|Q_k|} \displaystyle\int \mathrm{d}y \, f(y) \, , & \text{若 } x \in Q_k \text{ 的内部} . \end{cases}$$

由于 Q_k 不重叠, 所以 $b(x) = \sum_k b_k(x)$ 几乎处处成立. 因此 $Tb = \sum_k Tb_k$, 且

$$\int_{G^*} \mathrm{d}x \, |Tb(x)| \leqslant \sum_k \int_{G^*} \mathrm{d}x \, |Tb_k(x)| \leqslant \sum_k \int_{\mathbb{R} \setminus Q_k^*} \mathrm{d}x \, |Tb_k(x)|$$

$$= \sum_k \int_{\mathbb{R} \setminus Q_k^*} \mathrm{d}x \left| \int_{Q_k} \mathrm{d}y \, K(x,y) \, b_k(y) \right|$$

$$= \sum_k \int_{\mathbb{R} \setminus Q_k^*} \mathrm{d}x \left| \int_{Q_k} \mathrm{d}y \, [K(x,y) - K(x,y_k)] \, b_k(y) \right|$$

$$\qquad (y_k \text{ 是 } Q_k \text{ 的中心; 因为 } \int_{Q_k} \mathrm{d}y \, b_k(y) = 0,$$
$$\qquad \text{所以可插入这个额外项})$$

$$\leqslant \sum_k \int_{\mathbb{R} \setminus Q_k^*} \mathrm{d}x \int_{Q_k} \mathrm{d}y \, |K(x,y) - K(x,y_k)| \, |b_k(y)| \; .$$

$$\tag{9.1.10}$$

差值 $K(x,y) - K(x,y_k)$ 可以利用 K 关于其第二变元的偏导数 $\partial_2 K$ 的界限来估计:

$$\int_{\mathbb{R} \setminus Q_k^*} \mathrm{d}x \, |K(x,y) - K(x,y_k)|$$

$$\leqslant \int_{\mathbb{R} \setminus Q_k^*} \mathrm{d}x \int_0^1 \mathrm{d}t \, |\partial_2 K(x, y_k + t(y - y_k))| \cdot |y - y_k|$$

$$\leqslant \int_{|x - y_k| \geqslant 2R_k} \mathrm{d}x \int_0^1 \mathrm{d}t \, C|y - y_k| \, |(x - y_k) - t(y - y_k)|^{-2}$$

$$\qquad (\text{记 } Q_k = [y_k - R_k, \, y_k + R_k),$$
$$\qquad\quad Q_k^* = [y_k - 2R_k, \, y_k + 2R_k))$$

$$= R_k^2 \, |v| \int_{|u| > 2} \mathrm{d}u \int_0^1 \mathrm{d}t \, \frac{C}{R_k^2 \, |u - tv|^2}$$

（做替换 $x = y_k + R_k u$ 和 $y = y_k + R_k v$ 后，

其中 $|u| \geqslant 2$ 且 $|v| \leqslant 1$）

$\leqslant C'$（独立于 k）.

将其代入 (9.1.10)，得

$$\int_{G^*} \mathrm{d}x \, |Tb(x)| \leqslant C' \sum_k \int_{Q_k} \mathrm{d}y \, |b_k(y)|$$

$$\leqslant C' \sum_k \int_{Q_k} \mathrm{d}y \, \left[|f(y)| + \frac{1}{|Q_k|} \int_{Q_k} \mathrm{d}x \, |f(x)| \right]$$

$$\leqslant 2C' \sum_k \int_{Q_k} \mathrm{d}y \, |f(y)| \leqslant 2C' \, \|f\|_{L^1} .$$

综合 (9.1.7) 至 (9.1.9)，此定理得证. ∎

一旦知道了 T 将 L^2 映射到 L^2，将 L^1 映射到 L^1_{weak}，就可以利用 Marcinkiewicz 插值定理将 T 扩展到其他 L^p 空间.

定理 9.1.3   如果算子 T 满足

$$\|Tf\|_{L^{q_1}_{\text{weak}}} \leqslant C_1 \, \|f\|_{L^{p_1}} , \tag{9.1.11}$$

$$\|Tf\|_{L^{q_2}_{\text{weak}}} \leqslant C_2 \, \|f\|_{L^{p_2}} , \tag{9.1.12}$$

其中 $q_1 \leqslant p_1$ 且 $q_2 \leqslant p_2$，则对于 $\frac{1}{p} = \frac{t}{p_1} + \frac{1-t}{p_2}$ 和 $\frac{1}{q} = \frac{t}{q_1} + \frac{1-t}{q_2}$（其中 $0 < t < 1$），存在一个取决于 p_1, q_1, p_2, q_2, t 的常数 K 使得

$$\|Tf\|_{L^q} \leqslant K \, \|f\|_{L^p} .$$

这里的 L^q_{weak} 表示使得

$$\|f\|_{L^q_{\text{weak}}} = [\inf \{C; \text{ 对于所有 } \alpha > 0 \text{ 有 } |\{x; \, |f(x)| \geqslant \alpha\}| \leqslant C \, \alpha^{-q}\}]^{1/q}$$

是有限的所有函数 f 组成的空间.

这个定理非常值得注意，因为它只需要两个极值处较弱的界，却针对中间值 q 推导出关于 L^q 范数（不是 L^q_{weak} 范数）的界.[3] 这个定理的证明超出了本章的范围，在 Stein 和 Weiss (1971) 的文献中可以找到一个更一般的证明. Marcinkiewicz 插值定理意味着，在定理 9.1.2 中证明的 $L^1 \to L^1_{\text{weak}}$ 有界性足以推导出当 $1 < p < \infty$ 时的 $L^p \to L^p$ 有界性，如下所示.

定理 9.1.4   如果 T 是一个积分算子，其积分核 K 满足 (9.1.2) 和 (9.1.3)，并且 T 从 $L^2(\mathbb{R})$ 到 $L^2(\mathbb{R})$ 有界，则当 $1 < p < \infty$ 时 T 扩展为从 $L^p(\mathbb{R})$ 到 $L^p(\mathbb{R})$ 的有界算子.

证明:

1. 定理 9.1.2 证明了 T 从 L^1 到 L^1_{weak} 有界, 根据 Marcinkiewicz 定理, 当 $1 < p \leqslant 2$ 时 T 扩展到从 L^p 到 L^p 的一个有界算子.

2. 对于范围 $2 \leqslant p < \infty$, 利用 T 的伴随算子 $\tilde{T}$, 其定义为

$$\int \mathrm{d}x \ (\tilde{T}f)(x) \ \overline{g(x)} \ = \ \int \mathrm{d}x \ f(x) \ \overline{(Tg)(x)} \ .$$

它与积分核 $\tilde{K}(x,y) \ = \ \overline{K(y,x)}$ 相关联, 这个积分核也满足条件 (9.1.2) 和 (9.1.3). 在 $L^2(\mathbb{R})$ 上, 该算子恰是 L^2 意义上的伴随算子 T^*, 所以它是有界的. 于是由定理 9.1.2 可知, $\tilde{T}$ 从 L^1 到 L^1_{weak} 有界, 因此, 根据定理 9.1.3, 当 $1 < p \leqslant 2$ 时它从 L^p 到 L^p 有界. 由于对 $\frac{1}{p} + \frac{1}{q} = 1$ 来说, $\tilde{T} : L^p \to L^p$ 是 $T : L^q \to L^q$ 的伴随算子, 可知 T 对于 $2 \leqslant q < \infty$ 有界. 考虑到有些读者不熟悉巴拿赫空间伴随理论, 我们可以表达得更清晰一些,

$$
\begin{aligned}
\|Tf\|_q &= \sup_{\substack{g \in L^p \\ \|g\|_{L^p}=1}} \left| \int \mathrm{d}x \ (Tf)(x) \ \overline{g(x)} \right| \qquad \left(\text{如果} \ \frac{1}{p} + \frac{1}{q} = 1 \right) \\
&= \sup_{\substack{g \in L^p \\ \|g\|_{L^p}=1}} \left| \int \mathrm{d}x \int \mathrm{d}y \ f(y) \ K(x,y) \ \overline{g(x)} \right| \\
&= \sup_{\substack{g \in L^p \\ \|g\|_{L^p}=1}} \left| \int \mathrm{d}y \ f(y) \ (\tilde{T}g)(y) \right| \\
&\leqslant \sup_{\substack{g \in L^p \\ \|g\|_{L^p}=1}} \|f\|_{L^q} \ \|\tilde{T}g\|_{L^p} \leqslant C \ \|f\|_{L^q} \ .
\end{aligned}
$$

(严格来说, 并非所有 f 和 g 都可以更改第三个等式中的积分顺序, 但我们可以限制在一个不存在这个问题的稠密子空间上.) ∎

现在可以用它来证明: 若 ψ 拥有某一衰减特性及某一正则性, 且 $\psi_{j,k}(x) = 2^{-j/2} \psi(2^{-j}x - k)$ 构成 $L^2(\mathbb{R})$ 的正交基, 则当 $1 < p < \infty$ 时 $\psi_{j,k}$ 也为 $L^p(\mathbb{R})$ 提供了无条件基. 需要证明的是 (见 "预备知识"): 若

$$f \ = \ \sum_{j,k} c_{j,k} \ \psi_{j,k} \in L^p \ ,$$

则对于任意选择的 $\omega_{j,k} = \pm 1$ 有

$$\sum_{j,k} \omega_{j,k} \ c_{j,k} \ \psi_{j,k} \in L^p \ .$$

我们将假定 ψ 连续可微, 且 ψ 和 ψ' 的衰减速度均快于 $(1+|x|)^{-1}$:

$$|\psi(x)|,\ |\psi'(x)| \leqslant C(1+|x|)^{-1-\epsilon} . \tag{9.1.13}$$

则当 $1 < p < \infty$ 时 $\psi \in L^p$, 且 $f = \sum_{j,k} c_{j,k}\psi_{j,k}$ 意味着 $c_{j,k} = \int \mathrm{d}x f(x)\,\psi_{j,k}(x)$, 这是因为 $\psi_{j,k}$ 的正则性. 于是, 希望证明, 对于任意选择的 $\omega_{j,k} = \pm 1$, 由

$$T_\omega f = \sum_{j,k} \omega_{j,k}\,\langle f,\,\psi_{j,k}\rangle\,\psi_{j,k}$$

定义的 T_ω 是一个从 L^p 到 L^p 的有界算子. 我们已经知道 T_ω 是从 L^2 到 L^2 有界的, 这是因为

$$\|T_\omega f\|_{L^2}^2 = \sum_{j,k} |\omega_{j,k}\,\langle f,\,\psi_{j,k}\rangle|^2 = \sum_{j,k} |\langle f,\,\psi_{j,k}\rangle|^2 = \|f\|^2 .$$

因此, 如果可以证明 T_ω 是一个内核满足 (9.1.2) 和 (9.1.3) 的积分算子, 则可以由定理 9.1.3 得出 L^p 的有界性. 这正是以下引理的内容.

引理 9.1.5　选择 $\omega_{j,k} = \pm 1$, 并定义 $K(x,y) = \sum_{j,k} \omega_{j,k}\psi_{j,k}(x)\overline{\psi_{j,k}(y)}$. 则存在 $C < \infty$ 使得

$$|K(x,y)| \leqslant \frac{C}{|x-y|}$$

且

$$\left|\frac{\partial}{\partial x}\,K(x,y)\right| + \left|\frac{\partial}{\partial y}\,K(x,y)\right| \leqslant \frac{C}{|x-y|^2} .$$

证明:

1.

$$|K(x,y)| \leqslant \sum_{j,k} |\psi_{j,k}(x)|\,|\psi_{j,k}(y)|$$

$$\leqslant C \sum_{j,k} 2^{-j}(1+|2^{-j}x - k|)^{-1-\epsilon}(1+|2^{-j}y - k|)^{-1-\epsilon}$$

$$[\text{根据 } (9.1.13)].$$

找出 $j_0 \in \mathbb{Z}$ 使得 $2^{j_0} \leqslant |x-y| \leqslant 2^{j_0+1}$. 我们将对 j 的和式分为两部分: $j < j_0$ 和 $j \geqslant j_0$.

2. 由于 $\sum_k (1+|a-k|)^{-1-\epsilon}(1+|b-k|)^{-1-\epsilon}$ 对于 a 和 b 的所有值一致有界,[4] 所以我们有

$$\sum_{j=j_0}^{\infty} \sum_k 2^{-j}(1+|2^{-j}x - k|)^{-1-\epsilon}(1+|2^{-j}y - k|)^{-1-\epsilon}$$

$$\leqslant C \sum_{j=j_0}^{\infty} 2^{-j} \leqslant C\,2^{-j_0+1} \leqslant \frac{4C}{|x-y|} .$$

3. $j < j_0$ 部分要稍难一点点.

$$\sum_{j=-\infty}^{j_0-1} 2^{-j} \sum_k [(1 + |2^{-j}x - k|)(1 + |2^{-j}y - k|)]^{-1-\epsilon}$$

$$= \sum_{j=-j_0+1}^{\infty} 2^j \sum_k [(1 + |2^j x - k|)(1 + |2^j y - k|)]^{-1-\epsilon}$$

$$\leqslant 4^{1+\epsilon} \sum_{j=-j_0+1}^{\infty} 2^j \sum_k [(2 + |2^j x - k|)(2 + |2^j y - k|)]^{-1-\epsilon}. \qquad (9.1.14)$$

找出 $k_0 \in \mathbb{Z}$ 使得 $k_0 \leqslant 2^j \frac{x+y}{2} \leqslant k_0 + 1$, 并定义 $\ell = k - k_0$. 则

$$2 + |2^j x - k| = 2 + \left| 2^j \frac{x-y}{2} - \ell + \left(2^j \frac{x+y}{2} - k_0 \right) \right|$$

$$\geqslant 1 + \left| 2^j \frac{x-y}{2} - \ell \right|,$$

同理可得

$$2 + |2^j y - k| \geqslant 1 + \left| 2^j \frac{y-x}{2} - \ell \right|.$$

因此, 当 $a = 2^j \frac{x-y}{2}$ 时有

$$\sum_k [(2 + |2^j x - k|)(2 + |2^j y - k|)]^{-1-\epsilon}$$

$$\leqslant \sum_\ell [(1 + |a + \ell|)(1 + |a - \ell|)]^{-1-\epsilon} \leqslant C(1 + |a|)^{-1-\epsilon}, \,^5$$

所以

$$(9.1.14) \leqslant C \sum_{j=-j_0+1}^{\infty} 2^j \left(1 + 2^j \left| \frac{x-y}{2} \right| \right)^{-1-\epsilon}$$

$$\leqslant C \sum_{j'=1}^{\infty} 2^{j'-j_0} \left(1 + 2^{j'-j_0} \frac{1}{2} 2^{j_0} \right)^{-1-\epsilon}$$

$$\text{(因为 } |x - y| \geqslant 2^{j_0} \text{)}$$

$$\leqslant C \, 2^{-j_0} \sum_{j'=1}^{\infty} 2^{j'} (1 + 2^{j'-1})^{-1-\epsilon}$$

$$\leqslant C' \, 2^{-j_0} \leqslant 2C' \, |x - y|^{-1}.$$

于是得出 $|K(x,y)| \leqslant C|x - y|^{-1}$.

4. 关于对 $\partial_x K$ 和 $\partial_y K$ 的估计, 记

$$|\partial_x K(x,y)| \leqslant \sum_{j,k} 2^{-j} |\psi'(2^{-j}x - k)| \, |\psi(2^{-j}y - k)|$$

$$\leqslant C \sum_{j,k} 2^{-2j} \left[(1 + |2^{-j}x - k|)(1 + |2^{-j}y - k|)\right]^{-1-\epsilon}$$

并采用相同的技术, 轻松得到

$$|\partial_x K(x,y)|, \quad |\partial_y K(x,y)| \leqslant C|x - y|^{-2} . \quad \blacksquare$$

由引理之前的讨论, 我们已经证明了以下定理.

定理 9.1.5 如果 ψ 是 C^1 且 $|\psi(x)|, |\psi'(x)| \leqslant C(1 + |x|)^{-1-\epsilon}$, 并且 $\psi_{j,k}(x) = 2^{-j/2} \psi(2^{-j}x - k)$ 构成 $L^2(\mathbb{R})$ 的一个正交基, 则当 $1 < p < \infty$ 时 $\{\psi_{j,k}; \ j, k \in \mathbb{Z}\}$ 也构成所有 L^p 空间的一个无条件基.

9.2   以小波表征泛函空间

由于 $\psi_{j,k}$ 构成 $L^p(\mathbb{R})$ 的一个无条件基, 所以可以仅用 f 的小波系数的绝对值来表征函数 $f \in L^p(\mathbb{R})$. 换言之, 给定 f, 只需查看 $|\langle f, \psi_{j,k} \rangle|$ 即可判断 $f \in L^p$ 是否成立. 其准则就是, 对于 $1 < p < \infty$,

$$f \in L^p(\mathbb{R}) \Longleftrightarrow \left[\sum_{j,k} |\langle f, \psi_{j,k} \rangle|^2 \, |\psi_{j,k}(x)|^2\right]^{1/2} \in L^p(\mathbb{R})$$

$$\Longleftrightarrow \left[\sum_{j,k} |\langle f, \psi_{j,k} \rangle|^2 2^{-j} \, \chi_{[2^j k, \, 2^j(k+1)]}(x)\right]^{1/2} \in L^p(\mathbb{R}) .$$

Meyer (1990) 证明了它们确实是 $L^p(\mathbb{R})$ 的等价表征.

同理, 小波为其他许多泛函空间提供了无条件基和表征. 这里不加证明地列出一些.

索伯列夫空间 $W^s(\mathbb{R})$

索伯列夫空间的定义为

$$W^s(\mathbb{R}) = \left\{f; \int d\xi \, (1 + |\xi|^2)^s \, |\hat{f}(\xi)|^2 < \infty\right\} .$$

它们用小波系数的表征方式为

$$f \in W^s(\mathbb{R}) \Leftrightarrow \sum_{j,k} |\langle f, \psi_{j,k} \rangle|^2 \, (1 + 2^{-2js}) < \infty .$$

赫尔德空间 $C^s(\mathbb{R})$

对于 $0 < s < 1$，定义

$$C^s(\mathbb{R}) = \left\{ f \in L^\infty(\mathbb{R}); \ \sup_{x,h} \frac{|f(x+h) - f(x)|}{|h|^s} < \infty \right\}.$$

对于 $s = n + s'$（其中 $0 < s' < 1$），定义

$$C^s(\mathbb{R}) = \left\{ f \in L^\infty(\mathbb{R}) \cap C^n(\mathbb{R}); \ \frac{\mathrm{d}^n}{\mathrm{d}x^n} f \in C^{s'} \right\}.$$

对于 s 的整数值，这一阶梯中的适当空间并不是传统的 C^n 空间（由 n 次连续可积的函数组成），甚至也不是利普希茨空间，而是由

$$\Lambda_* = \text{"Zygmund 类"}$$
$$= \left\{ f \in L^\infty(\mathbb{R}) \cap C^0(\mathbb{R}); \ \sup_{x,h} \frac{|f(x+h) + f(x-h) - 2f(x)|}{|h|} < \infty \right\}$$

定义的稍大空间，它代替了 $C^1(\mathbb{R})$，且

$$\Lambda_*^n = \left\{ f \in L^\infty(\mathbb{R}) \cap C^{n-1}(\mathbb{R}); \ \frac{\mathrm{d}^{n-1}}{\mathrm{d}x^{n-1}} f \in \Lambda_* \right\}.$$

对于这个赫尔德空间的阶梯，有以下表征：

> 一个局部可积的 f 属于 $C^s(\mathbb{R})$（s 为非整数）或 Λ_*^n（$s = n$ 为整数）的充要条件是，存在 $C < \infty$ 使得

$$\begin{aligned} &\cdot\ |\langle f, \phi_{0,k} \rangle| \leqslant C && \text{对于所有 } k \in \mathbb{Z} \text{ 成立}, \\ &\cdot\ |\langle f, \psi_{-j,k} \rangle| \leqslant C\, 2^{-j(s+1/2)} && \text{对于所有 } j \geqslant 0 \text{ 和 } k \in \mathbb{Z} \text{ 成立}. \end{aligned} \tag{9.2.1}$$

这里隐含假定了 $\psi \in C^r$，其中 $r > s$。

关于证明及更多例子，请参阅 Meyer (1990)。在这里给出的例子中，唯一可由傅里叶变换完全表征（符合上述充要条件）的空间就是索伯列夫空间。

条件 (9.2.1) 描述了整体正则性。局部正则性也可以通过正交小波基的系数进行研究。最具一般性的定理如下所列，它是由 Jaffard (1989b) 提出的。为简单起见，假定 ψ 具有紧支集且是 C^1（对于更一般的 ψ，该定理的表述稍有不同）。

定理 9.2.1 如果 f 在 x_0 处为赫尔德连续，且具有指数 α，其中 $0 < \alpha < 1$，即

$$|f(x) - f(x_0)| \leqslant C|x - x_0|^\alpha, \tag{9.2.2}$$

则对于 $j \to \infty$ 有

$$\max_{k}[|\langle f, \psi_{-j,k}\rangle|\, dist\,(x_0,\, support(\psi_{-j,k}))^{-\alpha}] = O\left(2^{-(\frac{1}{2}+\alpha)j}\right). \tag{9.2.3}$$

反过来, 如果 (9.2.3) 成立, 而且已知对于某个 $\epsilon > 0$ 有 f 为 C^{ϵ}, 则

$$|f(x) - f(x_0)| \leqslant C|x - x_0|^{\alpha}\, \log \frac{2}{|x - x_0|}. \tag{9.2.4}$$

这里的 (9.2.3) 与 (9.2.2) 之间没有严格的等价关系. 事实上, 估计式 (9.2.4) 是最优的, 条件 $f \in C^{\epsilon}$ 也是如此: 如果 f 只是连续的, 或者省略 (9.2.4) 中的对数, 就可以找到反例 [Jaffard (1989b)]. (9.2.2) 和 (9.2.3) 的不等价, 可能是因为 x_0 附近存在正则性较弱的点, 也可能是 $f(x)$ 在 x_0 附近大幅振荡 [例如, 参见 Mallat 和 Hwang (1992)]. 稍微修改条件 (9.2.3) 即可避免这些问题. 更准确地说 (同样假定 ψ 具有紧支集且是 C^1), 我们有以下定理.

定理 9.2.2 对于 $\epsilon > 0$ 定义

$$S(x_0, j;\, \epsilon) = \{k \in \mathbb{Z};\, support(\psi_{j,k}) \cap]x_0 - \epsilon,\, x_0 + \epsilon[\neq \phi\}.$$

若对于某个 $\epsilon > 0$ 及某个满足 $0 < \alpha < 1$ 的 α 有

$$\max_{k \in S(x_0, -j;\epsilon)} |\langle f,\, \psi_{-j,k}\rangle| = O\left(2^{-j(\frac{1}{2}+\alpha)}\right), \tag{9.2.5}$$

则 f 在 x_0 处为赫尔德连续, 指数为 α.

证明:

1. 在 $(x_0 - \epsilon,\, x_0 + \epsilon)$ 中任选 x. 由于 $\psi_{j,k}(x) \neq 0$ 或 $\psi_{j,k}(x_0) \neq 0$ 都意味着 $k \in S(x_0, j; \epsilon)$, 则有

$$f(x) - f(x_0) = \sum_{j,k} \langle f,\, \psi_{j,k}\rangle\, [\psi_{j,k}(x) - \psi_{j,k}(x_0)]$$

$$= \sum_{j} \sum_{k \in S(x_0, j;\epsilon)} \langle f,\, \psi_{j,k}\rangle\, [\psi_{j,k}(x) - \psi_{j,k}(x_0)].$$

推得

$$|f(x) - f(x_0)| \leqslant \sum_{j} C_1\, 2^{j(\frac{1}{2}+\alpha)} \sum_{k \in S(x_0, j;\epsilon)} |\psi_{j,k}(x) - \psi_{j,k}(x_0)|.$$

2. 由于 ψ 具有紧支集, 所以, 满足 $\psi_{j,k}(x) \neq 0$ 或 $\psi_{j,k}(x_0) \neq 0$ 的 k 的数目对于 j 一致有界, 其界为 $2\, |support(\psi)|$. 因此

$$\sum_{k \in S(x_0, j;\epsilon)} |\psi_{j,k}(x) - \psi_{j,k}(x_0)|$$

$$\leqslant C_2\, \max_{k} |\psi_{j,k}(x) - \psi_{j,k}(x_0)|$$

$$\leqslant C_2\, 2^{-j/2}\, \max_{k} |\psi(2^{-j}x - k) - \psi(2^{-j}x_0 - k)|.$$

因为 ψ 有界, 且为 C^1, 所以

$$|\psi(2^{-j}x - k) - \psi(2^{-j}x_0 - k)| \leqslant C_3 \min(1, 2^{-j}|x - x_0|) .$$

3. 现在选择 j_0 使得 $2^{j_0} \leqslant |x - x_0| \leqslant 2^{j_0+1}$. 则

$$|f(x) - f(x_0)| \leqslant C_1 C_2 C_3 \left[\sum_{j=-\infty}^{j_0} 2^{\alpha j} + \sum_{j=j_0+1}^{\infty} 2^{\alpha j - j}|x - x_0| \right]$$

$$\leqslant C_4 \left[2^{\alpha j_0} + 2^{(\alpha-1)j_0}|x - x_0| \right] \leqslant C_5 |x - x_0|^{\alpha} . \quad \blacksquare$$

注释

1. 当然, 当 $\alpha > 1$ 时对于 C^{α} 空间可以证明类似定理.

2. 若 $\alpha = 1$ (或者更一般地, $\alpha \in \mathbb{N}$), 证明中的最后一步就不再有效, 因为第二个序列不收敛. 利用 $j \geqslant 0$ 时 $|\langle f, \psi_{j,k} \rangle| \leqslant C$ 可以避免这一发散, 但在 $j_0 < 0$ 与 0 之间对 j 求和, 仍然可以得出 $|x - x_0||\ln|x - x_0||$ 中的一项. 这就是为什么对于整数 α 要更为小心, 为什么要引入 Zygmund 类.

3. 若 ψ 具有无限支集, 并且 ψ 和 ψ' 在 ∞ 处具有很好的衰减特性, 则定理 9.2.1 和 9.2.2 也成立 [见 Jaffard (1989b)]. ψ 的紧支集使估计变得简单了一些. $\quad \square$

因此, 局部正则性可以通过小波系数进行研究. 但在实践中应当小心: 为了可靠地确定 (9.2.5) 中的 α 值, 可能需要非常大的 j 值. 如下例所示. 取

$$\begin{aligned} f(x - a) = \ & 2\,\mathrm{e}^{-|x-a|} , & \text{若 } x < a - 1 , \\ & \mathrm{e}^{-|x-a|} , & \text{若 } a - 1 \leqslant x \leqslant a + 1 , \\ & \mathrm{e}^{-(x-a)}[(x - a - 1)^2 + 1] , & \text{若 } x \geqslant a + 1 . \end{aligned}$$

当 $a = 0$ 时此函数的图形绘制于图 9.1 中.

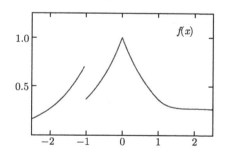

图 9.1 除在 $x = -1, 0, 1$ 之外, 这个函数是 C^{∞}. 在 $x = -1$ 处 f 不连续, 在 $x = 0$ 处 f' 不连续, 在 $x = 1$ 处 f'' 不连续

此函数在 $x = a - 1, a, a + 1$ 处的赫尔德指数分别为 $0, 1, 2$, 在其他位置为 C^{∞}. 对于 $x_0 = a - 1, a, a + 1$ 这三点中的每一点, 可以计算 $A_j = \max \{|\langle f, \psi_{-j,k} \rangle|;\ x_0 \in$

support $(\psi_{-jk})\}$，并绘制 $\log A_j / \log 2$ 的图形. 若 $a = 0$，这些图形变为直线，斜率分别为 1/2, 3/2, 5/2，并且非常精确地给出 α 的良好估计值. 但是，分解为正交小波时并非是平移不变的，关于小波基局部中心的二进网格点 $\{2^{-j}k;\ j, k \in \mathbb{Z}\}$，二进有理数（特别是 0）扮演着非常特殊的角色. 选择不同的 a 值可说明这一点：当 $a = 1/128$ 时，$\langle f,\ \psi_{j,k} \rangle$ 会有很大不同，但在 $\log A_j / \log 2$ 的曲线中仍然具有适当的线性，对 α 值的估计也很精确；当 a 为无理数时，就不会有给人留下很深印象的线性，α 值的确定也不够精确.

　　所有这些都在图 9.2 中进行了图示说明，对于 $a = 0, 1/128, \sqrt{2} - 11/8$ 等三种选择（为编程方便，我们减去了 $11/8$，使 a 接近于零），该图绘制了在 $x_0 = a - 1$，a, $a + 1$ 处 $\log A_j / \log 2$ 随 j 的变化曲线. 为制作此图，针对相关的 k 值及取值范围为 3 至 10 的 j 值计算了 $|\langle f, \psi_{-j,k} \rangle|$.（注意，这意味着必须以分辨率 2^{-17} 对 f 本身进行采样，以在 $j = 10$ 个整数时具有合理的精度.）当 $a = 0$ 时，八个点很优美地排成一条线，对 $\alpha + \frac{1}{2}$ 的估计非常准确，在所有三个位置的误差都低于 1.5%. 当 $a = 1/128$ 时，取粗略分辨率尺度时的各点不能很好地对准，但如果仅从最精细的四个分辨率点来估计 $\alpha + \frac{1}{2}$ 的值，则估计误差仍在 2% 之内. 当选择无理数 $a = \sqrt{2} - 11/8$ 时，在 $a - 1$ 的不连续处看不到对准现象（可能需要更为精细的尺度），在 a 处 f 是利普希茨的，在此处对 $\alpha + \frac{1}{2}$ 的估计值要偏差大约 13%（非常有趣的是，如果删除尺度为 10 的点，估计值要准确得多），在 $a + 1$ 处 f' 是利普希茨的，估计值的误差在 2.5% 以内. 这表明，为确定一个函数的局部正则性，使用冗

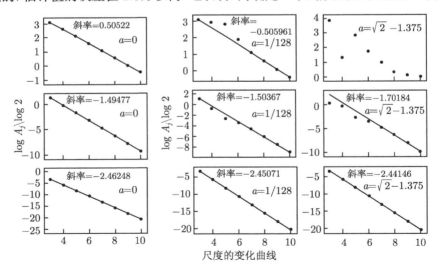

图 9.2　　在 $a - 1$（上图）、a（中图）、$a + 1$（下图）处对 $f(x - a)$（参见图 9.1）的赫尔德指数的估计值，针对不同的 a 值，由 $\log A_j / \log 2$ 计算得出这些值（本图由 M. Nitzsche 提供，感谢她的帮助）

余性很强的小波族会更有用一些, 在这种小波族中, 这种平移变化性在离散情况下要弱得多, 而在连续情况下则完全消失.[见 Holschneider 和 Tchamitchian (1990) 以及 Mallat 和 Hwang (1992).] 用冗余性很强的小波族来表征局部正则性的另一个原因是: 只有 ψ 的消失矩个数限制了可以表征的最大正则性, ψ 的正则性没有任何作用 (见 2.9 节). 若使用正交基, 则必须受到 ψ 自身正则性的限制, 通过选择 $f = \psi$ 即可看出这一点. 当做如此选择时, 实际上, 对于所有 $j > 0$ 和所有 k 均有 $\langle f, \psi_{-j,k} \rangle = 0$. 可以推得, 在使用正交小波时, 若 $\psi \in C^r$, 则只能指望表征直到 $C^{r-\epsilon}$ 的正则性.

9.3 $L^1([0,1])$ 的小波

由于 L^1 空间没有无条件基, 所以小波也不能提供这样一个基. 但是, 从某种意义上来说, 它们的表现仍然优于傅里叶分析. 我们将通过对比 $L^1([0,1])$ 函数的小波展开式和傅里叶级数来说明这一点. 但首先必须介绍"周期小波".

给定一个尺度函数为 ϕ 和小波为 ψ 的多分辨率分析, 其中 ϕ 和 ψ 都有适当的衰减特性 [比如, $|\phi(x)|, |\psi(x)| \leqslant C(1 + |x|)^{-1-\epsilon}$], 定义

$$\phi_{j,k}^{\mathrm{per}}(x) = \sum_{\ell \in \mathbb{Z}} \phi_{j,k}(x + \ell), \quad \psi_{j,k}^{\mathrm{per}} = \sum_{\ell \in \mathbb{Z}} \psi_{j,k}(x + \ell)$$

和

$$V_j^{\mathrm{per}} = \overline{\mathrm{Span}\,\{\phi_{j,k}^{\mathrm{per}};\ k \in \mathbb{Z}\}}, \quad W_j^{\mathrm{per}} = \overline{\mathrm{Span}\,\{\psi_{j,k}^{\mathrm{per}};\ k \in \mathbb{Z}\}}.$$

因为 $\sum_{\ell \in \mathbb{Z}} \phi(x + \ell) = 1$, [6] 所以, 对于 $j \geqslant 0$ 有 $\phi_{j,k}^{\mathrm{per}}(x) = 2^{-j/2} \sum_\ell \phi(2^{-j}x - k + 2^{-j}\ell) = 2^{j/2}$, 使得当 $j \geqslant 0$ 时所有的 V_j^{per} 都是一维空间, 仅包含常量函数. 同理, 因为 $\sum_\ell \psi(x + \ell/2) = 0$, [7] 所以当 $j \geqslant 1$ 时 $W_j^{\mathrm{per}} = \{0\}$. 于是我们将注意力放在 $j \leqslant 0$ 时的 V_j^{per} 和 W_j^{per}. 显然 $V_j^{\mathrm{per}}, W_j^{\mathrm{per}} \subset V_{j-1}^{\mathrm{per}}$, 这是从非周期空间继承而来的一条性质. 此外, W_j^{per} 仍然与 V_j^{per} 正交, 这是因为

$$\int_0^1 \mathrm{d}x \, \psi_{j,k}^{\mathrm{per}}(x) \, \phi_{j,k'}^{\mathrm{per}}(x)$$

$$= \sum_{\ell,\ell' \in \mathbb{Z}} 2^{-j} \int_0^1 \mathrm{d}x \, \psi(2^{-j}x + 2^{-j}\ell - k) \, \overline{\phi(2^{-j}x + 2^{-j}\ell' - k')}$$

$$= \sum_{\ell,\ell' \in \mathbb{Z}} 2^{|j|} \int_{\ell'}^{\ell'+1} \mathrm{d}y \, \psi(2^{|j|}y + 2^{|j|}(\ell - \ell') - k) \, \overline{\phi(2^{|j|}y - k')}$$

$$\text{(因为 } j \leqslant 0)$$

$$= \sum_{r \in \mathbb{Z}} \langle \psi_{j,k+2^{|j|}r}, \phi_{j,k'} \rangle = 0.$$

可以推出, 和在非周期情形中一样, $V_{j-1}^{\mathrm{per}} = V_j^{\mathrm{per}} \oplus W_j^{\mathrm{per}}$. 空间 V_j^{per} 和 W_j^{per} 都是有限维的: 因为当 $m \in \mathbb{Z}$ 时有 $\phi_{j,k+m2^{|j|}}^{\mathrm{per}} = \phi_{j,k}^{\mathrm{per}}$, 并且对于 ψ^{per} 有同样结果, 所以 V_j^{per} 和 W_j^{per} 都是由从 $k = 0, 1, \cdots, 2^{|j|}-1$ 获得的 $2^{|j|}$ 个函数张成的. 这 $2^{|j|}$ 个函数还是正交的. 例如, 在 W_j^{per} 中, 对于 $0 \leqslant k, k' \leqslant 2^{|j|}-1$ 有

$$\langle \psi_{j,k}^{\mathrm{per}}, \psi_{j,k'}^{\mathrm{per}} \rangle = \sum_{r \in \mathbb{Z}} \langle \psi_{j,k+2^{|j|}r}, \psi_{j,k'} \rangle = \delta_{k,k'}.$$

因此, 我们有一个多分辨率空间的阶梯

$$V_0^{\mathrm{per}} \subset V_{-1}^{\mathrm{per}} \subset V_{-2}^{\mathrm{per}} \subset \cdots,$$

它具有连续的正交补: (V_{-1}^{per} 中 V_0^{per} 的) W_0^{per}, $W_1^{\mathrm{per}}, \cdots$, V_j^{per} 中的正交基 $\{\phi_{j,k};$ $k = 0, \cdots, 2^{|j|}-1\}$, W_j^{per} 中的 $\{\psi_{j,k}; k = 0, \cdots, 2^{|j|}-1\}$. 因为 $\overline{\cup_{j \in -\mathbb{N}} V_j^{\mathrm{per}}} = L^2([0,1])$ (这还是从相应的非周期化版本得到的), 所以 $\{\phi_{0,0}^{\mathrm{per}}\} \cup \{\psi_{j,k}^{\mathrm{per}}; -j \in \mathbb{N}, k = 0, \cdots, 2^{|j|}-1\}$ 中的函数构成了 $L^2([0,1])$ 中的一个正交基. 对这个基重新做如下标记:

$$g_0(x) = 1 = \phi_{0,0}^{\mathrm{per}}(x)$$
$$g_1(x) = \psi_{0,0}^{\mathrm{per}}(x)$$
$$g_2(x) = \psi_{-1,0}^{\mathrm{per}}(x)$$
$$g_3(x) = \psi_{-1,1}^{\mathrm{per}}(x) = \psi_{-1,0}^{\mathrm{per}}(x - \tfrac{1}{2}) = g_2(x - \tfrac{1}{2})$$
$$g_4(x) = \psi_{-2,0}^{\mathrm{per}}(x)$$
$$\vdots$$
$$g_{2^j}(x) = \psi_{-j,0}^{\mathrm{per}}(x)$$
$$\vdots$$
$$g_{2^j+k}(x) = \psi_{-j,k}^{\mathrm{per}}(x) = g_{2^j}(x - k2^{-j}), \quad 0 \leqslant k \leqslant 2^j - 1$$
$$\vdots$$

于是, 这个基具有下面这一值得注意的性质.

定理 9.3.1 如果 f 是周期为 1 的连续周期函数, 则存在 $\alpha_n \in \mathbb{C}$ 使得当 $N \to \infty$ 时有

$$\left\| f - \sum_{n=0}^{N} \alpha_n \, g_n \right\|_{L^\infty} \longrightarrow 0. \tag{9.3.1}$$

证明:

1. 由于 g_n 正交，所以必有 $\alpha_n = \langle f, g_n \rangle$. 定义 S_N 为

$$S_N f = \sum_{n=0}^{N-1} \langle f, g_n \rangle\, g_n .$$

首先证明 S_N 是一致有界的，即

$$\|S_N f\|_{L^\infty} \leqslant C\, \|f\|_{L^\infty} , \tag{9.3.2}$$

其中 C 独立于 f 或 N.

2. 如果 $N = 2^j$，则 $S_{2^j} = \mathrm{Proj}_{V_{-j}^{\mathrm{per}}}$. 因此

$$(S_{2^j} f)(x) = \sum_{k=0}^{2^{|j|}-1} \langle f, \phi_{-j,k}^{\mathrm{per}} \rangle\, \phi_{-j,k}^{\mathrm{per}}(x) = \int_0^1 \mathrm{d}y\, K_j(x,y)\, f(y) ,$$

其中

$$K_j\,(x,y) = \sum_{k=0}^{2^{|j|}-1} \phi_{-j,k}^{\mathrm{per}}(x)\, \overline{\phi_{-j,k}^{\mathrm{per}}\,(y)} .$$

因此

$$\|S_{2^j} f\|_{L^\infty} \leqslant \left[\sup_{x \in [0,1]} \int_0^1 \mathrm{d}y\, |K_j(x,y)| \right]\, \|f\|_{L^\infty} .$$

现在

$$\sup_{x \in [0,1]} \int_0^1 \mathrm{d}y\, |K_j(x,y)|$$

$$\leqslant \sup_{x \in [0,1]} \int_0^1 \mathrm{d}y \sum_{k=0}^{2^{|j|}-1} \sum_{\ell,\ell' \in \mathbb{Z}} |\phi_{-j,k}(x+\ell)|\, |\phi_{-j,k}(y+\ell')|$$

$$\leqslant \sup_{x} \int_{-\infty}^{\infty} \mathrm{d}y \sum_{k=0}^{2^{|j|}-1} \sum_{\ell \in \mathbb{Z}} 2^j\, |\phi(2^j(x+\ell)-k)|\, |\phi(2^j y - k)|$$

$$\leqslant C \sup_{x'} \sum_{k=0}^{2^{|j|}-1} \sum_{\ell \in \mathbb{Z}} |\phi(x' + 2^j \ell - k)|$$

$$\leqslant C \sup_{x'} \sum_{m \in \mathbb{Z}} |\phi(x' + m)| ,$$

如果 $|\phi(x)| \leqslant C(1+|x|)^{-1-\epsilon}$，则上式一致有界. 这就证明了当 $N = 2^j$ 时 (9.3.2) 成立.

3. 如果 $N = 2^j + m$，其中 $0 \leqslant m \leqslant 2^j - 1$，则

$$(S_N f)(x) = (S_{2^j} f)(x) + \sum_{k=0}^{m} \langle f, \psi_{-j,k}^{\mathrm{per}} \rangle\, \psi_{-j,k}^{\mathrm{per}}(x) .$$

与第 2 点中完全类似的估计值表明，第二项的 L^∞ 范数也在 j 上一致以 $C\,\|f\|_{L^\infty}$ 为界，这证明了 (9.3.2) 对于所有 N 成立.

4. 现在取 $f \in E = \cup_{j \in -\mathbb{N}} V_j^{\text{per}}$. 则对于某一 $J > 0$ 有 $f \in V_{-J}^{\text{per}}$, 所以对于 $j' \geqslant J$ 有 $\langle f, \psi_{-j',k}^{\text{per}} \rangle = 0$, 即, 对于 $\ell \geqslant 2^J$ 有 $\langle f, g_\ell \rangle = 0$. 因此, 当 $N \geqslant 2^J$ 时有 $f = S_N f$, 所以 (9.3.1) 显然成立. 另一方面, 基于标准分辨率的同一论证方法, 我们可以用 $\int_0^1 K(x,y) dy = 1$ 和估计 $\sum_\ell |\phi(n-\ell)| \, |\phi(y-\ell)| \leqslant C |x-y|^{-1-\epsilon}$ 来证明, E 在赋有 $\| \quad \|_\infty$ 范数的 $C(\mathbb{T})$ 上稠密, 从而定理得证. ■

根据对偶性, 得到 $L^1([0,1])$ 的一条类似定理.

定理 9.3.2 若 $f \in L^1([0,1])$, 则当 $N \to \infty$ 时有

$$\left\| f - \sum_{n=0}^{N} \langle f, \, g_n \rangle \, g_n \right\|_{L^1} \longrightarrow 0.$$

证明: 我们利用了 $L^1([0,1])$ 包含在 $C(\mathbb{T})$ 的对偶中, 即

$$\|f\|_{L^1} = \sup \{ |\langle f,g \rangle|; \; g \text{ 连续, 周期为 } 1, \; \|g\|_{L^\infty} \leqslant 1 \}.$$

立即可以得出

$$
\begin{aligned}
\|S_N f\|_{L^1} &= \sup \{ |\langle S_N f, g \rangle|; \; g \text{ 连续, 周期为 } 1, \; \|g\|_{L^\infty} \leqslant 1 \} \\
&= \sup \{ |\langle f, S_N g \rangle|; \; g \text{ 连续, 周期为 } 1, \; \|g\|_{L^\infty} \leqslant 1 \} \\
&\leqslant C \, \|f\|_{L^1} \tag{9.3.3} \\
&\quad (\text{根据一致界 } (9.3.2), \text{ 且因为 } |\langle f,h \rangle| \leqslant \|f\|_{L^1} \|h\|_{L^\infty}).
\end{aligned}
$$

因为 $E = \cup_{j \in -\mathbb{N}} V_j^{\text{per}}$ 也在 $L^1([0,1])$ 中稠密, 所以一致界 (9.3.3) 就足以证明此定理了. ■

　　定理 9.3.1 和 9.3.2 之所以值得注意, 是因为傅里叶级数没有这一性质: 比如, 要使 f 的傅里叶级数一致收敛到 f 自身, 需要设置比连续 (即 $f \in C^1$) 更强的条件.

　　注意, g_n 的顺序在定理 9.3.1 和 9.3.2 中非常重要: 我们有一个绍德尔基, 但没有无条件基!

9.4　小波展开与傅里叶级数的对比

　　关于傅里叶级数和小波这两种展开方法, 在 "完全" 与 "缺项" 级数的不同表现特性之间存在一种很有意义的对比. 首先给出一个简单引理, 这个引理及这一整节, 都是摘自 Meyer (1990).

引理 9.4.1 假设 f 是 $[0,1]$ 上的一个函数，在 $x_0 \in (0,1)$ 可微. 设 g_m 是 $L^2([0,1])$ 的正交基，如上所述，并假定相应的小波 ψ 满足 $\int dx \, x \, \psi(x) = 0$. 则，$f = \sum_{m=0}^{\infty} \alpha_m \, g_m$ 中的 α_m 在 m 限制于集合 $m = 2^j + k$（其中 $|2^{-j}k - x_0| \leqslant 2^{-j}$）且 $m \to \infty$ 时满足 $\alpha_m = o(m^{-3/2})$.

证明:

1. 为简单起见，假设 ψ 为紧支撑的，support $\psi \subset [-L, L]$. 对于足够大的 j，这意味着当 $|2^{-j}k - x_0| \leqslant 2^{-j}$ 时 $\psi_{-j,k}^{\mathrm{per}}(x) = \psi_{-j,k}(x)$.（同样，这并不是关键所在，对于非紧支撑的 ψ，只需要在下面的估计中再小心一点就行了.[8]）

2. 对于 $m = 2^j + k$ 有 $\alpha_m = \int dx \, f(x) \, \overline{\psi_{-j,k}(x)}$. 这里

$$\text{support } \psi_{-j,k} \subset [2^{-j}(k - L), \, 2^{-j}(k + L)]$$
$$\subset [x_0 - 2^{-j}(L+1), x_0 + 2^{-j}(L+1)]$$
$$(\text{因为 } |2^{-j}k - x_0| \leqslant 2^{-j}).$$

因此

$$\alpha_m = \int\limits_{|x-x_0| \leqslant 2^{-j}(L+1)} dx \qquad f(x) \, \overline{\psi_{-j,k}(x)}$$

$$= \int\limits_{|x-x_0| \leqslant 2^{-j}(L+1)} dx \qquad [f(x) - f(x_0) - (x - x_0)f'(x_0)] \, 2^{j/2} \overline{\psi(2^j x - k)}$$

$$= o(2^{j/2} \, 2^{-2j})$$

$$(\text{利用 } f(x) - f(x_0) - (x - x_0)f'(x_0) = o(x - x_0),$$
$$\text{并改变变量: } y = 2^j(x - x_0))$$

$$= o(2^{-3j/2}) = o(m^{-3/2})$$

$$(\text{因为 } 2^j \leqslant m \leqslant 2^{j+1}). \quad \blacksquare$$

它有以下推论.

推论 9.4.2 如果对于所有 m 有 $C_1 \, m^{-3/2} \leqslant |\alpha_m| \leqslant C_2 \, m^{-3/2}$，其中 $C_1 > 0$ 且 $C_2 < \infty$，则对于所有 $\alpha < 1$ 有 $\sum_{m=0}^{\infty} \alpha_m \, g_m$ 属于 C^α，但处处不可微.

证明: 由定理 9.2.2 和引理 9.4.1 可立即得证. $\quad \blacksquare$

现在我们构建一个非常特殊的函数. 取 $\alpha_m = \alpha_{2^j+k} = \beta_j$，独立于 k. 于是

$$\sum_{m=0}^{\infty} \alpha_m \, g_m = \sum_{j=0}^{\infty} \beta_j \sum_{k=0}^{2^j-1} g_{2^j+k}$$

$$= \sum_{j=0}^{\infty} \beta_j \sum_{k=0}^{2^j-1} \sum_{\ell \in \mathbb{Z}} 2^{j/2} \, \psi(2^j x + 2^j \ell - k)$$

$$= \sum_{j=0}^{\infty} 2^{j/2} \, \beta_j \, \sum_{m} \psi(2^j x - m) \; = \; \sum_{j=0}^{\infty} 2^{j/2} \, \beta_j F(2^j x) \; ,$$

其中 $F(x) = \sum_m \psi(x-m)$ 是一个周期函数. 我们有

$$F(x) = \sum_n F_n \, \mathrm{e}^{-2\pi i n x} \; ,$$

其中

$$F_n = \frac{1}{2\pi} \int_0^1 \mathrm{d}x \, F(x) \, \mathrm{e}^{2\pi i n x} = \sqrt{2\pi} \, \hat{\psi}(-2\pi n) \; .$$

在特殊情况下, $\psi = \psi_{\text{Meyer}}$（见第 4 章和第 5 章）, support $\hat{\psi} = \{\xi; \frac{2\pi}{3} \leqslant |\xi| \leqslant \frac{8\pi}{3}\}$, 使得仅当 $n = \pm 1$ 时有 $\hat{\psi}(2\pi n) \neq 0$. 此外, $\hat{\psi}(-2\pi) = \hat{\psi}(2\pi)$. 因此 $F(x) = A \cos(2\pi x)$ 且

$$\sum_{m=0}^{\infty} \alpha_m \, g_m(x) = A \sum_{j=0}^{\infty} \beta_j \, 2^{j/2} \, \cos(2^j 2\pi x) \; .$$

左侧的"完整"小波级数有一个"缺项"的傅里叶展开式! 如果现在选择 β_j 使得 $C_1 2^{-j} \leqslant 2^{j/2} \, \beta_j \leqslant C_2 \, 2^{-j}$, 则可以应用推论 9.4.2, [9] 并得出该函数处处不可微的结论. 对于这一特殊情形, 事实上这是有关缺项傅里叶级数的一个著名结果: 在 $\sum_{j=0}^{\infty} |\gamma_j| < \infty$ 但 $\gamma_j \lambda_j \nrightarrow 0$ 时 $\sum_{j=0}^{\infty} \gamma_j \, \cos(\lambda_j x)$ 定义了一个连续但处处不可微的函数.

另一方面, 如果取一个具有局部奇点的函数, 但它在其他位置为 C^∞, 例如, $f(x) = |\sin \pi x|^{-\alpha}$（其中 $0 < \alpha < 1$）, 则其小波展开式会多少有些缺项（除了使 $2^{-|j|}k$ 接近奇点的少数系数之外, 其他所有系数都在 $-j \to \infty$ 时快速衰减）, 而傅里叶级数是"完整的": $f_n = \gamma_\alpha n^{-1+\alpha} + O(n^{-3+\alpha})$, 其中 $\gamma_\alpha \neq 0$. 在所有傅里叶系数中都可以感受到这种奇点的影响.

附注

1. Calderón–Zygmund 算子有许多不同的定义. 这些不同定义及其演化过程的讨论在 Meyer (1990, vol. 2) 的开头给出. 注意, 这些界在对角线 $x = y$ 上是无穷的, 一般情况下, K 在对角线上是奇异的. 严格来说, 对于对角线上发生的情况更要小心. 确保一切均有定义的一种方法是: 要求 T 从 $\mathcal{D}$ 到 $\mathcal{D}'$ 有界（$\mathcal{D}$ 是所有紧支撑 C^∞ 函数的集合, $\mathcal{D}'$ 是它的对偶, 也就是（非缓增）分布的空间）,

并要求如果 $x \notin \text{support}(f)$ 则 $(Tf)(x) = \int \mathrm{d}y \, K(x,y)f(y)$. 于是得出，$K$ 没有完全决定 T：算子 $(T_1 f)(x) = (Tf)(x) + m(x)f(x)$（其中 $m \in L^\infty(\mathbb{R})$）具有相同的积分核. Meyer (1990, vol. 2) 对此进行了清晰、全面的讨论.

2. 注意，$\|\cdot\|_{L^1_{\text{weak}}}$ 是对范数符号的滥用（但非常方便）. 比如，由 $\| \, |x-1|^{-1} + |x+1|^{-1} \|_{L^1_{\text{weak}}} \geqslant \|(x-1)^{-1}\|_{L^1_{\text{weak}}} + \|(x+1)^{-1}\|_{L^1_{\text{weak}}}$ 可知，三角不等式是不满足的，所以 $\|\cdot\|_{L^1_{\text{weak}}}$ 不是"真正的"范数.

3. 如果省去其中的"weak"（弱），则该定理称为 Riesz–Thorin 定理. 在这种情况下 $K = C_1^t C_2^{1-t}$，因此 $q_1 \leqslant p_1$ 和 $q_2 \leqslant p_2$ 的限制是不必要的.

4.

$$\sum_k (1+|a-k|)^{-1-\epsilon} (1+|b-k|)^{-1-\epsilon} \leqslant \sum_k (1+|a-k|)^{-1-\epsilon}$$

$$\leqslant \sup_{0 \leqslant a' \leqslant 1} \sum_k (1+|a'-k|)^{-1-\epsilon} \leqslant 2 \sum_{\ell=0}^\infty (1+\ell)^{-1-\epsilon} < \infty.$$

5. 不失一般性，可以假设 $a \geqslant 0$. 找出满足 $k \leqslant a \leqslant k+1$ 的 k 值. 则

$$\sum_\ell [(1+|a-\ell|)(1+|a+\ell|)]^{-1-\epsilon}$$

$$\leqslant \sum_{\ell=-\infty}^{-k-1} [(1+(k+|\ell|))(1+(|\ell|-k-1))]^{-1-\epsilon}$$

$$+ \sum_{\ell=-k}^{k} [(1+(k-\ell))(1+(k+\ell))]^{-1-\epsilon}$$

$$+ \sum_{\ell=k+1}^\infty [(1+(\ell-k-1))(1+(\ell+k))]^{-1-\epsilon}$$

$$\leqslant 2 \sum_{\ell=0}^{k} [1+(k-\ell)]^{-1-\epsilon} (1+k)^{-1-\epsilon}$$

$$+ 2 \sum_{\ell=k+1}^\infty [1+(\ell-k-1)]^{-1-\epsilon} (1+2k)^{-1-\epsilon} \leqslant C(1+|a|)^{-1-\epsilon}.$$

6. 在第 5 章的注 9 中看到 $\sum_\ell \phi(x+\ell) = $ 常量. 由于 $\int_{-\infty}^\infty \mathrm{d}x \, \phi(x) = 1$，这个常量必等于 1.

7.

$$\sum_\ell \psi(x+\ell/2) = \sum_\ell \sum_n (-1)^n \, h_{-n+1} \, \phi(2x+\ell-n)$$

$$= \sum_{k,m} (-1)^{m+1}\, h_m\, \phi(2x + k)$$

$$(k = \ell - n,\ m = -n + 1)$$

$$= 0 \qquad \left(\text{因为 } \sum h_{2m} = \sum h_{2m+1}\right).$$

8. 到现在读者已经看到了太多此类估计的例子，所以我将 ψ 为非紧支撑但具有良好衰减特性时对引理 9.4.1 的证明留作练习.

9. 是的，Meyer 的小波没有紧支集，引理 9.4.1 的证明用到了 ψ 为紧支撑这一条件. 但请参阅上面的注 8.

第10章

正交小波基的泛化与技巧

本章包括之前构造的几种泛化形式及扩展. 这些讨论的详细程度不及之前各章. 其中一些主题仍在发展之中, 我估计, 即使仅在两年之后再来编写这些内容, 也会有很大不同. 各节内容包括: 通过张量积多分辨率分析或通过不可分格式来讨论伸缩因子为 2 的多维小波; 伸缩因子为不等于 2 的整数或非整数时的正交小波基; 为获得更佳频率分辨率的 "划分技巧"(事实上, 只是 Coifman 和 Meyer 提出的小波包的一种特例); 区间上的小波基.

10.1 伸缩因子为 2 的多维小波基

为简单起见我们仅考虑二维情形, 更高维度也是类似的. 从 $L^2(\mathbb{R})$ 的正交小波基 $\psi_{j,k}(x) = 2^{-j/2}\,\psi(2^{-j}x - k)$ 入手, 为 $L^2(\mathbb{R}^2)$ 构建正交基的基本方法是: 只需取得两个一维基的张量积函数

$$\Psi_{j_1,k_1;\,j_2,k_2}(x_1, x_2) \;=\; \psi_{j_1,k_1}(x_1)\,\psi_{j_2,k_2}(x_2)\,.$$

所得到的函数就是小波, 且 $\{\Psi_{j_1,k_1;\,j_2,k_2};\, j_1, j_2, k_1, k_2 \in \mathbb{Z}\}$ 是 $L^2(\mathbb{R}^2)$ 的正交基. 在这个基中两个变量 x_1 和 x_2 的伸缩是相互独立的.

还有另外一种构造方式, 它对于许多应用都更有意义, 其中正交小波基的伸缩同时控制了两个变量. 在这一构造中, 考虑的是两个一维多分辨率分析的张量积, 而不是相应小波基的张量积. 更准确地说, 在 $j \in \mathbb{Z}$ 时将空间 $\mathbf{V}_j$ 定义为

$$\boldsymbol{V}_0 \;=\; V_0 \otimes V_0 \;=\; \overline{\mathrm{Span}\{F(x,y) = f(x)g(y); f, g \in V_0\}}\,,$$

$$F \in \boldsymbol{V}_j \Leftrightarrow F(2^j\cdot, 2^j\cdot) \in \boldsymbol{V}_0\,.$$

则 $\boldsymbol{V}_j$ 构成 $L^2(\mathbb{R}^2)$ 中的一个多分辨率阶梯, 且满足

$$\cdots \boldsymbol{V}_2 \subset \boldsymbol{V}_1 \subset \boldsymbol{V}_0 \subset \boldsymbol{V}_{-1} \subset \boldsymbol{V}_{-2} \cdots,$$

$$\bigcap_{j\in\mathbb{Z}} \boldsymbol{V}_j = \{0\}, \quad \overline{\bigcup_{j\in\mathbb{Z}} \boldsymbol{V}_j} = L^2(\mathbb{R}^2).$$

由于在 $n \in \mathbb{Z}$ 时 $\phi(\cdot - n)$ 构成了 V_0 的一个正交基, 所以乘积函数

$$\Phi_{0;n_1,n_2}(x,y) = \phi(x-n_1)\,\phi(x-n_2), \quad n_1, n_2 \in \mathbb{Z}$$

构成了 $\boldsymbol{V}_0$ 的一个正交基, 它是由单个函数 Φ 进行 $\mathbb{Z}^2$ 平移而生成的. 同理,

$$\Phi_{j;n_1,n_2}(x,y) = \phi_{j,n_1}(x)\,\phi_{j,n_2}(y)$$
$$= 2^{-j}\Phi(2^{-j}x - n_1,\, 2^{-j}y - n_2), \quad n_1, n_2 \in \mathbb{Z}$$

构成了 $\boldsymbol{V}_j$ 的一个正交基. 和一维情形中一样, 我们定义: 对于每个 $j \in \mathbb{Z}$, 补空间 $\boldsymbol{W}_j$ 是 $\boldsymbol{V}_j$ 在 $\boldsymbol{V}_{j-1}$ 中的正交补. 我们有

$$\boldsymbol{V}_{j-1} = V_{j-1} \otimes V_{j-1} = (V_j \oplus W_j) \otimes (V_j \oplus W_j)$$
$$= V_j \otimes V_j \oplus [(W_j \otimes V_j) \oplus (V_j \otimes W_j) \oplus (W_j \otimes W_j)]$$
$$= \boldsymbol{V}_j \oplus \boldsymbol{W}_j.$$

可看出, $\boldsymbol{W}_j$ 包括三段, 各部分的正交基分别为 $\psi_{j,n_1}(x)\,\phi_{j,n_2}(y)$ ($W_j \otimes V_j$ 的基)、$\phi_{j,n_1}(x)\,\psi_{j,n_2}(y)$ ($V_j \otimes W_j$ 的基)、$\psi_{j,n_1}(x)\,\psi_{j,n_2}(y)$ ($W_j \otimes W_j$ 的基). 这就引导我们定义三个小波:

$$\Psi^h(x,y) = \phi(x)\,\psi(y),$$
$$\Psi^v(x,y) = \psi(x)\,\phi(y),$$
$$\Psi^d(x,y) = \psi(x)\,\psi(y).$$

(h, v, d 分别表示"水平"、"垂直"、"对角", 见下文.) 则

$$\{\Psi^\lambda_{j;n_1,n_2};\ n_1, n_2 \in \mathbb{Z},\ \lambda = h,\ v,\ d\}$$

是 $\boldsymbol{W}_j$ 的一个正交基, 而

$$\{\Psi^\lambda_{j;\boldsymbol{n}};\ j \in \mathbb{Z},\ \boldsymbol{n} \in \mathbb{Z}^2,\ \lambda = h,\ v,\ d\}$$

是 $\overline{\bigoplus_{j\in\mathbb{Z}} \boldsymbol{W}_j} = L^2(\mathbb{R}^2)$ 的一个正交基.

在这个构造中, 如果原来的一维 ϕ 和 ψ 具有紧支撑, 则 Φ 和 Ψ^λ 明显也是如此. 此外, 5.6 节曾经按照一个分解的子带滤波来解释这种紧支撑小波的正交基,

这一解释对于二维情形依然成立. 滤波可以在二维阵列的"行"和"列"上进行, 分别对应于 (例如) 一幅图像中的水平方向和垂直方向. 图 5.8 变为如图 10.1 所示的二维情形的示意图.

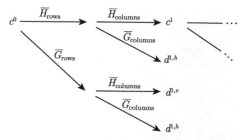

图 10.1 对于一个二维小波分解, 在行列上反复进行低通和高通滤波的示意表示

$d^{1,\lambda}$ 准确对应于小波系数 $\langle F, \Psi_{1;\mathbf{n}}^\lambda \rangle$, 其中 $F = \sum_{\mathbf{n}} c_{\mathbf{n}}^0 \Phi_{0;\mathbf{n}}$. 在一幅图像中, 水平边缘体现在 $d^{1,h}$ 中, 垂直边缘体现在 $d^{1,v}$ 中, 对角边缘体现在 $d^{1,d}$ 中, 如下面的图像示例所示. (这也体现了 h, v, d 等上标的合理性.) 注意, 如果原图像 (c^0) 包含一个 $N \times N$ 阵列, 则 (除去边界效应, 也见 10.6 节) 每个 $d^{1,\lambda}$ 阵列都包含 $\frac{N}{2} \times \frac{N}{2}$ 个元素, 因此可以用一个原图四分之一大小的图像来表示 (系数的大小对应于灰阶). 于是整个方法可以用图 10.2 表示. 当然, 如果希望有多个分辨率层, 可以进一步分解 c^2. 图 10.3 在一幅真实图像上展示了这一分解方法, 其中使用了三个多分辨率层.

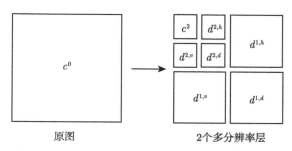

原图　　　　　　　　2个多分辨率层

图 10.2 图 10.3 中二维小波变换的可视化示意图

所有这些都涉及具有张量积结构的二维格式. 还可以考虑这样一种情形: 从一个二维多分辨率分析出发 [V_j 满足 (5.1.1)–(5.1.6) 的所有明显推广条件], 其中的 V_0 不是两个一维 V_0 空间的张量积.[1] 一维情形下的所做的一些 (但不是全部!) 构造可重复用于本情形中. 更准确地说, V_j 的多分辨率结构意味着相应的尺度函数 Φ 对于某一序列 $(h_{\mathbf{n}})_{\mathbf{n} \in \mathbb{Z}^2}$ 满足

$$\Phi(x,y) = \sum_{n_1, n_2} h_{n_1, n_2} \Phi(2x - n_1, 2y - n_2). \tag{10.1.1}$$

$\Phi_{0;\mathbf{n}}$ 的正交性强制三角多项式

$$m_0(\xi, \zeta) = \frac{1}{2} \sum_{n_1, n_2} h_{n_1, n_2}\, \mathrm{e}^{-i(n_1\xi + n_2\zeta)} \tag{10.1.2}$$

图 10.3   一幅真正的图像以及它在三个多分辨率层中的小波分解. 从这些小波分量可以清晰地看出, $d^{j,v}$, $d^{j,h}$, $d^{j,d}$ 分别强调了垂直、水平、对角边缘. 在这里的图像中, 对下图进行了过度曝光, 使 $d^{j,\lambda}$ 中的细节变得更明显. 感谢 M. Barlaud 提供本图

满足

$$|m_0(\xi,\zeta)|^2 + |m_0(\xi+\pi,\zeta)|^2 + |m_0(\xi,\zeta+\pi)|^2 + |m_0(\xi+\pi,\zeta+\pi)|^2 = 1. \tag{10.1.3}$$

要构造一个与这个多分辨率分析相对应的正交小波基, 必须在 V_{-1} 中找到三个与 V_0 正交的小波 Ψ^1, Ψ^2, Ψ^3, 并且它们分别进行整数平移后张成的三个空间是正交

的，此外，$\Psi^\lambda(\cdot - \boldsymbol{n})$ 对于每个固定的 λ 还应当是正交的. 这意味着

$$\hat{\Psi}^\lambda(\xi, \zeta) = m_\lambda\left(\frac{\xi}{2}, \frac{\zeta}{2}\right)\hat{\Phi}\left(\frac{\xi}{2}, \frac{\zeta}{2}\right),$$

其中 m_1, m_2, m_3 使得矩阵

$$\begin{pmatrix} m_0(\xi, \zeta) & m_1(\xi, \zeta) & m_2(\xi, \zeta) & m_3(\xi, \zeta) \\ m_0(\xi + \pi, \zeta) & m_1(\xi + \pi, \zeta) & m_2(\xi + \pi, \zeta) & m_3(\xi + \pi, \zeta) \\ m_0(\xi, \zeta + \pi) & m_1(\xi, \zeta + \pi) & m_2(\xi, \zeta + \pi) & m_3(\xi, \zeta + \pi) \\ m_0(\xi + \pi, \zeta + \pi) & m_1(\xi + \pi, \zeta + \pi) & m_2(\xi + \pi, \zeta + \pi) & m_3(\xi + \pi, \zeta + \pi) \end{pmatrix}$$

(10.1.4)

为酉矩阵. 推导这一条件的分析过程完全类似于 5.1 节中的一维分析. 例如，可参见 Meyer (1990, §III.4).[2]

注意，要构造的小波的个数可以用一种很简单的技巧来确定. 例如，在二维情形中，$\boldsymbol{V}_0$ 是单个函数 $\Phi(x, y)$ 在 $\mathbb{Z}^2$ 上平移生成的；$\boldsymbol{V}_{-1}$ 是由 $\Phi(2x, 2y)$ 在 $\frac{1}{2}\mathbb{Z}^2$ 上平移生成的，或者等价地，由四个函数 $\Phi(2x, 2y)$, $\Phi(2x - 1, 2y)$, $\Phi(2x, 2y - 1)$, $\Phi(2x - 1, 2y - 1)$ 进行 $\mathbb{Z}^2$ 平移而生成. 因此 $\boldsymbol{V}_{-1}$ 是 $\boldsymbol{V}_0$ 的"四倍大". 另一方面，每个 $\boldsymbol{W}_0^j$ 空间都是由单个函数 $\Psi^j(x, y)$ 进行 $\mathbb{Z}^2$ 平移而生成的，因此与 $\boldsymbol{V}_0$ 具有"同等大小". 由此可以得出，需要三个（等于四个减去一个）$\boldsymbol{W}_0^j$ 空间 （从而需要三个 Ψ^j 小波）来构成 $\boldsymbol{V}_0$ 在 $\boldsymbol{V}_{-1}$ 中的补. 这个规则听起来似乎有些随意，但我们可以用更专业的数学术语来重新表示（并证明）它：小波个数等于子群 $\mathbb{Z}^2$ 在群 $\frac{1}{2}\mathbb{Z}^2$ 中不同陪集（不同于 $\mathbb{Z}^2$ 本身）的个数.

同一规则表明，在一般的 n 维情形中有 $2^n - 1$ 个不同函数 m_j 要确定. 它们必须使 $2^n \times 2^n$ 维矩阵

$$U_{r, \mathbf{s}}(\xi_1, \cdots, \xi_n) = m_{r-1}(\xi_1 + s_1\pi, \cdots, \xi_n + s_n\pi) \tag{10.1.5}$$

为酉矩阵，其中 $r = 1, \cdots, 2^n$ 且 $\mathbf{s} = (s_1, \cdots, s_n) \in \{0, 1\}^n$.[3]

事实上，(10.1.4) 或 (10.1.5) 中关于酉性条件的要求需要一种很精巧的平衡关系：必须找到 m_1, m_2, m_3 使得 (10.1.4) 第一行的范数为 1，这似乎没有多大害处，但同时还需要与其他各行的正交性，这其他各行都是第一行的 （关于 ξ 或 ζ 的）平移版本. 行与行的这些关系在实践中很难修改. 首先解决它们是有用的，可以通过所谓的多相分解来完成. 例如，记

$$2m_0(\xi, \zeta) = m_{0,0}(2\xi, 2\zeta) + \mathrm{e}^{-i\xi}m_{0,1}(2\xi, 2\zeta) + \mathrm{e}^{-i\zeta}m_{0,2}(2\xi, 2\zeta)$$
$$+ \mathrm{e}^{-i(\xi+\zeta)}m_{0,3}(2\xi, 2\zeta),$$

关于 $j = 0, \cdots, 3$ 的 $m_{\ell,j}$ 可仿照关于 $\ell = 1, \cdots, 3$ 的 m_ℓ 类似定义. 容易验证 (10.1.3) 等价于

$$|m_{0,0}(2\xi, 2\zeta)|^2 + |m_{0,1}(2\xi, 2\zeta)|^2 + |m_{0,2}(2\xi, 2\zeta)|^2 + |m_{0,3}(2\xi, 2\zeta)|^2 = 1 \ .$$

同理，所有其他可以确保 (10.1.4) 为酉矩阵的条件都可用 $m_{\ell,j}$ 重新表述. 有人发现，(10.1.4) 为酉矩阵的充要条件是多相矩阵

$$\begin{pmatrix} m_{0,0}(\xi, \zeta) & m_{1,0}(\xi, \zeta) & m_{2,0}(\xi, \zeta) & m_{3,0}(\xi, \zeta) \\ m_{0,1}(\xi, \zeta) & m_{1,1}(\xi, \zeta) & m_{2,1}(\xi, \zeta) & m_{3,1}(\xi, \zeta) \\ m_{0,2}(\xi, \zeta) & m_{1,2}(\xi, \zeta) & m_{2,2}(\xi, \zeta) & m_{3,2}(\xi, \zeta) \\ m_{0,3}(\xi, \zeta) & m_{1,3}(\xi, \zeta) & m_{2,3}(\xi, \zeta) & m_{3,3}(\xi, \zeta) \end{pmatrix} \tag{10.1.6}$$

为酉矩阵.

在 n 维情形下，类似地定义

$$2^{n/2} m_r(\xi_1, \cdots, \xi_n) = \sum_{\mathbf{s} \in \{0,1\}^n} e^{-i(s_1\xi_1 + \cdots + s_n\xi_n)} \, m_{r,\mathbf{s}}(2\xi_1, \cdots, 2\xi_n) \ ,$$

U 为酉矩阵等价于由

$$\tilde{U}_{r,\mathbf{s}}(\xi_1, \cdots, \xi_n) = m_{r-1,\mathbf{s}}(\xi_1, \cdots, \xi_n) \tag{10.1.7}$$

定义的多相矩阵 $\tilde{U}$ 为酉矩阵.

于是，这一构造可概括为如下问题：给定 m_0[由 (10.1.1) 和 (10.1.2)]，能否找到使 (10.1.6) 为酉矩阵的 $m_1, \cdots, m_{2^n-1}$？在二维情形中，如果 $m_0(\xi, \zeta)$ 碰巧是一个实三角多项式，则可省去多相矩阵：容易验证，选择 $m_1(\xi, \zeta) = e^{-i\xi} m_0(\xi + \pi, \zeta)$，$m_2(\xi, \zeta) = e^{-i(\xi+\zeta)} m_0(\xi, \zeta + \pi)$, $m_3(\xi, \zeta) = e^{-i\zeta} m_0(\xi + \pi, \zeta + \pi)$ 即可使 (10.1.4) 为酉矩阵. 如果 m_0 不为实多项式，事情会变得更为复杂. 乍看一眼，人们可能会认为这一任务在 n 维一般情况下是无法完成的，这时的 (10.1.7) 是一个 $2^n \times 2^n$ 矩阵：毕竟，我们需要找到一些取决于 ξ_i 的单位向量 [就是 (10.1.7) 中的第二行到最后一行]，它们应当与一个单位向量 [即 (10.1.7) 的第一行] 垂直，也就是与单位球相切. 但众所周知，"不可能对一个球进行梳理"，也就是说，除了实 2 维、4 维、8 维情形之外，不存在与单位球相切的处处不为零的连续向量场. 但 (10.1.7) 中第一列并没有描述完整的球面. 事实上，因为它是 2^n 维空间中 n 个变量 $(\xi_1, \cdots, \xi_n)$ 的连续函数，并且 $2^n > n$，所以它只描述了一个测度为零的紧集. 这一事实扭转了败局，使 $m_1, \cdots, m_{2^n-1}$ 的构造成为可能，如 Gröchenig (1987) 所述，也见 Meyer (1990, §III.6). Gröchenig 的证明不是构造性的，而 Vial (1992) 给出了一个（不同的）构造性证明. 遗憾的是，这些构造并不能强制 Ψ^j 具有紧支集：即使 m_0 是一个三角多项式（仅有限多个 $h_\mathbf{n} \neq 0$），m_j 也不一定是三角多项式.

10.2 具有大于 2 的整数伸缩因子的一维正交小波基

为进行演示, 取伸缩因子为 3. 对于伸缩因子 3 的多分辨率分析, 其定义方式完全与伸缩因子 2 相同, 也就是由 (5.1.1)–(5.1.6) 定义, 除了用

$$f \in V_j \Longleftrightarrow f(3^j \cdot) \in V_0$$

代替 (5.1.4).

我们可以再次使用上面的同一技巧: V_0 由一个函数的整数平移 $\phi(x - n)$ 生成, 而 V_{-1} 由 $\phi(3x - n)$ 生成, 或者等价地说, 由三个函数的整数平移 $\phi(3x)$, $\phi(3x-1)$, $\phi(3x-2)$ 生成. V_{-1} 是 V_0 的 "三倍大", 需要有两个与 V_0 "相同大小" 的空间作为 V_0 的补以便构成 V_{-1}: 需要两个空间 W_0^1 和 W_0^2, 或者两个小波 ψ^1 和 ψ^2.

可以再次由

$$\hat{\phi}(\xi) = m_0(\xi/3)\, \hat{\phi}(\xi/3), \quad \hat{\psi}^\ell(\xi) = m_\ell(\xi/3)\hat{\phi}(\xi/3), \quad \ell = 1, 2$$

引入 m_0, m_1, m_2. 在函数系 $\{\phi_{0,n}, \psi_{0,n}^1, \psi_{0,n}^2;\ n \in \mathbb{Z}\}$ 中, $\phi_{j,n}$ 现在定义为

$$\phi_{j,n}(x) = 3^{-j/2}\, \phi(3^{-j}x - n)$$

($\psi_{j,n}^\ell$ 具有类似定义), 整个函数系的正交性再次对 m_ℓ 设置了几个正交条件, 可以将这些条件汇总为要求矩阵

$$\begin{pmatrix} m_0(\xi) & m_1(\xi) & m_2(\xi) \\ m_0\left(\xi + \dfrac{2\pi}{3}\right) & m_1\left(\xi + \dfrac{2\pi}{3}\right) & m_2\left(\xi + \dfrac{2\pi}{3}\right) \\ m_0\left(\xi + \dfrac{4\pi}{3}\right) & m_1\left(\xi + \dfrac{4\pi}{3}\right) & m_2\left(\xi + \dfrac{4\pi}{3}\right) \end{pmatrix} \tag{10.2.1}$$

为酉矩阵. 我们可以再次使用多相矩阵来重新表述, 移除行与行之间的相关性. 使 (10.2.1) 为酉矩阵的 m_0, m_1, m_2 选择已经在 ASSP 文献中构建而成 [例如, 见 Vaidyanathan (1987)]. 和第 6 章一样, 有以下几个问题: 一是这些滤波器是否对应于真正的 L^2 函数 ϕ, ψ^1, ψ^2, 二是 $\psi_{j,k}^\ell$ 是否构成一个正交基, 三是所有这些函数的正则性如何. 由第 3 章知道, ψ^1 和 ψ^2 的积分必然为零, 对应于 $m_1(0) = 0 = m_2(0)$. 由于 (10.2.1) 第一行的范数对于所有 ξ 必须为 1, 所以可推得 $m_0(0) = 1$ (为使定义 $\hat{\phi}(\xi)$ 的无穷积 $\prod_{j=1}^{\infty} m_0(3^{-j}\xi)$ 收敛, 必须如此). (10.2.1) 第一列的范数对于所有 ξ 也必须为 1, 因此, $m_0(0) = 1$ 意味着 $m_0(\frac{2\pi}{3}) = 0 = m_0(\frac{4\pi}{3})$, 即, $m_0(\xi)$ 可被 $\frac{1 + e^{-i\xi} + e^{-2i\xi}}{3}$ 整除. 另外, 如果希望 ψ^1 和 ψ^2 具有任何平滑度, 则需要 ψ^1 和 ψ^2 的更多消失矩, 根据与之前完全相同的论证过程可得出, 若 $\psi^1, \psi^2 \in C^{L-1}$, 则 $m_0(\xi)$ 可被 $((1 + e^{-i\xi} + e^{-2i\xi})/3)^L$ 整除. 于是就要寻找 $m_0(\xi) = ((1 + e^{-i\xi} + e^{-2i\xi})/3)^N \mathcal{L}(\xi)$

类型的 m_0, 使得　$|m_0(\xi)|^2 + |m_0(\xi + \frac{2\pi}{3})|^2 + |m_0(\xi + \frac{4\pi}{3})|^2 = 1$. 如果 m_0 是一个三角多项式, 这意味着 $L = |\mathcal{L}|^2$ 又是 Bezout 问题的解. 这个最低次数的解可得出具有任意高正则性的函数 ϕ, 但是, 正则指标仅随 N 的增长而呈对数增长 (L. Villemoes, 私人通信).[4] 一旦固定了 m_0, 必须确定 m_1 和 m_2. Vaidyanathan 等 (1989) 介绍的设计方案指明了一条道路. 在这个方案中, 矩阵 (10.2.1)（或者等价的 z 形式）被写为类似矩阵的乘积, 其元素是次数低得多的多项式, 仅用少数几个参数即可决定每个因子矩阵.[5] 如果要求这种矩阵的一个乘积的第一列由我们已经固定的 m_0 给出, 则这些参数的值也类似固定, m_1 和 m_2 可以由乘积矩阵中读取得出.[6]

如果去掉紧支集约束条件, 那么也可能存在其他构建方式. 在 Auscher (1989) 的文献中可以找到一些例子, 其中的 ϕ 和 ψ^ℓ 是衰减速度很快的 C^∞ 函数 （并具有无穷支集）.

关于伸缩因子 3 还有最后一点说明. 我们已经看到, m_0 必然能被 $(1 + e^{-i\xi} + e^{-2i\xi})/3$ 整除. 这个因式在 $\xi = \pi$ 时不会消失 [与伸缩因子为 2 时的因式 $(1 + e^{-i\xi})/2$ 不同]. 但是, 如果我们希望将 m_0 解读为一个低通滤波器, 那么选择 $m_0(\pi) = 0$ 是一个好主意. 为确保这一点, 需要 $\mathcal{L}(\pi) = 0$, 这意味着超出了 $|\mathcal{L}|^2$ 的 Bezout 方程的最低次解.

对于更大的整数伸缩因子可做类似构造. 对于非素数伸缩因子 a, 可以由 a 的因子的构造生成可接受的 m_ℓ, 只是这种方法无法生成伸缩因子 a 的所有解. 例如, 当 $a = 4$ 时, 可以从伸缩因子为 2 的滤波器 m_0 和 m_1 方案入手, 由

$$\tilde{m}_0(\xi) = m_0(\xi)m_0(\xi/2), \qquad \tilde{m}_2(\xi) = m_1(\xi)m_1(\xi/2),$$

$$\tilde{m}_1(\xi) = m_0(\xi)m_1(\xi/2), \qquad \tilde{m}_3(\xi) = m_1(\xi)m_0(\xi/2)$$

定义滤波器 $\tilde{m}_0, \tilde{m}_1, \tilde{m}_2, \tilde{m}_3$（它们仍然是正交的; "~" 符号将它们与伸缩因子为 2 的滤波器区分开）. 给读者留一个练习, 证明这样确实会得出一个正交基. 容易验证, 类似 (10.2.1) 的 4×4 矩阵是酉矩阵. 注意, 对于因子为 4 和因子为 2 的构造来说, 函数 ϕ 是相同的! 10.5 节会再次回来讨论它.

10.3　具有矩阵伸缩因子的多维小波基

这是 10.1 节和 10.2 节的扩展: 多分辨率空间是 $L^2(\mathbb{R}^n)$ 的子空间, 基本伸缩因子是元素为整数的矩阵 D（因此 $D\mathbb{Z}^n \subset \mathbb{Z}^n$）, 使其所有特征值都有严格大于 1 的绝对值（因此, 是在所有方向上进行伸缩）. 小波的个数再次由 $D\mathbb{Z}^n$ 的陪集个数决定. 再次引入 $m_0, m_1, \cdots$, 正交性条件可以表述为要求 $m_0, m_1, \cdots$ 构建的矩阵为酉矩阵. 这些矩阵伸缩情形的分析要比伸缩因子为 2 的一维情形难很多, 而且根据

所选择的矩阵, 会有一些令人惊讶的情况. 一个令人惊讶的情况就是: 推广哈尔基 (也就是选择 m_0, 使它的所有非消失系数均相等) 在许多情况下会得到一个函数 ϕ, 它是一个自相似集合的指示函数, 具有分形边界, 平铺在平面上. 例如, 对于二维情形, $D = \begin{pmatrix} 1 & -1 \\ 1 & 1 \end{pmatrix}$, 有人发现 ϕ 可以是孪生龙集合的指示函数, 如 Gröchenig 和 Madych (1992) 以及 Lawton 和 Resnikoff (1991) 所示. 注意, 如果选择 m_0 为 "非规范的"[例如, 在二维情形选择 $m_0(\xi, \zeta) = \frac{1}{4}(1 + e^{-i\zeta} + e^{-i(\xi+\zeta)} + e^{-i(\xi+2\zeta)})$, 见 Gröchenig 和 Madych (1992)], 那么, 即使对于 $D = 2\,\mathrm{Id}$ 也可能出现这种分形块. 对于更复杂的 m_0 (不是所有系数都相等), 问题就是控制正则性. 在这些多维情形中, ψ_j 的零矩不足以推导 m_0 的分解 (因为知道一个多变量多项式的零点并不足以对其进行分解), 所以必须求助于其他技巧来控制 $\hat{\phi}$ 的衰减.

一种特别有意义的情形是由 "五点栅格" 给出的, 也就是二维情形 $D\mathbb{Z}^2 = \{(m, n); m + n \in 2\mathbb{Z}\}$. 在这种情况下只有一个其他陪集, 因此只构造一个小波, 所以 m_1 的选择和一维情形中伸缩因子为 2 时一样直接. 关于 m_0 和 m_1 的条件简化为要求 2×2 矩阵

$$\begin{pmatrix} m_0(\xi, \zeta) & m_1(\xi, \zeta) \\ m_0(\xi + \pi, \zeta + \pi) & m_1(\xi + \pi, \zeta + \pi) \end{pmatrix}$$

是酉矩阵. 选择

$$m_1(\xi, \zeta) = e^{-i\xi} m_0(\xi + \pi, \zeta + \pi)$$

是很方便的. 注意, 一维情形中任何伸缩因子为 2 的正交基都会为五点方案提供 m_0 和 m_1 的一对候选者: 取 $m_0(\xi, \zeta) = m_0^{\#}(\xi)$ 就足够了 (其中 $m_0^{\#}$ 是一维滤波器).[7] 然而可以为 D 做不同选择. Cohen 和 Daubechies (1993b) 以及 Kovačević 和 Vetterli (1992) 详细研究的两种可能是 $D_1 = \begin{pmatrix} 1 & -1 \\ 1 & 1 \end{pmatrix}$ 和 $D_2 = \begin{pmatrix} 1 & 1 \\ 1 & -1 \end{pmatrix}$. m_0 的同一选择可以为这两个矩阵引出非常不同的小波基. 具体来说, 如果通过上面介绍的机制, 由 6.4 节中的 "标准" 一维小波滤波器 $_N m_0$ 推导了滤波器 m_0, 那么在选择了 D_2 时, 所得到的 ϕ 拥有逐渐增大的正则性 (正则指标与 N 成正比例), 而选择 D_1 时, 所得到的 ϕ 最多是连续的, 与 N 无关. D 的其他选择可能会得出其他结果, 具有不同的正则性质. 当然也可以像在 8.3 节中一样, 选择构造两个双正交基而不是一个正交基. Cohen 和 Daubechies (1993b) 以及 Kovačević 和 Vetterli (1992) 探讨了选择 D_1 和 D_2 的几种可能性. 在这一双正交情形中, 同样可以由一维构造来推导滤波器. 如果从一维构造中的对称双正交滤波器对入手, 所有滤波器都是 $\cos \xi$ 的多项式, 那么只需将每个滤波器中的 $\cos \xi$ 用 $\frac{1}{2}(\cos \xi + \cos \zeta)$ 代替, 获得五点情形中的对称双正交滤波器对.[8] 由于这些例子具有对称性, 所以矩阵 D_1 和 D_2 在这种情况下会给出相同的函数 ϕ 和 $\tilde{\phi}$. 人们再次发现, 完全有可能实现具

有任意高正则性的对称双正交基 [见 Cohen 和 Daubechies (1993b)]. 五点方法在图像处理中很受关注, 因为它对不同方向的处理要比可分 (张量积) 二维方法更一致一些: 五点方法不是选择两个偏爱的方向 (水平和垂直), 而是同等对待水平、垂直和对角方向, 但又不会为实现这一点而引入冗余. Vetterli (1984) 给出了第一个五点子带滤波方案, 它可以消除混叠, 但不能进行准确重构 (当时甚至对于一维情形也还没有发现这一方法). Feauveau (1990) 介绍了正交和双正交方案, 并将它们联系到小波基. Vetterli、Kovačević 和 LeGall (1990) 讨论了完美重建五点滤波方案在 HDTV 中的应用. Antonini、Barlaud 和 Mathieu (1991) 将双正交五点分解与矢量量化结合在一起, 在图像压缩中给出了非常好的结果.

10.4　具有非整数伸缩因子的一维正交小波基

在一维情形中, 我们目前仅讨论了 $\geqslant 2$ 的整数伸缩因子.[9] 但非整数伸缩因子也是可能的. 在多分辨率分析的框架内, 伸缩因子必须为有理数 [10] (其证明请参见 Auscher (1989)). G. David 已在 1985 年指出, Meyer 小波的构造可以推广到伸缩因子 $a = \frac{k+1}{k}$ (其中 $k \in \mathbb{N}$ 且 $k \geqslant 1$), Auscher (1989) 介绍了对任意有理数 a 的构造 [也见 Ruskai 等 (1992) 的文献中收录的 Auscher 的论文]. 我们来介绍一下, 当 $a = \frac{3}{2}$ 时如何对因子为 2 的方案进行修改. 同样从多分辨率分析入手, 如 (5.1.1)–(5.1.6) 中的定义, 以伸缩因子 $\frac{3}{2}$ 代替伸缩因子 2. 我们再次有 $\phi \in V_0 \subset V_{-1} = \overline{\mathrm{Span}\{\phi(\frac{3}{2} \cdot -n)\}}$, 使得

$$\phi(x) = \sqrt{\frac{3}{2}} \sum_n h_n^0 \, \phi\left(\frac{3}{2} \, x - n\right) .$$

(马上就会明白为什么使用上标 0.) 因此

$$\phi(x - 2\ell) = \sqrt{\frac{3}{2}} \sum_n h_n^0 \, \phi\left(\frac{3}{2} \, x - 3\ell - n\right) = \sqrt{\frac{3}{2}} \sum_n h_{n-3\ell}^0 \, \phi\left(\frac{3}{2} \, x - n\right) , \tag{10.4.1}$$

$\phi(\cdot - 2\ell)$ 的正交性意味着

$$\sum_n h_n^0 \, \overline{h_{n-3\ell}^0} = \delta_{\ell 0} . \tag{10.4.2}$$

另一方面, $\phi(\cdot - 1)$ 也在 V_0 中, 因此可以写为 $\phi(\frac{3}{2} x - n)$ 的一种 (不同) 线性组合,

$$\phi(x - 1) = \sqrt{\frac{3}{2}} \sum_n h_n^1 \, \phi\left(\frac{3}{2} \, x - n\right) . \tag{10.4.3}$$

$\phi(x - 2\ell - 1)$ 的正交性, 以及 $\phi(x - 2\ell - 1)$ 关于 $\phi(x - 2\ell)$ 的正交性意味着

$$\sum_n h_n^1 \, \overline{h_{n-3\ell}^1} \;=\; \delta_{\ell 0} \,, \tag{10.4.4}$$

$$\sum_n h_n^1 \, \overline{h_{n-3\ell}^0} \;=\; 0 \,. \tag{10.4.5}$$

所有这些意味着我们事实上拥有两个 m_0 函数，

$$m_0^0(\xi) = \sqrt{\frac{2}{3}} \sum_n h_n^0 \mathrm{e}^{-in\xi}, \quad m_0^1(\xi) = \sqrt{\frac{2}{3}} \sum_n h_n^1 \mathrm{e}^{-in\xi} \,.$$

那 m_1 呢? 对于 $j \in \mathbb{Z}$, 再次将空间 W_j 定义为 V_j 在 V_{j-1} 中的正交补. 注意, V_{-1} 是由 $n \in \mathbb{Z}$ 时的 $\phi(\frac{3}{2}x-n)$ 生成的, 或者等价地说, 由三个函数的偶数次平移生成, 这三个函数是

$$\phi\left(\frac{3}{2}(x-2\ell)\right), \ \phi\left(\frac{3}{2}(x-2\ell)-\frac{1}{2}\right), \ \phi\left(\frac{3}{2}(x-2\ell)-1\right), \ \ell \in \mathbb{Z} \,,$$

分别对应于 $n = 3\ell$, $n = 3\ell+1$, $n = 3\ell+2$. 空间 V_0 由 $\ell \in \mathbb{Z}$ 时的两个函数 $\phi(x-2\ell)$ 和 $\phi(x-2\ell-1)$ 的 $2\mathbb{Z}$ 次平移生成. 由此可推出, 补空间 W_0 由单个函数 $W_0 = \overline{\mathrm{Span}\{\psi(\cdot -2n); n \in \mathbb{Z}\}}$ 的 $2\mathbb{Z}$ 次平移生成. ("W_0 的大小是 V_0 的一半.") 因此, 我们希望有一个 $\psi_{j,k}(x) = (\frac{3}{2})^{-j/2} \psi((\frac{3}{2})^j x - 2k)$ (其中 $j,k \in \mathbb{Z}$) 类型的正交基. 这个函数 ψ 也可以写为 $\phi(\frac{3}{2}x-n)$ 的线性组合,

$$\psi(x) = \sqrt{\frac{3}{2}} \sum_n g_n \phi\left(\frac{3}{2}x-n\right),$$

$\psi(x-2n)$ 的正交性, 再加上 $\phi(x-2n-1)$ 关于 $\phi(x-2n)$ 的正交性意味着

$$\sum_n g_n \, \overline{g_{n-3\ell}} \;=\; \delta_{\ell 0} \,, \tag{10.4.6}$$

$$\sum_n g_n \, \overline{h_{n-3\ell}^0} \;=\; 0 \,, \quad \sum_n g_n \, \overline{h_{n-3\ell}^1} \;=\; 0 \,. \tag{10.4.7}$$

根据定义 $m_1(\xi) = \sqrt{\frac{2}{3}} \sum_n g_n \mathrm{e}^{-in\xi}$, 条件 (10.4.2) 和 (10.4.4)-(10.4.7) 等价于矩阵

$$\begin{pmatrix} m_0^0(\xi) & m_0^1(\xi) & m_1(\xi) \\[2mm] m_0^0\left(\xi+\dfrac{2\pi}{3}\right) & m_0^1\left(\xi+\dfrac{2\pi}{3}\right) & m_1\left(\xi+\dfrac{2\pi}{3}\right) \\[2mm] m_0^0\left(\xi+\dfrac{4\pi}{3}\right) & m_0^1\left(\xi+\dfrac{2\pi}{3}\right) & m_1\left(\xi+\dfrac{4\pi}{3}\right) \end{pmatrix} \tag{10.4.8}$$

为酉矩阵. 这个矩阵看起来与 (10.2.1) 很像, 但这种相似性是有欺骗性的: 在 (10.4.8) 中, 前两列都是由低通滤波器给出, 因为它们都与尺度函数 ϕ ($m_0^0(0) =$

$1 = m_0^1(0))$ 相关联, 而 (10.2.1) 中的第二列则对应于一个高通滤波器. 事实上, 这种 m_0^j 和 m_1 是可以构造的 [具体细节和图形请参见 Auscher (1989)]. 注意, m_0^1 和 m_0^0 密切相关. (10.4.1) 和 (10.4.3) 的傅里叶变换为

$$\hat{\phi}(\xi) = m_0^0\left(\frac{2}{3}\,\xi\right)\,\hat{\phi}\left(\frac{2}{3}\,\xi\right), \quad \hat{\phi}(\xi)e^{-i\xi} = m_0^1\left(\frac{2}{3}\,\xi\right)\,\hat{\phi}\left(\frac{2}{3}\,\xi\right), \tag{10.4.9}$$

意味着

$$m_0^0(\zeta)\,\hat{\phi}(\zeta) = e^{i3\zeta/2}\,m_0^1(\zeta)\,\hat{\phi}(\zeta),$$

它应当对于几乎所有 ζ 都成立. 如果 $\hat{\phi}$ 连续, 则以下论证表明 $\hat{\phi}$ 在某些区间上会成为零. 由于 $\hat{\phi}(0) = (2\pi)^{-1/2}$, 则存在 α, 使得对于 $|\zeta| \leqslant \alpha$ 有 $|\hat{\phi}(\zeta)| \geqslant (2\pi)^{-1/2}/2$. 因此, 对于 $|\zeta| \leqslant \alpha$ 有

$$m_0^0(\zeta) = e^{3i\zeta/2}\,m_0^1(\zeta),$$

从而

$$m_0^0(\zeta + 2\pi) = -e^{3i\zeta/2}\,m_0^1(\zeta + 2\pi).$$

由于 m_0^0 和 m_0^1 也是以 2π 为周期, 所以这意味着, 当 $|\zeta| \leqslant \alpha$ 时有 $m_0^0(\zeta + 2\pi) = 0 = m_0^1(\zeta + 2\pi)$. 由此推出, 当 $|\zeta| \leqslant \alpha$ 时有 $|\hat{\phi}(\frac{3}{2}\zeta + 3\pi)| = 0$. 特别地, 这意味着 ϕ 不是紧支撑的 (ϕ 的紧支撑意味着 $\hat{\phi}$ 是整函数, 而非平凡整函数只能有孤立的零点).

但是, Kovačević 和 Vetterli (1993) 提出了采用有理非整数伸缩因子 (特别是伸缩因子 $\frac{3}{2}$) 的子带滤波器方案, 并已经用 FIR 滤波器构建而成. 其基本思想很简单: 从 c^0 入手, 首先利用 10.2 节中介绍的方案分解为三个子带, 然后利用对应于伸缩因子 2 的合成滤波器重新组合两个最低频带, 这一操作的结果是 c^1, 而在第一次分解之后, 最高的第三频带为 d^1. 相应的框图如图 10.4 所示. 如果所有滤波器都是 FIR 滤波器, 则整个方案也是 FIR 的. 但我们不是刚刚证明了对于伸缩因子 $\frac{3}{2}$ 不存在 FIR 滤波器的多分辨率分析吗? 这一矛盾的破解点在于, 上面的框图并非对应于先前介绍的构建结果. 对图 10.4 进行仔细研究后表明, 这一方案用到了两个不同函数 ϕ^1 和 ϕ^2, 其中的 V_0 由 $n \in \mathbb{Z}$ 时的 $\phi^1(x-2n)$ 和 $\phi^2(x-2n)$ 生成. 用于证明 ϕ 不可能拥有紧支集的论证过程不再适用, ϕ^1 和 ϕ^2 实际上是可以拥有紧支集的. 类似 (10.4.9) 的式子现在是一个与二维矢量 $(\hat{\phi}^1(\xi), \hat{\phi}^2(\xi))$ 和 $(\hat{\phi}^1(\frac{2}{3}\xi), \hat{\phi}^2(\frac{2}{3}\xi))$ 有关的方程, 很难看出如何通过限制滤波器的条件使 ϕ^1 和 ϕ^2 为正则.

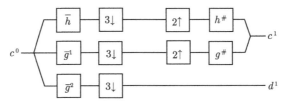

图 10.4　Kovačević 和 Vetterli (1993) 构建的伸缩因子为 $\frac{3}{2}$ 的子带滤波的框图

人们可能很想知道，采用这些分数伸缩因子的理论依据是什么. 答案是，它们可以提供更为精确的频域局部化. 如果伸缩因子为 2，则 $\hat{\psi}$ 基本上就位于 π 和 2π 之间，如图 10.5 中"典型" ψ 的傅里叶变换所示. 对于某些应用，如果拥有一些带宽窄于一个频程的小波基可能会是有用的，而分数伸缩小波基就是一种选择. 下一节概述 Cohen 和 Daubechies (1993a) 给出的另一种不同选择.

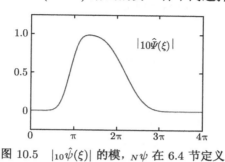

图 10.5 $|_{10}\hat{\psi}(\xi)|$ 的模，$_N\psi$ 在 6.4 节定义

10.5 更好的频率分辨率：划分技巧

假设 h_n 和 g_n 是与伸缩因子为 2 的正交小波基相关联的滤波器系数，即

$$m_0(\xi) = \frac{1}{\sqrt{2}} \sum_n h_n \mathrm{e}^{-in\xi}$$

满足

$$|m_0(\xi)|^2 + |m_0(\xi + \pi)|^2 = 1 , \tag{10.5.1}$$

且

$$g_n = (-1)^n \, h_{-n+1} .$$

于是有以下引理.

引理 10.5.1 取任意函数 f（不一定与小波有任何联系），使得当 $n \in \mathbb{Z}$ 时 $f(\cdot - n)$ 正交. 定义

$$F_1(x) = \sum_n h_n f(x - n) ,$$

$$F_2(x) = \sum_n g_n f(x - n) .$$

则 $\{F_1(\cdot - 2k), F_2(\cdot - 2k); k \in \mathbb{Z}\}$ 是 $E = \overline{Span\,\{f(\cdot - n); n \in \mathbb{Z}\}}$ 的一个正交基.

证明：

1. 由于 $\int \mathrm{d}x \, f(x) \, \overline{f(x - n)} = \delta_{n,0}$，所以有

$$\int \mathrm{d}\xi \, |\hat{f}(\xi)|^2 \mathrm{e}^{-in\xi} = \delta_{n,0} , \quad \text{或者说} \quad \sum_\ell |\hat{f}(\xi + 2\pi\ell)|^2 = (2\pi)^{-1} \text{ 几乎处处成立} .$$

$$\tag{10.5.2}$$

2. $\hat{F}_1(\xi) = \sum_n h_n \mathrm{e}^{-in\xi} \hat{f}(\xi) = \sqrt{2}\, m_0(\xi)\hat{f}(\xi)$.　　　　　　　　　　　(10.5.3)

因此

$$\sum_\ell |\hat{F}_1(\xi + \pi\ell)|^2 = \sum_k \left[|\hat{F}_1(\xi + 2\pi k)|^2 + |\hat{F}_1(\xi + \pi + 2\pi k)|^2 \right]$$

$$= 2\,(2\pi)^{-1}\left[|m_0(\xi)|^2 + |m_0(\xi + \pi)|^2 \right]$$

$$[\text{使用 } (10.5.2) \text{ 和 } (10.5.3)]$$

$$= \pi^{-1} \quad [\text{根据 } (10.5.1)]\ .$$

这意味着

$$\int \mathrm{d}x\, F_1(x)\, \overline{F_1(x - 2k)} = \int \mathrm{d}\xi\, |\hat{F}_1(\xi)|^2\, \mathrm{e}^{-2ik\xi}$$

$$= \sum_\ell \int_0^\pi \mathrm{d}\xi\, |\hat{F}_1(\xi + \pi\ell)|^2\, \mathrm{e}^{-2ik\xi} = \delta_{k0}\ .$$

类似地，可利用 $\hat{F}_2(\xi) = \sqrt{2}\, \mathrm{e}^{-i\xi}\, \overline{m_0(\xi + \pi)}\hat{f}(\xi)$ 证明 $F_2(x - 2k)$ 的正交性.

3. 同理，

$$\int \mathrm{d}x F_1(x)\overline{F_2(x - 2k)} = \int_0^\pi \mathrm{d}\xi \left[\sum_\ell \hat{F}_1(\xi + \pi\ell)\overline{\hat{F}_2(\xi + \pi\ell)} \right] \mathrm{e}^{-2ik\xi} ,\quad (10.5.4)$$

及

$$\sum_\ell \hat{F}_1(\xi + \pi\ell)\overline{\hat{F}_2(\xi + \pi\ell)}$$

$$= \sum_k \left[\hat{F}_1(\xi + 2\pi k)\overline{\hat{F}_2(\xi + 2\pi k)} + \hat{F}_1(\xi + \pi + 2\pi k)\overline{\hat{F}_2(\xi + \pi + 2\pi k)} \right]$$

$$= 2\,(2\pi)^{-1}\left[m_0(\xi)m_0(\xi + \pi)\mathrm{e}^{i\xi} + m_0(\xi + \pi)m_0(\xi)\mathrm{e}^{i(\xi + \pi)} \right]$$

$$= 0\ ,$$

这证明了 $F_1(x - 2k)$ 和 $F_2(x - 2\ell)$ 是正交的.

4. 最后，$F_1(\cdot - 2k)$ 和 $F_2(\cdot - 2k)$ 张成了整个 E，这是因为

$$f(x) = \sum_\ell \left[h_{2\ell}\, F_1(x + 2\ell) + g_{2\ell}\, F_2(x + 2\ell) \right]$$　　　　(10.5.5)

和

$$f(x - 1) = \sum_\ell \left[h_{2\ell+1}\, F_1(x + 2\ell) + g_{2\ell+1}\, F_2(x + 2\ell) \right]\ .$$　　　　(10.5.6)

事实上我们有

$$\sum_\ell h_{2\ell}\, \mathrm{e}^{2i\ell\xi} \hat{F}_1(\xi) + \sum_\ell g_{2\ell}\, \mathrm{e}^{2i\ell\xi} \hat{F}_2(\xi)$$

$$= \left[\overline{m_0(\xi)} + \overline{m_0(\xi+\pi)}\right]\, m_0(\xi)\hat{f}(\xi)$$

$$\qquad + \left[\overline{m_1(\xi)} + \overline{m_1(\xi+\pi)}\right]\, m_1(\xi)\hat{f}(\xi)$$

$$= \hat{f}(\xi)\left\{ [|m_0(\xi)|^2 + |m_1(\xi)|^2] + [m_0(\xi)\overline{m_0(\xi+\pi)} + m_1(\xi)\overline{m_1(\xi+\pi)}] \right\}$$

$$= \hat{f}(\xi)\,,$$

这证明了 (10.5.5). 同理,

$$\sum_\ell h_{2\ell+1}\, \mathrm{e}^{2i\ell\xi} \hat{F}_1(\xi) + \sum_\ell g_{2\ell+1}\, \mathrm{e}^{2i\ell\xi} \hat{F}_2(\xi)$$

$$= \mathrm{e}^{-i\xi}\left[\overline{m_0(\xi)} - \overline{m_0(\xi+\pi)}\right] m_0(\xi)\hat{f}(\xi)$$

$$\qquad + \mathrm{e}^{-i\xi}\left[\overline{m_1(\xi)} - \overline{m_1(\xi+\pi)}\right]\, m_1(\xi)\hat{f}(\xi)$$

$$= \mathrm{e}^{-i\xi}\hat{f}(\xi)\,,$$

这证明了 (10.5.6). ■

引理 10.5.1 是"划分技巧"：它表明, 小波滤波器可用于将任何由正交函数 $f(x-n)$ 张成的空间划分为两部分. 由于 m_0 和 m_1 "生存" 在不同频率范围内 （见图 10.6）, 所以这种划分技巧对应地将 $\hat{f}$ 的支集划分为片段, 并将交替片段分配给 F_1 和 F_2.

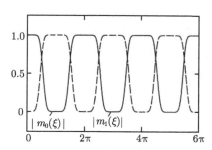

图 10.6　$|_{10}m_0(\xi)|$ 和 $|_{10}m_1(\xi)|$ 的图形, $_N m_0$ 在 6.4 节定义

我们可以将这一划分技巧应用于（近似）单频程带宽空间 W_0, 该空间由因子为 2 的一维多分辨率分析中的 $\psi(\cdot-k)$ 张成. 定义

$$\psi^1(x) = \sum_n h_n\, \psi(x-n)\,, \quad \psi^2(x) = \sum_n g_n\, \psi(x-n)\,,$$

其中 h_n 和 g_n 不一定是构建 ψ 本身时所用的相同滤波器系数. 则

$$W_0 = \overline{\text{Span}\ \{\psi(\cdot - k);\ k \in \mathbb{Z}\}}$$
$$= \overline{\text{Span}\ \{\psi^1(\cdot - 2\ell);\ \ell \in \mathbb{Z}\}} \oplus \overline{\text{Span}\ \{\psi^2(\cdot - 2\ell);\ \ell \in \mathbb{Z}\}}$$
$$= W_0^1 \oplus W_0^2\ .$$

由于 W_j 空间是 W_0 伸缩后的所有版本，所以我们可以为每个 W_j 构造相应的正交基，它们的并集再次成为 $L^2(\mathbb{R})\ =\ \underset{j \in \mathbb{Z}}{\oplus}\ W_j$ 的基. 现在我们定义

$$\psi_{j,\ell}^1(x) = 2^{-j/2}\ \psi^1(2^{-j}x - 2\ell)\ , \quad \psi_{j,\ell}^2(x) = 2^{-j/2}\ \psi^2(2^{-j}x - 2\ell)\ .$$

于是 $\{\psi_{j,\ell}^1, \psi_{j,\ell}^2;\ j, \ell \in \mathbb{Z}\}$ 构成了 $L^2(\mathbb{R})$ 的一个正交基. 由于 $\hat{\psi}^1$ 和 $\hat{\psi}^2$ 是通过"划分" $\hat{\psi}$ 得到的，所以 ψ_1 和 ψ_2 都比 ψ 本身具有更好的频率局部化特性.（其代价是，在 x 空间上具有更大的支集!）图 10.7 示意表示了频率空间的这一划分过程，一方面对应于 W_j，另一方面对应于 W_j^1 和 W_j^2. 注意，频率仍然以对数方式处理，甚至对于 $\psi_{j,k}^1$ 和 $\psi_{j,k}^2$ 也是如此.

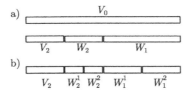

图 10.7　大约对应于带宽 π 的) V_0 划分过程的示意图: (a) 划分为 W_1, W_2, V_2, (b) 划分为 W_1^1, W_1^2, W_2^1, W_2^2, V_2

根据构建过程，$\hat{\psi}^1(\xi) = \sqrt{2}\ m_0(\xi)\ \hat{\psi}(\xi)$ 且 $\hat{\psi}^2(\xi) = \sqrt{2}\ m_1(\xi)\ \hat{\psi}(\xi)$. 由此可推出 $|\hat{\psi}^1(\xi)|^2 + |\hat{\psi}^2(\xi)|^2 = 2|\hat{\psi}(\xi)|^2$，如图 10.8 所示，它还表明，$\hat{\psi}^1$ 和 $\hat{\psi}^2$ 确实将 $\hat{\psi}$ "划分"为两部分，对应于最低和最高的"一半频率".

现在，我们仍然可以通过子带滤波方案计算一个函数相对于 $\psi_{j,k}^1$ 和 $\psi_{j,k}^2$ 的系数，只不过要在"标准"高通滤波之后增加一个高通和低通划分的步骤. 现在的示意图如图 10.9 所示. 注意在 10.2 节最后提出的伸缩因子为 4 的方案.（由伸缩因子为 2 的方案推导而来）中，也包含了这些函数 ψ^1 和 ψ^2.（这个方案中的小波基本上就是 $\psi(x)$，也就是伸缩因子为 2 的原小波，加上 $\sqrt{2}\ \psi^1(2x)$ 和 $\sqrt{2}\ \psi^2(2x)$，其中 ψ^1 和 ψ^2 的定义如上.）

如果以更高维度处理张量积多分辨率分析，那么可以选择使用这种划分技巧. 例如，图 10.10 说明在二维情形中，如何使用划分技巧得到一个正交小波基，使其在频率平面内的角分辨率优于"标准"小波基. 图 10.10(a) 以图形方式在频率平面展示了 10.1 节的构造过程: 小的中心方块对应于（比如说）$\boldsymbol{V}_0$，将其增加两个与 $\boldsymbol{W}_0^v = W_0 \otimes V_0$ 对应的垂直矩形、两个与 $\boldsymbol{W}_0^h = V_0 \otimes W_0$ 对应的水平矩形、四个与

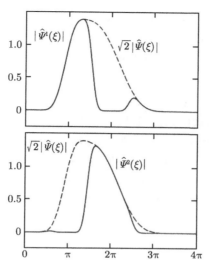

图 10.8　$|\hat{\psi}^1(\xi)|$ 和 $|\hat{\psi}^2(\xi)|$ 的图形，其中选择低通滤波器等于 ${}_{10}m_0(\xi)$（在 6.4 节定义）．虚线是 $\sqrt{2}\,|\hat{\psi}(\xi)|$ 的图形

$\boldsymbol{W}_0^d = W_0 \otimes W_0$ 对应的角落方块，将会得到一个表示 $\boldsymbol{V}_{-1}$ 的更大方块．在下一个环面上重复这一结构，以构建 $\boldsymbol{V}_{-2}$．这一方案的傅里叶平面中的角分辨率不是非常好，如图中所示．图 10.10(b) 给出了在从伸缩因子为 4 的一维多分辨率分析入手时相同的二维构造是什么样子的，如 10.2 节末尾所示．在这种情况下，一维方案中已经有了三个小波，所以二维乘积方案最终会得到 $2 \times 3 + 3^2 = 15$ 个小波．图 10.10(b) 给出多分辨率尺度中的一个步骤（伸缩因子为 4），与两个步骤（伸缩因子为 2），也就是图 10.10(a) 中的两个相邻环，相比较．两幅图的中心部分是相同的，它们之间的唯一区别是图 10.10(a) 的外层环被划分为许多块，得出图 10.10(b)，而内层环未被触及．这相当于划分技巧引理中的"将一个级别划分为两个"，如上所述．其结果是，对于一些小波 [对应于图 10.10(b) 外层的小波] 拥有很好的角分辨率，而对于另外一些 [对应于图 10.10(b) 最中心矩形] 则很差．

图 10.10(c) 再次展示了同一图像，仍然有伸缩因子为 2 的多分辨率分析中的两个步骤，但这次的乘积结构始于本节构建的两个 $\frac{1}{2}$ 频程带宽小波，而不是一频

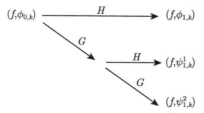

图 10.9　在使用"划分"小波时不同滤波操作的示意图

程带宽小波 ψ. 尺度函数是相同的, 但现在有 $2 \times 2 + 2^2 = 8$ 个小波 [而不是图 10.10(a) 的 3 个或者图 10.10(b) 的 15 个]. 图 10.10(c) 可以由图 10.10(a) 获得: 在水平和垂直方向上将每个环 (内层环与外层环) 分为两半. 这样会提高角落方块 [对应于图 10.10(a) 的 $\boldsymbol{W}_j^d$] 的角分辨率, 但对于那些矩形 [对应于图 10.10(a) 的 $\boldsymbol{W}_j^h$ 或 $\boldsymbol{W}_j^v$] 的角分辨率没有任何好处, 这些矩形在图 10.10(b) 的外层中进行划分更好一些. 可以通过以下方式获得最佳角分辨率: 完全放弃乘积结构, 在 x 和/或 y 上应用 "划分技巧", 在水平和/或垂直方向上划分图 10.10(a) 中的每个 $\boldsymbol{W}_j^\lambda$ 空间, 直到达到所需的分辨率. 图 10.10(d) 给出了一个例子. 它仍然对应于一个正交基, 一种用于分解和重建函数的快速算法, 尽管其组织结构要复杂一些. 如果还需要更好的角分辨率, 可以根据需要在适当位置将此划分过程重复任意次.

10.6　小波包基

上一节具有更好分辨率的小波实际上只是 Coifman 和 Meyer 给出的一种美妙构造的特例, 这种构造称为小波包. 本节只是简要地描述了他们的构造, 在 (比如) Coifman、Meyer 和 Wickerhauser (1992) 的文献中可以找到更多细节, Wickerhauser (1990, 1992) 给出了它在声学信号和图像中的一些应用.

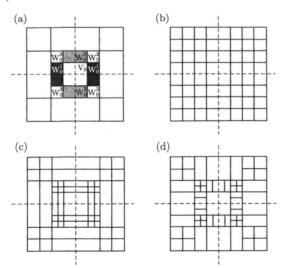

图 10.10　用各种二维多分辨率方案在傅里叶平面内实现的局部化特性示意图, 解释见正文

首先从因子为 2 的 "普通" 多分辨率分析入手, 仅考虑 $j \leqslant 0$ 的 V_j 和 W_j. 下面的分解

$$L^2(\mathbb{R}) = V_0 \oplus \left(\underset{j \leqslant 0}{\oplus} W_j \right)$$

对应于一种频率划分，如图 10.7(a) 的示意表示. 带有启发式地，W_{-1} 是 V_0 和 W_0（它们具有"相同大小"）的"两倍大小"，W_{-2} 具有"四倍大小"，依此类推. 可以想象，通过划分技巧将所有这些简化为相同大小的子空间，W_{-1} 划分一次，W_{-2} 划分两次，依此类推. 这相当于定义了一组函数 $\psi_{\ell;\,\epsilon_1,\cdots,\epsilon_\ell}$，其中的 ℓ 表示原来的 $W_{-\ell}$ 空间 （以这一空间所经历的划分次数），$\epsilon_j = 0$ 或 1 表示在第 j 次划分时选择的是 m_0 还是 m_1. 明确表示为：

$$\hat{\psi}_{\ell;\,\epsilon_1,\cdots,\epsilon_\ell}(\xi) = \left[\prod_{j=1}^{\ell} m_{\epsilon_j}(2^{-j}\xi)\right] m_1(2^{-\ell-1}\xi)\,\hat{\phi}(2^{-\ell-1}\xi)$$

$$= \left[\prod_{j=1}^{\ell} m_{\epsilon_j}(2^{-j}\xi)\right] \hat{\psi}(2^{-\ell}\xi)\,.$$

显然，$\psi_{\ell;\epsilon_1,\cdots,\epsilon_\ell}(x)$ 都是 $\psi(2^\ell x - k)$ 的线性组合，并且划分技巧引理（被应用了 ℓ 次）证明了 $\{\psi_{\ell;\epsilon_1,\cdots,\epsilon_\ell}(\cdot - n);\,\epsilon_1,\cdots,\epsilon_\ell = 0$ 或 $1,\,n \in \mathbb{Z}\}$ 是 $\overline{\mathrm{Span}\,\{\psi(2^\ell \cdot - k);\,k \in \mathbb{Z}\}} = W_{-\ell}$ 的一个正交基. 由此推出，$\{\psi_{\ell;\epsilon_1,\cdots,\epsilon_\ell}(\cdot - n);\,\ell \in \mathbb{N},\,n \in \mathbb{Z},\epsilon_1,\cdots,\epsilon_\ell = 0$ 或 $1\}$ $\cup \{\phi(\cdot - n);\,n \in \mathbb{Z}\}$ 是 $L^2(\mathbb{R})$ 的一个正交基. 注意，这个基对应于一些函数的整数平移，这些函数都具有大体等价的频率局部化特性 [在大体为 π 的带宽中，$\phi(\cdot - n)$ 始于 $|\xi| \leqslant \pi$，$\psi(\cdot - n)$ 始于 $\pi \leqslant |\xi| \leqslant 2\pi$，……]. [11] 这非常类似于加窗傅里叶变换和 4.2.B 小节中的 Wilson 基，通过子带滤波方案，其计算仍然与小波基一样简单.

　　在小波和上面介绍的小波包基之间当然还有许多中间做法：可以选择将一些 $W_{-\ell}$ 空间少划分几次，或者将它的一些子空间相较于其他子空间多划分几次. 这样的每种选择都对应于一个正交基. 此外，存在一些非常高效的算法 （其基础是为不同划分计算"函数熵"），用于确定对于给定信号而言所有这些选择中哪一个最为高效，可参阅 Coifman 和 Wickerhauser (1992).

10.7　区间上的小波基

　　到目前为止，我们讨论的所有一维小波构造都会得出 $L^2(\mathbb{R})$ 的基. 在许多应用中人们仅关注实数轴的一部分：数值分析计算通常是在一个区间上进行，图像集中在一些矩形上，许多分析声音的系统将声音划分为块. 所有这些都涉及到对支撑于一个区间 （比如说 $[0,1]$）上的函数 f 进行分解. 当然，可以决定使用标准的小波基来分析 f，将 $[0,1]$ 之外的函数部分设置为 0，但这样会在边缘处引入人为"跳动"，在小波系数中得到反映. [12] 另外，在计算上也不够高效. 因此，开发一些"生存在区间"上的小波是有用的.

　　解决这个问题的第一种方法是使用 9.3 节介绍的周期化小波. 它们的计算效率

很高, 但使用这些小波相当于利用普通的 (非周期) 小波来分析周期函数 $\tilde{f}$, 其定义为 $\tilde{f}(x) = f(x - \lfloor x \rfloor)$ (其中 $\lfloor x \rfloor$ 表示不超过 x 的最大整数). 除非 f 已是周期函数, 否则同样会在边界 0 和 1 处引入 "跳动", 在接近 0 和 1 处很大的精细尺度小波系数正反映了这一点.

还有另外一种解决方案, 由 Meyer (1992) 提出, 不存在这种不便, 其基础是具有紧支集的正交小波基. 在这种构造中, 如果小波的支集包含在 $[0,1]$ 内部, 不会到达 0 或 1 处, 那这些小波就保持原样, 但在边缘处会为其补充一些经过特殊调整的函数. 先来说明一下这种思想是如何在半个数轴 (而不是一个区间) 实行的. 这种简化可以让我们仅应对一个边界, 不用考虑在最粗略尺度上所需的调整, 在这些调整中是需要同时处理 $[0,1]$ 的两个边界的. 定义

$$\phi_{j,k}^{\mathrm{half}}(x) = \begin{cases} \phi_{j,k}(x) , & \text{如果 } x \geqslant 0 , \\ 0 , & \text{其他} , \end{cases}$$

$$V_j^{\mathrm{half}} = \overline{\mathrm{Span}\,\{\phi_{j,k}^{\mathrm{half}};\ k \in \mathbb{Z}\}} .$$

空间 V_j^{half} 也可以看作是 V_j 中的函数限制于 $[0,\infty)$ 上的部分所形成的空间. 如果假设原尺度函数 ϕ 具有支集 $[0, 2N-1]$, 则当 $k \leqslant -2N+1$ 时 $\phi_{j,k}^{\mathrm{half}}(x) = 0$, 于是仅考虑 $k > -2N+1$ 时的 $\phi_{j,k}^{\mathrm{half}}$. 除 $2N-2$ 外, 所有这些函数在限制过程都未被触及: 若 $k \geqslant 0$, 则 $\phi_{j,k}^{\mathrm{half}}(x) = \phi_{j,k}(x)$, 于是, 这些函数仍然是正交的. 当 $k = -1, \cdots, -(2N-2)$ 时 $2N-2$ 个函数 $\phi_{j,k}^{\mathrm{half}}$ 相互独立, 当 $k \geqslant 0$ 时, 它们也独立于 $\phi_{j-1,k}$. 现在定义 W_j^{half} 是 V_j^{half} 在 V_{j-1}^{half} 中的正交补. 为方便起见, 若平移 ψ 使它也支撑于 $[0, 2N-1]$ 上, 那么 $\psi_{j,k}^{\mathrm{half}}$ ($\psi_{j,k}$ 限制在 $[0,\infty)$ 上的部分) 在 $k \geqslant 0$ 时显然属于 W_j^{half}, 这是因为, 它们正交于所有 $\phi_{j,k}^{\mathrm{half}}$, 并且位于 V_{j-1}^{half}. 那 $k = -1, \cdots, -(2N-2)$ 时的 $\psi_{j,k}^{\mathrm{half}}$ 呢? (如果 k 还要小, $k \leqslant -2N+1$, 则 $\psi_{j,k}^{\mathrm{half}} \equiv 0$.) 事实上 [见 Meyer (1992)], $k = -N, -(N+1), \cdots, -(2N-2)$ 时的 $\psi_{j,k}^{\mathrm{half}}$ 属于 V_j^{half}, 即, 它们都正交于 W_j^{half}. $k = -1, \cdots, -(N-1)$ 时的其他 $\psi_{j,k}^{\mathrm{half}}$ 构成了 W_j^{half}. 事实上, 我们有

$$\{\phi_{j,k}^{\mathrm{half}};\ k \geqslant -(2N-2)\} \cup \{\psi_{j,k}^{\mathrm{half}};\ k \geqslant -N(-1)\}$$

是 V_{j-1}^{half} 的一个 (非正交) 基.[13] 为使这个基变为正交基, 可执行以下步骤.

(1) 实现 $k = -1, \cdots, -(2N-2)$ 时 $\phi_{0,k}^{\mathrm{half}}$ 的正交化. 所得到的函数, 也就是 $k = -1, \cdots, -(2N-2)$ 时 $\tilde{\phi}_k$, 自动正交于 $k \geqslant 0$ 时的 $\phi_{0,k}$, 它们一同提供了 V_0^{half} 的一个正交基. 如果定义

$$\tilde{\phi}_{j,k}(x) = 2^{-j/2}\,\tilde{\phi}_k(2^{-j}x), \quad j \in \mathbb{Z},\ k = -1, \cdots, -(2N-2) ,$$

则对于任意 $j \in \mathbb{Z}$, $\{\phi_{j,k};\ k \geqslant 0\} \cup \{\tilde{\phi}_{j,k};\ k = -1, \cdots, -(2N-2)\}$ 是 V_j^{half} 的一个正交基.

(2) 通过定义

$$\psi_k^{\#} = \psi_{0,k}^{\text{half}} - \sum_{\ell=0}^{2N-2} \langle \psi_{0,k}^{\text{half}}, \tilde{\phi}_\ell \rangle \, \tilde{\phi}_\ell$$

将 $k = -1, \cdots, -(N-1)$ 时的 $\psi_{0,k}^{\text{half}}$ 投影到 W_0^{half} 上.

(3) 实现 $\psi_k^{\#}$ 的正交化. 所得到的函数, 也就是 $k = -1, \cdots, -(N-1)$ 时的 $\tilde{\psi}_k$, 加上 $k \geqslant 0$ 时的 $\psi_{0,k}^{\text{half}}$, 为 W_0^{half} 提供了一个正交基. 可以再次定义

$$\tilde{\psi}_{j,k}(x) = 2^{-j/2} \, \tilde{\psi}_k(2^{-j}x), \quad j \in \mathbb{Z}, \; k = -1, \cdots, -(N-1) \,,$$

于是 $\{\tilde{\psi}_{j,k}; \; k = -1, \cdots, -(N-1)\} \cup \{\psi_{j,k}; \; k \geqslant 0\}$ 是 W_j^{half} 的一个正交基. 所有这些基 (j 在 $\mathbb{Z}$ 范围内变化) 的并集给出 $L^2([0, \infty))$ 的一个基.

所得到的基不仅是 $L^2([0, \infty))$ 的正交基, 还为限制在半数轴上的赫尔德空间提供了无条件基 (也就是说, 它们甚至 "正确地" 处理了 0 处的正则性), 等等, 其证明见 Meyer (1992). 要在实践中实现所有这些, 需要在边界处额外计算滤波器系数, 对应于用 $\ell = -1, \cdots, -(2N-2)$ 时的 $\tilde{\phi}_{-1,\ell}$ 和 $\ell = 0, \cdots, 4N-5$ 时的 $\phi_{-1,\ell}$ 展开 $k = -1, \cdots, -(N-1)$ 时的 $\tilde{\psi}_{0,k}$ 和 $k = -1, \cdots, -(2N-2)$ 时的 $\tilde{\phi}_{0,k}$. 它们可以由原 h_ℓ 计算, 表格在 Cohen、Daubechies 和 Vial (1993) 的文献中给出. 这篇论文中还包含一种替代方法, 该方法改进了 Meyer 构造, 在边缘处增加的函数更少 (只有 N 个, 而不是 $2N-2$ 个), 却仍能正确处理甚至是在边缘处的正则性.

关于区间上的小波基的最后一条注释. 在图像分析中, 在处理边界效应时习惯于用图像的镜像来扩展图像, 越过边缘: 这种扩展避免了由于周期化或以 0 进行扩展带来的不连续 (不过, 在导数中仍然会有不连续). 众所周知, 这意味着边界效应被降至最低, 只要所用滤波器是对称的, 就不需要引入额外的系数 (来处理边界). 同样的技巧可用于提供 $[0, 1]$ 上的双正交小波基, 其工作量要远少于 Meyer (1992) 或 Cohen、Daubechies 和 Vial (1993) 的文献中的区间上的正交小波基.

若 f 是 $\mathbb{R}$ 上的一个函数, 则可以定义 $[0, 1]$ 上的一个函数, 做法是在 0 和 1 处 "折叠" f 的图形. 第一次折叠位于 0 处, 它相当于用 $f(x) + f(-x)$ 来代替 $f(x)$. 折叠两个伸出 1 之外的尾部 (一个来自原 f, 另一个来自在负半轴上折叠的部分), 将得到 $f(x) + f(-x) + f(2-x) + f(x+2)$. 如果继续像这样折叠, 最终会得到

$$f^{\text{fold}}(x) = \sum_{\ell \in \mathbb{Z}} f(x - 2\ell) + \sum_{\ell \in \mathbb{Z}} f(2\ell - x) \,. \tag{10.7.1}$$

为后面方便, 请注意 [14]

$$\int_0^1 \mathrm{d}x \, f^{\text{fold}}(x) \, \overline{g^{\text{fold}}(x)} = \int_{-\infty}^{\infty} \mathrm{d}x \, f(x) \, \overline{g^{\text{fold}}(x)} \,. \tag{10.7.2}$$

现在取 ψ 和 $\tilde{\psi}$, 它们是为 $L^2(\mathbb{R})$ 生成双正交小波基的两个小波, 相关联的尺度函数为 ϕ 和 $\tilde{\phi}$, 如 8.3 节中的构造. 另外假设 ϕ 和 $\tilde{\phi}$ 关于 $\frac{1}{2}$ 对称, $\phi(1-x) = \phi(x)$, $\tilde{\phi}(1-$

$x) = \tilde{\phi}(x)$, 并且 ψ 和 $\tilde{\psi}$ 关于 $\frac{1}{2}$ 反对称, $\psi(1-x) = -\psi(x)$, $\tilde{\psi}(1-x) = -\tilde{\psi}(x)$. (8.3 节构造了这样的例子.) 向 $\psi_{j,k}$ 和 $\tilde{\psi}_{j,k}$ 应用 "折叠" 方法,

$$
\begin{aligned}
\psi_{j,k}^{\text{fold}}(x) &= 2^{-j/2} \sum_{\ell \in \mathbb{Z}} \psi(2^{-j}x - 2^{-j+1}\ell - k) \\
&\quad + 2^{-j/2} \sum_{\ell \in \mathbb{Z}} \psi(2^{-j+1}\ell - 2^{-j}x - k) \\
&= 2^{-j/2} \sum_{\ell} \psi(2^{-j}x - 2^{-j+1}\ell - k) \\
&\quad - 2^{-j/2} \sum_{\ell \in \mathbb{Z}} \psi(2^{-j}x - 2^{-j+1}\ell + 1 + k) \,,
\end{aligned}
\tag{10.7.3}
$$

$\tilde{\psi}_{j,k}^{\text{fold}}$ 做类似定义. 我们仅关注 $j \leqslant 0$, 或者说当 $J \geqslant 0$ 时的 $j = -J$, 对于此等情况, 可将 (10.7.2) 改写为

$$
\psi_{j,k}^{\text{fold}} = \sum_{\ell \in \mathbb{Z}} \left[\psi_{-J,k+2^{J+1}\ell} - \psi_{-J,2^{J+1}\ell-k-1} \right] \,.
$$

另外还定义 $\phi_{j,k}^{\text{fold}}$ 和 $\tilde{\phi}_{j,k}^{\text{fold}}$. 因为 $\phi(x) = \phi(1-x)$ 且 $\tilde{\phi}(x) = \tilde{\phi}(1-x)$, 所以求得

$$
\phi_{j,k}^{\text{fold}} = \sum_{\ell \in \mathbb{Z}} \left[\phi_{-J,k+2^{J+1}\ell} + \phi_{-J,2^{J+1}\ell-k-1} \right] \,.
$$

显然, 当 $m \in \mathbb{Z}$ 时 $\phi_{-J,k+2^{J+1}m}^{\text{fold}} = \phi_{-J,k}^{\text{fold}}$, 所以只需要考虑 $k = 0, \cdots, 2^{J+1} - 1$ 等值. 此外, $\phi_{-J,2^{J+1}-k-1}^{\text{fold}} = \phi_{-J,k}^{\text{fold}}$, 这意味着可以仅考虑 $k = 0, \cdots, 2^J - 1$. 类似的论证过程可以证明, 只需要考虑 $k = 0, \cdots, 2^J - 1$ 时的 $\psi_{-J,k}^{\text{fold}}$. 引人注目的是, 当 $0 \leqslant k, k' \leqslant 2^J - 1$ 时 $\phi_{-J,k}^{\text{fold}}$ 和 $\tilde{\phi}_{-J,k'}^{\text{fold}}$ 在 $[0,1]$ 上仍然是双正交的. 为证明这一点, 可以利用 (10.7.1):

$$
\begin{aligned}
\int_0^1 \mathrm{d}x \, \phi_{-J,k}^{\text{fold}}(x) \, \overline{\tilde{\phi}_{-J,k'}^{\text{fold}}(x)} \\
= \sum_{\ell \in \mathbb{Z}} \left[\langle \phi_{-J,k}, \tilde{\phi}_{-J,k'+2^{J+1}\ell} \rangle + \langle \phi_{-J,k}, \tilde{\phi}_{-J,2^{J+1}\ell-k'} \rangle \right] \\
= \sum_{\ell \in \mathbb{Z}} \left(\delta_{k,k'+2^{J+1}\ell} + \delta_{k,2^{J+1}\ell-k'} \right) = \delta_{k,k'}
\end{aligned}
\tag{10.7.4}
$$

$$
\left(\text{因为 } 0 \leqslant k, k' \leqslant 2^J - 1 \right).
$$

这一双正交性意味着当 $k = 0, \cdots, 2^J - 1$ 时 $\phi_{-J,k}^{\text{fold}}$ 都是独立的, 为 $V_{-J}^{\text{fold}} = \{f^{\text{fold}}; f \in V_{-J}\}$ 提供了一个基. (对于 $\tilde{\phi}_{-J,k}^{\text{fold}}$ 这同样成立.) 我们还可以用 $W_{-J}^{\text{fold}} = \{f^{\text{fold}}; f \in W_{-J}\}$ 定义空间 W_{-J}^{fold} 和 $\tilde{W}_{-J}^{\text{fold}}$. 显然, W_{-J}^{fold} 是由 $k = 0, \cdots, 2^J - 1$ 时的 $\psi_{-J,k}^{\text{fold}}$ 张成的. 此外, 类似于 (10.7.4) 的计算表明

$$\int_0^1 dx \; \psi_{-J,k}^{\mathrm{fold}}(x) \; \overline{\tilde{\phi}_{-J,k'}^{\mathrm{fold}}(x)} \; = \; 0 \; ,$$

$$\int_0^1 dx \; \psi_{-J,k}^{\mathrm{fold}}(x) \; \overline{\tilde{\psi}_{-J,k'}^{\mathrm{fold}}(x)} \; = \; \delta_{k,k'} \; ,$$

证明了 $W_{-J}^{\mathrm{fold}} \perp \tilde{V}_{-J}^{\mathrm{fold}}$，并且当 $0 \leqslant k \leqslant 2^J - 1$ 时 $\psi_{-J,k}^{\mathrm{fold}}$ 是独立的. 由此可知,"折叠后" 的结构继承了未折叠原始信号的所有性质 (空间的嵌套、双正交、基性质,等等). 与这些折叠后的双正交基相对应的滤波器系数可通过类似方式获得: 在对应于 $x = 0$ 和 1 的边缘处进行折叠. 如果 $\psi, \tilde{\psi}, \phi, \tilde{\phi}$ 是紧支撑的, 则只有边界附近的滤波器系数受影响. 在 Cohen、Daubechies 和 Vial (1993) 的文献中给出了一些例子. 因为用这些折叠后的双正交小波分析 $[0,1]$ 上的 f, 就相当于通过映象将 f 扩展到整个 $\mathbb{R}$, 并用原双正交小波来分析这一扩展结果, 但是, 我们不能指望用这一方法来表征 $[0,1]$ 上超出赫尔德指数 1 的赫尔德空间. 相对于周期化小波而言, 这是一个进步, 但与 $[0,1]$ 上的正交小波基相比, 它又不够高效. 如需更多细节, 请参阅 Cohen、Daubechies 和 Vial (1993) 的文献.

附注

1. 下面给出一个例子. 设 Γ 是一个六边形格点, $\Gamma = \{n_1 e_1 + n_2 e_2; \; n_1, n_2 \in \mathbb{Z}\}$, 其中 $e_1 = (1,0)$, $e_2 = (1/2, \sqrt{3}/2)$. Γ 将 $\mathbb{R}^2$ 的一个划分定义为等边三角形. 定义 V_0 为 $L^2(\mathbb{R})$ 中连续函数的空间, 它在这些三角形上分段仿射. Jaffard (1989) 构建了这个多分辨率分析的正交基. Cohen 和 Schlenker (1993) 构建了具有这种六边形对称性的紧支撑小波的双正交基.

2. 也可以用矩阵形式来表述 5.1 节中的一维条件: 在这种情况下我们有 $\hat{\psi}(\xi) = m_1(\xi/2) \hat{\phi}(\xi/2)$, 条件为 $|m_0(\xi)|^2 + |m_0(\xi+\pi)|^2 = 1$, $|m_1(\xi)|^2 + |m_1(\xi+\pi)|^2 = 1$, $m_0(\xi) \overline{m_1(\xi)} + m_0(\xi+\pi) \overline{m_1(\xi+\pi)} = 0$, 分别确保了 $\{\phi_{0,n}; \; n \in \mathbb{Z}\}$ 的正交性、$\{\psi_{0,n}; \; n \in \mathbb{Z}\}$ 的正交性和这两个矢量集合的正交性. 但这些条件等价于要求矩阵 $\begin{pmatrix} m_0(\xi) & m_1(\xi) \\ m_0(\xi+\pi) & m_1(\xi+\pi) \end{pmatrix}$ 为酉矩阵.

3. 如果喜欢用 $1, \cdots, 2^n$ 来索引 U 中的元素, 而不是使用 $\{0,1\}^n$ 的元素, 那么可以定义 $\sigma = 1 + \sum_{j=1}^n s_j 2^{j-1} \in \{1, \cdots, 2^n\}$ 对 $\mathbf{s} \in \{0,1\}^n$ 重新编号.

4. 到目前为止, 我还不知道哪种显式算法可以为伸缩因子 3 提供 m_0 的一个无穷族, 使其正则性随滤波器支集宽度成正比增加.

5. 对伸缩因子 2 可进行相同处理, 其因子矩阵甚至要更简单一些. 基本思路是: 如果 $|m_0(\xi)|^2 + |m_0(\xi+\pi)|^2 = 1$, 则对于任意 $\gamma \in \mathbb{R}$ 和 $n \in \mathbb{Z}$, $m_0^{\#}(\xi) = (1 + \gamma^2)^{-1/2} \left[m_0(\xi) + \gamma e^{-i(2n+1)\xi} \overline{m_0(\xi+\pi)} \right]$ 也将满足 $|m_0^{\#}(\xi)|^2 + |m_0^{\#}(\xi+\pi)|^2 = 1$. 如果 $m_0(\xi) = \sum_{n=0}^{2N+1} \alpha_n e^{-in\xi}$, 则选择 $n = N+1$ 较为方便, 可推出 $m_0^{\#}(\xi) =$

$\sum_{n=0}^{2N+3} \alpha_n^{\#} e^{-in\xi}$. 所有这些都可以改写为矩阵形式

$$
\begin{pmatrix} m_0^{\#}(\xi) \\ e^{-i(2N+3)\xi}\, \overline{m_0^{\#}(\xi+\pi)} \end{pmatrix}
$$

$$
= (1+\gamma^2)^{-1/2} \begin{pmatrix} 1 & \gamma e^{-2i\xi} \\ -\gamma & e^{-2i\xi} \end{pmatrix} \begin{pmatrix} m_0(\xi) \\ e^{-i(2N+1)\xi}\, \overline{m_0(\xi+\pi)} \end{pmatrix}.
$$

整个操作将 m_0 的阶数提高了 2. 另外还可以证明 [Vaidyanathan 和 Hoang (1988)]，任何满足 $|m_0(\xi)|^2 + |m_0(\xi+\pi)|^2 = 1$ 的三角多项式 m_0 都可以通过将这种 γ 矩阵作用于两抽头滤波器来得到. 在 6.4 节的构造中没有用到这一方法，因为它没有保持 m_0 可被 $(1+e^{-i\xi})$ 整除：如果要求最终的 m_0 可被 $(1+e^{-i\xi})$ 整除，则会导致对参数 γ_j 施加高度非线性的约束条件. 但是这种方法有一个好处，可以得出滤波器的简单实现（直接使用 γ_j），关于 γ_j 的舍入误差不会破坏精确重建性质.

无论如何，如 Doğanata、Vaidyanathan 和 Nguyen (1988) 的文献所示，类似的矩阵方法可用于两个以上的通道，或者参见 Vaidyanathan 等 (1989) 的文献，其中给出了更实用的矩阵因子. 这些矩阵分解方法可追溯到 Belevitch (1968) 在电路理论方面的研究.

6. 这个用于确定 m_1 和 m_2 的方法是 W. Lawton 和 R. Gopinath (私人通信, 1990) 向我介绍的.

7. 但这种一维滤波器在实践中没有什么用处!

8. 许多作者都已经注意到这一点. 最早的参考文献似乎是 McClellan (1973). 我们也可以将一维 $\cos\xi$ 用 $\alpha \cos\xi + (1-\alpha)\cos\zeta$[①] 代替，其中 $\alpha \in \mathbb{R}$ 可任意选择，但如果不做出对称选择 $\alpha = \frac{1}{2}$，似乎没有什么意义.

9. 有人可能会说，10.3 节讨论的一些高维方案对应于非整数伸缩因子. 例如，在二维情形中，矩阵 $D_1 = \begin{pmatrix} 1 & 1 \\ 1 & -1 \end{pmatrix}$ 和 $D_2 = \begin{pmatrix} 1 & -1 \\ 1 & 1 \end{pmatrix}$ 都满足 $D^8 = 16\,\mathrm{Id}$，因此单个伸缩可看作是伸缩 $\sqrt{2}$（组合旋转和/或反射）.

10. 如果还考虑不是由多分辨率分析得出的正交小波基，那就不知道是否允许使用无理数伸缩因子了.

11. 但对于大的 ℓ, $\hat{\psi}_{\ell,\epsilon_1,\cdots,\epsilon_\ell}$ 的集中程度不像本讨论中暗示的那么好，见 Coifman、Meyer 和 Wickerhauser (1992). 在图 10.8 中已经可以注意到这一点了，其中的 $\hat{\psi}^1$ 和 $\hat{\psi}^2$ 具有"旁瓣".

---

① 原书为 $(\alpha\cos\xi + (1-\alpha)\cos\zeta)/2$, 考虑 $\alpha = 1$ 的情形可知无需 "/2"，也请参见正文第 299 页的 $\frac{1}{2}(\cos\xi + \cos\zeta)$，那是 $\alpha = \frac{1}{2}$ 的情形. —— 编者注

12. 在图像分析中经常会通过映象将 f 延伸到图像的边界之外. 这一扩展是连续的, 但其导数仍然存在 "跳变". 在 10.7 节的最后将会再讨论这一点.

13. 这些断言中有一些是高度非平凡的! Meyer (1992) 的文献中有很大一部分是专门用来证明它们的, Lemarié 和 Malgouyres (1991) 最近找到了更为简单的证明.

14. 我们有

$$\int_0^1 dx \, f^{\text{fold}}(x) \, \overline{g^{\text{fold}}(x)}$$

$$= \sum_{\ell,\ell'} \int_0^1 dx \, \left[f(x+2\ell) \, \overline{g(x+2\ell')} + f(x+2\ell) \, \overline{g(2\ell'-x)} \right.$$

$$\left. + f(2\ell-x) \, \overline{g(x+2\ell')} + f(2\ell-x) \, \overline{g(2\ell'-x)} \right]$$

$$= \sum_{\ell,m} \int_{2\ell}^{2\ell+1} dx \, f(x) \, \overline{g(x+2m)} + \sum_{\ell,n} \int_{2\ell}^{2\ell+1} dx \, f(x) \, \overline{g(2n-x)}$$

$$+ \sum_{\ell,m'} \int_{2\ell-1}^{2\ell} dy \, f(y) \, \overline{g(2m'-y)} + \sum_{\ell,n'} \int_{2\ell-1}^{2\ell} dy \, f(y) \, \overline{g(y+2n')}$$

$$= \int_{-\infty}^{\infty} dx \, f(x) \sum_m \overline{g(x+2m)} + \int_{-\infty}^{\infty} dx \, f(x) \sum_m \overline{g(2m-x)}$$

$$= \int_{-\infty}^{\infty} dx \, f(x) \, \overline{g^{\text{fold}}(x)} \, .$$

参 考 文 献

 已发表的论文和已安排发表的论文按发表或将要发表的年份标记，其他预印文献按编写年份标记. 这样可能会破坏年代排序，但由于不同杂志出版速度的差异，官方出版日期也可能存在差异.

M. ANTONINI, M. BARLAUD, P. MATHIEU (1991), *Image coding using lattice vector quantization of wavelet coefficients*, Proc. IEEE Internat. Conf. Acoust. Signal Speech Process., pp. 2273–2276.

M. ANTONINI, M. BARLAUD, P. MATHIEU, I. DAUBECHIES (1992), *Image coding using wavelet transforms*, IEEE Trans. Image Process., 1, pp. 205–220.

F. ARGOUL, A. ARNÉODO, J. ELEZGARAY, G. GRASSEAU, R. MURENZI (1989), *Wavelet transform of two-dimensional fractal aggregates*, Phys. Lett. A, 135, pp. 327–336.

F. ARGOUL, A. ARNÉODO, G. GRASSEAU, Y. GAGNE, E. J. HOPFINGER, U. FRISCH (1989), *Wavelet analysis of turbulence reveals the multifractal nature of the Richardson cascade*, Nature, 338, pp. 51–53.

A. ARNÉODO, F. ARGOUL, J. ELEZGARAY, G. GRASSEAU (1988), *Wavelet transform analysis of fractals: Application to nonequilibrium phase transitions*, in Nonlinear Dynamics, G. Turchetti, ed., World Scientific, Singapore, p. 130.

E. W. ASLAKSEN, J. R. KLAUDER (1968), *Unitary representations of the affine group*, J. Math. Phys., 9, pp. 206–211; 另见 *Continuous representation theory using the affine group*, J. Math. Phys., 10 (1969), pp. 2267–2275.

P. AUSCHER (1989), *Ondelettes fractales et applications*, Ph.D. Thesis, Université Paris, Dauphine, Paris, France.

—— (1990), *Symmetry properties for Wilson bases and new examples with compact support*, Université de Rennes, France, in Wavelets: Mathematics and Applications, J. Benedetto, M. Frazier, eds., CRC Press, to appear.

——— (1992), *Wavelet bases for $L^2(\mathbb{R})$, with rational dilation factor*, in Ruskai et al. (1992), pp. 439–452.

P. AUSCHER, G. WEISS, M.V. WICKERHAUSER (1992), *Local sine and cosine bases of Coifman and Meyer and the construction of smooth wavelets*, in Chui (1992b).

H. BACRY, A. GROSSMANN, J. ZAK (1975), *Proof of the completeness of lattice states in the kq-representation*, Phys. Rev., B12, pp. 1118–1120.

R. BALIAN (1981), *Un principe d'incertitude fort en théorie du signal ou en mécanique quantique*, C. R. Acad. Sci. Paris, 292, Série 2.

V. BARGMANN (1961), *On a Hilbert space of analytic functions and an associated integral transform, I*, Comm. Pure Appl. Math, 14, pp. 187–214.

V. BARGMANN, P. BUTERA, L. GIRARDELLO, J. R. KLAUDER (1971), *On the completeness of coherent states*, Rep. Math. Phys., 2, pp. 221–228.

M. J. BASTIAANS (1980), *Gabor's signal expansion and degrees of freedom of a signal*, Proc. IEEE, 68, pp. 538–539.

——— (1981), *A sampling theorem for the complex spectrogram and Gabor's expansion of a signal in Gaussian elementary signals*, Optical Engrg., 20, pp. 594–598.

G. BATTLE (1987), *A block spin construction of ondelettes. Part I: Lemarié functions*, Comm. Math. Phys., 110, pp. 601–615.

——— (1988), *Heisenberg proof of the Balian-Low theorem*, Lett. Math. Phys., 15, pp. 175–177.

——— (1989), *Phase space localization theorem for ondelettes*, J. Math. Phys., 30, pp. 2195–2196.

——— (1992), *Wavelets, a renormalization group point of view*, in Ruskai et al. (1992), pp. 323–350.

V. BELEVITCH (1968), *Classical Network Synthesis*, Holden Day, San Francisco.

M. A. BERGER (1992), *Random affine iterated function systems: Curve generation and wavelets*, SIAM Review, 34, pp. 361–385.

J. BERTRAND, P. BERTRAND (1989), *Time-frequency representations of broad-band signals,* pp. 164–171 in Combes, Grossmann, and Tchamitchian (1989).

G. BEYLKIN, R. COIFMAN, V. ROKHLIN (1991), *Fast wavelet transforms and numerical algorithms*, Comm. Pure Appl. Math., 44, pp. 141–183.

B. BOASHASH (1990), *Time-frequency signal analysis*, in Advances in Spectrum Analysis and Array Processing, S. Haykin, ed., Prentice-Hall, Englewood Cliffs, NJ, pp. 418–517 .

J. BOURGAIN (1988), *A remark on the uncertainty principle for Hilbertian basis*, J. Funct. Anal., 79, pp. 136–143.

P. BURT, E. ADELSON (1983), *The Laplacian pyramid as a compact image code*, IEEE

Trans. Comm., 31, pp. 482–540.

A. P. CALDERÓN (1964), *Intermediate spaces and interpolation, the complex method*, Stud. Math., 24, pp. 113–190.

A. S. CAVARETTA, W. DAHMEN, C. MICCHELLI (1991), *Stationary subdivision*, Mem. Amer. Math. Soc., 93, pp. 1–186.

C. K. CHUI (1992), *On cardinal spline wavelets*, in Ruskai et al. (1992), pp. 419–438.

—— (1992b), *An Introduction to Wavelets*, Academic Press, New York.

—— (1992c), (ed.), *Wavelets: A Tutorial in Theory and Applications*, Academic Press, New York.

C. K. CHUI, X. SHI (1993), *Inequalities of Littlewood–Paley type for frames and wavelets*, SIAM J. Math. Anal., 24, pp. 263–277.

C. K. CHUI, J. Z. WANG (1991), *A cardinal spline approach to wavelets*, Proc. Amer. Math. Soc., 113, pp. 785–793, and *On compactly supported spline wavelets and a duality principle*, Trans. Amer. Math. Soc.

A. COHEN (1990), *Ondelettes, analyses multirésolutions et filtres miroir en quadrature*, Ann. Inst. H. Poincaré, Anal. non linéaire, 7, pp. 439–459.

—— (1990b), *Ondelettes, analyses multirésolutions et traitement numérique du signal*, Ph.D. Thesis, Université Paris, Dauphine.

A. COHEN, J. P. CONZE (1992), *Régularité des bases d'ondelettes et mesures ergodiques*, Rev. Math. Iberoamer., 8, pp. 351–366.

A. COHEN, I. DAUBECHIES (1992), *A stability criterion for biorthogonal wavelet bases and their related subband coding schemes*, Duke Math. J., 68, pp. 313–335.

—— (1993a), *Orthonormal bases of compactly supported wavelets III: Better frequency localization*, SIAM J. Math. Anal., 24, pp. 520–527.

—— (1993b), *Non-separable bidimensional wavelet bases*, Rev. Math. Iberoamer., 9, pp. 51–137.

A. COHEN, I. DAUBECHIES, J. C. FEAUVEAU (1992), *Biorthogonal bases of compactly supported wavelets*, Comm. Pure Appl. Math., 45, pp. 485–500.

A. COHEN, I. DAUBECHIES, P. VIAL (1993), *Wavelets and fast wavelet transform on the interval*, Applied and Computational Harmonic Analysis.

A. COHEN, J. JOHNSTON (1992), *Joint optimization of wavelet and impulse response constraints for biorthogonal filter pairs with exact reconstruction*, AT&T Bell Laboratories.

A. COHEN, J. M. SCHLENKER (1993), *Compactly supported wavelets with hexagonal symmetry*, Constr. Approx., 9, pp. 209–236.

R. R. COIFMAN, Y. MEYER (1991), *Remarques sur l'analyse de Fourier à fenêtre*, C. R. Acad. Sci. Paris I, 312, pp. 259–261.

R. COIFMAN, Y. MEYER, M. V. WICKERHAUSER (1992), *Wavelet analysis and signal pro-*

cessing, in Ruskai et al. (1992), pp. 153–178; *Size properties of wavelet packets*, in Ruskai et al. (1992), pp. 453–470.

R. R. Coifman, R. Rochberg (1980), *Representation theorems for holomorphic and harmonic functions in L^p*, Astérisque, 77, pp. 11–66.

R. Coifman, M. V. Wickerhauser (1992), *Entropy-based algorithms for best basis selection*, IEEE Trans. Inform. Theory, 38, pp. 713–718.

J. M. Combes, A. Grossmann, Ph. Tchamitchian (1989), eds., *Wavelets-Time-Frequency Methods and Phase Space*, Proceedings of the Int. Conf., Marseille, Dec. 1987, Springer-Verlag, Berlin.

J. P. Conze (1991), *Sur le calcul de la norme de Sobolev des fonctions d'échelles*, preprint, Dept. of Math., Université de Rennes, France.

J. P. Conze, A. Raugi (1990), *Fonction harmonique pour un opérateur de transition et application*, Bull. Soc. Math. France, 118, pp. 273–310.

I. Daubechies (1988), *Time-frequency localization operators: a geometric phase space approach*, IEEE Trans. Inform. Theory, 34, pp. 605–612.

—— (1988b), *Orthonormal bases of compactly supported wavelets*, Comm. Pure Appl. Math., 41, pp. 909–996.

—— (1990), *The wavelet transform, time-frequency localization and signal analysis*, IEEE Trans. Inform. Theory, 36, pp. 961–1005.

—— (1993), *Orthonormal bases of compactly supported wavelets II. Variations on a theme*, SIAM J. Math. Anal., 24, pp. 499–519.

I. Daubechies, A. Grossmann (1988), *Frames of entire functions in the Bargmann space*, Comm. Pure Appl. Math., 41, pp. 151–164.

I. Daubechies, A. J. E. M. Janssen (1993), *Two theorems on lattice expansions*, IEEE Trans. Inform. Theory, 39, pp. 3–6.

I. Daubechies, J. Klauder (1985), *Quantum mechanical path integrals with Wiener measures for all polynomial Hamiltonians II*, J. Math. Phys., 26, pp. 2239–2256.

I. Daubechies, J. Lagarias (1991), *Two-scale difference equations I. Existence and global regularity of solutions*, SIAM J. Math. Anal., 22, pp. 1388–1410.

—— (1992), *Two-scale difference equations II. Local regularity, infinite products of matrices and fractals*, SIAM J. Math. Anal., 23, pp. 1031–1079.

I. Daubechies, T. Paul (1987), *Wavelets — some applications*, in Proceedings of the International Conference on Mathematical Physics, M. Mebkkout and R. Sénéor, eds., World Scientific, Singapore, pp. 675–686.

—— (1988), *Time-frequency localization operators: A geometric phase space approach II. The use of dilations and translations*, Inverse Prob., 4, pp. 661–680.

I. Daubechies, A. Grossmann, Y. Meyer (1986), *Painless nonorthogonal expansions*, J. Math. Phys., 27, pp. 1271–1283.

I. DAUBECHIES, S. JAFFARD, J. L. JOURNÉ (1991), *A simple Wilson orthonormal basis with exponential decay*, SIAM J. Math. Anal., 22, pp. 554–572.

I. DAUBECHIES, J. KLAUDER, T. PAUL (1987), *Wiener measures for path integrals with affine kinematic variables*, J. Math. Phys., 28, pp. 85–102.

N. DELPRAT, B. ESCUDIÉ, P. GUILLEMAIN, R. KRONLAND-MARTINET, PH. TCHAMITCHIAN, B. TORRÉSANI (1992), *Asymptotic wavelet and Gabor analysis: extraction of instantaneous frequencies*, IEEE Trans. Inform. Theory, 38, pp. 644–664.

G. DESLAURIERS, S. DUBUC (1987), *Interpolation dyadique*, in Fractals, dimensions non entières et applications, G. Cherbit, ed., Masson, Paris, pp. 44–55.

—— (1989), *Symmetric iterative interpolation*, Constr. Approx., 5, pp. 49–68.

Z. DOĞANATA, P. P. VAIDYANATHAN, T. Q. NGUYEN (1988), *General synthesis procedures for FIR lossless transfer matrices, for perfect reconstruction multirate filter bank applications*, IEEE Trans. Acoust. Signal Speech Process., 36, pp. 1561–1574.

S. DUBUC (1986), *Interpolation through an iterative scheme*, J. Math. Anal. Appl., 114, pp. 185–204.

R. J. DUFFIN, A. C. SCHAEFFER (1952), *A class of nonharmonic Fourier series*, Trans. Amer. Math. Soc., 72, pp. 341–366.

P. DUTILLEUX (1989), *An implementation of the 'algorithme à trous' to compute the wavelet transform*, pp. 298–304 in Combes, Grossmann, and Tchamitchian (1989).

N. DYN, D. LEVIN (1990) *Interpolating subdivision schemes for the generation of curves and surfaces*, in Multivariate Interpolation and Approximation, W. Haussman and K. Jeller, eds., Birkhauser, Basel, pp. 91–106.

N. DYN, A. GREGORY, D. LEVIN (1987), *A 4-point interpolatory subdivision scheme for curve design*, Comput. Aided Geom. Des., 4, pp. 257–268.

T. EIROLA (1992), *Sobolev characterization of solutions of dilation equations*, SIAM J. Math. Anal., 23, pp. 1015–1030.

D. ESTEBAN, C. GALAND (1977), *Application of quadrature mirror filters to split-band voice coding schemes*, Proc. IEEE Int. Conf. Acoust. Signal Speech Process., Hartford, Connecticut, pp. 191–195.

G. EVANGELISTA (1992), *Wavelet transforms and wave digital filters*, pp. 396–407 in Meyer (1992b).

J. C. FEAUVEAU (1990), *Analyse multirésolution par ondelettes non orthogonales et bancs de filtres numériques*, Ph.D. Thesis, Université de Paris Sud, Paris, France.

C. FEFFERMAN, R. DE LA LLAVE (1986), *Relativistic stability of matter*, Rev. Math. Iberoamer., 2, pp. 119–213.

G. FIX, G. STRANG (1969), *Fourier analysis of the finite element method in Ritz–Galerkin theory*, Stud. Appl. Math., 48, pp. 265–273.

P. FLANDRIN (1989), *Some aspects of non-stationary signal processing with emphasis on time-frequency and time-scale methods*, in Wavelets, J. M. Combes, A. Grossmann, and Ph. Tchamitchian, eds., Springer-Verlag, Berlin, pp. 68–98.

M. FRAZIER, B. JAWERTH (1988), *The φ-transform and applications to distribution spaces*, in Function Spaces and Application, M. Cwikel et al., eds., Lecture Notes in Mathematics 1302, Springer-Verlag, Berlin, pp. 233–246; 另见*A discrete transform and decompositions of distribution spaces*, J. Funct. Anal., 93 (1990), pp. 34–170.

M. FRAZIER, B. JAWERTH, G. WEISS (1991), *Littlewood–Paley theory and the study of function spaces*, CBMS – Conference Lecture Notes 79, American Mathematical Society, Providence, RI.

D. GABOR (1946), *Theory of communication*, J. Inst. Electr. Engrg., London, 93 (III), pp. 429–457.

F. GORI, G. GUATTARI (1985), *Signal restoration for linear systems with weighted inputs. Singular value analysis for two cases of low-pass filtering*, Inverse Probl., 1, pp. 67–85.

G. K. GRÖCHENIG (1991), *Describing functions: atomic decompositions versus frames*, Monatsh. Math., 112, pp. 1–42.

K. GRÖCHENIG (1987), *Analyse multi-échelle et bases d'ondelettes*, Comptes Rendus Acad. Sci. Paris, 305, Série I, pp. 13–17.

K. GRÖCHENIG, W. R. MADYCH (1992), *Multiresolution analysis, Haar bases and self-similar tilings of $\mathbb{R}^n$*, IEEE Trans. Inform. Theory, 38, pp. 556–568.

A. GROSSMANN, J. MORLET (1984), *Decomposition of Hardy functions into square integrable wavelets of constant shape*, SIAM J. Math. Anal., 15, pp. 723–736.

A. GROSSMANN, J. MORLET, T. PAUL (1985), *Transforms associated to square integrable group representations, I. General results*, J. Math. Phys., 27, pp. 2473–2479.

—— (1986), *Transforms associated to square integrable group representations, II. Examples*, Ann. Inst. H. Poincaré, 45, pp. 293–309.

A. GROSSMANN, M. HOLSCHNEIDER, R. KRONLAND-MARTINET, J. MORLET (1987), *Detection of abrupt changes in sound signals with the help of wavelet transforms*, in Inverse Problems: An Interdisciplinary Study; Advances in Electronics and Electron Physics, Supplement 19, Academic Press, New York, pp. 298–306.

A. GROSSMANN, R. KRONLAND-MARTINET, J. MORLET (1989), *Reading and understanding continuous wavelet transforms*, in Wavelets, J. M. Combes, A. Grossmann, and Ph. Tchamitchian, eds., Springer-Verlag, Berlin, pp. 2–20.

A. HAAR (1910), *Zur Theorie der orthogonalen Funktionen-Systeme*, Math. Ann., 69, pp. 331–371.

C. HEIL, D. WALNUT (1989), *Continuous and discrete wavelet transforms*, SIAM Rev., 31, pp. 628–666.

O. HERRMANN (1971), *On the approximation problem in nonrecursive digital filter design*, IEEE Trans. Circuit Theory, CT-18, pp. 411–413.

M. HOLSCHNEIDER, PH. TCHAMITCHIAN (1990), *Régularité locale de la fonction 'non-différentiable' de Riemann*, pp. 102–124 in Lemarié (1990).

M. HOLSCHNEIDER, R. KRONLAND-MARTINET, J. MORLET, PH. TCHAMITCHIAN (1989), *A real-time algorithm for signal analysis with the help of the wavelet transform*, pp. 286–297 in Combes, Grossmann, and Tchamitchian (1989).

S. JAFFARD (1989), *Construction et propriétés des bases d'ondelettes. Remarques sur la controlabilité exacte*, Ph.D. Thesis, Ecole Polytechnique, Palaiseau, France.

—— (1989b), *Exposants de Hölder en des points donnés et coéfficients d'ondelettes*, C. R. Acad. Sci. Paris, 308, Série 1, pp. 79–81.

I. M. JAMES (1991), *Organizing a conference*, Math. Intelligencer, 13, pp. 49–51.

C. P. JANSE, A. KAISER (1983), *Time-frequency distributions of loud-speakers: the application of the Wigner distribution*, J. Audio Engrg. Soc., 37, pp. 198–223.

A. J. E. M. JANSSEN (1981), *Gabor representation of generalized functions*, J. Math. Appl., 80, pp. 377–394.

—— (1984), *Gabor representation and Wigner distribution of signals*, Proc. IEEE, pp. 41.B.2.1–41.B.2.4.

—— (1988), *The Zak transform: a signal transform for sampled time-continuous signals*, Phillips J. Res., 43, pp. 23–69.

—— (1992), *The Smith-Barnwell condition and non-negative scaling functions*, IEEE Trans. Inform. Theory, 38, pp. 884–885.

H. E. JENSEN, T. HOHOLDT, J. JUSTESEN (1988), *Double series representation of bounded signals*, IEEE Trans. Inform. Theory, 34, pp. 613–624.

M. KAC (1959), *Statistical independence in probability, analysis and number theory*, no. 12 in the Carus mathematical monographs, Mathematical Association of America.

G. KAISER (1990), *Quantum Physics, Relativity and Complex Spacetime: Towards a New Synthesis*, North-Holland, Amsterdam.

J. R. KLAUDER (1966), *Improved version of the optical equivalence theorem*, Phys. Rev. Lett., 16, pp. 534–536; 这一主题 J. R. Klauder 和 E. C. G. Sudarshan (1968) 第 8 章也有论述.

J. R. KLAUDER, B.-S. SKAGERSTAM (1985), *Coherent States*, World Scientific, Singapore.

J. R. KLAUDER, E. C. G. SUDARSHAN (1968), *Fundamentals of Quantum Optics*, W. A. Benjamin, New York.

J. KOVAČEVIĆ, M. VETTERLI (1993), *Perfect reconstruction filter banks with rational sampling rates*, IEEE Trans. Signal Process., 41, pp. 2047–2066.

—— (1992), *Nonseparable multidimensional perfect reconstruction filter banks and wavelet bases for* $\mathbb{R}^n$, IEEE Trans. Inform. Theory, 38, pp. 533–555.

R. KRONLAND-MARTINET, J. MORLET, A. GROSSMANN (1987), *Analysis of sound patterns through wavelet transforms*, Internat. J. Pattern Recognition, Artificial Intelligence, 1, pp. 273–301.

E. LAENG (1990), *Nouvelles bases orthonormées de* L^2, C. R. Acad. Sci. Paris, 311, Série 1, pp. 677–680.

H. LANDAU (1967), *Necessary density conditions for sampling and interpolation of certain entire functions*, Acta Math., 117, pp. 37–52.

—— (1993), *On the density of phase space functions*, IEEE Trans. Inform. Theory, 39, pp. 1152–1156.

H. J. LANDAU, H. O. POLLAK (1961), *Prolate spheroidal wave functions, Fourier analysis and uncertainty, II*, Bell Systems Tech. J., 40, pp. 65–84.

—— (1962), *Prolate spheroidal wave functions, Fourier analysis and uncertainty, III*, Bell Systems Tech. J., 41, pp. 1295–1336.

W. LAWTON (1990), *Tight frames of compactly supported wavelets*, J. Math. Phys., 31, pp. 1898–1901.

—— (1991), *Necessary and sufficient conditions for constructing orthonormal wavelet bases*, J. Math. Phys., 32, pp. 57–61.

W. M. LAWTON, H. L. RESNIKOFF (1991), *Multidimensional wavelet bases*, submitted to SIAM J. Math. Anal.

P. G. LEMARIÉ (1988), *Une nouvelle base d'ondelettes de* $L^2(\mathbb{R}^n)$, J. de Math. Pures et Appl., 67, pp. 227–236.

—— (1990), ed., *Les ondelettes en 1989*, Lecture Notes in Mathematics no. 1438, Springer-Verlag, Berlin.

P. G. LEMARIÉ (1991), *La propriété de support minimal dans les analyses multirésolution*, Comptes Rendus de l'Acad. Sci. Paris, 312, pp. 773–776.

P. G. LEMARIÉ, G. MALGOUYRES (1992), in Meyer (1992b).

P. G. LEMARIÉ, G. MALGOUYRES (1991), *Support des fonctions de base dans une analyse multirésolution*, Comptes Rendus de l'Acad. Sci. Paris I, 313, pp. 377–380.

E. LIEB (1981), *Thomas-Fermi theory and related theories of atoms and molecules*, Rev. Mod. Phys., 53, pp. 603–641.

F. LOW (1985), *Complete sets of wave packets*, in A Passion for Physics – Essays in Honor of Geoffrey Chew, World Scientific, Singapore, pp. 17–22.

YU. LYUBARSKII (1992), *Frames in the Bargmann space of entire functions*, in Entire and subharmonic functions, Vol. 11 of the series Advances in Soviet Mathematics, B. Ya. Levin, ed., Springer-Verlag, Berlin, pp. 167–180.

S. MALLAT (1989), *Multiresolution approximation and wavelets*, Trans. Amer. Math. Soc., 315, pp. 69–88.

—— (1989b), *A theory for multiresolution signal decomposition: the wavelet representation*, IEEE Trans. PAMI, 11, pp. 674–693.

—— (1989c), *Multifrequency channel decompositions of images and wavelet models*, IEEE Trans. Acoust. Signal Speech Process., 37, pp. 2091–2110.

—— (1991), *Zero-crossings of a wavelet transform*, IEEE Trans. Inform. Theory, 37, pp. 1019–1033.

S. MALLAT, S. ZHONG (1992), *Characterization of signals from multiscale edges*, Computer Science Tech. Report, New York University, IEEE Trans. PAMI, to appear.

S. MALLAT, W. L. HWANG (1992), *Singularity detection and processing with wavelets*, IEEE Trans. Inform. Theory, 38, pp. 617–643.

H. MALVAR (1990), *Lapped transforms for efficient transform/subband coding*, IEEE Trans. Acoust. Signal Speech Process., 38, pp. 969–978.

J. MCCLELLAN (1973), *The design of two-dimensional filters by transformations*, in Seventh Annual Princeton Conference on ISS, Princeton University Press, Princeton, NJ, pp. 247–251.

Y. MEYER (1985), *Principe d'incertitude, bases hilbertiennes et algèbres d'opérateurs*, Séminaire Bourbaki, 1985–1986, no. 662.

—— (1986), *Ondelettes, fonctions splines et analyses graduées*, 在意大利的托里诺大学的演讲.

—— (1990), *Ondelettes et opérateurs, I: Ondelettes, II: Opérateurs de Calderón-Zygmund, III: Opérateurs multilinéaires*, Hermann, Paris. 此书英文版由 Cambridge University Press 于 1992 年出版.

—— (1992), *Ondelettes sur l'intervalle*, Rev. Math. Iberoamer., 7, pp. 115–133.

—— (1992b) (ed.), *Wavelets and applications*, Proceedings of the International Conference on Wavelets, May 1989, Marseille, France; Masson, Paris.

C. A. MICCHELLI (1991), *Using the refinement equation for the construction of prewavelets*, Numer. Algorithms, 1, pp. 75–116.

C. A. MICCHELLI, H. PRAUTZSCH (1989), *Uniform refinement of curves*, Linear Algebra Appl., 114/115, pp. 841–870.

F. MINTZER (1985), *Filters for distortion-free two-band multirate filter banks*, IEEE Trans. Acoust. Speech Signal Process., 33, pp. 626–630.

J. MORLET (1983), *Sampling theory and wave propagation*, in NATO ASI Series, Vol. 1, Issues in Acoustic signal/Image processing and recognition, C. H. Chen, ed., Springer-Verlag, Berlin, pp. 233–261

J. MORLET, G. ARENS, I. FOURGEAU, D. GIARD (1982), *Wave propagation and sampling theory*, Geophysics, 47, pp. 203–236.

J. MUNCH (1992), *Noise reduction in tight Weyl-Heisenberg frames*, IEEE Trans. Inform. Theory, 38, pp. 608–616.

R. Murenzi (1989), *Wavelet transforms associated to the n-dimensional Euclidean group with dilations: signals in more than one dimension*, in Wavelets, J. M. Combes, A. Grossmann, and Ph. Tchamitchian, eds., Springer-Verlag, Berlin, pp. 239–246; see also *Ondelettes multidimensionelles et application à l'analyse d'images*, Ph.D. Thesis (1990), Université Catholique de Louvain, Belgium.

T. Paul (1985), *Ondelettes et mécanique quantique*, Ph.D. Thesis, Université de Marseille, France; 另见 Paul and Seip (1991).

T. Paul and K. Seip (1992), *Wavelets and quantum mechanics*, in Ruskai et al. (1992), pp. 303–322.

A. M. Perelomov (1971), *On the completeness of a system of coherent states*, Teor. Mat. Fiz., 6, pp. 213–224.

G. Polya, G. Szegö (1971), *Aufgaben und Lehrsätze aus der Analysis*, Vol. II, Springer-Verlag, Berlin.

M. Porat, Y. Y. Zeevi (1988), *The generalized Gabor scheme of image representation in biological and machine vision*, IEEE Trans. Pattern Anal. Mach. Intell., 10, pp. 452–468.

M. Rieffel (1981), *Von Neumann algebras associated with pairs of lattices in Lie groups*, Math. Ann., 257, pp. 403–413.

O. Rioul (1992), *Simple regularity criteria for subdivision schemes*, SIAM J. Math. Anal., 23, pp. 1544–1576.

M. B. Ruskai, G. Beylkin, R. Coifman, I. Daubechies, S. Mallat, Y. Meyer, and L. Raphael (1992), eds., *Wavelets and their Applications*, Jones and Bartlett, Boston.

K. Seip (1991), *Reproducing formulas and double orthogonality in Bargmann and Bergman spaces*, SIAM J. Math. Anal., 22, pp. 856–876.

K. Seip, R. Wallstén (1990), *Sampling and interpolation in the Bargmann–Fock space*, Mittag-Leffler Institute.

M. J. Shensa (1991), *The discrete wavelet transform: wedding the 'à trous' and Mallat's algorithms*, preprint, Naval Ocean Systems Center, San Diego, IEEE Trans. Signal Process.

D. Slepian (1976), *On bandwidth*, Proc. IEEE, 64, pp. 292–300.

—— (1983), *Some comments on Fourier analysis, uncertainty and modeling*, SIAM Rev., 25, pp. 379–393.

D. Slepian, H. O. Pollak (1961), *Prolate spheroidal wave functions, Fourier analysis and uncertainty, I*, Bell Systems Tech. J., 40, pp. 43–64.

M. J. T. Smith, T. P. Barnwell III (1986), *Exact reconstruction techniques for tree-structured subband coders*, IEEE Trans. Acoust. Signal Speech Process., 34, pp. 434–441; 基本结论正在 IEEE Internat 上发表. Conf. Acoust. Signal Speech Process., March 1984, San Diego.

E. Stein (1970), *Singular integrals and differentiability properties of functions*, Princeton University Press.

E. Stein, G. Weiss (1971), *Introduction to Fourier Analysis on Euclidean Spaces*, Princeton University Press, Princeton.

J. O. Stromberg (1982), *A modified Franklin system and higher order spline systems on $\mathbb{R}^n$ as unconditional bases for Hardy spaces*, Conf. in honor of A. Zygmund, Vol. II, W. Beckner et al., ed., Wadsworth math. series, pp. 475–493,

D. J. Sullivan, J. J. Rehr, J. W. Wilkins, K. G. Wilson (1987), *Phase space wannier functions in electronic structure calculations*, preprint, Cornell University.

Ph. Tchamitchian (1987), *Biorthogonalité et théorie des opérateurs*, Rev. Math. Iberoamer., 3, pp. 163–189.

B. Torrésani (1991), *Wavelet analysis of asymptotic signals: Ridge and skeleton of the transform*, in Meyer (1992b); 另见 Tchamitchian and Torrésani 在 Ruskai et al. (1992) 上发表的论文, pp. 123–152.

P. P. Vaidyanathan (1987), *Theory and design of M-channel maximally decimated quadrature mirror filters with arbitrary M, having the perfect reconstruction property*, IEEE Trans. Acoust. Signal Speech Process., 35, pp. 476–492.

—— (1992), *Multirate Systems and Filter Banks*, Prentice-Hall, Englewood Cliffs, NJ.

P. P. Vaidyanathan, P.-Q. Hoang (1988), *Lattice structures for optimal design and robust implementation of two-channel perfect-reconstruction QMF banks*, IEEE Trans. Acoust. Signal Speech Process., 36, pp. 81–94.

P. P. Vaidyanathan, T. Q. Nguyen, Z. Doǧanata, T. Saramaki (1989), *Improved technique for design of perfect reconstruction FIR QMF banks with lossless polyphase matrices*, IEEE Trans. Acoust. Signal Speech Process., 37, pp. 1042–1056.

M. Vetterli (1984), *Multidimensional subband coding: some theory and algorithms*, Signal Process., 6, pp. 97–112.

—— (1986), *Filter banks allowing perfect reconstruction*, Signal Process., 10, pp. 219–244; these results were already presented as *Splitting a signal into subsampled channels allowing perfect reconstruction*, IASTED Conf. on Applied Signal Processing and Digital Filters, June 1985, Paris.

M. Vetterli, C. Herley (1992), *Wavelets and filter banks*: *Theory and design*, IEEE Trans. Signal Process., 40, pp. 2207–2232.

M. Vetterli, J. Kovačević, D. LeGall (1990), *Perfect reconstruction filter banks for HDTV representation and coding*, Image Comm., 2, pp. 349–364.

P. Vial (1992), *Construction de bases orthonormales de $\mathbb{R}^n$*, Centre de Physique Théorique, CNRS, Luminy–Marseille, France.

L. F. Villemoes (1992), *Energy moments in time and frequency for two-scale difference equation solutions and wavelets*, SIAM J. Math. Anal, 23, pp. 1519–1543.

H. VOLKNER (1992), *On the regularity of wavelets*, IEEE Trans. Inform. Theory, 38, pp. 872–876.

M. V. WICKERHAUSER (1990), *Picture compression by best-basis sub-band coding*, Yale University.

—— (1992), *Acoustic signal processing with wavelet packets*, in Chui (1992c), pp. 679–700.

K. G. WILSON (1987), *Generalized Wannier Functions*, Cornell University.

A. WITKIN (1983), *Scale space filtering*, in Proc. Internat. Joint Conf. Artificial Intelligence.

R. M. YOUNG (1980), *An Introduction to Nonharmonic Fourier Series*, Academic Press, New York.

A. ZYGMUND (1968), *Trigonometric Series*, 2nd ed., Cambridge University Press, Cambridge.

名 词 索 引

著 者 索 引